Science des aliments

Biochimie — Microbiologie — Procédés — Produits

Volume 1

Stabilisation biologique et physico-chimique

Science des aliments

Biochimie — Microbiologie — Procédés — Produits

Volume 1

Stabilisation biologique et physico-chimique

Romain Jeantet

Thomas Croguennec

Pierre Schuck

Gérard Brulé

Coordonnateurs

Editions TEC & DOC

11, rue Lavoisier
75008 Paris

LONDRES - PARIS - NEW YORK

Chez le même éditeur

Génie industriel alimentaire
1. Les procédés physiques de conservation, 2e édition, 1997
2. Techniques séparatives, 2e édition, 2004
P. Mafart, E. Béliard

L'eau dans les aliments – Aspects fondamentaux. Signification dans les propriétés sensorielles des aliments et dans la conduite des procédés
collection « Sciences et techniques agroalimentaires »
M. Le Meste, D. Lorient, D. Simatos, coord., 2002

Génie des procédés appliqués à l'industrie laitière
R. Jeantet , M. Roignant, G. Brulé, P., 2001

Les produits industriels laitiers
M. Mahaut, R. Jeantet , G. Brulé, P. Schuck, 2000

Initiation à la technologie fromagère
M. Mahaut, R. Jeantet , G. Brulé, 2000

Précis des risques alimentaires
M. Moll, N. Moll, , 2000

DANGER
LE
PHOTOCOPILLAGE
TUE LE LIVRE

ISBN : 2-7430-0833-4

Liste des auteurs

Florence Baron
ingénieur, docteur en physico-chimie et qualité des bioproduits
maître de conférences en microbiologie alimentaire
Agrocampus – Rennes
département agroalimentaire
65 rue de St Brieuc
35042 Rennes cedex

Gérard Brulé
docteur en chimie organique
habilité à diriger des recherches
professeur émérite en physico-chimie des bioproduits
Agrocampus – Rennes
département agroalimentaire
65 rue de St Brieuc
35042 Rennes cedex

Thomas Croguennec
docteur en physico-chimie et qualité des bioproduits
maître de conférences en physico-chimie des bioproduits
Agrocampus – Rennes
département agroalimentaire
65 rue de St Brieuc
35042 Rennes cedex

Marie-Hélène Famelart
docteur en sciences alimentaires
habilitée à diriger des recherches
chargée de recherches
Inra – unité mixte de recherche sciences et technologie du lait et de l'œuf
65 rue de St Brieuc
35042 Rennes cedex

Juliane Floury
ingénieur, docteur en mécanique, énergétique et génie des procédés
maître de conférences en génie des procédés alimentaires
Agrocampus – Rennes
département agroalimentaire
65 rue de St Brieuc
35042 Rennes cedex

Michel Gautier
docteur en sciences biologiques et moléculaires
habilité à diriger des recherches
professeur en microbiologie alimentaire
Agrocampus – Rennes
département agroalimentaire
65 rue de St Brieuc
35042 Rennes cedex

Romain Jeantet
ingénieur, docteur en physico-chimie et qualité des bioproduits
habilité à diriger des recherches
professeur en génie des procédés et technologie laitière
Agrocampus – Rennes
département agroalimentaire
65 rue de St Brieuc
35042 Rennes cedex

Pierre Schuck
docteur en physico-chimie et qualité des bioproduits
ingénieur de recherches
Inra – unité mixte de recherche sciences et technologie du lait et de l'œuf
65 rue de St Brieuc
35042 Rennes cedex

Florence Baron : chapitres **3**, **12** et **13.1** avec Michel Gautier.

Gérard Brulé : Introduction générale, chapitres **8**, **10.7**, **13.2.2** et **13.2.3.**

Thomas Croguennec : chapitres **2**, **4**, **5**, **6, 7** (avec Pierre Schuck) et **11** (avec Juliane Floury).

Marie-Hélène Famelart : chapitre **13.2.1**.

Juliane Floury : chapitres **10.1** (avec Romain Jeantet), **10.4** et **11** (avec Thomas Croguennec).

Michel Gautier : chapitres **3, 12** et **13.1** avec Florence Baron.

Romain Jeantet : chapitres **9**, **10.1** (avec Juliane Floury), **10.2** et **10.3** (avec Pierre Schuck), **10.5**, **10.6**, **10.8**.

Pierre Schuck : chapitres **1, 7** (avec Thomas Croguennec), **10.2** et **10.3** (avec Romain Jeantet).

Table des matières

Introduction

Première partie

L'eau et les constituants des aliments

Chapitre 1

L'eau

Chapitre 2

Autres constituants des aliments

Deuxième partie

Agents et mécanismes de modification des aliments

Chapitre 3

Altérations microbiennes

Chapitre 4

Oxydation des lipides

Chapitre 5

Brunissement non enzymatique

Chapitre 6

Brunissement enzymatique

Chapitre 7

Dynamique moléculaire dans les matrices alimentaires

Troisième partie

Traitements de stabilisation des aliments

Chapitre 8

Bases de la stabilisation biologique et physico-chimique des aliments

Chapitre 9

Les transferts, bases des opérations unitaires

Chapitre 10

Opérations de stabilisation biologique

Chapitre 11

Opérations de stabilisation physico-chimique

Quatrième partie

Maîtrise et évaluation de la qualité

Chapitre 12

Maîtrise de la qualité des aliments

Chapitre 13

Évaluation des caractéristiques physico-chimiques et de la qualité des aliments

Introduction

La première préoccupation des populations primitives était de trouver dans leur environnement immédiat matière à satisfaire leurs besoins physiologiques pour survivre ; ne connaissant ni les besoins, ni les produits qu'ils soient d'origine végétale ou animale, les choix alimentaires se sont faits sur la base d'observations de façon très empirique. Le développement de l'agriculture et de l'élevage a permis progressivement une meilleure maîtrise de l'approvisionnement face au caractère aléatoire de la cueillette, de la chasse et de la pêche. Toutefois, la fourniture des produits de l'agriculture et de l'élevage est longtemps restée très irrégulière pour des raisons climatiques, sanitaires ou tout simplement de par le caractère saisonnier de certaines productions. Du fait de cette irrégularité et pour satisfaire les besoins de certaines populations éloignées des zones de production, l'homme a toujours été à la recherche de moyens de conservation permettant de différer dans le temps et l'espace la consommation des produits d'origine agricole.

Des procédés ancestraux de conservation à la naissance de l'industrie agroalimentaire

Sans aucune connaissance des phénomènes d'altération des matières premières, l'homme a observé que certaines évolutions naturelles conduisaient à l'obtention de produits plus stables d'intérêt gustatif. C'est ainsi que la fermentation, dont les fondements n'ont été découverts qu'au XIXe siècle par Pasteur, est apparue comme un moyen de conservation efficace : les produits issus de fermentation lactique, acétique et alcoolique (fromage, pain, vin, bière, etc.) font en effet partie des produits alimentaires les plus anciens car les matières premières dont ils sont issus contiennent tous les éléments nécessaires au bon déroulement de la fermentation. L'abaissement du pH, la présence de métabolites tels qu'alcool et acide lactique, l'occupation du milieu par les bactéries ou levures et l'épuisement des facteurs de croissance microbienne génèrent une forte résistance au développement d'une flore d'altération éventuellement pathogène.

D'autres modes de conservation se sont progressivement développés, en se basant en particulier sur l'utilisation du sel associée éventuellement à des opérations de déshydratation de manière à réduire la disponibilité de l'eau. L'eau est en effet le vecteur de tous les éléments impliqués dans la croissance microbienne ou dans une réaction, qu'elle soit de nature biochimique ou chimique (solvant des métabolites et produits de réaction). La non-disponibilité de l'eau est donc un frein efficace au bon déroulement d'une croissance microbienne et d'une réaction soit par limitation des apports de substrats, soit par accumulation des métabolites ou des produits de réaction dans l'environnement immédiat de l'agent microbien ou du catalyseur enzymatique, ce qui génère des conditions d'inhibition. La réduction de la disponibilité de l'eau s'obtient par élimination de l'eau libre par changement d'état et transfert, ou par immobilisation de l'eau par apport de solutés très hydrophiles tels que sels et sucres. Le salage a longtemps été le mode de conservation le plus utilisé notamment pour la viande et le poisson, des substances tels que les salpêtres ayant un impact très favorable sur la stabilité biologique mais aussi sur la couleur et le goût. La mise en œuvre du chlorure de sodium associé à du salpêtre ou du nitrate constitue encore aujourd'hui la base de la salaisonnerie. Le salage est parfois couplé à des opérations de déshydratation et de fumage : les constituants de la fumée contribuent également à une bonne stabilité microbienne et biochimique de par leur rôle bactériostatique et leurs propriétés antioxydantes, et ont un impact favorable sur la couleur et l'arôme. La forte teneur en sel de ces produits nécessite parfois des opérations de dessalage avant leur utilisation (morue). De plus, la présence de teneurs élevées en sodium, de dérivés de nitrate et de certains résidus de combustion est considérée aujourd'hui comme très néfaste pour la santé et il est fortement conseillé d'en limiter la consommation.

La stabilisation par application des traitements thermiques est apparue vers le milieu du XIXe siècle : les travaux d'Appert, qui ont permis de démontrer que le chauffage des aliments est un moyen efficace d'en assurer une bonne conservation, sont à l'origine de l'industrie de la conserve. Ignorant le rôle des micro-organismes et enzymes dans l'altération des aliments, Appert expliquait l'efficacité de son traitement par une « fusion des principes et constituants fermentescibles et (l')exclusion de l'air nécessaire au déroulement de la fermentation ». Il mesurait très bien les retombées et avantages de son invention, qu'il a listés à la fin de son traité sur « l'art de conserver » publié en 1810 : « diminuer l'utilisation du sucre et sel en conserverie ; assurer une plus grande régularité de la fourniture des productions saisonnières ; procurer aux hospices civils et militaires, aux armées et à la marine une nourriture fraîche et salubre ; contribuer au développement d'une nouvelle branche d'industrie basée sur l'importation et l'exportation ». La société française d'encouragement pour l'industrie nationale lui décerna le titre de « Bienfaiteur de l'Humanité ». Il a fallu attendre quelques années plus tard les travaux de Pasteur pour comprendre les mécanismes d'altération des produits biologiques et expliquer l'effet des traitements thermiques sur la stabilité des aliments. L'existence du ferment et de son action était connue avant Pasteur mais on en ignorait les principes. Le phénomène tenait plus de l'alchimie : « transmutation des éléments, passage d'un état à un autre sous l'action de forces internes »... De fait, la fermentation a longtemps été considérée comme un phénomène uniquement chimique. Les observations microscopiques de Pasteur au cours des fermentations alcooliques l'ont conduit à affirmer que la levure était un micro-organisme vivant ce qui fit l'effet d'une bombe dans le milieu scientifique. Les travaux d'Appert et de Pasteur ont constitué une avancée considérable dans la connaissance des phénomènes biologiques et la maîtrise de la stabilité des aliments.

La connaissance du rôle des micro-organismes dans les processus fermentaires et l'altération des aliments ainsi que de leur sensibilité aux conditions physico-chimiques du milieu a permis d'expliquer les fondements de l'ensemble des procédés ancestraux mis en œuvre pour assurer la conservation des aliments. Elle a permis dès la fin du XIXe siècle une rapide intégration du progrès technique dans les procédés de conservation des aliments, notamment pendant les périodes de guerre au cours desquelles l'intendance militaire était confrontée à des problèmes d'approvisionnement des troupes : développement des outils de pasteurisation et de stérilisation, émergence de la réfrigération et congélation, déshydratation sur tambour puis par atomisation, lyophilisation, etc.

La production et la stabilisation des aliments sont passées progressivement du stade artisanal au stade industriel. Cette mutation s'est accélérée après la Seconde Guerre mondiale en raison de l'important exode rural qui l'a suivie. La concentration de la population dans les centres urbains a en effet généré des problèmes d'approvisionnement de produits agricoles et alimentaires, auxquels il a fallu faire face en améliorant la stabilité des produits et leur distribution pour pouvoir différer dans le temps et l'espace leur consommation. Cette nécessité de réguler l'approvisionnement et d'adapter l'offre à la demande a eu un rôle déterminant dans le développement de l'industrie agroalimentaire et l'évolution de l'agriculture.

D'une demande quantitative à des exigences qualitatives

La production agricole à la fin de la Seconde Guerre mondiale était insuffisante pour satisfaire les besoins des populations déplacées en milieu urbain, tant au plan quantitatif que qualitatif : la première qualité d'un aliment était sa disponibilité et son accessibilité. Dans ce contexte, un des premiers objectifs assignés au milieu agricole et à l'industrie agroalimentaire a été de satisfaire la demande quantitative par des gains de productivité et une réduction des coûts de production et de transformation. Les progrès réalisés dans le domaine de la génétique animale et végétale, les évolutions dans le domaine agronomique, dans la protection des cultures, dans la gestion des fourrages et la conduite des élevages ont permis en quelques années des gains de productivité considérables qui dans certains cas se sont faits au détriment de la qualité. L'intensification agricole, la concentration des élevages dans certaines zones géographiques ont par ailleurs entraîné des dégradations de l'environnement.

Cette évolution rapide d'un contexte déficitaire à un contexte excédentaire a certes contribué à accélérer le développement de l'industrie agroalimentaire, mais a nécessité par ailleurs de mettre en place des systèmes de régulation de l'offre et de la demande et de rechercher de nouveaux marchés. Parallèlement à ces mutations des systèmes de production agricole et de transformation, la naissance et la concentration de la distribution a exercé une pression très forte sur l'ensemble de la chaîne alimentaire en imposant ses règles et en exigeant des prix de plus en plus bas. Compte tenu de l'ensemble de ces évolutions et de l'augmentation du pouvoir d'achat, le poids de l'alimentation dans le budget familial est de plus en plus faible : il a diminué d'un facteur 2 en une vingtaine d'année.

La demande quantitative satisfaite, les consommateurs ont été de plus en plus attentifs aux dangers et aux risques d'une mauvaise alimentation. L'obligation d'un suivi de plus en plus rigoureux des intoxications d'origine alimentaire, le développement de la restauration collective, l'augmentation des populations immunodéficientes dont certaines vivent en collectivité (gériatrie) sont autant d'éléments qui ont contribué à augmenter le nombre d'intoxications répertoriées. À la peur des pénuries, qui a disparu dans les pays industrialisés, ont succédés les peurs alimentaires : ce phénomène s'est accentué avec les crises successives qui ont ébranlé la chaîne alimentaire (encéphalopathie spongiforme bovine, organismes génétiquement modifiés, listériose, salmonellose, grippe aviaire, dioxine, etc.). Le rejet du risque alimentaire par les consommateurs place aujourd'hui la sécurité hygiénique et sanitaire au premier rang des exigences qualitatives.

Un certain nombre d'évolutions sociologiques (généralisation du travail féminin, organisation de la journée de travail, éclatement de la cellule familiale et développement des loisirs) ont eu des répercussions sur le comportement alimentaire et généré de nouveaux besoins. Parallèlement au développement de la restauration collective hors foyer, nous avons assisté à un accroissement de la restauration individualisée et de l'alimentation dite de « service ». Elle correspond à une demande très forte pour des aliments aptes à la longue conservation, de mise en œuvre rapide, constitués de portions individuelles et de plus en plus élaborés (plats cuisinés). Allier à la fois la qualité service et la garantie hygiénique en maîtrisant la stabilité physico-chimique et thermodynamique et en préservant les qualités sensorielles de l'aliment est un véritable défi auquel est confrontée l'industrie agroalimentaire.

La valeur santé de l'aliment est également une composante qualitative qui devient dominante dans les attentes du consommateur : les progrès réalisés dans le domaine de la nutrition et les données résultant des études épidémiologiques permettent aujourd'hui de mieux évaluer les effets d'une mauvaise alimentation sur la santé. Le développement d'un certain nombre de désordres physiologiques et de maladies dites de société (obésité, maladies coronariennes, allergies, cancers du système digestif et du colon, diabète) est attribué à l'évolution du comportement alimentaire et de l'alimentation. En conséquence, le consommateur soucieux de préserver son capital santé est très sensible à une communication vantant les vertus et les bienfaits de certains aliments. Cependant, chercher à compenser dans un aliment « santé » toutes les dérives nutritionnelles dues à une mauvaise alimentation n'est pas sans risque, car la maîtrise de l'équilibre alimentaire relève avant tout du consommateur et non de l'industrie.

Au cours des dernières années et au fil des crises sanitaires qui ont ébranlé le secteur agricole et alimentaire, le consommateur a pris conscience que de nombreux aliments étaient l'aboutissement d'un système de production basé sur la recherche de profits, peu soucieux de lui-même et encore moins du bien-être des animaux et de l'environnement. Il a découvert que la filière agroalimentaire, de la production à la distribution en passant par une multitude d'intermédiaires, était opaque et qu'on assistait à la disparition de la France des terroirs. On observe aujourd'hui une contestation croissante d'un modèle agricole mis en place au lendemain de la Seconde Guerre mondiale et des filières agroalimentaires sur lesquels repose notre alimentation, bien que ceux-ci aient permis d'atteindre l'autosuffisance et de contribuer à l'équilibre de la balance commerciale française. L'aliment n'est plus seulement pour le citoyen consommateur un produit générant du plaisir et satisfaisant des besoins nutritionnels, mais le symbole de choix de société qu'il faut soutenir ou combattre au travers de son acte d'achat. C'est la mutation d'une « économie du bien » à une « économie du lien », souvent virtuel, avec tout l'environnement de la chaîne alimentaire : au travers de l'alimentation nous pouvons retrouver nos racines, nous évader, adhérer à de nouvelles cultures, défendre des valeurs, promouvoir ou soutenir des choix de société. Ces évolutions des attentes du citoyen-consommateur se répercutent jusqu'en amont de la chaîne alimentaire, et le milieu agricole ne doit plus être seulement un espace au sein duquel on produit des matières premières et crée des services marchants, mais également un espace de vie constitué de territoires vivants, de paysages harmonieux et de ressources naturelles.

Les attentes et exigences des consommateurs à l'égard de leur alimentation sont donc de plus en plus complexes et parfois difficiles à appréhender, car l'imaginaire y occupe une place importante, ce qui conduit parfois à des comportements contradictoires.

Des critères de qualité de mieux en mieux cernés

La qualité peut se décliner selon cinq composantes : Sécurité – Santé – Sensoriel – Service – Sociétal (figure 1) ; pour chacune des cinq composantes nous pouvons définir un certain nombre de critères.

Sécurité

La sécurité implique l'absence de pathogènes d'origine bactérienne ou virale, de toxines ou de résidus chimiques. Les pathogènes peuvent avoir plusieurs origines (matières premières, environnement) et peuvent être véhiculés par différents vecteurs (eau, air et opérateurs). La mise en œuvre de codes de bonnes pratiques au niveau de la production et de la transformation, les contrôles sanitaires, la conception des ateliers de production et de transformation et la marche en avant sont autant d'éléments qui contribuent à réduire le risque hygiénique et à limiter les contaminations croisées.

Les toxines peuvent être présentes dans certaines matières premières en tant qu'éléments de défense vis-à-vis des prédateurs ou des attaques microbiennes, ou produites *in situ* par des micro-organismes bactériens ou fongiques qui colonisent les matières premières : c'est le cas par exemple des aflatoxines ou de la patuline.

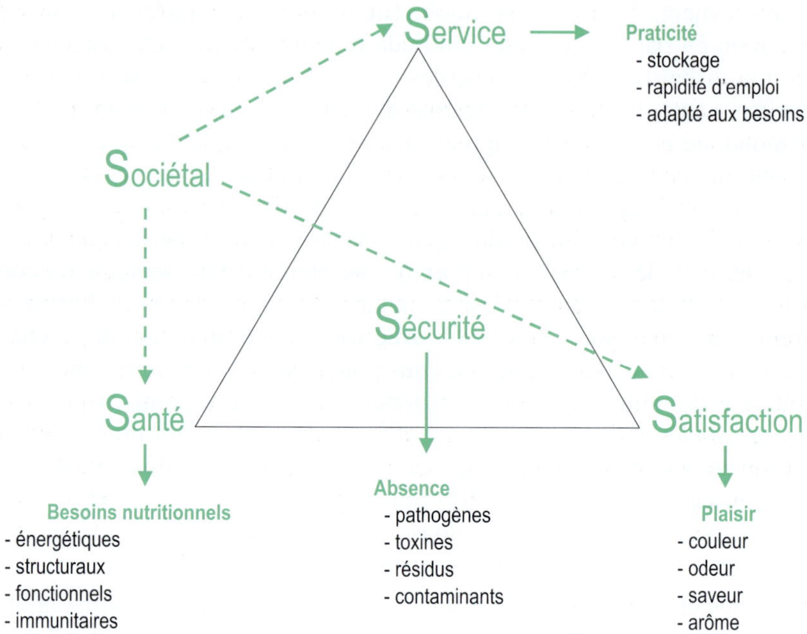

Figure 1 ■ Qualité des aliments.

Les résidus chimiques peuvent provenir des matières premières contaminées par des traitements des plantes ou cultures (herbicides, fongicides) ou des animaux (antibiotiques, anabolisants, hormones), ou être générés par les traitements technologiques tels que le fumage (benzopyrènes) et la salaison (nitrites, nitrosamines). Les produits issus des technologies et procédés ancestraux sont souvent considérés de par leur caractère traditionnel comme garants de qualité, ce qui peut être vrai d'un point de vue sensoriel, mais très contestable d'un point de vue hygiénique et sanitaire.

Santé

La première fonction de l'aliment est de satisfaire les besoins nutritionnels et physiologiques de l'individu en différents nutriments, qui se déclinent suivant leur fonctionnalité.

Besoins énergétiques

Les besoins varient chez un même individu en fonction de l'état physiologique et de l'âge, mais également en fonction de l'activité physique liée au travail musculaire dans les activités quotidiennes et la pratique du sport. Pour une même activité physique, les besoins peuvent différer d'un individu à l'autre : chez un adulte, ils peuvent ainsi varier de 8 000 à 15 000 $kJ \cdot j^{-1}$. L'énergie métabolisable est de 16,7 $kJ \cdot g^{-1}$ de glucide et de protéine et de 37,7 $kJ \cdot g^{-1}$ de lipides. Les besoins énergétiques sont couverts essentiellement par les apports glucidiques et lipidiques, qui doivent représenter selon les recommandations des nutritionnistes respectivement 55 et 30 % de l'énergie totale.

La molécule de glucose est présente dans la plupart des glucides alimentaires : présente dans les principaux disaccharides (saccharose, lactose, maltose), elle est l'élément constitutif de l'amidon, de l'amylopectine et de la cellulose. Ces différents glucides n'augmentent pas la glycémie de façon équivalente : la distinction entre « sucre lent » et « sucre rapide » a longtemps été utilisée. Un index glycémique (IG) a été déterminé pour la plupart des glucides et pour un certain nombre d'aliments ; il permet de classer les produits en fonction de leur effet hyperglycémiant par rapport au glucose pris comme glucide de référence. L'IG d'un aliment dépend de la concentration en glucide, de leur nature et de leur structure. Ainsi l'IG du saccharose, du fructose ou du lactose est plus faible que celui du glucose ; celui des amidons est également plus faible que celui du glucose, et d'autant plus que la proportion d'amylose est élevée. Les traitements hydrothermiques et d'extrusion, qui entraînent déstructuration et gélatinisation de l'amidon, accroissent la valeur de l'IG, tandis que la présence de lipides et de fibres la diminue en général. L'IG est souvent corrélé à l'index insulinique. C'est pourquoi il est pris en considération en alimentation du sportif et des diabétiques. Pour une même valeur énergétique, les glucides peuvent avoir des effets physiologiques différents selon leur nature et passé technologique. Il faut donc veiller à un bon équilibre entre les différentes sources glucidiques et l'adapter éventuellement selon les besoins énergétiques.

Besoins structuraux et fonctionnels

L'organisme a besoin d'un certain nombre d'éléments de nature minérale et organique pour la construction et l'entretien du squelette et des tissus, ainsi que pour le bon déroulement d'un certain nombre de réactions biochimiques impliquées dans le métabolisme.

Au niveau minéral les besoins en macro-éléments (sodium : 4 $g \cdot j^{-1}$; potassium : 0,5 $g \cdot j^{-1}$; calcium : 0,8 à 1,2 $g \cdot j^{-1}$; magnésium : 0,3 $g \cdot j^{-1}$; phosphore : 0,5 à 0,9 $g \cdot j^{-1}$) sont en général bien couverts par l'alimentation. En revanche, ce n'est pas toujours le cas en ce qui concerne certains oligoéléments (fer, iode, sélénium ou fluor). Une des difficultés du contrôle de la couverture des besoins par l'alimentation est le calcul des apports, notamment des oligoéléments dont les teneurs sont très variables.

Au niveau vitaminique, les besoins sont couverts par une alimentation équilibrée intégrant fruits, légumes et matières grasses d'origine végétale et animale.

Les protéines apportent des acides aminés dont neuf sont indispensables car non synthétisables par l'organisme (méthionine, lysine, tryptophane, thréonine, phénylalanine, isoleucine, leucine, valine et histidine). Là encore, les besoins quantitatifs et qualitatifs évoluent avec l'âge, le stade physiologique et l'activité. Ils sont facilement couverts par une alimentation à base de protéines d'origine végétale et animale.

Les glucides et lipides, outre leur fonction énergétique, ont des rôles physiologiques importants. Certains acides gras ont des fonctions reproductrices, épidermiques, plaquettaires. Deux familles d'acides gras poly-insaturés respectivement nommés *n*-6 (acide linoléique, 18 : 2) et *n*-3 (acide α linolénique, 18 : 3) ont un rôle essentiel. Ce dernier est converti en acide eicosapentaénoïque (EPA, 20 : 5 *n*-3) et docosahexaénoïque (DHA, 22 : 6 *n*-3) impliqués dans la physiologie vasculaire et les phénomènes d'agrégation plaquettaire. Les apports conseillés, exprimés en %

d'énergie d'origine lipidique, sont de 60 % d'acides mono-insaturés, 25 % d'acides saturés et de 15 % de poly-insaturés (acide linoléique et α-linolénique) dans un rapport (*n*-6)/(*n*-3) de l'ordre de 5. Les huiles végétales et matières grasses d'origine animale disponibles permettent aisément de satisfaire de tels besoins. Des glucides autres que le glucose ont un rôle fonctionnel important comme constituants de glycoprotéines circulantes et tissulaires (galactose, mannose, fucose, acides sialiques, etc.). Des oligosaccharides peu digestibles ont un rôle déterminant dans l'équilibre de la flore microbienne du colon et permettent de limiter certaines pathologies.

Des besoins de protection et de défense

L'organisme doit faire face à un certain nombre de stress et d'agressions. De ce fait, le statut immunitaire peut être altéré par certaines pathologies et traitements ou au cours du vieillissement, ce qui se traduit par une plus grande sensibilité aux agressions virales et infections microbiennes. Ce statut immunitaire serait entretenu voire amélioré par des apports d'oligoéléments (cuivre, zinc) et vitamines (B_6) et la consommation de prébiotiques et probiotiques.

Satisfaction

Manger a toujours été et doit rester un plaisir de par les sensations que procurent les aliments. Les stimulations sensorielles, qu'elles soient visuelles, olfactives (par voie nasale ou rétronasale), gustatives, tactiles ou auditives contribuent à des degrés divers à la qualité organoleptique de l'aliment. L'intégration de l'ensemble de ces stimuli conduit à la perception sensorielle et à son expression hédonique. Elle peut être différente d'un individu à l'autre car le pouvoir discriminant de l'olfactif et du gustatif dépend des habitudes alimentaires et peut varier pour des raisons organiques et physiologiques. La perception d'un aliment peut être également très influencée par le contexte socioculturel : à ce titre, l'imaginaire véhiculé par l'aliment peut avoir un impact très important.

Service

Les évolutions sociologiques (progression du travail féminin, organisation du temps de travail, importance croissante des loisirs) tendent à limiter le temps consacré par le consommateur à la préparation de ses repas. Elles ont ainsi contribué au développement de la restauration hors foyer et des aliments « services », à savoir des produits élaborés et/ou cuisinés de longue conservation et faciles à mettre en œuvre. Le développement de la congélation et de la décongélation (équipement ménager en four à micro-onde) ont favorisé la pénétration de ces aliments prêts à l'emploi sur le marché.

Sociétal

La relation entre le consommateur et l'aliment a beaucoup évolué. Les consommateurs sont de plus en plus attachés à la notion de terroir (dans ses dimensions géographiques, humaines et culturelles), exigent plus de « naturalité » et « d'authenticité » et refusent toute évolution technique qui se ferait au détriment de la qualité de l'espace rural, du bien-être des animaux et de l'environnement. L'aliment, lien entre le consommateur et le terroir, véhicule des valeurs et des choix de société auxquels sont de plus en plus sensibles les citoyens consommateurs.

Satisfaire la demande qualitative, un défi pour l'industrie agroalimentaire

Les attentes des consommateurs ont, comme nous venons de le décrire, beaucoup évolué. Le consommateur veut des produits sécurisés dont la valeur santé et la typicité sont préservées ; il veut des produits frais aptes à une longue conservation ; il remet en question certains systèmes de production et de transformation tout en exigeant des prix bas. Ces exigences sont en partie contradictoires, et les concilier constitue un véritable défi.

Tradition, typicité et sécurité

Les procédés traditionnels sont pour le consommateur garants de toute innocuité et d'une bonne qualité sensorielle, ce qui n'est pas toujours le cas. Le maintien de la tradition, au niveau des systèmes de production ou des procédés de transformation, ne suffit plus à préserver la typicité des produits traditionnels car les écosystèmes microbiens des matières premières, de l'environnement et des lieux de production et de transformation ont changé avec les mesures d'hygiène qui ont été prises pour réduire les risques microbiologiques. Celles-ci, en effet, ne permettent pas d'éliminer les flores indésirables tout en préservant les flores utiles. On observe de ce fait une évolution des caractéristiques des produits, d'autant plus que la typicité de certains d'entre eux était parfois l'œuvre de flores pathogènes.

La typicité des produits traditionnels et le maintien de procédés ancestraux sont souvent difficiles à concilier avec les exigences hygiéniques qui permettent de limiter les risques alimentaires.

Fraîcheur et longue conservation

Les consommateurs aiment les produits frais (lait cru ou produits fermentés) qu'ils considèrent comme garants d'authenticité, d'innocuité et de qualité nutritionnelle et organoleptique. Ils recherchent en même temps des produits de longue conservation car ils souhaitent s'affranchir des contraintes de gestion des produits périssables.

Un produit frais est en effet un produit dans lequel on a préservé l'essentiel du potentiel biologique, enzymatique et microbien et des valeurs nutritionnelles (vitamines et acides aminés indispensables). Sans stabilisant ni conservateur, il est instable et subit des évolutions microbiologiques, enzymatiques et physico-chimiques : c'est donc un produit altérable.

Une longue conservation implique l'inactivation totale des micro-organismes et des enzymes par des traitements de stabilisation, qui en retour sont susceptibles d'altérer la qualité nutritionnelle et organoleptique.

L'aliment : un système thermodynamiquement instable à maîtriser

Beaucoup d'aliments sont des systèmes multiphasiques (émulsions, suspensions colloïdales) et/ou des assemblages de différentes matrices qui compte tenu des énergies de surface et des gradients de potentiel sont thermodynamiquement instables et donc peu compatibles avec les exigences d'aptitude à la conservation.

Les progrès réalisés ces dernières années dans la connaissance des phénomènes biochimiques, microbiologiques et physico-chimiques impliqués dans l'élaboration et l'évolution des aliments, l'émergence de nouveaux procédés d'élaboration et de stabilisation des aliments et le développement des ingrédients fonctionnels sont autant d'éléments qui permettent aux ingénieurs de l'agroalimentaire de répondre aux attentes de plus en plus complexes des consommateurs. L'essentiel des connaissances indispensables à l'exercice de leurs métiers se trouve rassemblé dans cet ouvrage.

Première partie

L'eau et les constituants des aliments

1

L'eau

Introduction

L'eau représente le constituant le plus abondant dans la plupart de nos aliments à l'état naturel, graines exceptées. Elle a par conséquent un rôle essentiel dans les caractéristiques physico-chimiques et propriétés des denrées végétales et animales dont nous nous nourrissons. Ces caractéristiques peuvent être recherchées en raison de leur contribution à la qualité des aliments (texture des fruits, des légumes et de la viande qui dépend entre autres de la turgescence des cellules et d'associations spécifiques et complexes entre l'eau et les constituants), mais peuvent aussi être favorables au déroulement de phénomènes biochimiques et microbiologiques conduisant à leur détérioration. De ce fait, de nombreuses méthodes de préservation des aliments sont fondées, au moins partiellement, sur l'abaissement de l'activité de l'eau (a_w) ou de la disponibilité de l'eau.

1. Structure et état de l'eau

La molécule d'eau, formée de deux atomes d'hydrogène et d'un atome d'oxygène (H_2O), se présente comme beaucoup de substances sous les trois états : solide, liquide et gaz.

À l'état liquide et vapeur, la molécule d'eau est un monomère polaire (figure 2).

À l'état solide (glace), les molécules d'eau sont liées entre elles par des liaisons hydrogènes et forment un polymère de structure cristalline dans lequel chaque molécule monomère est reliée à 4 autres. La distance entre 2 atomes d'oxygène est de 0,276 nm. À des températures inférieures à – 183 °C, toutes les liaisons hydrogènes possibles se trouveraient engagées ; à 0 °C, il n'y en aurait qu'environ 50 %, et même à 100 °C, il en existerait encore un certain nombre.

On attribue à ces liaisons intermoléculaires certaines des propriétés de l'eau, notamment les valeurs du point d'ébullition, du point de fusion, des chaleurs latentes de vaporisation et de fusion, de la chaleur spécifique, de la tension superficielle et de

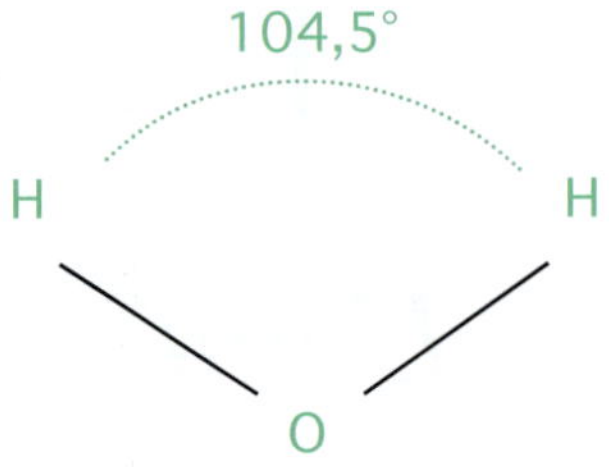

Figure 2 ■ Molécule d'eau.

la constante diélectrique. En revanche, l'eau à l'état liquide se comporte comme un monomère en ce qui concerne la viscosité et le coefficient de diffusion (tableaux 1a et 1b).

Tableau 1a ■ Propriétés de l'eau.

Propriétés	Unité	Valeur
Masse molaire	$g{\cdot}mol^{-1}$	18,01528
Point de fusion (à 101 325 Pa)	°C	0,00
Point d'ébullition (à 101 325 Pa)	°C	100,00
Masse volumique maximale	$kg{\cdot}m^{-3}$	999,95
Température de la masse volumique maximale	°C	4,00
Température du point triple	°C	0,01
Masse volumique au point triple (liquide)	$kg{\cdot}m^{-3}$	999,78
Masse volumique au point triple (gaz)	10^{-3} $kg{\cdot}m^{-3}$	4,88
Chaleur latente de sublimation au point triple	10^3 $J{\cdot}kg^{-1}$	2 800
Température du point critique	°C	373,99
Pression du point critique	MPa	22,064
Masse volumique au point critique	$kg{\cdot}m^{-3}$	322
Volume massique au point critique	10^{-3} $m^3{\cdot}kg^{-1}$	3,11
Chaleur latente de congélation à 0 °C	10^3 $J{\cdot}kg^{-1}$	335

Différents modèles théoriques ont été proposés pour expliquer ces deux types de comportement. On serait en présence d'un équilibre statique auquel participeraient aussi bien des monomères que des molécules plus riches en énergie, engagées dans 1 à 4 liaisons hydrogènes : ces dernières formeraient des grappes labiles, dont la durée de vie serait très brève.

Tableau 1b ■ Propriétés de l'eau.

Propriétés	Unités	Eau congelée		Eau liquide						Eau vapeur	
Température	°C	– 20	0	0	20	40	60	80	100	100	200
Masse volumique	$kg{\cdot}m^{-3}$	919,3	916,8	999,8	998,2	992,2	983,2	971,8	958,4	0,589	0,452
Viscosité	10^{-6} Pa.s	–	–	1 793	1 002	653	466	354	281	12,5	16,4
Tension de surface	10^{-3} $N{\cdot}m^{-1}$	–	–	75,64	72,75	69,60	66,24	62,67	58,91	–	–
Pression de vapeur	Pa	103,4	611,3	611,3	2 338,8	7 381,4	19 932	47 373	101 325	–	–
Chaleur spécifique C_p	$J{\cdot}kg^{-1}{\cdot}K^{-1}$	1 954	2 101	4 217	4 182	4 178	4 184	4 196	4 216	2 041	1 960
Énergie de vaporisation	10^3 $J{\cdot}kg^{-1}$	–	–	2 494	2 448	2 402	2 357	2 309	2 253	–	–
Conductibilité thermique	$W{\cdot}m^{-1}{\cdot}K^{-1}$	2,43	2,22	0,561	0,598	0,630	0,654	0,670	0,679	0,0248	0,0391
Diffusivité dans l'air	10^{-6} $m^2{\cdot}s^{-1}$	–	–	21,8	24,6	27,5	30,5	33,7	–	–	–
Diffusivité thermique à 10^5 Pa	10^{-6} $m^2{\cdot}s^{-1}$	–	–	0,135	0,143	0,151	0,161	0,164	0,170	19,6	32,6

La structure de l'eau est très influencée par l'environnement minéral et organique :

– des électrolytes comme Na^+, K^+, Cl^- fortement hydratés en solution, diminuent le nombre de liaisons hydrogènes entre les molécules d'eau, tandis que les hydrocarbures et les groupements non polaires des chaînes latérales des protéines ont tendance à l'augmenter ;
– des substances en solution (glucides, acides aminés), capables elles-mêmes de former des liaisons hydrogènes, modifient ou non les associations entre les molécules d'eau selon leur compatibilité géométrique avec le réseau existant : l'urée par exemple a un rôle déterminant, tandis que l'ammoniac est sans effet ;
– des substances possédant plusieurs groupements fonctionnels différents (acides aminés, protéines, acides gras, glucides) agissent sur la structure de l'eau.

L'effet de l'environnement est très marqué dans les solutions très concentrées et dans les systèmes faiblement hydratés. Avec certains gaz (fréon, propane), l'eau forme des hydrates cristallins (clathrates) à des températures supérieures à 0 °C. La formation de ces hydrates pourrait être utilisée pour la concentration ou la déminéralisation de solutions aqueuses. Le tableau 2 donne les différentes énergies de liaison de l'eau.

Tableau 2 ■ Énergie de liaison de l'eau (Faiveley, 2003).

Type de liaison	**Énergie de liaison ($kJ \cdot mol^{-1}$)**
Liaison covalente	460
Liaison hydrogène (eau liquide)	< 20
Liaison hydrogène (eau congelée)	23
Liaison sur site polaire (monocouche)	4 à 6
Liaison (2e couche)	1 à 3
Liaison van der Waals	0,5
Liaison par forces capillaires	0,3

À son tour, l'eau agit sur les propriétés telles que structure, diffusion et réactivité des substances en solution. On sait par exemple le rôle que joue l'eau dans la structure et les propriétés fonctionnelles de composés macromoléculaires comme les protéines (Le Meste *et al.*, 2002). Les principaux rôles de l'eau sur les aliments sont présentés dans le tableau 3.

2. Propriétés de l'eau

Parmi les propriétés physiques et physico-chimiques de l'eau, certaines concernent plus spécialement les changements d'état et les transferts de matière et de chaleur. Il s'agit par exemple de la chaleur spécifique, de la chaleur latente de fusion, de

Tableau 3 ■ Fonctions de l'eau dans l'aliment (Duckworth, 1976 ; Faiveley, 2003).

Rôle de l'eau	Exemple
Solvant	Salage
Milieu de réaction	Réactions enzymatiques
Mobilité des réactifs	Réactions de Maillard
Substrat	Hydrolyse des lipides
Antioxydant	Liaison hydrogène avec les peroxydes bloquant l'oxydation des lipides, pour des a_w faibles
Pro-oxydant	– Gonflement des protéines et accessibilité de sites oxydables – Source de radicaux libres dans les aliments ionisés
Rôle structural	– Formation de liaisons hydrogènes entre molécules texturantes – Action sur la liaison lipide/protéine sur les pâtes en boulangerie – Action sur la conformation et les interactions entre gélifiants et protéines

la chaleur latente de vaporisation, de la conductibilité thermique et de la viscosité. Elles conditionnent le dimensionnement et le contrôle des opérations de traitements thermiques (stérilisation, cuisson, etc.), de concentration, de séchage ou de congélation. D'autres ont trait aux propriétés solvantes de l'eau : constante diélectrique, tension superficielle ou moment dipolaire. L'eau est en effet le milieu de dilution pour de nombreuses espèces chimiques, qui peuvent y diffuser et réagir entre elles. De plus, l'eau peut elle-même diffuser et participer à des réactions variées telles que l'hydrolyse par exemple. L'introduction d'espèces chimiques diverses en solution ou en suspension colloïdale dans de l'eau crée également des propriétés dites colligatives, qui dépendent du nombre de molécules présentes. Il en est ainsi par exemple du point d'ébullition, de l'abaissement du point de congélation et de la tension superficielle, de l'augmentation de la viscosité et de l'établissement de gradients de pression osmotique au travers des membranes semi-perméables.

Le fait que l'eau présente dans les aliments soit plus ou moins en interaction avec les constituants conduit aux notions d'« eau libre » et d'« eau liée ». Diverses observations montrent que l'eau dite « liée » peut elle-même être liée plus ou moins fortement, et que l'état de l'eau a autant d'importance pour la stabilité d'un aliment que la teneur totale en eau. Cette notion d'« eau liée » a par ailleurs été confortée par la connaissance de la structure dipolaire de l'eau et de ses possibilités d'interactions avec différents groupements chimiques d'autres constituants.

Afin de déterminer dans quelle mesure la notion d'« eau liée » correspond à une réalité physique, deux catégories de propriétés peuvent être utilisées pour caractériser cet éventuel état de liaison : la mobilité moléculaire et les propriétés thermodynamiques. Parmi ces dernières, l'activité de l'eau (a_w) a retenu l'attention de tous les scientifiques et technologues de l'alimentation. L'aptitude de l'eau à la congélation a également longtemps été considérée comme un indice de l'état de liaison de l'eau. Ces notions sont maintenant combinées à des données dynamiques (transition vitreuse – T_g) dans l'établissement d'état (Simatos, 2002). Ces trois notions (a_w, T_g et diagramme de phase) vont être développées par la suite.

2.1. Activité de l'eau (a_w)

2.1.1. Définition

L'a_w d'un produit est caractérisée par le rapport entre la pression partielle de vapeur de l'eau du produit (P_p) et la pression partielle de vapeur de l'eau pure (P_e), à la même température θ :

$$a_w = \frac{P_p}{P_e} \qquad [1]$$

L'a_w est donc le rapport de deux grandeurs de même dimension et constitue par conséquent une mesure relative par rapport à un état standard (l'eau pure). L'a_w de l'eau pure étant fixée par convention égale à 1, celle de tout autre produit sera toujours inférieure à 1. On peut expliquer cette baisse d'activité physico-chimique par le fait que les constituants chimiques solubilisés mobilisent partiellement l'eau et diminuent ainsi sa capacité à se vaporiser ; ils modifient aussi probablement la réactivité chimique de l'eau.

Il ne faut pas confondre l'a_w et l'humidité relative (H_R) d'un produit : ce dernier paramètre est le rapport entre la pression partielle de vapeur de l'eau dans l'air (P_a) et la pression partielle de vapeur saturante de l'eau (P_{vs}) à la même température θ :

$$H_R = \frac{P_a}{P_{vs}} \cdot 100 \qquad [2]$$

À l'équilibre, pour un produit donné et à une température θ, $P_p = P_a$ et $P_e = P_{vs}$. L'a_w ou l'H_R à l'équilibre (H_{RE}) d'un produit est l'H_R d'une atmosphère en équilibre avec le produit. Autrement dit, il y a égalité entre l'a_w d'une solution ou d'un aliment et la pression partielle relative de vapeur d'eau exercée par celui-ci dans une atmosphère close l'entourant à l'équilibre. L'H_R à l'équilibre et l'a_w sont donc des grandeurs physiques directement proportionnelles reliées par l'équation suivante :

$$H_{RE} = a_w \cdot 100 \qquad [3]$$

Certains auteurs considèrent qu'un tel équilibre thermodynamique n'est jamais atteint dans le cas des aliments. Les valeurs d'a_w obtenues lors de mesures sur les aliments ne doivent donc pas être considérées comme absolues.

L'a_w d'un produit permet de rendre compte de la disponibilité de l'eau en tant que solvant ou réactif. Ainsi, l'a_w est d'une importance majeure pour estimer la stabilité des aliments lors des traitements de transformation et lors de leur stockage. Les vitesses relatives de détérioration des aliments en fonction de l'a_w sont illustrées sur la figure 3. Pour les faibles a_w (< 0,1), les risques d'oxydation des lipides sont très élevés. Cette faible dépendance vis-à-vis de l'eau peut s'expliquer par le fait que les réactions impliquant des substrats lipidiques se déroulent aux interfaces. À partir de 0,3 jusqu'à 0,8 d'a_w, les vitesses de réactions liées au brunissement non enzymatique (maximum à 0,6-0,7 d'a_w), à l'hydrolyse non enzymatique et à l'activité enzymatique augmentent progressivement avec l'a_w. La croissance des micro-organismes est très faible lorsque l'a_w est inférieure à 0,6. Dumoulin (2002) et Efstathiou *et al.* (2002) estiment qu'un domaine de stabilité existe pour des valeurs comprises entre 0,2 et 0,3 d'a_w.

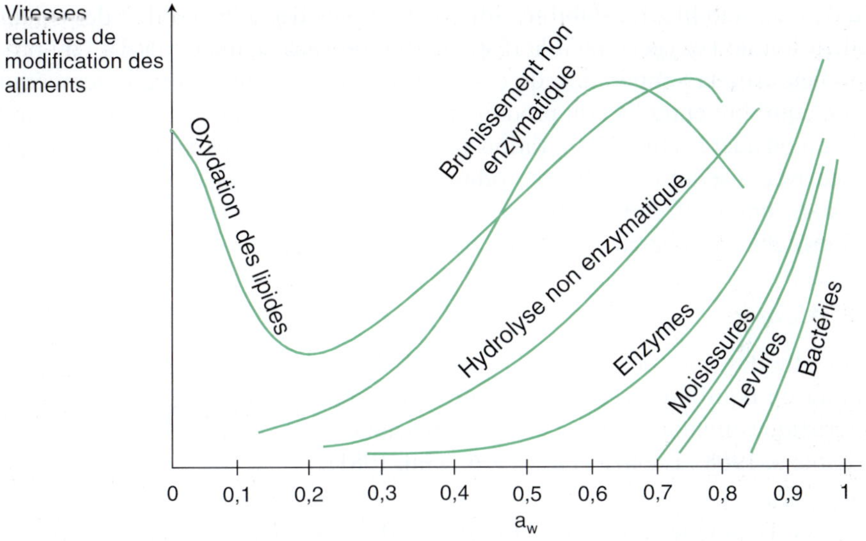

Figure 3 ■ Vitesses de modification des aliments en fonction de l'a_w.

Lors de la congélation, l'a_w de la glace est calculée en considérant comme référence la pression de vapeur d'eau sous-refroidie à la même température (Blond, 2002). Elle est égale à 1 à 0 °C et diminue avec la température (tableau 4).

Tableau 4 ■ Pression de vapeur de l'eau et de la glace mesurées à diverses températures.

Température (°C)	Pression de vapeur de l'eau pure liquide (Pa)	Pression de vapeur de la glace (Pa)	$a_w = \frac{P_{glace}}{P_{eau\ liquide}}$
0	610,48	610,48	1,000
– 5	421,70	401,70	0,953
– 10	286,51	259,98	0,907
– 15	191,45	165,45	0,864
– 20	125,72	103,46	0,823
– 25	80,93	63,46	0,784
– 30	51,06	38,13	0,747
– 40	18,93	12,93	0,683
– 50	6,40	4,00	0,625

Comme on peut admettre que la phase cryoconcentrée et la glace sont en équilibre, l'a_w est la même dans les deux phases : pour un produit congelé, elle ne dépend donc que de la température, indépendamment de la nature du produit. L'a_w n'est pas un critère de stabilisation très significatif (même aux températures supérieures à 0 °C). Si un produit se conserve d'autant mieux que sa température de stockage est basse et donc que son a_w est faible, la variabilité de la durée de vie des différents produits congelés montre bien que ce paramètre ne peut pas être considéré comme le seul indice de stabilité. La stabilité chimique est plus liée à la mobilité des solutés et à la diffusion de l'oxygène qu'à la disponibilité de l'eau. L'intérêt de l'a_w du produit est son lien avec la température de congélation commençante. À cette température, il y a un équilibre entre l'a_w du produit et celle de la glace (tableau 4). Ce paramètre doit être considéré dans l'élaboration de produits complexes associant une phase congelée avec une autre à faible humidité et donc sans glace, par exemple une crème glacée dans une gaufrette : la différence de leur a_w est à l'origine des migrations de l'eau, inévitable sans barrière entre les deux (cf. chapitre 7).

2.1.2. Mesure

Les méthodes pour déterminer l'a_w des produits alimentaires consistent à mettre le produit en équilibre avec l'atmosphère d'une micro-enceinte puis à mesurer les caractéristiques manométriques ou hygrométriques de l'air en équilibre avec le produit (Labuza, 1968 ; Labuza *et al.*, 1976 ; Gal, 1981).

Selon Dumoulin *et al.* (2004), il existe de nombreuses méthodes pour déterminer l'activité de l'eau telles que la mesure directe de la pression de vapeur d'eau à l'aide d'un manomètre ou la mesure de la température de rosée ou de l'humidité relative de l'air en équilibre avec le produit, à l'aide d'hygromètres à fibres polyamides ou électriques par exemple.

Le tableau 5 donne les molalités théoriques (nombres de moles de solutés pour 1 kg de solvant) correspondant aux a_w avec les valeurs expérimentales pour des solutions de chlorure de sodium, de chlorure de calcium, de saccharose et de glycérol. En réalité, la plupart des espèces chimiques abaissent l'a_w davantage que ne le laisse prévoir la théorie. Ce comportement est attribué à diverses causes : fortes associations entre molécules d'eau et molécules des espèces en solution, dissociation plus ou moins complètes d'électrolytes présents, forces agissant sur la structure de l'eau.

Le tableau 6 donne les valeurs d'a_w de sels saturés en fonction de la température : elle est respectivement égale à 1 et 0 pour l'eau pure et le P_2O_5 saturé. Les valeurs d'a_w sont, en général, connues avec une précision de l'ordre de ± 0,02 (Bimbenet *et al.*, 2002).

2.1.3. Isotherme de sorption

Parallèlement à la mesure de l'a_w, il est possible d'établir une relation entre l'a_w et la teneur en eau du produit à mesurer (kg d'eau·kg^{-1} de matière sèche) à une température θ donnée. Cette relation représente l'isotherme de sorption (adsorption ou désorption), de forme sigmoïde (figure 4). Les isothermes de sorption reflètent la capacité d'adsorption de l'eau mais aussi de rétention de l'eau des produits. Ils sont devenus des données majeures de la technologie alimentaire.

Tableau 5 ■ Molalités (nombre de moles de solutés pour 1 kg de solvant) de divers solutés et valeurs d'a_w correspondantes à 25 °C.

a_w	Molalité idéale	NaCl	$CaCl_2$	Saccharose	Glycérol
0,995	0,280	0,150	0,101	0,272	0,277
0,990	0,566	0,300	0,215	0,534	0,554
0,980	1,13	0,61	0,42	1,03	1,11
0,960	2,31	1,20	0,87	1,92	2,21
0,940	3,54	1,77	1,08	2,72	3,32
0,920	4,83	2,31	1,34	3,48	4,44
0,900	6,17	2,83	1,58	4,11	5,57
0,850	9,80	4,03	2,12	5,98	8,47
0,800	13,90	5,15	2,58		11,50
0,750	18,90		3,00		14,80
0,700	23,8		3,4		18,3
0,650	30,0		3,8		22,0

Tableau 6 ■ a_w des sels utilisés à saturation pour la détermination des courbes de sorption.

	10 °C	20 °C	25 °C	30 °C	40 °C	50 °C	60 °C	70 °C	80 °C
LiBr	0,07	0,07	0,06	0,06	0,06	0,05	0,05	0,05	0,05
NaOH		0,07	0,07	0,07	0,07	0,06	0,05		
KOH	0,12	0,09	0,08	0,07	0,06	0,06	0,05	0,05	
LiCl	0,13	0,11	0,11	0,11	0,11	0,10	0,10	0,10	0,10
LiI	0,21	0,19	0,18	0,17	0,15	0,12			
CH_3COOK	0,23	0,23	0,22	0,22					
$CaCl_2$		0,33	0,30	0,22	0,19	0,17			
$MgCl_2$	0,34	0,33	0,33	0,32	0,32	0,31	0,29	0,28	0,26
NaI	0,42	0,39	0,38	0,36	0,33	0,29	0,26	0,24	0,23
K_2CO_3	0,43	0,43	0,43	0,43		0,41	0,39	0,37	0,35
$Mg(NO_3)_2$	0,57	0,54	0,53	0,51	0,48	0,45			
$SrCl_2$		0,73	0,71	0,69		0,57	0,52	0,46	0,41
$NaNO_3$	0,78	0,75	0,74	0,73	0,71	0,69	0,67	0,65	0,63
NaCl	0,76	0,75	0,75	0,75	0,75	0,75	0,74	0,74	0,74
KCl	0,87	0,85	0,84	0,84	0,82	0,81	0,79	0,78	0,77
$BaCl_2$	0,92	0,91	0,90	0,90	0,89	0,88	0,87	0,86	0,85
K_2SO_4	0,98	0,98	0,97	0,97	0,96	0,96	0,96	0,96	0,96
$K_2Cr_2O_7$	0,98	0,98	0,98	0,98					

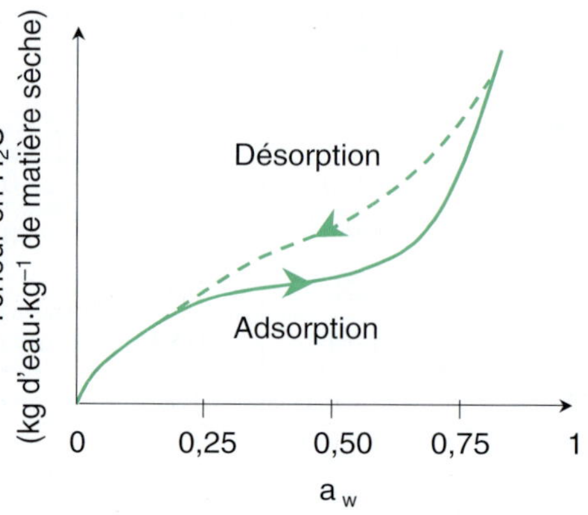

Figure 4 ■ Isotherme d'adsorption et de désorption d'eau.

La détermination de ces courbes consiste généralement à placer un échantillon du produit dans une atmosphère à H_R connue (tableau 6) jusqu'à l'équilibre et à mesurer la teneur en eau du produit par pesée. Selon que l'on part d'un produit humide ou sec, on obtient respectivement une courbe de désorption ou d'adsorption, qui ne sont pas superposables. La non coïncidence des deux courbes est appelée hystérésis : elle traduit le fait que pour une même teneur en eau du produit, l'équilibre lors de la désorption s'établit, en chaque point, à une valeur d'a_w plus faible que lors de l'adsorption. On remarquera que l'hystérésis se manifeste essentiellement dans les régions intermédiaires des isothermes, où l'eau ne serait que « faiblement liée ». L'explication de l'hystérésis est liée à la condensation de l'eau dans les pores des tissus. Elle répond à la relation, définie par l'équation de Kelvin, entre la pression partielle relative de vapeur d'eau et, d'une part l'angle de contact (dépendant des tensions superficielles), d'autre part le diamètre du pore. En effet, l'angle de contact liquide-solide est plus grand lorsqu'un liquide vient mouiller une surface sèche (adsorption) que lorsqu'il se retire d'une surface humide (désorption). Le phénomène de sursaturation des sucres en solution peut également expliquer en partie l'hystérésis observée avec les fruits et légumes. En effet, l'a_w baisse rapidement lors de la déshydratation, car les sucres ne cristallisent pas mais forment une solution sursaturée. À l'inverse, les sucres ne se dissolvent qu'au-delà d'une certaine teneur en eau lors de la réhumidification.

Les isothermes de sorption varient en fonction de la température (figure 5). En théorie, l'a_w ne dépend pas de la température, mais uniquement de la composition de la solution. Dans la réalité, pour la plupart des produits et à teneur en eau constante, l'a_w augmente avec la température, avec toutefois une réaction inverse pour les produits riches en graisses ou sucres solubles (Bimbenet *et al.*, 2002).

Les isothermes de sorption varient également d'un aliment à l'autre (figure 6). Ils sont la résultante du comportement des divers constituants chimiques de l'aliment vis-à-vis de l'eau. Ainsi, les protéines et amidons retiennent d'avantage d'eau dans la région inférieure des isothermes que les lipides et les substances cristallines (sucre par exemple). Les fruits déshydratés, riche en sucres, sont particulièrement hygroscopiques, mais seulement au-dessus d'une certaine H_R.

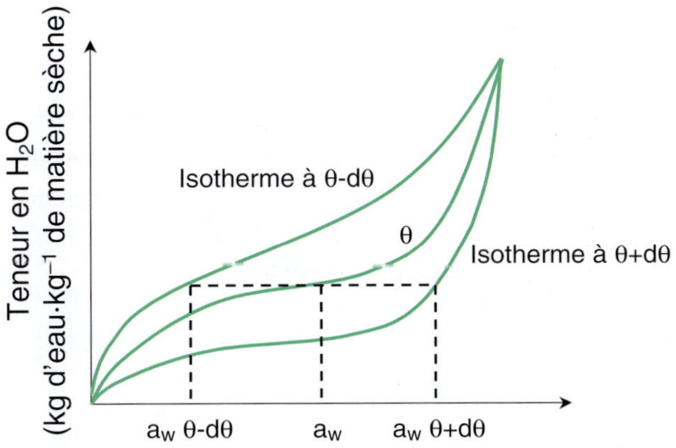

Figure 5 ■ Influence de la température sur l'isotherme d'adsorption d'eau.

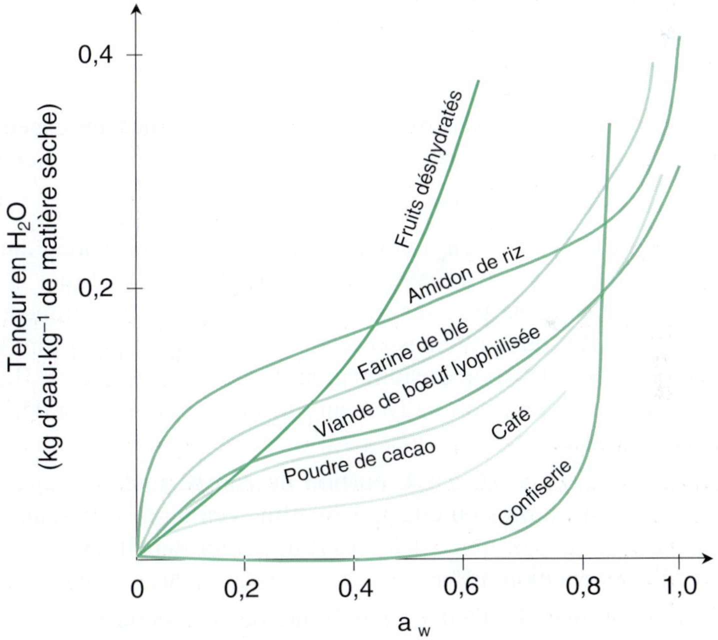

Figure 6 ■ Isotherme d'adsorption d'eau de divers aliments.

L'état physique-cristallin amorphe ou intermédiaire dans lequel se trouvent les réseaux de molécules influence considérablement la rétention d'eau. Cet état physique dépend en grande partie des traitements technologiques et la conduite de ces opérations peut par exemple entraîner des variations des isothermes des produits déshydratés. La granulométrie influence également la rétention d'eau.

Grâce aux isothermes de sorption théorique de la figure 7, la teneur en eau idéale pour une conservation optimale d'une poudre donnée peut être déterminée. C'est ainsi que pour une a_w de 0,2, la teneur en eau d'une poudre de lait se situerait à 4 %

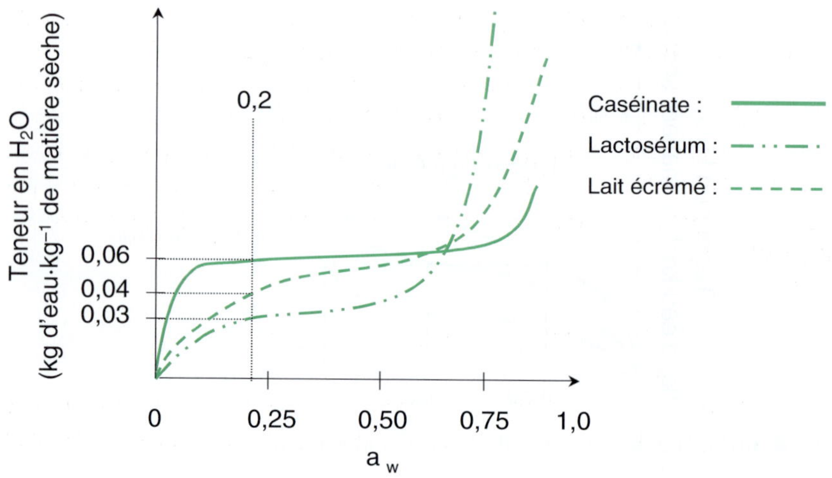

Figure 7 ■ Isotherme théorique d'adsorption d'eau de poudres laitières.

(réglementée), celle d'un lactosérum entre 2 et 3 % et celle d'un caséinate à 6 % (réglementée).

Les courbes de sorption sigmoïdes peuvent être découpées en trois sections :

• La 1re section (de 0 à 0,2 d'a_w) correspond à la sorption d'une couche monomoléculaire à fortes liaisons hydrogènes (de l'ordre de 4 à 60 kJ·mol^{-1}). Cette eau est fixée sur les groupements polaires de certains composés, notamment des groupements NH_3^+ et COO^- des protéines et des groupements OH des amidons ; cette section inclue également l'eau de cristallisation des sels et des sucres. Il s'agit donc d'eau très fortement liée, qu'il est relativement difficile d'éliminer par déshydratation et qui est non congelable.

• La 2e section (de 0,2 à 0,6 d'a_w), portion de courbe linéaire, correspond aux couches d'eau supplémentaires ou couches multimoléculaires à liaisons hydrogènes de plus faible énergie (de l'ordre de 1 à 3 kJ·mol^{-1}) représentant de l'eau de plus en plus libre avec l'augmentation de l'a_w.

• La 3e section (au-delà de 0,6 d'a_w) représente de l'eau condensée dans les pores (énergie de l'ordre de 0,3 kJ·mol^{-1}) : cette eau permet la dissolution des éléments solubles et peut servir de support aux agents biologiques tels qu'enzymes et microorganismes (figure 3). Cette section est quasiment asymptotique et donc très difficile à modéliser.

Toutefois, plusieurs auteurs considèrent qu'à partir de la 2e section des isothermes et en dépit d'a_w aussi basses que 0,2 à 0,3, l'eau présente les propriétés habituelles, à quelques exceptions près (aptitude à l'évaporation notamment). Il n'y aurait donc pas de différence fondamentale entre l'eau faiblement liée et l'eau dite libre, dont l'activité est très proche de l'eau pure, et la disponibilité de l'eau, tant comme solvant que comme réactif, augmenterait de façon continue avec l'a_w. Il est vraisemblable que l'eau faiblement liée et l'eau libre sont capables de s'échanger entre elles très rapidement.

De nombreux auteurs ont essayé d'établir des modèles mathématiques des isothermes de sorption à partir de considérations théoriques et d'observations expérimentales. Cependant et compte tenu de la complexité des phénomènes, aucun de ces modèles n'apporte de solutions idéales couvrant tout le domaine de sorption.

Parmi ces modèles, le plus couramment appliqué est le modèle Brunauer-Emmett-Teller (BET ; Brunauer *et al.*, 1938) à deux paramètres, particulièrement intéressant pour l'étude des courbes correspondant à une a_w inférieure à 0,5 et qui répond à l'équation suivante :

$$\frac{a_w}{M \cdot (1 - a_w)} = \frac{1}{M_1 \cdot C} + \frac{a_w \cdot (C - 1)}{M_1 \cdot C} \qquad [4]$$

où M et M_1 désignent respectivement la teneur en eau du produit et la teneur en eau correspondant à la couche monomoléculaire (g·100 g^{-1} de matière sèche) et C une constante définie par :

$$C = K \cdot e^{\left[\frac{H_m}{R \cdot T}\right]} \qquad [5]$$

avec H_m chaleur de sorption monomoléculaire considérée comme constante (J·mol^{-1}), R constante des gaz parfaits (8,314 J·mol^{-1}·K^{-1}) et T température absolue (K).

À l'aide de l'équation [4], on peut calculer M_1 et C, d'après M et a_w déterminés expérimentalement. Il suffit de porter en ordonnée $\frac{a_w}{M \cdot (1 - a_w)}$ et en abscisse a_w. On obtient ainsi une droite (figure 8) dont l'intersection avec l'axe des ordonnées et la pente donnent respectivement les valeurs de $\frac{1}{M_1 \cdot C}$ et de $\frac{(C - 1)}{M_1 \cdot C}$. L'intérêt de ce modèle réside surtout dans le fait qu'il permet de calculer M_1 et H_m.

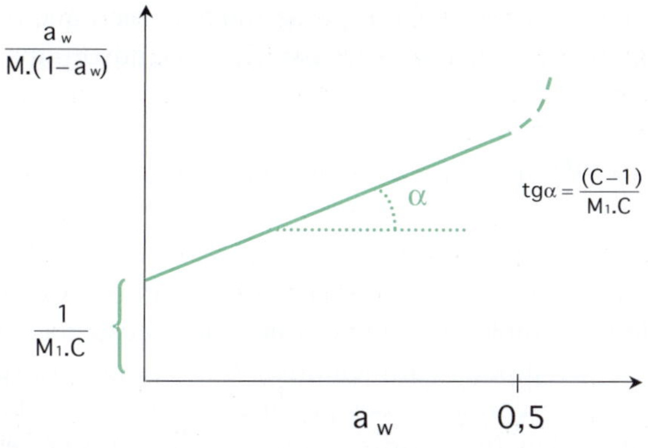

Figure 8 ■ Représentation de l'équation de Brunauer-Emmett-Teller.

Un autre modèle couramment utilisé est le modèle Guggenheim-Anderson-de Boer (GAB ; van den Berg et Bruin, 1981) à trois paramètres. Il est souvent considéré comme une extension du modèle BET, et permet de bien représenter les courbes de sorption jusqu'à une a_w de 0,85 :

$$M = \frac{M_1 \cdot C \cdot K \cdot a_w}{\left[1-(K \cdot a_w)\right] \cdot \left[1-(K \cdot a_w)+(C \cdot K \cdot a_w)\right]} \quad [6]$$

où M et M_1 désignent respectivement la teneur en eau du produit et la teneur en eau correspondant à la couche monomoléculaire (g·100 g^{-1} de matière sèche), et C et K étant des paramètres dépendant de la température tels que :

$$\begin{cases} C = C_0 \cdot e^{\frac{\Delta H_c}{R \cdot T}} \\ K = K_0 \cdot e^{\frac{\Delta H_k}{R \cdot T}} \end{cases} \quad [7]$$

où C_0 et K_0 sont des constantes, et ΔH_c et ΔH_k sont définis par :

$$\begin{cases} \Delta H_c = H_m - H_n \\ \Delta H_k = L - H_n \end{cases} \quad [8]$$

où H_m et H_n sont les chaleurs de sorption respectivement de la monocouche et de la multicouche d'eau (J·mol^{-1}), et L est la chaleur de condensation de l'eau pure (J·mol^{-1}).

Plus récemment, Pisecki (1997) a proposé un modèle empirique permettant d'approcher directement les valeurs d'a_w de poudres de lait écrémé :

$$a_w = e^{\left[-\frac{b}{M^a}\right]} \quad [9]$$

où M désigne la teneur en eau du produit (g·100 g^{-1} de matière sèche) et a et b sont deux coefficients ajustés (a = 2,0544 et b = 54,387 pour la désorption et a = 1,7764 et b = 24,8439 pour l'adsorption). Ce type de modèle, bien que non explicatif, permet néanmoins d'approcher fidèlement les isothermes d'adsorption et de désorption.

2.2. Transition vitreuse

2.2.1. Principe

La transition vitreuse est un phénomène dont l'importance technologique est reconnue depuis de très nombreuses années pour les substances minérales et organiques ainsi que pour les produits alimentaires. Cette notion, développée et utilisée à l'origine par les physico-chimistes des polymères, caractérise la mobilité de l'eau dans les produits amorphes (c'est-à-dire, non cristallisés). On peut en effet distinguer :

– des produits à l'état vitreux, relativement durs, à faible mobilité de l'eau ;
– des produits à l'état mou (« *rubbery* », caoutchouteux, collants), à plus forte mobilité de l'eau, donc moins stables au stockage.

Le passage progressif d'un état à l'autre est appelé « transition vitreuse » : il se produit sous l'effet d'une variation de température ou de teneur en eau. Selon Genin et René (1995), le refroidissement d'un liquide pur permet, dans la plupart des cas, d'aboutir à la formation d'un solide cristallin. Ce changement d'état se produit théoriquement pour un produit donné à une température fixée, dite température de cristallisation (T_c). Pourtant, il arrive qu'au cours d'un refroidissement, on dépasse T_c, sans observer de changement d'état. Deux cas peuvent alors se présenter, si la température continue d'être abaissée :

- la cristallisation intervient, mais à une température inférieure à T_c ;
- l'état liquide subsiste jusqu'à la prise en masse de celui-ci (sans changement d'état au sens thermodynamique), à une température dite « température de transition vitreuse (T_g) ».

Ce liquide figé est appelé verre ou structure amorphe. Au plan énergétique, c'est un état métastable : un faible apport d'énergie le fera basculer vers un état plus stable, qui peut être l'état liquide ou cristallin.

L'état vitreux peut s'obtenir de deux façons :

- lorsque le refroidissement est suffisamment rapide pour éviter l'apparition de cristaux de glace ;
- lorsque la viscosité dynamique, en faisant chuter la diffusivité (ces deux paramètres variant de façon inversement proportionnelle), affecte la vitesse de croissance des cristaux.

À l'état solide amorphe, les molécules sont peu ordonnées et le système est dit dans un état vitreux : la matière est caractérisée par une haute viscosité interne. Lors d'un réchauffement, le système passe de la forme vitreuse à l'état viscoélastique dans lequel la mobilité moléculaire est plus élevée (Bhargava et Jelen, 1996). Cette évolution peut également être obtenue, à température constante, en augmentant la teneur en eau : on parle alors d'effet plastifiant. De même, plus la teneur en eau est élevée, plus la T_g est faible. Cette influence de la teneur en eau sur T_g a été observée pour de nombreux produits : lactose amorphe, poudre de lait écrémé, etc. (Joupilla et Roos, 1994 ; Le Meste et Simatos, 1990). La disponibilité de l'eau dans une matrice alimentaire est donc fonction de différents facteurs : teneur en eau, composition en solutés, hygroscopicité, viscosité et T_g (figure 9).

Ainsi, une variation de la température et de la teneur en eau autour de la valeur de T_g s'accompagne d'une modification forte des propriétés mécaniques du matériau (Joupilla *et al.*, 1994 ; Roos, 1997). Bien que la transition vitreuse ait été exploitée pour prédire la stabilité de produits congelés ou déshydratés, la complexité et l'hétérogénéité des produits rendent les interprétations délicates. Les sucres, les protéines et la matière grasse sont affectées par des transitions vitreuses (Roos et Karel, 1991a, b). La figure 10 résume les relations existantes entre les structures amorphes et cristallines.

La nature et l'amplitude des mouvements moléculaires ainsi que la cinétique des évolutions dépendent de la température du produit (T) au regard de celle de T_g ($T-T_g$). Pour une température inférieure à T_g, seuls les mouvements locaux de faible amplitude, non coopératifs, sont possibles (mouvements de rotation et de vibration

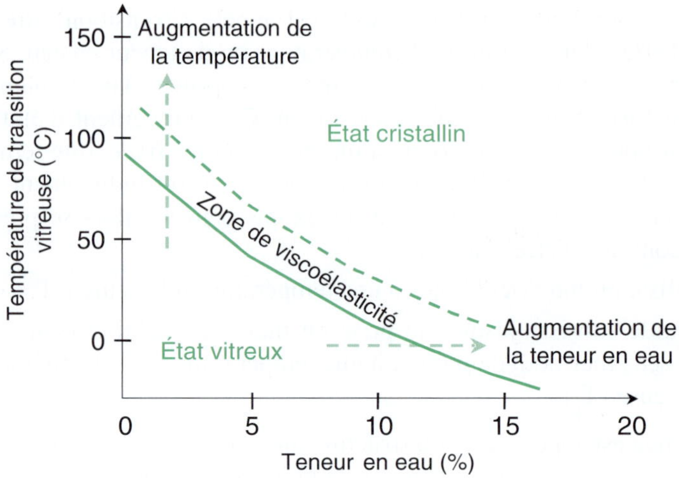

Figure 9 ■ Représentation de la température de transition vitreuse en fonction de la teneur en eau (Roos, 1997, 2002).

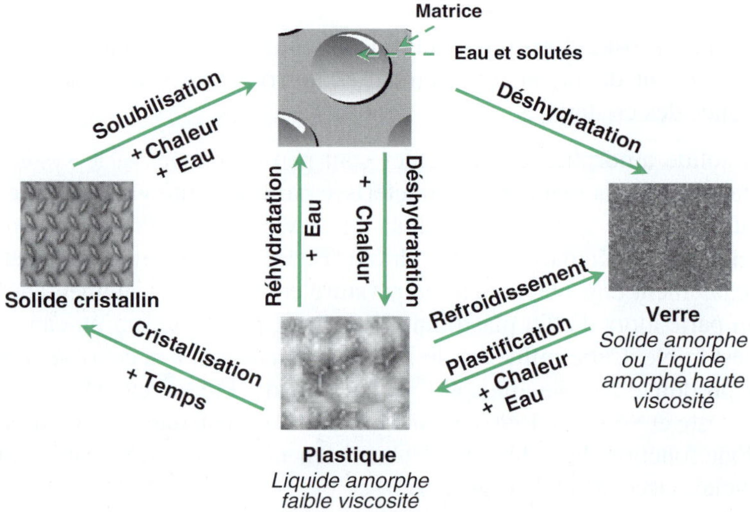

Figure 10 ■ Représentation des relations existantes entre les structures amorphes et cristallines (Roos, 1997, 2002).

des liaisons). À l'inverse, des mouvements moléculaires coopératifs de plus grande amplitude apparaissent pour une température supérieure à T_g. La mobilité moléculaire est accentuée dans ce cas (mouvements de translation), favorisant ainsi de nombreuses réactions (Le Meste *et al.*, 2001).

Le tableau 7 donne quelques valeurs de T_g de constituants déshydratés. On peut observer que les T_g sont très variables d'un constituant à l'autre (lactose/caséine) et au sein d'une même catégorie de constituant (lactose/galactose). À titre d'exemple, les monosaccharides ont en général des T_g plus basses que les disaccharides.

Tableau 7 ■ Température de transition vitreuses (T_g) de divers ingrédients alimentaires secs.

Ingrédients	**T_g (°C)**
Glucose	+ 36
Galactose	+ 30
Fructose	+ 10
Sorbitol	– 2
Lactulose	– 2
Maltose	+ 43
Saccharose	+ 67
Lactose	+ 97
Lait écrémé	+ 92
Lait entier	+ 92
Lait hydrolysé	+ 49
Caséine	+ 144
Caséinate de sodium	+ 130
Maltodextrine DE 6	+ 168
Maltodextrine DE 33	+ 130
Maltodextrine DE 47	+ 103

Le tableau 8 donne quelques exemples d'aliments où interviennent des sucres à l'état vitreux et indique les défauts que l'instabilité de ces systèmes peut provoquer.

2.2.2. *Mesure et calcul*

On peut mesurer la T_g de différentes façons. Par exemple, la T_g peut être déterminée par des mesures rhéologiques : elle est dans ce cas définie comme la température à partir de laquelle la viscosité diminue. Toutefois, ces mesures sont souvent délicates en agroalimentaire car la phase vitreuse est en général au sein d'une phase solide. Une autre méthode consiste à mesurer la constante diélectrique du milieu qui présente une variation sensible au moment de la transition vitreuse. Dans la pratique, la mesure de T_g se fait en suivant l'évolution du flux de chaleur spécifique en fonction de la température, généralement par analyse calorimétrique différentielle (figure 11). Cette analyse permet de distinguer trois événements thermiques successifs lors du réchauffement d'un corps pur en structure amorphe (Senoussi *et al.*, 1995) :

– à T_g, un changement de chaleur spécifique (endothermique) noté ΔC_p ;

– à la température de cristallisation, un changement d'état exothermique ;

– à la température de fusion, un changement d'état endothermique.

Tableau 8 ■ Sucres à l'état vitreux dans les aliments : instabilité et remèdes.

Aliment	État vitreux formé par	Sucres impliqués	Défauts et remèdes
Crèmes glacées	Congélation	Saccharose – Lactose	Grains (formation de cristaux de lactose, favorisée par le stockage entre – 17 °C et – 23 °C). Éviter une teneur trop élevée en lactose.
Lait écrémé en poudre	Déshydratation	Lactose (représentant 50 % de la matière sèche)	Collage donnant des agrégats. Doit être stocké sous emballage imperméable, sous la T_g, afin de le maintenir stable. Possibilité d'instantanéisation.
Bonbons	Concentration par ébullition – Refroidissement	Saccharose – Glucose – Sucre inverti	Affaissement – Formation de grains (cristaux) – Surface collante. Éviter une teneur élevée en sucres hygroscopiques et un stockage à température et/ou humidité relative trop élevées.
Lyophilisat	Déshydratation	Divers	Liquéfaction partielle. Prise en masse pouvant se produire pendant la lyophilisation et la ralentir. Rend aussi la réhydratation plus difficile. Protéger contre les températures et les humidités relatives trop élevées.

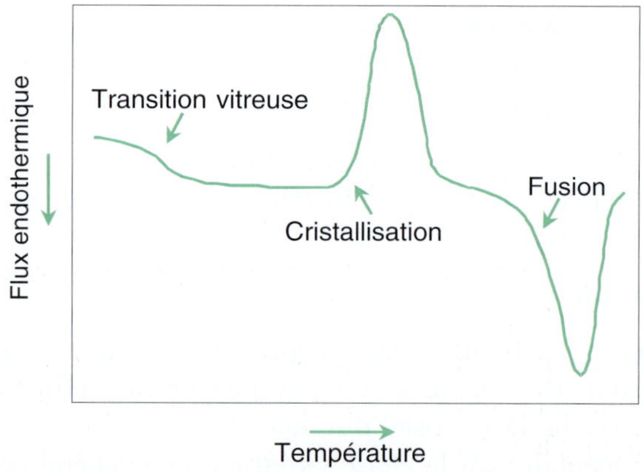

Figure 11 ■ Évolution du flux de chaleur spécifique en fonction de la température par analyse calorimétrique différentielle. Passage d'un sucre de l'état vitreux à l'état cristallin.

Il est également possible de calculer une valeur approchée de T_g en se référant à des relations qui lient la température de transition vitreuse d'un mélange à sa composition et aux températures de transition vitreuse de ses constituants purs. En première approche, on peut s'appuyer sur la relation de Gordon et Taylor :

$$T_g = \frac{\sum_i W_i \cdot T_{gi}}{\sum_i W_i} \qquad [10]$$

avec W_i fraction massique du constituant i en solution (%) et T_{gi} température de transition vitreuse du corps pur i (°C). En général, cette relation surévalue légèrement T_g.

Une évaluation plus fidèle de T_g peut être obtenue à partir de l'équation de Couchman-Karasz modifiée et étendue à des solutions ternaires de protéines, glucides et eau :

$$T_g = \frac{\sum_i W_i \cdot \Delta C_{pi} \cdot T_{gi}}{\sum_i W_i \cdot \Delta C_{pi}} \qquad [11]$$

avec T_{gi} température de transition vitreuse du constituant i à a_w nulle (°C), ΔC_{pi} variation de chaleur spécifique du constituant i à T_{gi} ($J \cdot kg^{-1} \cdot °C^{-1}$) et W_i sa fraction massique (%). Les valeurs de T_{gi}, dites « sèches », s'obtiennent par extrapolation des valeurs de T_g et ΔC_p mesurées à différentes a_w. Dans ce modèle, l'eau est un des constituants pris en compte, avec des valeurs de T_g et ΔC_p respectivement égales à – 139 °C et 1,94 $kJ \cdot kg^{-1} \cdot °C^{-1}$. La robustesse du calcul de la T_g globale dépend directement de la prise en compte exhaustive des constituants du produit (eau, protéines, acides aminés, glucides, minéraux, etc.), sous réserve de disposer de leurs caractéristiques thermodynamiques T_{gi} et ΔC_{pi}. Ce point constitue un facteur limitant de l'utilisation de l'équation [11].

2.3. Diagramme de phase

Le diagramme de phase est un outil intéressant en agroalimentaire. Par exemple, pour la réalisation de poudre de lait entier, il est possible de mettre en relation la température (θ) et la concentration en matière sèche des changements de phase relatifs à l'eau et au lactose, comme illustré figure 12 :

- la courbe de congélation (a) partant de 0 °C pour l'eau et s'abaissant progressivement jusque vers – 6 °C vers 50 % de matière sèche, puis extrapolée jusqu'à 80 % de matière sèche ;
- la courbe de solubilité du lactose (b), adaptée au lait entier ;
- la courbe de transition vitreuse (c) du lactose dans le lait selon Roos (1997), traitées par l'équation de Gordon et Taylor.

Les trois courbes définissent ainsi les principaux changements de phase du lactose et de l'eau en quatre zones distinctes :

- 1) solution de lactose ;
- 2) solution de lactose avec cristaux de lactose ;
- 3) lactose amorphe solide ;
- 4) solution de lactose avec cristaux de glace.

En tenant compte également de la dimension cinétique de la mutarotation et de la cristallisation du lactose, ce diagramme de phase dynamique se prête particulièrement bien à la description des différentes étapes des procédés technologiques (pasteurisation, concentration, homogénéisation, séchage par atomisation et fluidisation et refroidissement ; figure 12).

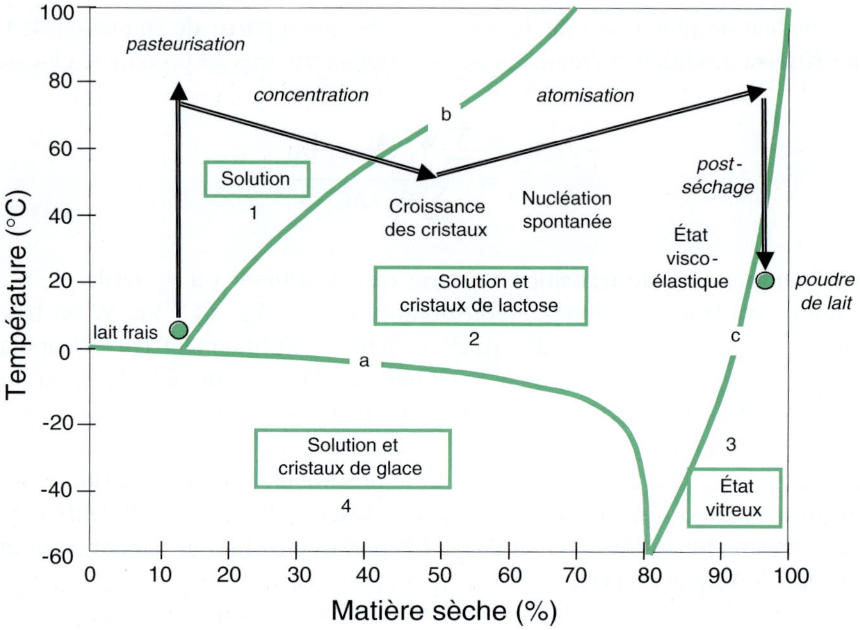

Figure 12 ■ Diagramme de phase du lait entier (Vuataz, 2002).

2

Autres constituants des aliments

1. Glucides

La nature offre en abondance des glucides. Ils peuvent être définis comme des polyhydroxyaldéhydes ou des polyhydroxycétones, ou encore des composés qui en dérivent. D'un point de vu biochimique on distingue d'une part les monosaccharides, monomères glucidiques tels que le ribose, le glucose, le fructose ou le galactose, et d'autre part les oligosaccharides et les polysaccharides qui sont des produits de condensation des monomères précédemment cités. Les oligosaccharides renferment un nombre limité de monomères (inférieur à 10) qui peuvent être identiques (comme dans le cas du maltose, dimère de D-glucose) ou différents ; c'est le cas du lactose (dimère de D-galactose et de D-glucose) et du saccharose (dimère de D-glucose et de D-fructose). Les polysaccharides sont des polymères constitués d'un nombre qui peut être très élevé de monomères identiques comme dans le cas de l'amidon, du glycogène, de la cellulose ou différents ; c'est le cas des alginates, des carraghénanes, de la gomme de xanthane, etc. Les glucides ont une place importante dans notre alimentation. Ils possèdent :

• Un rôle nutritionnel par l'apport d'énergie (16,7 $kJ \cdot g^{-1}$). Dans une alimentation normale, les glucides couvrent environ 55 % des apports énergétiques. Par ailleurs, certains polysaccharides, non digestibles, sont classés parmi les fibres alimentaires : ils ont un rôle sur le transit intestinal.

• Un rôle organoleptique par la contribution à la texture, à la couleur (brunissement non enzymatique) et à la sapidité des aliments. La saveur sucrée est une des quatre saveurs fondamentales. C'est une des caractéristiques des glucides non macromoléculaires. La saveur sucrée est plus ou moins intense suivant les glucides. Pour mesurer cette intensité, la référence est le saccharose auquel est attribué un pouvoir sucrant de 1 (tableau 9).

• Un rôle technologique en tant qu'agent de conservation par leur capacité à réduire les disponibilités en eau, mais aussi agent de décoration en pâtisserie.

Tableau 9 ■ Pouvoir sucrant de quelques glucides et dérivés.

	Pouvoir sucrant relatif
Saccharose	**1,0 (Standard)**
Fructose	1,3
Xylitol	1,0
Maltitol	0,8
Glucose	0,7
Mannitol	0,7
Sorbitol	0,5
Maltose	0,5
Isomaltol	0,5
Lactitol	0,4
Lactose	0,3

1.1. Structure des glucides

Les monosaccharides possèdent un nombre limité d'atomes de carbone (5 ou 6 pour les plus courants), une fonction réductrice (aldéhyde ou cétone) et des groupements hydroxyles dont la configuration est à l'origine des propriétés optiques des sucres (déviation du plan de polarisation de la lumière). Dans la projection de Fischer, la numérotation des carbones s'effectue à partir de la fonction aldéhyde pour les aldoses ou de la fonction alcool primaire voisine de la fonction cétone pour les cétoses (figure 13). Par ailleurs, c'est la position du groupement hydroxyle porté par le carbone asymétrique le plus éloigné de la fonction réductrice qui détermine l'appartenance à la série D (groupement hydroxyle à droite) ou la série L (groupement hydroxyle à gauche).

En solution, le groupement carbonyle des monosaccharides est le siège d'une attaque nucléophile intramoléculaire par les groupements hydroxyles portés par les carbones 4 ou 5 pour les aldoses ou les carbones 5 ou 6 pour les cétoses. Il en résulte la formation de sémi-acétals cycliques à 5 éléments (cycle furanose) ou 6 éléments (cycle pyranose). Au cours de la cyclisation, l'atome de carbone du groupement carbonyle devient asymétrique (carbone anomérique). Suivant la configuration des substituants portés par le carbone anomérique, deux isomères α ou β (anomères) sont obtenus (figure 13). Ainsi dans une solution de monosaccharides à l'équilibre, il y a coexistence de molécules cycliques à 5 (cycle furanose) ou 6 éléments (cycle pyranose) sous forme α ou β et de chaînes linéaires. Généralement les anomères du furanose sont favorisés cinétiquement alors que les anomères du pyranose sont favorisés thermodynamiquement ; ces derniers sont donc plus abondant à l'équilibre. La proportion de chaîne linéaire est très faible.

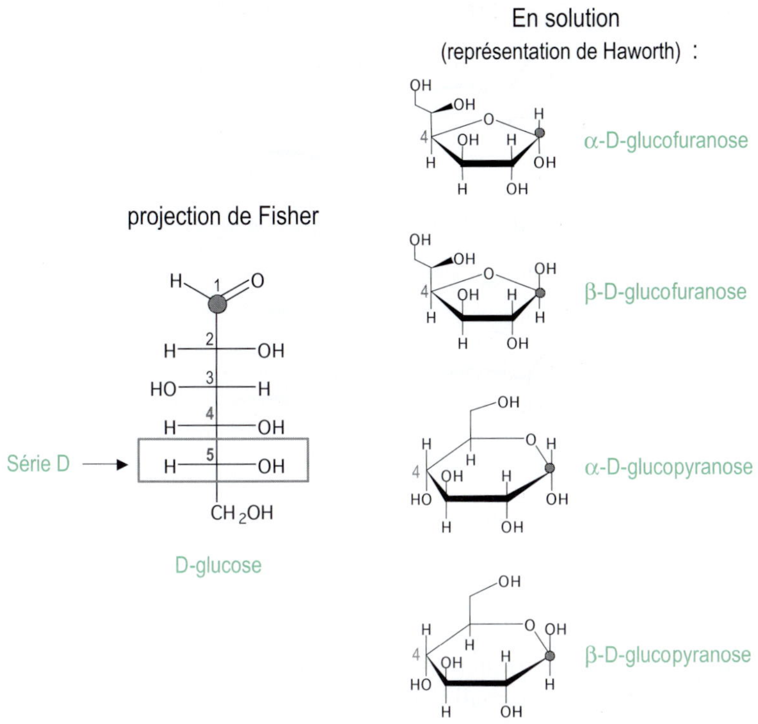

Figure 13 ■ Structure chimique du D-glucose.

Pour les oligosaccharides ou les polysaccharides, les différents monosaccharides constitutifs sont liés entre eux par une liaison osidique ; la liaison osidique résulte de la condensation du groupement hydroxyle du carbone anomérique et d'un hydroxyle quelconque de deux monosaccharides constitutifs. La formation de la liaison osidique fait disparaître la fonction réductrice et bloque la configuration du cycle du monosaccharide participant à la liaison par son carbone anomérique. Ainsi le lactose qui est un dimère de D-galactose et de D-glucose (β-D-galactopyranosyl (1-4) D-glucopyranose [α,β]) possède une seule fonction réductrice portée par le résidu D-glucose. C'est la configuration du carbone anomérique du D-glucose qui définit la nature α ou β du lactose (figure 13). À l'inverse, le saccharose est un dimère de D-glucose et de D-fructose reliés entre eux par leur fonction réductrice (α-D-glucopyranosyl (1-2) β-D-fructofuranose). De ce fait, le saccharose n'a pas de pouvoir réducteur et ne peut participer au brunissement non enzymatique, à moins qu'il ne soit hydrolysé.

Dans les polysaccharides, la fonction réductrice des monosaccharides constitutifs est impliquée dans la liaison osidique ; Ils possèdent au maximum une fonction réductrice à l'extrémité de leur chaîne. À titre d'exemple, les amidons sont constitués de chaînes linéaires d'α-D-glucopyranoses liés en α(1-4) dans le cas de l'amylose (figure 14), sur lesquelles on trouve des chaînes ramifiées liées en α(1-6) dans le cas de l'amylopectine. L'amylose et l'amylopectine sont hydrolysées par les α-amylases que l'on retrouve dans le règne animal, végétal ou microbien. La cellulose résulte de la condensation de β-D-glucopyranose par des liaisons β(1-4). Elle est non hydrolysable par l'homme qui ne possède pas de cellulase (figure 14).

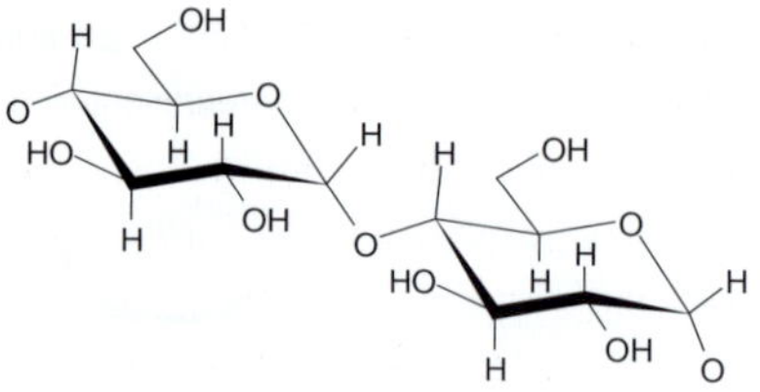

Amylose : α-D-glucopyranoses liés en α(1-4)

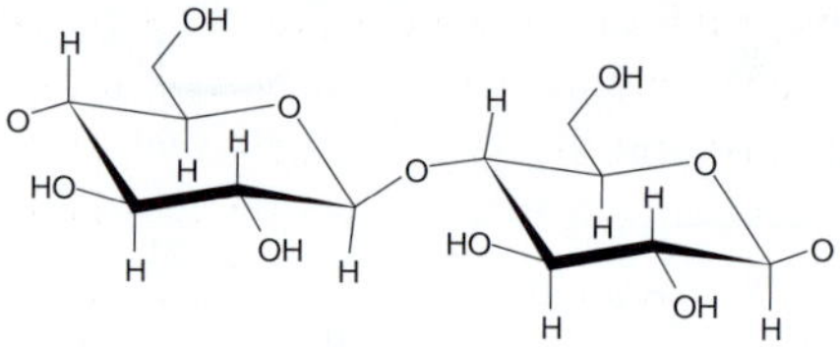

Cellulose : β-D-glucopyranoses liés en β(1-4)

Figure 14 ■ Structure chimique de l'amylose et de la cellulose.

1.2. Glucides en solution

Dans cette partie, nous ne traiterons que des sucres simples les plus couramment rencontrés dans le domaine agroalimentaire ; il s'agit essentiellement de monosaccharides (glucose, fructose) et de disaccharides (lactose, saccharose, maltose). Les sucres en solution sont le siège d'interactions complexes avec les molécules environnantes (eau, glucides, protéines, etc.). Ils peuvent prendre une multitude de conformation et de configuration suivant leur nature, leur concentration, la température et le pH.

1.2.1. Mutarotation

La configuration du carbone anomérique de la fonction réductrice des sucres réducteurs n'est pas stable. Elle peut changer plus ou moins rapidement de la configuration α à la configuration β, c'est la mutarotation. Ces évolutions peuvent être suivies par polarimétrie car chacune des configurations a une aptitude particulière à modifier le pouvoir rotatoire de la lumière. Par exemple, le lactose α possède un pouvoir rotatoire spécifique de + 89,4° différent de celui du lactose β qui est de + 35°. Cependant en solution chacune des formes est sujette à la mutarotation et le pouvoir rotatoire spécifique de la solution de lactose tend vers une valeur à l'équilibre qui est de + 55,4° à 20 °C. Ainsi une solution de lactose à l'équilibre à 20 °C contient 37,3 % de lactose α et 62,7 % de lactose β quelle que soit la composition initiale du mélange. La répartition des populations à l'équilibre varie d'un sucre à l'autre. À l'équilibre et à 20 °C, les proportions de D-glucose en configuration α et β sont respectivement de 36,2 % et 63,8 %. Dans le cas du D-lactose et du D-glucose, la détermination des proportions de chaque anomères par polarimétrie est relativement simple car le cycle pyranose est le cycle exclusif en solution. Pour le D-fructose, les équilibres sont plus complexes en raison de la présence supplémentaire de cycles furanoses rendant plus difficile le suivi de chaque anomère. À l'équilibre et à

20 °C, le D-fructose est présent à 3 % sous forme d'α-pyranose, 69,6 % de β-pyranose, 5,7 % d'α-furanose et 21,1 % de β-furanose.

La vitesse de mutarotation des sucres réducteurs augmente avec la température et l'équilibre est atteint plus rapidement. La température influence aussi les proportions à l'équilibre des différentes configurations. Dans le cas du lactose, la proportion de la configuration α augmente avec la température au détriment de la configuration β. Par ailleurs, les semi-acétals sont relativement stables en milieu acide dilué ; la vitesse de mutarotation est relativement constante entre pH 2 et 7 mais augmente brutalement de part et d'autre de cette plage. En revanche la variation de pH n'a pas d'incidence sur la répartition des configurations à l'équilibre. La vitesse de mutarotation et les proportions à l'équilibre des différentes configurations dépendent également de la concentration en sucre, de la force ionique et de la viscosité du milieu.

Le passage de la configuration α à la configuration β nécessite l'ouverture de la chaîne. En solution, la proportion de chaîne linéaire est très faible. Elle n'en demeure pas moins la forme réactive de la molécule de sucre, en particulier pour les réactions de brunissement non enzymatique qui résultent de l'attaque nucléophile des groupements amines sur le carbone réducteur.

1.2.2. Solubilité des sucres

Lorsque la différence de potentiel chimique entre le sucre en solution (phase liquide) et le sucre sous forme de cristaux (phase solide) est nulle, les deux phases sont à l'équilibre ; la concentration de sucre en solution à l'équilibre est alors défini comme la limite de solubilité (solubilité maximale). La solubilité maximale des sucres varie suivant leur nature et en fonction de la température (figure 15).

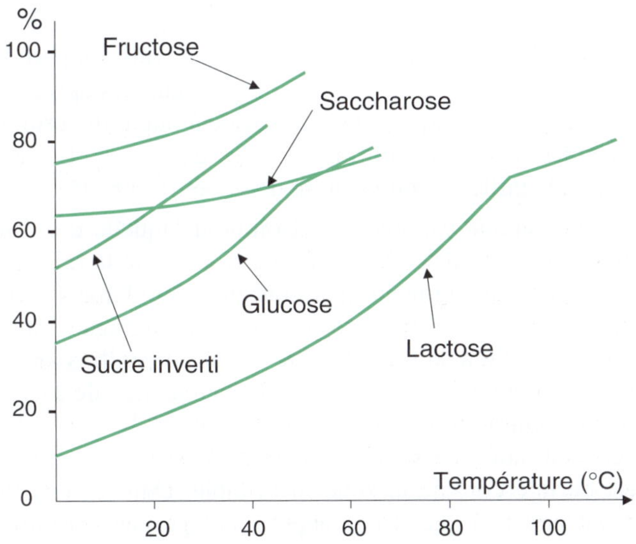

Figure 15 ■ Solubilité de quelques sucres.

Le D-fructose a une solubilité maximale élevée (80 % à 20 °C), bien supérieure à celle du lactose qui est réputé faiblement soluble (18 % à 20 °C). La solubilité maximale des sucres augmente en général avec la température. Les discontinuités dans les courbes de solubilité maximale des sucres réducteurs proviennent des différences de solubilité maximale des configurations α et β et de leur évolution particulière en fonction de la température. Par exemple, le lactose α est moins soluble que le lactose β pour une température inférieure à 93,5 °C mais devient plus soluble au-delà de cette température. Ainsi pour une température inférieure à 93,5 °C, la limite la solubilité du lactose est fonction de la solubilité maximale du lactose α alors que pour une température supérieure à 93,5 °C elle est dépendante de la solubilité maximale du lactose β .

Lorsque la concentration en sucre est inférieure à la solubilité maximale, la solution est non saturée ; lorsqu'elle est supérieure à la solubilité maximale, la solution est sursaturée. Les cristaux de sucre ajoutés à une solution non saturée se dissolvent jusqu'à ce que la limite de solubilité soit atteinte. En revanche, s'ils sont présents dans une solution sursaturée en sucre, ils grossissent jusqu'à ce que la concentration de sucre en solution atteigne la limite de solubilité. Dans une solution saturée à l'équilibre, l'ajout de cristaux de sucre, n'entraîne pas de dissolution et de cristallisation supplémentaires.

1.2.3. Cristallisation des sucres

Suivant les conditions, les solutions sursaturées en sucre peuvent être le siège d'une cristallisation dont la maîtrise dans les produits alimentaires est cruciale en raison de l'impact sur la texture. Schématiquement, la cristallisation des sucres implique deux étapes : une étape de nucléation qui consiste en la formation de germes cristallins et une étape de croissance des cristaux. La cristallisation est une réaction exothermique.

Dans une solution sursaturée, les molécules sont en collision perpétuelle et forme des agrégats réversibles. Au plan thermodynamique, seuls les agrégats en mesure de surmonter une barrière énergétique (ΔG_C), associée à une taille critique (r_c), sont en mesure de former des germes cristallins capables de grossir. Les agrégats dont la taille est inférieure à la taille critique vont se dissocier (figure 16).

Cette barrière énergétique explique la raison pour laquelle il est aisé de concentrer une solution de sucre au-delà de la saturation sans que la cristallisation n'apparaisse. Plus la sursaturation augmente (par concentration d'une solution de sucre ou par refroidissement), plus la probabilité pour que des agrégats atteignent la taille critique augmente et donc que la formation de germes cristallins ait lieu. En d'autres termes, la nucléation spontanée dans une solution sursaturée de sucre n'interviendra qu'au-delà d'une concentration critique de sursaturation. La plage de concentration située entre la concentration de solubilité maximale et la concentration critique de sursaturation est définie comme la zone métastable. Dans cette zone, la cristallisation des sucres n'aura lieu que si l'on apporte des germes cristallins (cristaux de sucre finement divisés). L'étendue de la zone métastable varie en fonction de la température, de l'agitation du milieu ou de la présence d'impuretés. La zone labile est définie comme la plage de concentration où la nucléation a lieu spontanément (au-delà de la concentration critique de sursaturation ; figure 17).

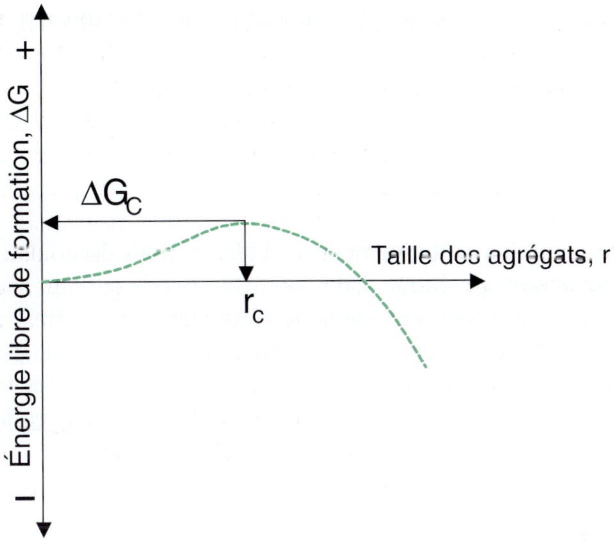

Figure 16 ■ Variation de l'énergie libre en fonction de la taille des agrégats.

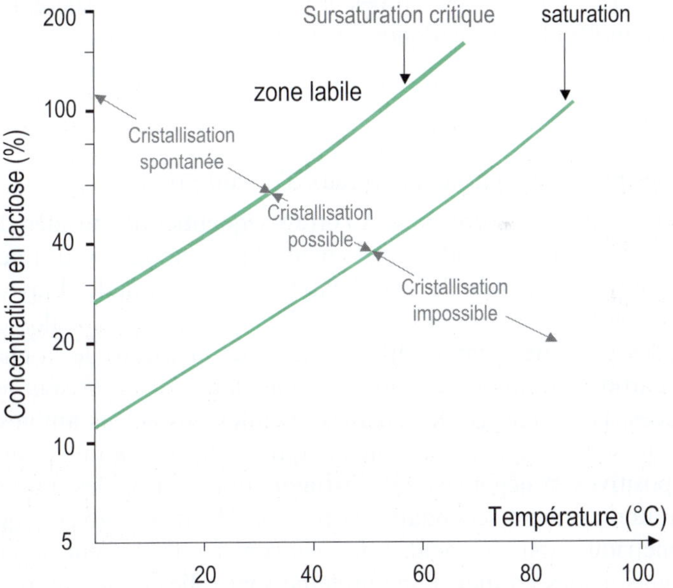

Figure 17 ■ Courbes de saturation et sursaturation du lactose en fonction de la température.

La croissance des cristaux après nucléation résulte de l'incorporation des molécules de sucres à la surface du cristal après diffusion depuis la solution de cristallisation jusqu'à la couche limite entourant le cristal. La vitesse d'incorporation de nouvelle molécule de sucre aux cristaux en croissance dépend de nombreux facteurs dont les plus importants sont la sursaturation, l'aire interfaciale des cristaux ou la viscosité du milieu. Cependant, une sursaturation importante et rapide (obtenue par congélation ou évaporation) peut empêcher le phénomène de cristallisation en limitant considérablement les mobilités moléculaires indispensables pour la nucléation et la croissance des germes cristallins

2. *Protéines*

Les protéines sont des enchaînements d'acides aminés dont la séquence est déterminée par l'information génétique. Elles se différencient par leur séquence en acides aminés et leur structure tridimensionnelle (protéines globulaires, protéines fibreuses, organisation supramoléculaire) ainsi que par leur fonction. Certaines sont des protéines de réserve alors que d'autres participent aux différentes fonctions biologiques des organismes (par exemple, les enzymes). Les principales fonctions alimentaires des protéines sont nutritionnelles et organoleptiques :

- des fonctions nutritionnelles par l'apport d'acides aminés essentiels et de peptides à activité biologique ;
- des fonctions organoleptiques par leur contribution à la couleur des aliments, à la texture (capacité de rétention d'eau, propriétés gélifiante, moussante et émulsifiante), à la saveur (acides aminés et peptides amers ou sucrés) ou à l'arôme (vecteur de molécules aromatiques ou précurseurs d'arômes).

2.1. Structure des protéines

Les protéines présentent plusieurs niveaux d'organisation :

• La structure primaire correspond à l'ordre séquentiel des résidus d'acides aminés constituant la protéine. Traditionnellement, la numérotation des acides aminés débute à l'extrémité N-terminale vers l'extrémité C-terminale. L'hydrolyse acide des protéines conduit en général à vingt acides aminés (molécules élémentaires constitutives des protéines) qui se différencient par la nature de la chaîne latérale portée par le carbone α-aminé ; certaines sont apolaires, d'autres sont polaires, neutres ou chargées. De la charge des chaînes latérales des acides aminés constitutifs dépend le point isoélectrique de la protéine, qui est défini comme le pH d'équilibre des charges positives et négatives. On distingue dix neuf acides aminés primaires et un acide aminé cyclique secondaire, la proline. Hormis la glycine qui n'a pas de carbone asymétrique, tous les acides aminés sont naturellement de configuration L. Les différents acides aminés d'une protéine sont reliés entre eux par une liaison covalente, liaison peptidique, pour former un polymère non ramifié appelé chaîne polypeptidique. La formation des liaisons peptidiques résulte de l'élimination d'une molécule d'H_2O entre la fonction α-carboxylique d'un acide aminé et la fonction α-aminée de l'acide aminé suivant dans la séquence primaire. Les six atomes participant à la liaison peptidique appartiennent au même plan (pseudo double liaison) et les carbones α sont en configuration *trans* (figure 18). La libre rotation de la liaison peptidique nécessite un apport énergétique conséquent.

• La structure secondaire d'une protéine correspond à l'arrangement spatial adopté par la chaîne polypeptidique. Comme la liaison peptidique est plane, la chaîne polypeptidique n'a que deux degrés de liberté par résidu acide aminé autour des liaisons impliquant le carbone α. Ainsi, la chaîne polypeptidique ne peut se replier que par des rotations autour de ces liaisons. Théoriquement les liaisons impliquant le carbone α ont une totale liberté de rotation. En réalité, les chaînes latérales sont trop encombrantes pour permettre une rotation complète. Ainsi les conformations possibles pour la chaîne polypeptidique sont limitées. Les seules structures secondaires répétitives trouvées dans les protéines sont des feuillets β et des hélices α (figure 18). La structure en feuillets β est caractérisée par un réseau répétitif de liaisons hydrogènes entre des parties plus ou moins éloignées de la chaîne polypeptidique, alors que les hélices α sont stabilisées par des liaisons hydrogènes impliquant des groupements proches les uns des autres dans la séquence primaire. Par ailleurs, les protéines possèdent de nombreuses régions de structure non répétitive, mais ordonnée : c'est le cas des courbures.

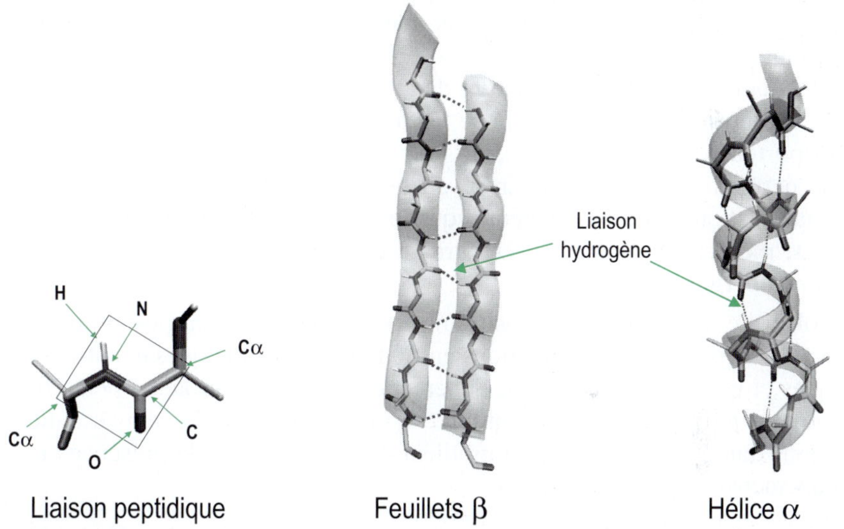

Figure 18 ■ Représentation d'une liaison peptidique et des structures secondaires des protéines.

• La structure tertiaire correspond à l'organisation tridimensionnelle de la chaîne polypeptidique contenant des régions de structures secondaires bien définies (hélice α , feuillets β, courbures) ou moins bien définies (pelote statistique ou *random coil*). En solution aqueuse, les principales forces gouvernant l'adoption de la structure tertiaire sont d'origine hydrophobe : les groupements hydrophobes se retirent de l'environnement aqueux défavorable, ce qui à pour conséquence de réduire l'énergie libre de la protéine. Les interactions entre fragments de protéines par liaisons hydrogènes, liaisons électrostatiques, ponts salins ou ponts disulfures participent à la stabilisation de la structure finale. Elles sont favorisées par la conformation imposée par les associations hydrophobes et diminuent l'entropie conformationnelle des protéines, ce qui améliore significativement la stabilité de leur structure native et les rend plus résistantes au déploiement ou à la dénaturation.

• La structure quaternaire des protéines résulte d'associations de deux ou plusieurs chaînes polypeptidiques, aussi appelés « sous-unités ». Ces « sous-unités » peuvent être identiques ou non, et leur arrangement n'est pas obligatoirement symétrique. Les forces ou liaisons qui stabilisent les structures quaternaires sont les mêmes que celles qui stabilisent les structures tertiaires.

En solution, une protéine est visualisée comme une entité dynamique qui adopte constamment une large variété de structures peu différentes les unes des autres. La structure native de la protéine est définie comme celle de plus faible énergie libre ou de plus forte probabilité.

2.2. Solubilité des protéines

La solubilité est bien souvent un prérequis pour la performance des protéines dans les systèmes alimentaires. Pour exprimer une fonctionnalité technologique (propriétés gélifiante, émulsifiante, moussante) ou biologique, une protéine doit se déplacer et éventuellement changer de structure de telle manière qu'elle puisse interagir avec d'autres composants du système. Pour les fonctions biologiques des protéines (rôle de transporteur ou de protection), la simple présence d'autres molécules dans le système permettra l'interaction. En revanche l'expression des propriétés gélifiante, émulsifiante, moussante des protéines qui implique un ensemble d'interaction entre protéines, molécules d'eau, matière grasse et phase gazeuse nécessite un apport extérieur d'énergie.

La solubilité d'une protéine dans un milieu donné est la manifestation thermodynamique de la balance des interactions entre molécules protéiques et entre molécules protéiques et molécules de solvant. Schématiquement, une protéine peut être visualisée comme un polyélectrolyte entourée d'une double couche d'hydratation et de contre-ions dans laquelle existe un gradient de potentiel lié à la présence en surface de groupements chargés (figure 19).

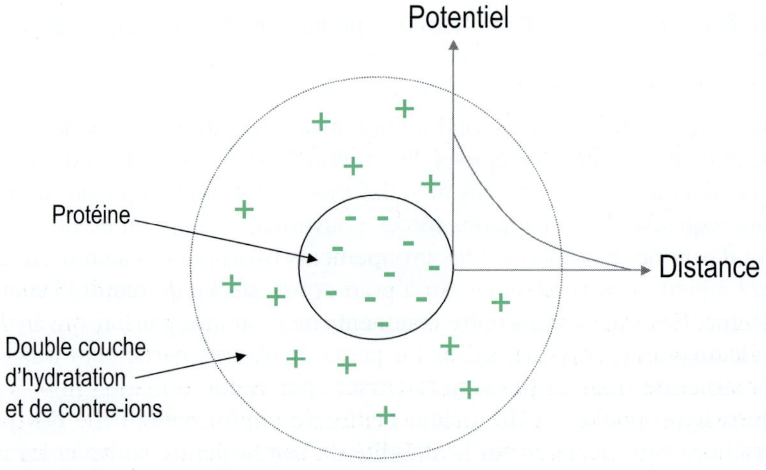

Figure 19 ■ Représentation schématique d'une protéine en solution aqueuse (pH de la solution supérieur au point isoélectrique de la protéine).

L'hydratation et les charges portées par les chaînes latérales des acides aminés à la surface des protéines s'opposent à l'association des protéines entre elles. À l'inverse, les acides aminés hydrophobes localisés à la surface de la protéine constituent une composante attractive. Naturellement, les acides aminés hydrophobes se retirent de la surface de la protéine. Cependant, dans les protéines possédant plus de 30 % d'acides aminés hydrophobes il est impossible, pour des raisons d'encombrement, qu'ils soient en totalité enfouis au cœur de la structure, et certains d'entre eux sont exposés en surface. Pour de telles protéines la solubilité diminuera si la composante attractive portée par les résidus hydrophobes de surface est supérieure à la composante répulsive due à l'hydratation et aux charges de surface.

Le pH, la force ionique, la constante diélectrique et la température agissent sur la solubilité des protéines en affectant sa charge, son hydratation et la quantité des acides aminés hydrophobes exposés en surface.

Généralement, les protéines présentent un minimum de solubilité à leur point isoélectrique (figure 20). Une évolution du pH vers le point isoélectrique de la protéine réduit sa solubilité principalement par réduction de la charge de surface et de l'hydratation, mais peut également entraîner des changements de conformation de la protéine. Certaines protéines globulaires conservent une forte solubilité quelle que soit la valeur du pH.

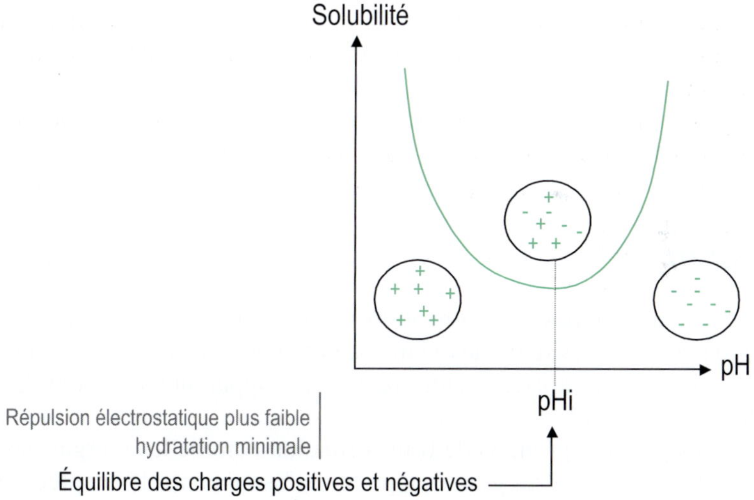

Figure 20 ■ Effet du pH sur la solubilité des protéines.

L'effet de la force ionique sur la solubilité des protéines peut être divisé en deux phases (figure 21). Pour les faibles concentrations en sel, une augmentation de la force ionique favorise l'apparition de charge à la surface de la protéine ce qui accroît son potentiel de surface et son hydratation : la solubilité de la protéine augmente, c'est l'effet *salting-in*. Aux plus fortes valeurs de force ionique, les charges de surface de la protéine sont écrantées et l'hydratation diminue : la solubilité diminue, c'est l'effet *salting-out*.

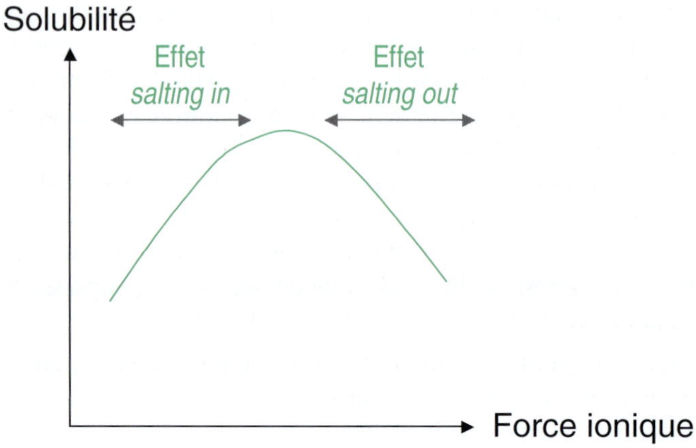

Figure 21 ■ Effet de la force ionique sur la solubilité des protéines.

Une élévation modérée de la température, jusqu'à environ 40 °C, améliore la solubilité des protéines. Les températures plus élevées entraînent leur dénaturation et l'exposition de résidus hydrophobes initialement enfouis au cœur de la structure. La solubilité diminue alors fortement par augmentation des forces attractives entre protéines.

La modification de la constante diélectrique du milieu (présence d'alcool par exemple) diminue l'hydratation des protéines et favorise également des changements de conformation par affaiblissement des associations hydrophobes, élément stabilisateur des protéines. Il en résulte une baisse de la solubilité.

3. *Lipides*

Plus de 50 % des lipides sont consommés sous forme de matières grasses « dissimulées » dans le lait, les œufs, les viandes, certains fruits comme les olives ou les avocats, les noisettes, les noix… L'autre partie est « apparente », ce sont des produits issus d'un traitement industriel : le beurre, le saindoux, les huiles de poissons, les huiles végétales ou leurs produits de transformation comme les margarines, les sauces émulsionnées, les matières grasses à point de fusion contrôlé adaptées aux applications industrielles (pâtisserie, biscuiterie, etc.). Qu'elles soient « dissimulées » ou « apparentes », les matières grasses jouent un rôle important dans l'alimentation et dans l'agroalimentaire :

- un rôle nutritionnel par l'apport d'énergie (37,7 $kJ \cdot g^{-1}$), d'acides gras essentiels (acide linoléique, acide α-linolénique), de vitamines liposolubles (A, D, E, K), de phytostérols et d'antioxydants ;
- un rôle organoleptique par la contribution à la texture et à la sapidité des aliments en tant que support d'arôme ou de précurseurs de molécules aromatiques ;
- un rôle technologique en tant que fluide caloporteur (friture) ou comme agent de traitement des surfaces (aide technologique).

3.1. Composition de la fraction lipidique

Les lipides regroupent des molécules d'origine naturelle très diverses qui présentent la propriété commune d'être insoluble dans l'eau et soluble dans les solvants organiques (éther, acétone, hexane, benzène, etc.). On distingue :

- les lipides « saponifiables », comprenant les lipides neutres (acylglycérols), les phospholipides, les cires (esters d'acides gras et d'alcools à longue chaîne que l'on retrouve dans le blanc des baleines, dans la cire d'abeille, etc.) et les cutines (polymères de condensation d'hydroxyacides qui recouvrent la surface des feuilles des plantes) ;
- les lipides « non saponifiables » comprenant des hydrocarbures, des pigments, des stérols et des vitamines liposolubles.

3.1.1. Lipides neutres

Sur le plan biologique, les lipides neutres sont des lipides de dépôt, constituant des réserves énergétiques dans la matière vivante. Quantitativement, les lipides neutres sont très majoritairement constitués de triacylglycérols (TAG). Ils sont formés par une molécule de glycérol dont chacune des trois fonctions hydroxyles est estérifiée par une molécule d'acide gras (figure 22).

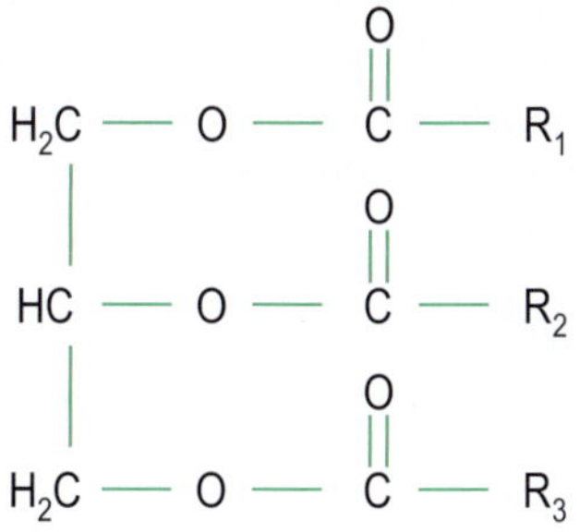

R_1, R_2, R_3 : chaînes hydrocarbonées

Figure 22 ■ Formule chimique des triacylglycérols.

Les acides gras sont constitués d'une fonction carboxylique et d'une chaîne aliphatique dont la longueur peut varier de 4 à 30 atomes de carbones (plus généralement de 12 à 24 atomes de carbone). La chaîne aliphatique est généralement non substituée et a un nombre pair d'atomes de carbone car résultant de la condensation d'unités acétate au cours de la biosynthèse. La chaîne aliphatique peut être saturée et linéaire ou présenter une ou plusieurs doubles liaisons traditionnellement séparées par un groupe méthylène. Comme nous le verrons par la suite (chapitre 4), le groupement méthylène joue un rôle important dans l'initiation de l'oxydation des lipides. Les doubles liaisons sont généralement en conformation *cis* imposant des coudes dans les chaînes aliphatiques les contenant.

Exceptionnellement la chaîne aliphatique peut contenir des doubles liaisons conjuguées, une double liaison en conformation *trans,* une fonction hydroxyle : certains acides gras de ce type que l'on peut trouver dans la matière grasse laitière sont produits dans le rumen des vaches par la flore bactérienne.

Dans la nomenclature des acides gras, les atomes de carbone sont numérotés de 1 à n à partir du groupement carboxyle vers l'extrémité méthyle. Toutefois, il est possible de respecter l'ordre de condensation des unités acétates au cours de la biosynthèse des chaînes d'acides gras pour identifier les atomes de carbone sur la chaîne aliphatique (figure 23). Ainsi, le carbone en douzième position sur une chaîne à 18 atomes de carbone est désigné n-6 (dans cet exemple : 18 – 6 = 12).

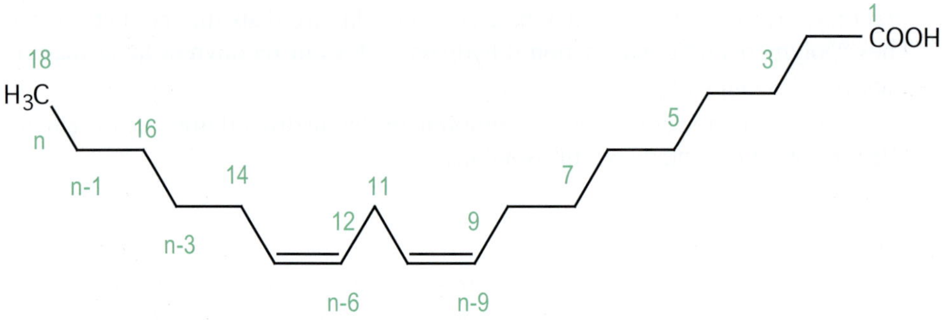

Figure 23 ■ Structure et nomenclature de l'acide linoléique.

Le nombre d'insaturation, accompagné entre parenthèse du chiffre correspondant à la position du premier atome de carbone participant à la double liaison, complète la dénomination de l'acide gras. En suivant cette nomenclature l'acide linoléique qui est une chaîne à 18 atomes de carbone possédant deux doubles liaisons (Δ) entre les carbones 9 et 10 et entre les carbones 12 et 13 s'écrit :

$$18{:}2\ (9{,}12),\ \text{ou}\ C_{18},\Delta^{9,12}.$$

Les doubles liaisons peuvent également être identifiées à partir de l'extrémité méthyle. Dans ce cas, l'acide linoléique sera noté :

$$18{:}2\ n\text{-}6,\ n\text{-}9.$$

Il appartient à la famille des ω6, car la première double liaison en partant de l'extrémité méthyle se situe sur le sixième carbone. L'acide α-linolénique appartient à la famille des ω3.

Le tableau 10 donne le nom commun et la dénomination symbolique des principaux acides gras naturels.

Parmi ces acides gras, l'acide linoléique et l'acide α-linolénique sont essentiels à l'homme. Ils ne peuvent être synthétisés par l'homme et doivent donc être apportés par l'alimentation. En effet, il n'existe pas dans les cellules humaines de désaturases (enzymes spécifiques) permettant de positionner des doubles liaisons au-delà du carbone 9.

En raison de la diversité des acides gras et des différentes possibilités d'estérification sur le glycérol, il existe plusieurs milliers de triacylglycérols différents. Naturellement, l'estérification des acides gras sur le glycérol résulte de processus biologiques et ne correspond pas à une distribution au hasard. La position des acides gras sur la molécule de glycérol conditionne leur absorption intestinale. Alors que les

Tableau 10 ■ Nom commun et dénomination symbolique des principaux acides gras naturels.

Nom commun	Symbole	Nom commun	Symbole
Butyrique	4:0	Palmitoléique	16:1 (9)
Caproïque	6:0	Oléique	18:1 (9)
Caprylique	8:0	Érucique	22:1 (13)
Caprique	10:0	Nervocique	24:1 (15)
Laurique	12:0	Linoléique	18:2 (9,15)
Myristique	14:0	α-Linolénique	18:3 (9,12,15)
Palmitique	16:0	γ-Linolénique	18:3 (6,9,12)
Stéarique	18:0	Arachidonique	20:4 (5,8,11,14)
Arachidique	20:0	Eicosapentaénoïque (EPA)	20:5 (5,8,11,14,17)
Béhénique	22:0	Docosahexaénoïque (DHA)	22:6 (4,7,10,13,16,19)
Lignocérique	24:0		

acides gras en position 2 sont absorbés sous forme de monoacylglycérols, les acides gras en position externe (1 et 3) sur le triacylglycerol libérés par les lipases pancréatiques passent la barrière intestinale ou sont éliminés sous forme de savon.

Les diacylglycérols (DAG) et les monoacylglycérols (MAG) se retrouvent généralement en faible proportion dans les matières grasses. Ce sont le plus souvent des produits de dégradation des triacylglycérols par des lipases ou simple hydrolyse chimique. Ils sont très largement utilisés comme agent émulsifiant dans de nombreuses applications alimentaires.

3.1.2. Phospholipides

Les phospholipides sont des molécules amphiphiles constituées de deux familles de composés, les phosphoglycérides et les sphingolipides. Les premiers dérivent de l'acide phosphatidique qui est un diacylglycérol dont la fonction hydroxyle en position 3 est estérifiée par l'acide phosphorique (figure 24). La seconde fonction acide de l'acide phosphorique est estérifiée par un dérivé azoté (la choline, l'éthanolamine ou un acide aminé comme la sérine), l'inositol ou une autre molécules de glycérol.

Les sphingolipides sont constitués d'une molécule de sphingosine (aminoalcool à 18 atomes de carbone possédant une double liaison, deux fonctions hydroxyles en position 1 et 3 et une fonction amine en position 2) sur laquelle sont fixés d'une part un acide gras en position 2 par une liaison amide et d'autre part la phosphorylcholine (sphingophospholipides ou sphingomyélines) ou des résidus glucidiques (sphingoglycolipides) en position 1.

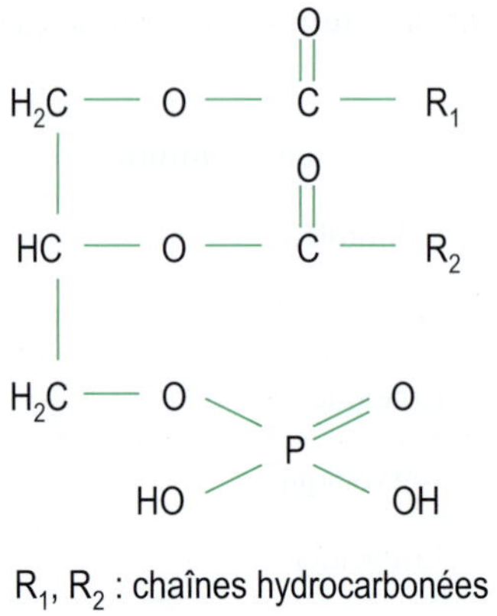

Figure 24 ■ Formule chimique de l'acide phosphatidique.

Les phospolipides participent à l'élaboration des membranes biologiques. En raison de leur propriété tensioactive, les phospholipides sont utilisés comme émulsifiants dans l'industrie alimentaire. Leur structure (riches en acides gras insaturés) et leur localisation (immobilisés à l'interface directement en contact de la phase aqueuse) les rendent particulièrement sensibles à l'action des lipases et aux réactions d'oxydation.

3.1.3. Lipides « non saponifiables »

Généralement, l'insaponifiable représente moins de 10 % de la fraction lipidique. Il est constitué de molécules issues de familles qui peuvent être très différentes. Elles ont comme propriété commune d'être résistant à un traitement alcalin. On peut les classer suivant leur origine chimique ; dans ce cas on distingue les lipides isopréniques, les lipides icosanoïdes et les hydrocarbures.

Les lipides isopréniques renferment :

- les hydrocarbures isopréniques provenant de la polymérisation d'unités isoprène ;
- les stérols dont le cholestérol et les phytostérols, ainsi que les dérivés des stérols parmi lesquels on retrouve les sels biliaires, la vitamine D, les alcaloïdes ;
- les caroténoïdes avec les carotènes, les xanthophylles, la vitamine A ;
- les quinones à chaîne isoprénique comprenant les vitamines E et K.

Les lipides icosanoïdes dérivant de l'acide arachidonique comprennent :

- les prostaglandines ;
- les prostacyclines ;
- les thromboxanes ;
- les leucotriènes.

Les hydrocarbures sont naturellement présents dans la plupart des organismes vivants en très faible concentration. Ils peuvent également être formés au cours du traitement des matières grasses ou de leur stockage en relation avec les réactions d'oxydation des lipides.

3.2. Propriétés thermiques des lipides

Les propriétés thermiques d'une matière grasse dépendent de la longueur de chaîne et de l'insaturation des résidus d'acides gras ainsi que de la structure des triacylglycérols. Ces paramètres déterminent les propriétés de fusion et de cristallisation des matières grasses qui sont importantes dans la perception sensorielle des aliments.

3.2.1. Propriété de fusion

Traditionnellement on distingue les huiles et les graisses en fonction de leur propriété de fusion. Les huiles sont des corps gras liquides à la température ambiante (25 °C) : c'est le cas de la grande majorité des huiles végétales (soja, tournesol, colza, arachide, olive, etc.) et des huiles de poissons. Les graisses sont des corps gras solides (concrets) à température ambiante (25 °C). On peut citer la graisse d'oie, la graisse de porc (le saindoux), la graisse de bœuf (le suif), mais aussi certaines graisses d'origine végétale désignées à tort comme « huile » (huile de palme).

Les propriétés de fusion des triacylglycérols dépendent avant tout de la nature de leurs acides gras constitutifs. Les triacylglycérols composés d'acides gras saturés peuvent aisément s'aligner les uns par rapport aux autres. Ils forment des structures cristallines compactes maintenues en place par des liaisons de type van der Waals. Ces liaisons sont de faible énergie mais leur nombre suffit à maintenir les différentes chaînes d'acide gras associées à température ambiante. Ainsi, les matières grasses riches en acides gras saturés sont solides à température ambiante et nécessitent un apport d'énergie pour être liquéfiées. La présence d'acide gras à courtes chaînes réduit le nombre de liaisons susceptibles de se former entre les triacylglycérols, ce qui tend à diminuer leur point de fusion. De la même manière, la présence d'acides gras insaturés sur les triacylglycérols impose des coudes à la chaîne aliphatique ce qui interfère avec la formation de structures cristallines compactes. Ils gênent l'alignement des triacylglycérols rendant la formation du cristal plus difficile, ce qui réduit leur point de fusion. Ainsi les matières grasses riches en acides gras courtes chaînes et/ou en acides gras insaturés sont liquides à température ambiante.

Par ailleurs, les matières grasses naturelles contiennent une grande diversité de triacylglycérols. De ce fait, elles ne présentent jamais un point de fusion net mais sont caractérisées par une plage de fusion que l'on peut identifier à partir de la courbe de fusion (figure 25). Cette dernière est plus ou moins pentue suivant la composition en triacylglycérols. À température ambiante, les triacylglycérols à point de fusion élevé sont présents sous la forme de cristaux solides divers en suspension dans des triacylglycérols liquides. La présence de cristaux solides confère aux matières grasses solides leur plasticité caractéristique. Un lipide qui serait composé d'un seul triacylglycérol ne pourrait être que rigide ou liquide.

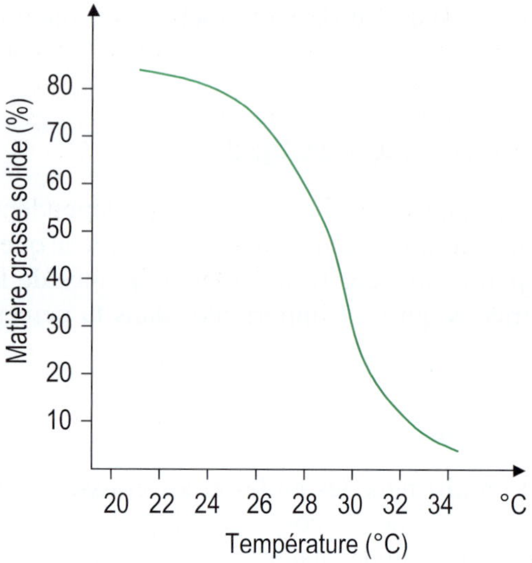

Figure 25 ■ Représentation de la courbe de fusion d'une matière grasse.

La fusion des cristaux de matière grasse est une réaction endothermique. En prélevant l'énergie nécessaire sur la langue et dans la bouche, elle est responsable de l'impression de fraîcheur en bouche. Cette impression est d'autant plus marquée que la vitesse de fusion des cristaux est rapide. C'est le cas du beurre de cacao dont les triacylglycérols ont des points de fusion confinés dans une plage de température étroite correspondant à une courbe de fusion très pentue autour de 30 °C. Ces propriétés de fusion sont responsables de la texture cassante du chocolat à température ambiante mais fondante à la température de la bouche. De plus, pour ne rien gâcher au plaisir, c'est au cours du changement d'état que les arômes piégés dans la matière grasse sont libérés.

3.2.2. Comportement de cristallisation

La maîtrise des propriétés de cristallisation des lipides a deux implications industrielles majeures : d'une part, elle permet d'atteindre les caractéristiques organoleptiques voulues pour de nombreux produits alimentaires, et d'autre part, elle permet d'isoler des fractions de lipides spécifiques à partir d'une source naturelle animale ou végétale contenant des lipides différents par leurs propriétés chimiques et physiques.

En plus du pourcentage de matière grasse solide, c'est l'organisation des chaînes aliphatiques des acides gras, c'est-à-dire le polymorphisme, et la taille des cristaux qui déterminent les propriétés de fusion et rhéologiques des matières grasses. On parle de polymorphisme lorsqu'un même ensemble de molécules est capable de s'organiser de différentes manières en modifiant les conditions opératoires au cours de la cristallisation. L'agencement des chaînes aliphatiques des triacylglycérols est caractérisé par une organisation transversale et une organisation longitudinale :

• L'organisation transversale des chaînes d'acides gras se fait dans des sous-cellules cristallines. Les trois sous-cellules principalement rencontrées sont notées α, β' et β, dans leur ordre croissant de stabilité, de compacité et de point de fusion (tableau 11). Elles correspondent respectivement à des organisations hexagonale, orthorhombique perpendiculaire (O⊥) et triclinique parallèle (T//) (figure 26).

Tableau 11 ■ Point de fusion (°C) des formes cristallines de quelques triglycérides.

	Formes cristallines		
	α	**β'**	**β**
Trilaurine	15	35	46
Trimyristine	33	46	57
Tripalmitine	45	56	65
Tristéarine	54	65	71

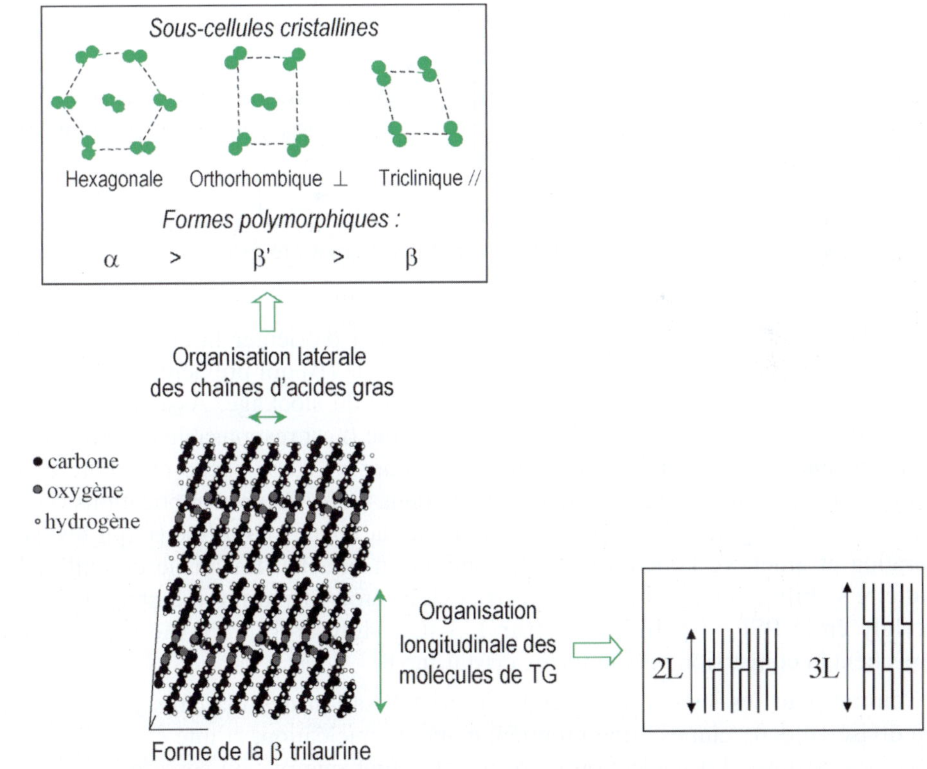

Figure 26 ■ Organisation des molécules de triacylglycérols sous forme de strates caractérisées par une organisation latérale et un empilement longitudinal.

• L'organisation longitudinale des chaînes aliphatiques résulte de l'arrangement des molécules sous forme de strates. L'épaisseur des strates reflète le nombre de chaînes aliphatiques qui sont superposées dans la strate. Elles sont généralement du type 2L ou 3L (avec 2 ou 3 longueurs de chaînes) (figure 26). Les organisations longitudinales des chaînes d'acides gras dépendent essentiellement de la symétrie du triacylglycérol considéré. Les triacylglycérols présentant un « défaut » d'empilement (une ou plusieurs insaturations ou des acides gras de différentes longueurs) auront tendance à former des strates de type 3L, avec ségrégation de la chaîne présentant le défaut. Les triacylglycérols possédant des acides gras similaires en longueur de chaîne et en insaturation donneront des strates de type 2L.

Le polymorphisme des triacylglycérols est gouverné par des facteurs thermodynamiques et cinétiques. Il est de type monotropique pour les variétés les plus stables, c'est-à-dire que les transitions cristallines sont irréversibles et s'effectuent toujours des formes cristallines les moins stables (α et β') vers celle thermodynamiquement la plus stable (β) (figure 27). Par ailleurs, les cinétiques de refroidissement ou de chauffage déterminent la variété polymorphique obtenue. De manière générale, des refroidissements rapides favorisent les variétés cristallines moins stables contrairement aux refroidissements lents qui orientent la cristallisation vers les états les plus stables.

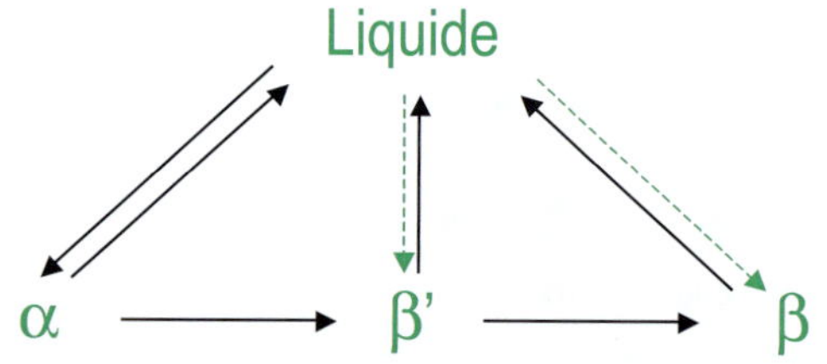

Figure 27 ■ Cristallisation et évolution des cristaux de matière grasse.

En chocolaterie, l'opération de tempérage permet d'orienter la cristallisation du beurre de cacao vers la forme cristalline la plus stable (β) qui prévient les défauts de brillance et de texture pouvant apparaître au cours du stockage. Associée à la proportion de matière grasse solide, la forme cristalline β est responsable des propriétés cassantes souhaitées pour les « chocolats à croquer » : casse sèche et sonore entre les doigts et résistance à l'écrasement sous la dent. Pour d'autres applications (viennoiseries, crèmes glacées), on préférera stabiliser la forme cristalline β' qui favorise l'aération et améliore l'onctuosité et le fondant en bouche. La forme cristalline β' peut être stabilisée en ajoutant certains triacylglycérols (1-palmityl, 2-stéaryl, 3-palmitylglycérol : PSP ; 1-palmityl, 2-stéaryl, 3-stéarylglycérol : PSS) qui retardent ou empêchent la conversion vers la forme cristalline β.

Comme pour les sucres, le procédé de cristallisation des matières grasses peut être divisé en deux étapes : une première étape de nucléation, et une étape de croissance des cristaux. La nucléation ne peut s'effectuer que par un surrefroidissement car il existe une barrière énergétique à la formation de la phase solide ; l'énergie d'activation pour induire la nucléation diminue inversement au surrefroidissement. Pour les faibles surrefroidissements, la croissance des cristaux est favorisée alors que la nucléation prédomine pour les forts surrefroidissements. Ainsi lorsque le surrefroissement augmente, la taille moyenne des cristaux diminue par multiplication du nombre des noyaux. La taille des cristaux obtenus à un impact prépondérant sur la texture des matières grasses. Ainsi, en maîtrisant la taille de cristaux, il est possible de standardiser la tartinabilité des beurres malgré une composition en matière grasse qui varie au cours de la période de lactation.

4. Vitamines

Les vitamines sont de petites molécules indispensables à l'homme pour de nombreuses activités métaboliques fondamentales et dont la carence conduit à des syndromes spécifiques qui ont souvent été à l'origine de leur découverte. Bien qu'elles soient indispensables en très faibles quantités, l'homme est incapable de les synthétiser en quantité suffisante ; elles doivent être apportées par l'alimentation.

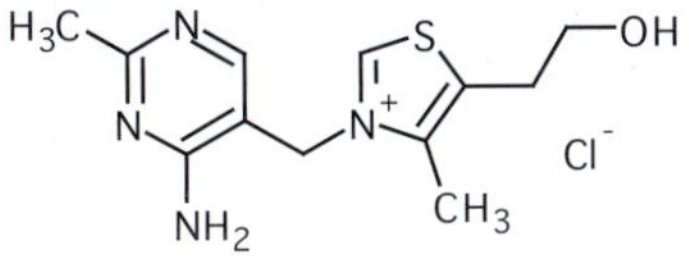

Vitamine B_1 : thiamine

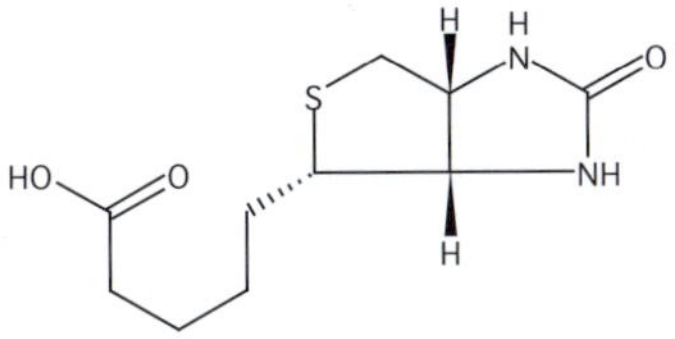

Vitamine B_7 : biotine

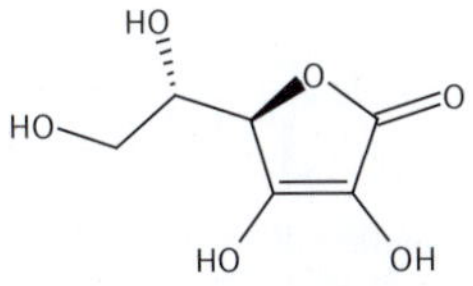

Vitamine C : acide ascorbique

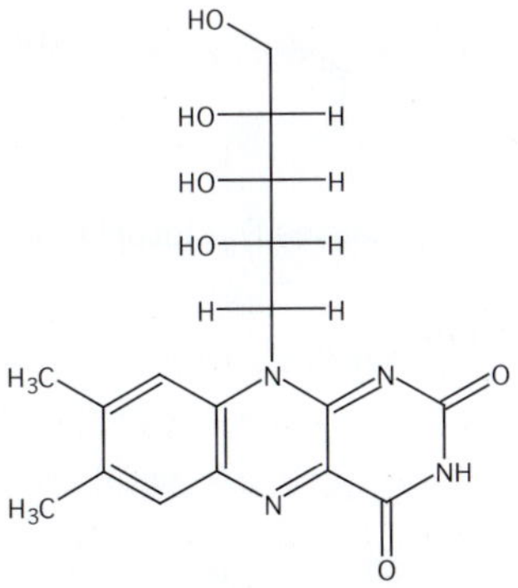

Vitamine B_2 : riboflavine

Figure 28 ■ Vitamines hydrosolubles.

D'un point de vue chimique, les vitamines ont des formules très diverses leur conférant des différences de solubilité dans l'eau et les solvants organiques. On distingue ainsi les vitamines hydrosolubles comprenant les vitamines B et la vitamine C (figure 28) et les vitamines liposolubles renfermant les vitamines A, D, E et K (figure 29). Chacune des vitamines a un rôle spécifique et de ce fait elles ne peuvent être substituées l'une à l'autre.

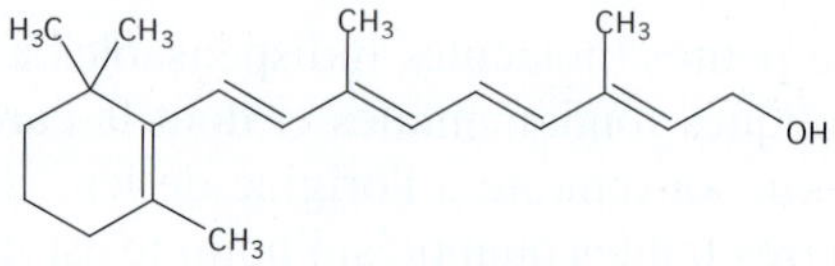

Vitamine A : rétinol

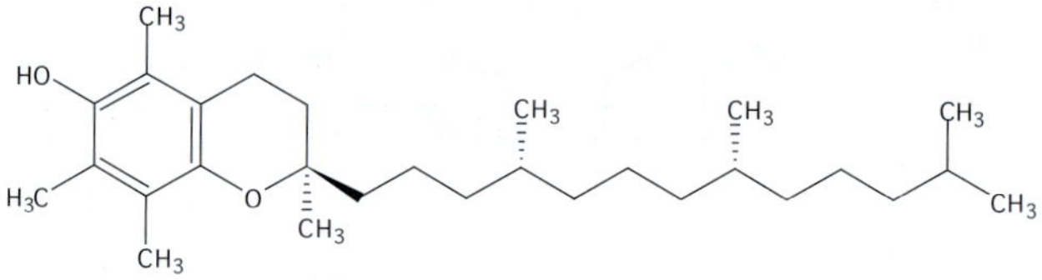

Vitamine E : α-tocophérol

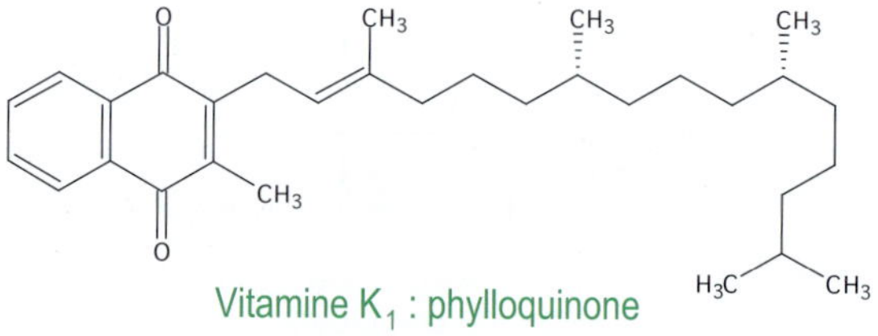

Vitamine K_1 : phylloquinone

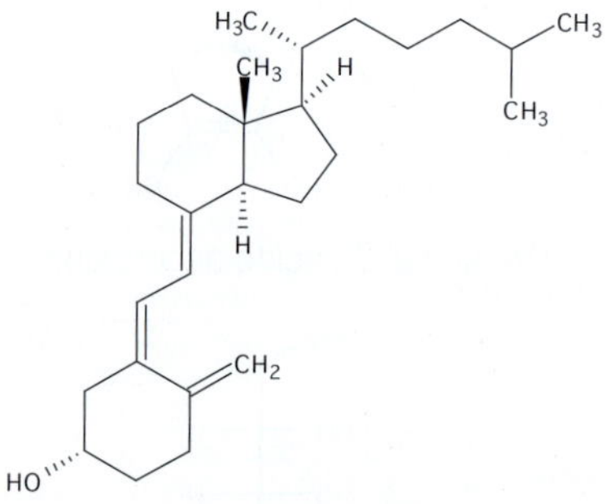

Vitamine D_3 : tocophérol

Figure 29 ■ Vitamines liposolubles.

Références bibliographiques
de la première partie

Bhargava A, Jelen P (1996). Lactose solubility and crystal growth as affected by mineral impureties. *J Food Sci*, **61** : 180-184.

Bimbenet JJ, Duquenoy A, Trystral G (2002). *Génie des procédés alimentaires. Des bases aux applications*. Dunod, Paris.

Blond G (2002). Procédés de congélation. *In* : Le Meste M, Lorient D, Simatos D. *L'eau dans les aliments,* Tec & Doc Lavoisier, Paris, 429-445.

Brunauer S, Emmett PH, Teller E (1938). Adsorption of gases in multimolecular layers. *J Am Chem Soc*, **60** : 309-319.

Damodaran S (1996). Functional properties. *In:* Nakaï S, Modler HW, *Food proteins : properties and characterization*. 167-234.

Duckworth RB (1976). The roles of water in foods. Factors influenced by water in foods. *Chem Ind*, London.

Dumoulin E, Bimbenet JJ, Bonazzi C, Daudin JD, Mabonzo E, Turchiuli C (2004). Activité de l'eau, teneur en eau des produits alimentaires : isotherme de sorption de l'eau. *Ind Alim Agric,* **4** : 8-19.

Efstathiou T, Feuardent C, Méjean S, Schuck P (2002). The use of carbonyl analysis to follow the main reactions involved in the process of deterioration of the dehydrated dairy products: prediction of the most favourable degree of dehydration. *Le Lait*, **82** : 423-440.

Foubert I, Dewettinck K, Vanrolleghem PA (2003). Modelling of the cristallization kinetics of fats. *Trends Food Sci Technol*, **14** : 79-92.

Faiveley M (2003). L'eau et la conservation des aliments. *Tech Ing*, F 1 001, 1-11.

Gal S (1981). Recent developments in techniques for obtaining complete isotherms. *In* : Rockland LB, Stewart GF. *Water activity: influences on food quality*. Academic Press, London, 89-110.

Genin N, René F (1995). Analyse du rôle de la transition vitreuse dans les procédés de conservation agroalimentaires. *J Food Eng*, **26** : 391-408.

Ghotra BS, Dyal SD, Narine SS (2002). Lipid shortenings : a review. *Food Res Int*, 1015-1048.

Hartel RW, Shastry AV (1991). Sugar cristallization in food products. *Crit Rev Food Sci Nutr*, **1** (1) : 49-112.

Jouppila K, Roos YH (1994). Glass transition and crystallization in milk powders, *J Dairy Sci*, **77** : 2907-2915.

Jouppila K, Kansikas J, Roos YH (1994). Glass transition, water plasticization, and lactose crystallzation in skim milk powders. *J Dairy Sci*, **80** : 3152-3160.

Labuza TP (1968). Sorption phenomena in foods. *Food Technol,* **22** : 15-24.

Labuza TP, Acott K, Tatini SR, Lee RY, Flink J, Mc Call W (1976). Water activity determination: a collaborative study of different methods. *J Food Sci*, **46** : 670-680.

Larsson K (1994). Lipids-Molecular organization, physical functions and technical applications. *The oily press*, 7.

Le Meste M, Simatos D (1990). La transition vitreuse : indices en technologie alimentaire. *Ind Alim Agric*, **107** : 5-11.

Le Meste M, Roudaut EC, Simatos D, Colas B (2001). Propriétés fonctionnelles de l'eau dans les aliments. *Ind Alim Agric*, **118** : 21-28.

Le Meste M, Lorient D, Simatos D (2002). *L'eau dans les aliments*. Tec & Doc Lavoisier, Paris.

Lewicki PP (1998). A three parameter equation for food moisture isotherms. *J Food Eng*, **21** : 127-144.

Lewicki PP (2000). Raoult's law based food water sorption isotherm. *J Food Eng*, **43** : 31-40.

Mathlouthi M, Goguelet B (1998). Structure du saccharose et qualité des enrobages et des dragées. *Ind Alim Agr*, **115** : 37-44.

Peleg M (1983). Assessement of a semi-empirical four parmeter general model for sigmoid moisture sorption isotherms. *J Food Process Eng*, **16** : 21-37.

Pisecki (1997). *Handbook of milk powder manufacture.* Niro A/S, Copenhaguen.

Pontillon J (1998). Le beurre de cacao et les matières grasses en chocolaterie. *In* : Pontillon J, *Cacao et Chocolat.* Tec & Doc Lavoisier, Paris, 326-393.

Roos YR (1997). Water in milk product. *In* : Fox PF. *Advanced dairy chemistry. Volume 3. Lactose, water, salts and vitamins.* Chapman & Hall, London, 303-346.

Roos YR (2002). Importance of glass transition and water activity to spray drying and stability of dairy powders. *Le Lait*, **82** : 475-484.

Roos YH, Karel M (1991a). Phase transitions of amorphous sucrose and frozen sucrose solutions. *J Food Sci*, **56** : 266-267.

Roos YH, Karel M (1991b). Water and molecular weight effects on glass transitions in amorphous carbohydrates and carbohydrates solutions. *J Food Sci*, **56** : 1676-1681.

Sato K (2001). Crystallisation behaviour of fats and lipids – a review. *Chem Eng Sci*, **56** : 2255-2265.

Schuck P, Dolivet A, Méjean S (2004a). Lactose crystallization and hygroscopicity. *Bull IDF*, **389** : 10-15.

Schuck P, Bouhallab S, Durupt D, Vareille P, Humbert JP, Marin M (2004b). Séchage des lactosérums et dérivés : rôle du lactose et de la dynamique de l'eau. *Le Lait*, **84** : 243-268.

Senoussi A, Dumoulin ED, Berk Z (1995). Retention of diacetyl in milk during spray-drying and storage. *J Food Sci*, **60** : 894-897, 905.

Simatos D (2002). Propriétés de l'eau dans les produits alimentaires : activité de l'eau, diagramme de phases et d'états. *In* : Le Meste M, Lorient D, Simatos D. *L'eau dans les aliments*, Tec & Doc Lavoisier, Paris, 49-83.

Siret C (2002). Les composants chimiques des produits alimentaires. *Tech Ing*, F1 010, 1-19.

Van den Berg C, Bruin S (1981). Water activity and its estimation in food systems. *In* : Rockland LB, Stewart GF, *Water relationships in foods*, Plenium Press, New York, 21-28.

Vuataz G (2002). The phase diagram of milk : a new tool for optimising the drying process. *Le Lait*, **82** : 485-500.

Deuxième partie

Agents et mécanismes de modification des aliments

3

Altérations microbiennes

En général, les matières premières alimentaires ne sont contaminées que de manière superficielle, sauf la matière première d'origine animale qui peut être contaminée en profondeur. La contamination des aliments se produit souvent au cours de leur procédés de fabrication.

1. Profil microbien des aliments

1.1. Origine des micro-organismes

1.1.1. Origine endogène

L'organisme animal, tout comme l'organisme humain, est porteur de très nombreux micro-organismes en surface mais aussi en profondeur, *via* les muqueuses et le tube digestif. En effet, toutes les surfaces internes de l'organisme animal en contact avec le milieu environnant hébergent et/ou sont contaminées par des micro-organismes. C'est ainsi qu'on retrouve des micro-organismes dans tout le tractus digestif, de la sphère oropharyngée jusqu'à l'anus ainsi que sur les muqueuses du tractus génital de la femelle. On dit couramment que l'organisme humain — ou animal — contient plus de micro-organismes qu'il ne comporte de cellules. La flore du tube digestif est de l'ordre de 10^{11} à 10^{12} micro-organismes$\cdot g^{-1}$ de fèces. La flore dominante, de l'ordre de 10^8 micro-organismes$\cdot g^{-1}$, est représentée par des *Bifidobacterium, Peptostreptococcus, Bacteroides, Eubacterium ;* la flore sous dominante ($< 10^5$ micro-organismes$\cdot g^{-1}$) est constituée de *Lactobacillus* et *Clostridium* et la flore fluctuante ($< 10^5$ micro-organismes$\cdot g^{-1}$) est représentée par *Staphylococcus* et *Streptococcus* (Stephen et Cummings, 1980).

Ces micro-organismes ont pour rôle principal d'occuper le terrain afin d'éviter l'implantation de micro-organismes pathogènes. Ils sont dits saprophytes ou commensaux suivant leurs relations avec l'hôte. Nous ne parlerons ici que des animaux sains, les animaux malades étant en général évincés de la chaîne alimentaire par les services vétérinaires. En général, dans un organisme humain ou animal en bonne santé, les micro-organismes pathogènes sont présents momentanément ou continuellement en quantité relativement limitée par rapport aux autres micro-organismes dit inoffensifs. Ils peuvent être implantés dans des microniches écologiques et, sans se multiplier activement, peuvent coexister avec les autres micro-organismes ou tout simplement transiter *via* les aliments dans le tube digestif. C'est ainsi que l'homme peut héberger ponctuellement des bactéries pathogènes telles que *Listeria monocytogenes*, *Salmonella*, *Staphylococcus aureus*, des *Clostridium* (qui peuvent perdurer dans le tube digestif) ainsi que des virus.

Staphylococcus aureus constitue un cas à part puisque cette bactérie a pour niche écologique les glandes sébacées du système pileux et peut donc être hébergée par la peau de l'homme ou de l'animal. On retrouve donc cette bactérie assez fréquemment dans leur sphère oropharyngée.

En général, ces micro-organismes pathogènes sont confinés aux muqueuses dans le tube digestif et, si les conditions d'abattage sont correctes, ne devraient théoriquement pas contaminer la viande. On constate cependant que dans certaines conditions ils peuvent migrer du tube digestif ou des muqueuses vers le muscle. On appelle cette voie de contamination la bactériémie d'abattage.

Les autres voies majoritaires de contamination endogène sont liées aux plaies de saignée ou à l'éviscération tardive.

▶ BACTÉRIÉMIE D'ABATTAGE (Gill, 1988)

Le passage des micro-organismes du tube digestif vers le muscle peut se faire après la digestion. En effet, les micro-organismes peuvent passer à travers la paroi intestinale dans la lymphe et dans le sang. Ils sont en général arrêtés par les ganglions ainsi que le foie qui forment le système réticulo-histocythère.

Lorsque l'animal est abattu dans un état de stress, où s'il est simplement fatigué, on observe une production de cathécholamine qui paralyse ce système, entraînant ainsi la libération dans le sang des micro-organismes qui ont été piégés par les ganglions et par le foie. Ces micro-organismes peuvent ensuite se multiplier plus ou moins rapidement dans le sang suivant la vitesse de refroidissement de la carcasse à cœur (Fournaud, 1985).

Les micro-organismes contaminant la carcasse de cette manière sont majoritairement éliminés lors de la saignée, mais certains peuvent adhérer au capillaire sanguin et se multiplier. Si l'on contamine l'alimentation des porcs en salmonelles, on les retrouve ensuite à cœur des jambons, ce qui montre ce passage des micro-organismes du tube digestif dans les muscles.

▶ PLAIE DE SAIGNÉE

Ce n'est pas à proprement parler une contamination d'origine endogène, puisque dans ce cas, les micro-organismes proviennent de l'extérieur pour se répandre dans tout l'organisme lors de la saignée. Cependant, elle entraîne une contamination à cœur des muscles avec les mêmes conséquences que précédemment.

Lors de la saignée, les micro-organismes se trouvant sur les couteaux mal nettoyés ou sur les poils de l'animal (souillures fécales au niveau du collet des bovins) peuvent être entraînés par le flux sanguin lors de la coupure des carotides par l'opérateur. Ces contaminations peuvent être extrêmement dangereuses, car potentiellement riches en micro-organismes pathogènes.

▶ ÉVISCÉRATION TARDIVE

L'éviscération tardive est considérée comme telle lorsqu'elle se produit au-delà de 45 min après l'abattage, même s'il est rare que l'on retrouve des micro-organismes dans les muscles de l'animal en un laps de temps si court. Les tissus digestifs, fragilisés après la mort de l'animal, permettent un transit aisé des micro-organismes du tube digestif dans le muscle. Les dangers résultant d'une éviscération tardive sont amplifiés par la température et la durée entre l'abattage et l'éviscération de l'animal.

Le faisandage consiste à entreposer une bête abattue pendant un certain temps sans l'avoir éviscérée. C'est une pratique encore utilisée actuellement et qui entraîne une modification des qualités organoleptiques de la viande, *via* le passage des micro-organismes au niveau du muscle.

▶ AUTRES CAS DE CONTAMINATIONS ENDOGÈNES

• ***Œufs*** (Thapon *et al.*, 1994 ; Board et Fuller, 1994)

Le contenu de l'œuf provenant de poules saines est habituellement stérile sauf dans le cas d'une transmission transovarienne qui a été démontrée dans le cas de *Salmonella* Enteritidis. Cette transmission particulière suppose que les salmonelles passent dans le sang de la poule et soient disséminées dans divers organes notamment les ovaires, avec ou sans manifestation pathologique. Ce mode de transmission a été démontré par différentes études mais la transmission par souillure fécale de la coquille, suivie d'une pénétration des salmonelles par les pores de cette coquille notamment en présence de fêlures, est sans doute la plus fréquente. Dans la mesure où le jaune d'œuf n'est pas cuit à des températures élevées dans certaines préparations culinaires, son ingestion par le consommateur pourra conduire à une salmonellose sévère.

• ***Lait***

Le lait peut lui aussi être contaminé de manière endogène dans la mamelle par des bactéries l'ayant colonisée. Lorsqu'une telle colonisation se produit, elle provoque une inflammation de la mamelle appelée mammite, conduisant à l'excrétion d'un nombre important de bactéries.

Les mammites à *Staphylococcus* sont les plus fréquemment rencontrées. En effet, *Staphylococcus aureus* est souvent présent sur la peau du pis de la vache et peut donc contaminer le trayon lors de la traite. Il existe aussi des mammites dues à *Listeria monocytogenes* et à *Salmonella*, moins fréquemment rencontrées, mais potentiellement extrêmement dangereuses pour le consommateur.

1.1.2. Origine exogène

La matière première alimentaire est bien souvent contaminée de manière superficielle dès sa production et les opérations technologiques subies par cette matière première vont modifier de manière considérable la flore microbiologique de l'aliment obtenu. Certaines opérations limitent le développement des flores microbiennes (congélation, traitements thermiques) alors que d'autres créent des conditions favorables à la multiplication de certaines flores utiles (fermentations). Les vecteurs de contamination des aliments sont extrêmement diversifiés. Ils regroupent :

- l'homme et les animaux ;
- le sol, l'eau et l'air qui forment un *pool* commun ;
- les déchets et sous-produits ;
- les ingrédients ;
- les surfaces et les machines ;
- les locaux.

▶ HOMME ET ANIMAUX

L'homme est susceptible de contaminer les aliments, d'une part par ses mauvaises pratiques hygiéniques (opérateur ramassant au sol un fruit contaminé par ce contact et le réintroduisant dans la chaîne de fabrication par exemple), et d'autre part en tant que porteur de micro-organismes pathogènes.

En général, les personnes souffrant de maladies infectieuses excrètent une grande quantité de micro-organismes pathogènes. Dans la mesure où ces maladies sont souvent invalidantes, ces personnes sont rarement en contact avec les aliments lors de leur fabrication. Il peut cependant arriver que certaines pathogénicités, comme des coupures infectées, ne soient pas suffisamment invalidantes pour éviter ce risque. On conseille donc de limiter le travail de personnes portant des plaies aux mains au niveau de la chaîne de fabrication des aliments. En effet, les opérateurs travaillant en industrie agroalimentaire sont plus susceptibles que la majeure partie de la population de se blesser : ils utilisent souvent des instruments coupants dans une atmosphère humide et manipulent une matière première suceptible de contenir des micro-organismes pathogènes. À titre d'exemple, une plaie infectée par *Staphylococcus aureus* peut héberger plus de 10^9 bactéries. De plus, l'homme peut être porteur asymptomatique (porteur sain) de micro-organismes pathogènes sans développer de maladie infectieuse : on peut retrouver dans le tube digestif de nombreux micro-organismes pathogènes (*Listeria monocytogenes, Salmonella, Clostridium perfringens,* etc.) et virus (hépatite A). Ces micro-organismes peuvent simplement transiter dans le tube digestif ou s'y maintenir, en équilibre avec la flore habituelle. Si l'homme ne respecte pas les principes de base de l'hygiène corporelle, il pourra ainsi, *via* ses excréments, contaminer ses mains s'il ne se les lave pas et par suite les instruments ou ustensiles servant à l'élaboration des aliments, voire directement ceux-ci. L'homme peut également héberger sur sa peau des micro-organismes pathogènes. Par les manipulations ou par ses éternuements, l'homme pourra ainsi contaminer les aliments avec *Staphylococcus aureus.*

Les animaux, par leur présence incontrôlée dans l'entreprise, peuvent être également vecteurs de nombreux micro-organismes pathogènes. Les cas les plus fréquents sont les rongeurs, les oiseaux et les insectes.

Les rongeurs peuvent contaminer par leurs excréments les stocks de matières premières et les aliments en cours ou en fin d'élaboration. La flore fécale des rongeurs peut héberger de nombreux micro-organismes pathogènes, comme les salmonelles. C'est pourquoi, dans tout établissement agréé CEE, un plan de lutte contre les nuisibles est obligatoire et contrôlé par les services vétérinaires.

La flore digestive des oiseaux, très différente de celle des mammifères, peut héberger en grande quantité des micro-organismes pathogènes pour l'homme et inoffensifs pour le volatile. C'est le cas, par exemple, de *Campylobacter* et des salmonelles, que l'on retrouve fréquemment dans leurs fientes.

Les insectes, beaucoup plus difficiles à éradiquer que les rongeurs et les oiseaux, peuvent également être responsables de contaminations très importantes. En effet, ils peuvent disséminer par leurs pattes de nombreux micro-organismes sur les aliments, après s'être posés sur des matières en décomposition ou sur des excréments. C'est pourquoi il est nécessaire de stocker les déchets le plus loin possible des lignes de fabrication ou de disposer dans l'entreprise de systèmes permettant de les piéger. Enfin, il n'est pas rare dans certaines petites entreprises de rencontrer des chats et des chiens domestiques qui, par leurs poils souillés, sont également des vecteurs de micro-organismes pathogènes.

► SOL

La quantité de micro-organismes présente dans le sol peut varier considérablement en fonction de la richesse en matières organiques. Dans un humus très fertile, on peut retrouver jusqu'à 10^{10} micro-organismes$\cdot g^{-1}$ de sol.

Les micro-organismes sont essentiellement présents dans la couche superficielle qui est riche en matières végétales et animales en décomposition. Cependant, le sol n'est pas un milieu très favorable à la survie des micro-organismes dans la mesure où les conditions physico-chimiques (température, teneur en eau superficielle) peuvent varier de manière considérable et assez rapidement. C'est pourquoi on trouve dans la flore du sol des micro-organismes assez résistants aux variations de conditions environnementales. Les bactéries à coloration de Gram+ sont bien représentées par rapport à celles à coloration de Gram– en raison de leur résistance plus importante liée à la richesse de leur paroi en peptidoglycane.

On trouve aussi dans le sol les micro-organismes responsables des fermentations alimentaires tels que ceux impliqués dans la fabrication du pain (levures), des fromages (bactéries lactiques) et des boissons fermentées, qui peuvent ainsi contaminer les matières premières. Les bactéries pathogènes assez peu résistantes au milieu environnemental, peuvent toutefois transiter dans les sols. C'est ainsi que l'on y trouve des bactéries pathogènes présentes dans le tube digestif et véhiculées par les excréments animaux.

► EAU (tableau 12)

L'eau est utilisée en agroalimentaire pour l'élaboration des aliments, pour les opérations technologiques et pour le nettoyage. Le niveau de qualité hygiénique de l'eau attendu dépend de la nature de son utilisation. Une eau destinée au nettoyage des locaux pourra ainsi être de moindre qualité au plan microbiologique qu'une eau servant à l'élaboration des aliments.

Suivant sa provenance, l'eau peut être plus ou moins contaminée par les micro-organismes. Lorsqu'elle provient du réseau, la contamination dépend de l'état du réseau (entretien des canalisations, colonisation microbienne, charge microbienne de l'eau puisée), des traitements d'assainissement effectués et des conditions météorologiques. En effet, les pluies violentes comme les orages provoquent des écoulements de terre dans les bassins augmentant ponctuellement et de manière importante la charge microbienne.

Tableau 12 ■ Critères microbiologiques des eaux de consommation humaine.

Micro-organismes	**Eau de distribution Puits**	**Eaux conditionnées**	**Eaux minérales (conditionnées)**
Revivifiables 22 °C	< 100/L	< 100/L	< 100/L
Revivifiables 37 °C	< 10/mL	< 20/mL	< 20/mL
Coliformes 37 °C	0/100 mL (95 %)	0/100 mL (95 %)	0/250 mL
Coliformes 44 °C	0/100 mL	0/100 mL	0/250 mL
Strepto. fécaux	0/100 mL	0/100 mL	0/250 mL
Streptocoques ASR	≤ 1/20 mL	≤ 1/20 mL	0/250 mL
Salmonelle	0/5 L	0/5 L	absence
S. aureus	0/100 mL	0/100 mL	absence
P. aeruginosa	–	0/100 mL	0/250 mL
Entérovirus	0 ufp/10 L	0 ufp/10 L	absence
Bactériophages	0/50 mL	0/50 mL	–

L'eau utilisée en agroalimentaire peut également provenir de forages puisant dans les nappes phréatiques ou de captage de sources. Dans ce cas, il est nécessaire de filtrer l'eau afin d'éliminer les particules de matières minérales et organiques. Plusieurs étapes dans le procédé de filtration s'avèrent parfois nécessaires, en fonction du degré de souillure de l'eau. Ces filtrations n'éliminent cependant pas les micro-organismes, qu'il faut détruire par rayonnements ultraviolets ; les lésions induites au niveau de l'ADN des micro-organismes provoquent leur mort. La microfiltration tangentielle, la stérilisation thermique ou l'addition de composés chimiques à effet bactéricide (chlore, ozone, etc.) permettent également d'éliminer les micro-organismes.

Assez peu d'espèces bactériennes sont capables de se développer dans l'eau, notamment en raison de sa température souvent inférieure à 20 °C. Toutefois, plus les souillures organiques sont nombreuses, plus le développement microbien est favorisé, en particulier pour les micro-organismes capables de se développer à ces basses températures (micro-organismes psychotrophes) : c'est ainsi que l'on retrouve fréquemment des bactéries du genre *Pseudomonas* dans les bacs contenant de l'eau. Certains micro-organismes sont également capables d'utiliser la matière minérale pour leur nutrition et la production d'énergie.

Il existe quelques cas où les procédés technologiques utilisant l'eau peuvent être responsables de contaminations. On peut pour illustrer ce propos citer les bacs d'échaudage servant à plumer les volailles en abattoir. Il suffit d'une bande de volailles contaminée par un micro-organisme pathogène (par exemple des salmonelles) pour contaminer l'eau, et, par la suite, les autres bandes de volailles qui passeront par ce bac d'échaudage. Pour éviter ces contaminations croisées, des systèmes par aspersion sont une bonne alternative.

On trouve donc d'une manière générale assez peu de micro-organismes pathogènes dans l'eau, sauf si celle-ci a été en contact avec une source de contamination. C'est le cas, par exemple, de l'eau de rivière qui, contaminée en amont par un élevage, est utilisée, bien que cela soit interdit, pour l'irrigation de cultures de fruits ou légumes. L'eau de rivière contaminée est rejetée à la mer avec ses agents pathogènes. En fonction de leur résistance à la salinité, ceux-ci peuvent perdurer plus ou moins longtemps dans l'eau de mer et être concentrés par les bivalves. C'est ainsi que l'on rencontre fréquemment des virus (virus de l'hépatite A, *norovirus*) dans les coquillages.

► AIR

Les micro-organismes présents dans l'air sont en général véhiculés par des particules solides provenant du sol, des végétaux ou de l'homme et des animaux (fragments de peau ou de poils). Par conséquent, la contamination de l'air est fonction de son agitation (vents, courants d'air) et de la densité de sources de contamination. C'est ainsi que l'on constate une charge microbienne élevée dans les halls d'abattage de bovins.

Les micro-organismes présents dans l'air sont, comme pour le sol et l'eau, peu pathogènes en général et correspondent à des espèces microbiennes plutôt résistantes aux variations de conditions environnementales (bactéries à coloration de Gram+, spores bactériennes et spores fongiques). La quantité de spores fongiques véhiculée par l'air peut varier suivant la saison : elles peuvent contaminer les aliments au cours de leur transformation en fonction de leur sensibilité, si aucune précaution n'est prise. Par exemple, on fera beaucoup plus attention à la qualité de l'air dans une salle de tranchage et d'emballage de jambon blanc que dans une usine préparant des biscuits ou des pâtes alimentaires. Certaines fabrications nécessitent donc une filtration plus ou moins poussée de l'air afin d'éliminer les micro-organismes, conduisant à l'utilisation des salles blanches : ce sont des locaux où l'air entrant préalablement filtré est maintenu en surpression afin d'éviter l'entrée de l'air extérieur par les ouvertures servant aux opérateurs. Ces salles sont le plus souvent munies de sas permettant au personnel de changer de vêtements et de se laver les mains. À l'intérieur de ces salles blanches, on peut trouver un aménagement permettant d'éliminer davantage de particules : dans le secteur de la charcuterie, les trancheuses et emballeuses sont situées en salles blanches sous des hottes filtrantes afin de pouvoir travailler de manière aseptique. On trouve également de telles installations dans les entreprises produisant des boissons conditionnées après traitement thermique (lait pasteurisé, lait UHT, boissons gazeuses et sodas emballés dans des bouteilles en matière plastique). Dans ce cas, le contenant est stérilisé en général par un désinfectant chimique (eau oxygénée), puis rincé avec de l'eau stérile et le conditionnement se fait dans une enceinte où l'air est stérilisé par filtration.

▶ DÉCHETS ORGANIQUES

Les entreprises agroalimentaires doivent gérer plusieurs types de déchets organiques, provenant par exemple des os et abats d'animaux ou des épluchures des légumes. On cherche à limiter autant que possible la dissémination de ces réservoirs de contamination microbienne. Ainsi, de nombreuses cuisines centrales exigent maintenant de recevoir les légumes pelés et lavés afin d'éviter l'entrée de déchets contaminés à l'intérieur de leurs locaux. Afin de limiter les contaminations des aliments par les déchets, ceux-ci doivent être élaborés selon le principe de « la marche en avant », qui veut qu'en aucun cas un produit issu d'un secteur propre en aval de la chaîne de fabrication ne transite par un secteur souillé en amont de celle-ci. Ce principe de base, malgré son importance, n'est malheureusement pas respecté dans toutes les entreprises agroalimentaires, notamment lorsque celles-ci ont à faire face à une production saisonnière (surproduction lors des fêtes de fin d'année par exemple). De plus, l'extension des ateliers et chaînes de fabrication ne va pas toujours de paire avec une bonne utilisation des locaux. En effet, au fur et à mesure du développement des besoins, on a tendance à ajouter des locaux supplémentaires sans que l'ensemble ne soit fonctionnel et assure correctement la mise en œuvre du principe de marche en avant.

▶ INGRÉDIENTS

Certains ingrédients peuvent être source de contamination microbiologique si leur ajout se produit en fin de procédé sans qu'il y ait de stérilisation ou de cuisson ultérieures. C'est le cas, par exemple, des épices que l'on ajoute en fin de préparation. En effet, il n'est pas rare de constater une contamination de l'ordre de 10^8 à 10^9 micro-organismes$\cdot g^{-1}$ dans le poivre ou certaines épices non stérilisées. C'est également le cas des herbes, séchées ou non (persil, ciboulette), ajoutées en fin de préparation. Dans ce dernier cas, il est impératif que la chaîne du froid soit respectée.

▶ SURFACES ET MATÉRIEL

Une surface mal entretenue peut lors de la préparation des aliments accumuler la matière organique dans ses infractuosités et entraîner ainsi la prolifération des micro-organismes. Il peut se former au cours du temps des biofilms bactériens qui résultent de l'adhésion aux surfaces de micro-organismes d'espèces et genres différents (figure 30).

Un biofilm est une communauté microbienne immobilisée sur une surface qui est souvent enfouie dans une matrice fibreuse de polymères extracellulaires formant une couche muqueuse la protégeant des agressions extérieures. Les biofilms permettent la survie des micro-organismes ; en effet, la résistance des biofilms aux désinfectants est supérieure à celle des cellules en suspension : *Listeria monocytogenes* en biofilm sur du verre résiste ainsi 20 min au chlorure de benzalkonium, contre 30 s en suspension. Cette résistance accrue est due à la moindre diffusion du

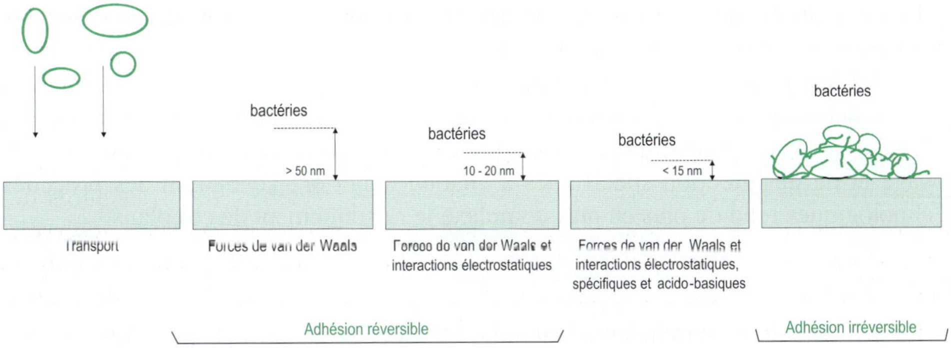

Figure 30 ■ La formation d'un biofilm (d'après Fletcher et Floodgate, 1973).

désinfectant dans la couche muqueuse, à la détoxification des substances toxiques dans certains cas (enzymes bactériennes) et à l'état physiologique des cellules : les micro-organismes en croissance ralentie ont des membranes moins perméables, et les cellules dans un biofilm sont souvent en état de stress nutritionnel les conduisant à utiliser des voies métaboliques différentes. Les biofilms sont donc une limite aux opérations de nettoyage et désinfection en entreprise agroalimentaire (Costerson *et al.,* 1985). Ils sont également des réservoirs de contamination car le biofilm peut se détacher par morceaux sous l'effet d'action mécanique (flux d'un produit alimentaire liquide par exemple) et contaminer l'aliment, les cellules ainsi libérées pouvant à nouveau proliférer. Les industriels doivent donc tenter de limiter la formation de biofilms dans leurs installations :

- en utilisant des surfaces lisses, non poreuses et résistantes à l'usure ;
- en remplaçant rapidement les surfaces usées, rayées ou endommagées ;
- en utilisant des équipements conformes aux règles de conception hygiénique (nettoyabilité des machines) ;
- en maîtrisant l'eau (restreindre son usage et optimiser sa qualité bactériologique) ;
- en effectuant régulièrement le nettoyage (éviter l'accumulation de matières organiques) avant la désinfection qui doit être efficace (choix des désinfectants) ;
- en utilisant des détergents à chaud et en associant une opération mécanique. Le choix des matériaux utilisés pour les machines et les plans de découpe en agroalimentaire dépend de leur aptitude et résistance aux opérations de nettoyage et désinfection ainsi que des contraintes technologiques. Ce choix peut être difficile car un matériau possède rarement toutes les qualités nécessaires. Par exemple, des matériaux souples tels le plastique ou le bois sont plus intéressants que l'inox en découpe de viande de boucherie car ils permettent un découpage aisé sans désaffûter les couteaux. Cependant, ces matériaux s'abîment très rapidement, et les infractuosités créées lors des découpes successives rendent les surfaces inappropriées à une bonne hygiène. Il est alors nécessaire de remplacer ou d'aplanir (par raclage du bois) régulièrement ces surfaces. C'est d'ailleurs un des seuls cas où le bois peut être utilisé en agroalimentaire.

Les opérations de nettoyage et de désinfection modifient considérablement les surfaces et les abîment ; par exemple, l'inox se corrode, le plastique se gondole et se fend. C'est pourquoi il est impératif d'adapter à chaque équipement ou atelier un plan de nettoyage et de désinfection adapté. La directive européenne « Biocide » a été mise en place pour imposer aux équipementiers l'élaboration de plans de nettoyage et de désinfection spécifiques à chaque matériel ; l'évolution des procédés technologiques rend de plus en plus complexe le raisonnement de ces plans.

▶ LOCAUX

Le principe de la marche en avant exige des locaux adaptés et spécifiques à chaque procédé alimentaire. C'est pourquoi l'élaboration de locaux fonctionnels doit se faire en concertation avec les architectes et les spécialistes de l'hygiène alimentaire.

Cependant, même lorsque les locaux sont bien adaptés, l'accroissement de l'activité aboutit au bout d'un certain temps à des locaux non fonctionnels. Une réflexion intégrant le développement futur hypothétique de l'entreprise sur un site devrait également entrer en compte.

1.2. Évolution des micro-organismes

À chaque aliment correspond un profil microbien qui lui est propre. Ce profil dépend d'une part de la flore présente sur l'aliment et de l'origine de la contamination et d'autre part, de facteurs physico-chimiques intrinsèques à l'aliment tels que la structure, la composition, le pH, l'a_w, le potentiel d'oxydoréduction, la présence de composés inhibiteurs naturels, et de facteurs environnementaux tels que la température.

1.2.1. Structure de l'aliment

La matière première alimentaire est souvent protégée de l'attaque des micro-organismes par des structures difficilement dégradables (peau des fruits, coque des noix, enveloppe des grains, tissu collagène du muscle, coquille des œufs, etc.). Seules des espèces microbiennes possédant les enzymes adaptés (cellulase, pectinase, protéase, etc.) pourront s'attaquer à ces structures. C'est pour cette raison que les matières premières avant la récolte ne sont souvent contaminées que de manière superficielle. En revanche, dès que des opérations technologiques sont effectuées sur les matières premières pour élaborer l'aliment, cette protection disparaît et l'aliment devient alors beaucoup plus vulnérable au développement des micro-organismes. On peut citer par exemple le cas de la viande hachée qui est un substrat beaucoup plus favorable à la croissance microbienne qu'un muscle entier.

1.2.2. Composition de l'aliment

La composition en nutriments des aliments influence également le développement de l'espèce la plus adaptée (figure 31) : des aliments riches en protéines ou en sucres favorisent respectivement le développement de micro-organismes possédant des protéases ou métabolisant ces sucres lors d'une fermentation. Ainsi, de bonnes conditions d'abattage (animal non stressé possédant encore du glycogène) permettent, grâce aux sucres résiduels, le développement de bactéries lactiques dans la viande. Ces bactéries inhibent par légère acidification le développement de bactéries putréfiantes possédant des protéases, telles que *Clostridium* et *Pseudomonas*. À l'inverse, ces bactéries pourront se développer et conduire plus rapidement à une altération de la viande provenant d'un animal abattu en état de stress et possédant peu de glycogène résiduel.

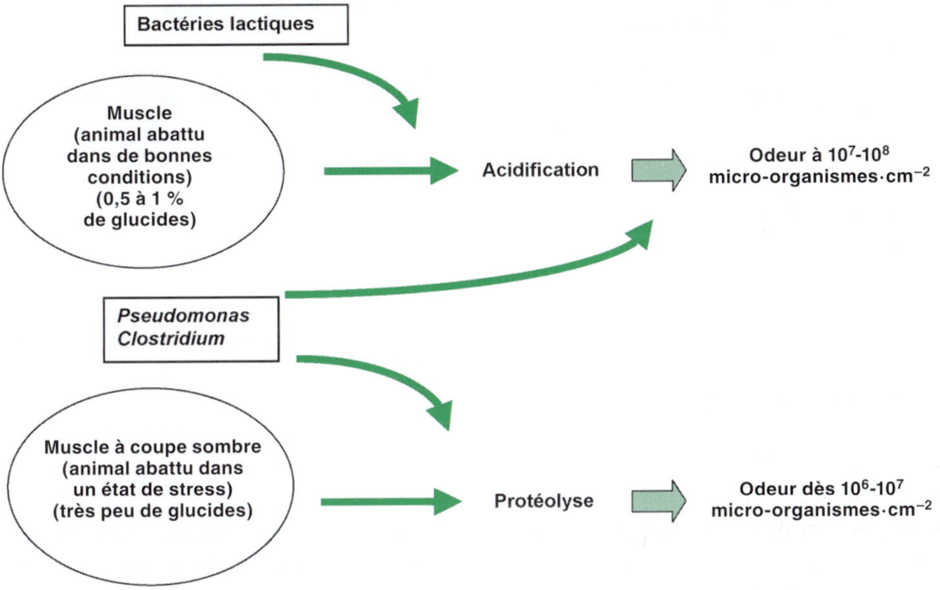

Figure 31 ■ Influence de la composition de l'aliment sur le développement des bactéries : exemple du muscle.

1.2.3. Activité de l'eau (Troller, 1980 ; Sperber, 1983)

L'activité de l'eau (a_w ; cf. chapitre 1 § 2.1.) est un facteur essentiel à la croissance des micro-organismes. En effet, l'eau est indispensable pour les réactions d'hydrolyse permettant la production d'énergie et de métabolites variés, pour le transfert des nutriments et pour l'excrétion des métabolites. Lorsqu'une bactérie se trouve dans un milieu dépourvu d'eau, il y a plasmolyse de la cellule. Cette perte en eau limite considérablement le développement bactérien pour les raisons précédemment évoquées et peut, dans certains cas, conduire à la mort de la cellule.

La quantité d'eau disponible pour les micro-organismes est très variable suivant les aliments (figure 32). Les micro-organismes sont inégaux quant à leur capacité à se développer ou à survivre à de faibles a_w (Strong *et al.*, 1970 ; Beuchat, 1983 ; Chirife et Fontan, 1982). Certaines bactéries produisent des molécules appelées osmoprotecteurs (ectoïne produite par *Brevibacterium linens*) qui permettent de maintenir l'eau à l'intérieur du cytoplasme. D'une manière générale, les levures et les moisissures peuvent se développer jusqu'à des a_w de 0,6.

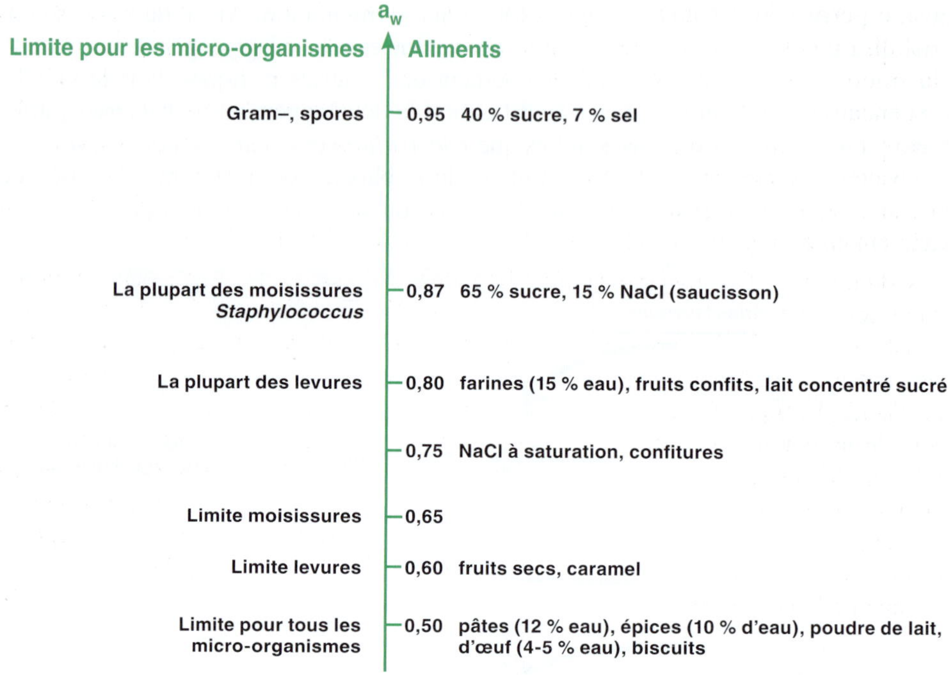

Figure 32 ■ Valeurs d'a_w de quelques aliments et valeurs limites des micro-organismes.

1.2.4. pH

La plupart des micro-organismes se développent à des pH proches de la neutralité, ce qui correspond au pH du cytoplasme bactérien et est optimal pour les activités enzymatiques bactériennes. Lorsque le micro-organisme est confronté à un environnement trop acide ou trop basique, il régule son pH intracellulaire jusqu'à un certain point. Une acidification ou une alcalinisation importante du milieu a pour effet de ralentir considérablement la croissance bactérienne, voire d'entraîner la mort cellulaire lorsque des enzymes indispensables sont inhibées. De même, certaines enzymes produites par la bactérie et excrétées dans le milieu environnemental pour permettre la dégradation de macromolécules et leur assimilation ne pourront plus rester actives si le pH s'éloigne de la neutralité. Certaines molécules (acides faibles par exemple) produites par d'autres micro-organismes peuvent, en entrant dans la cellule, modifier de manière importante le pH interne.

Les micro-organismes ont mis en place des mécanismes de réponse au stress leur permettant de survivre dans des conditions de pH limites. Chez *S. typhimurium*, il s'agit d'un processus en deux étapes correspondant à deux systèmes activés à différents niveaux d'acidité : réponse de tolérance ($4,5 < pH < 6$), puis de résistance aux pH plus acides. À des pH compris entre 6 et 4,5, on observe la synthèse de systèmes qui permettent de maintenir le pH interne au-dessus de 5. Plusieurs décarboxylases contribuent à cette homéostasie : la lysine décarboxylase (CadA) avec le transporteur de la lysine-cadavérine (CadB). La CadA décarboxyle la lysine intracellulaire en cadavérine, amine qui en se protonant consomme un proton. La cadavérine est ensuite excrétée contre l'entrée de lysine provenant du milieu extérieur. Ce mécanisme permet le maintien du pH interne par désacidification du cytoplasme, en mobilisant des systèmes adaptés aux acides aminés présents dans l'environnement du micro-organisme (lysine, ornithine, arginine décarboxylase ; Foster, 1991). Cependant, il ne fournit pas une protection suffisante pour des pH plus acide (inférieurs à 4,5). On pense qu'environ 50 protéines sont responsables de la résistance à ces valeurs de pH. Trois protéines régulatrices (RpoS, Fur et PhoP) contrôlent l'expression de groupes distincts de protéines de choc acide. Ces protéines de choc acide agissent en protégeant, voire en réparant, les macromolécules (Foster, 1995).

Comme pour l'a_w, on constate une hétérogénéité assez importante dans le monde bactérien vis-à-vis des variations de pH (figure 33). En effet, certaines bactéries sont capables de se développer à des pH très acides. C'est le cas, par exemple, des bactéries acétiques qui produisent du vinaigre ou des bactéries lactiques qui produisent de l'acide lactique. Cette propriété est utilisée en agroalimentaire pour la fabrication de nombreux aliments fermentés (yaourt, fromage, beurre, pain, vin, etc.). La fabrication des fromages qui vise à conserver les éléments nobles du lait (protéines et matière grasse), consiste d'une part à diminuer le pH par l'action des bactéries lactiques, et d'autre part à diminuer l'a_w du lait en séparant le sérum du caillé qui est ensuite salé : le fromage sera donc un milieu moins propice au développement bactérien que le lait.

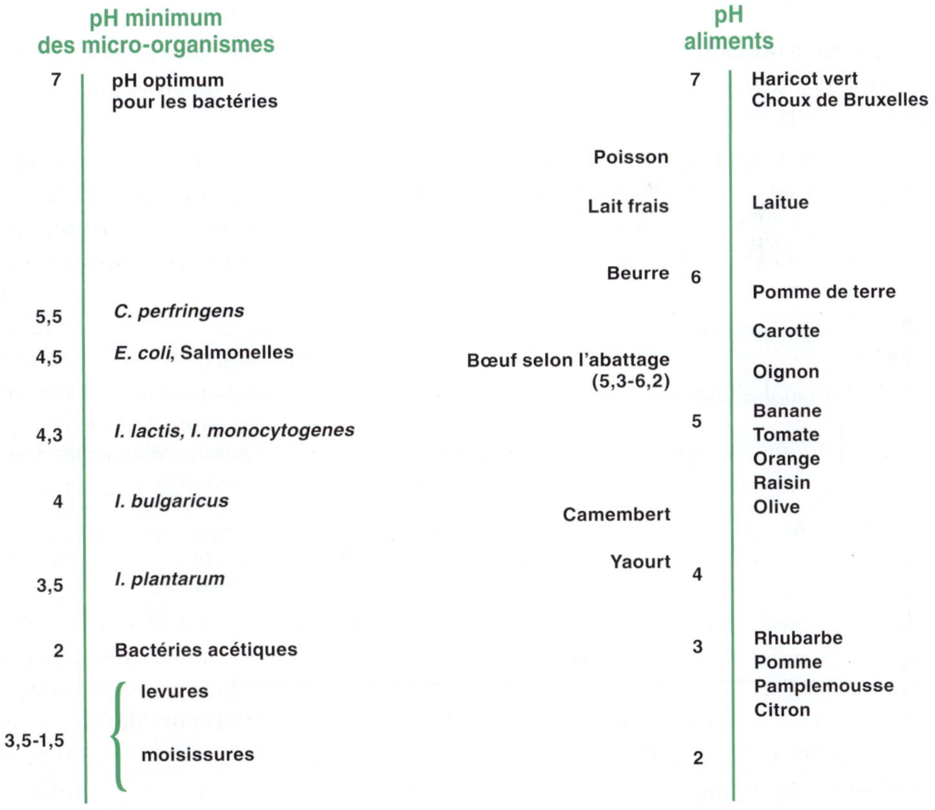

Figure 33 ■ pH minimum des micro-organismes.

Un autre effet du pH est d'induire la complexation de certains éléments nutritifs présents dans le milieu de culture ou dans l'aliment. Par exemple certains ions sont chélatés à pH acide ou basique.

1.2.5. Température

On a l'habitude de distinguer l'effet de la température sur la croissance des micro-organismes de celui sur leur survie.

1.2.5.1. Effet de la température sur la croissance

On peut classer les micro-organismes en fonction de leur croissance à différentes températures : les psychrophiles se développent à des températures basses, les mésophiles à des températures moyennes et les thermophiles à des températures élevées.

Cependant cette classification est arbitraire puisqu'il existe un continuum dans le monde bactérien quant aux capacités des micro-organismes à se développer à différentes températures. En effet, certains micro-organismes sont capables de se développer sur une très large plage de température, et peuvent être à la fois mésophiles et thermophiles, ou psychrophiles et mésophiles.

▶ MICRO-ORGANISMES PSYCHROTROPHES ET PSYCHROPHILES

Les micro-organismes psychrophiles sont vraiment adaptés au froid et se multiplient à des températures assez basses puisque leur optimum de croissance se situe aux alentours de 15 °C.

Les psychrotrophes sont mieux connus, ils sont capables de s'adapter et de se développer aux températures proches de 0 °C mais ont un optimum de 25 à 30 °C, ce qui les rapproche des mésophiles. Ils sont caractérisés par un métabolisme lent, et sont peu compétitifs avec les autres germes quand la température augmente.

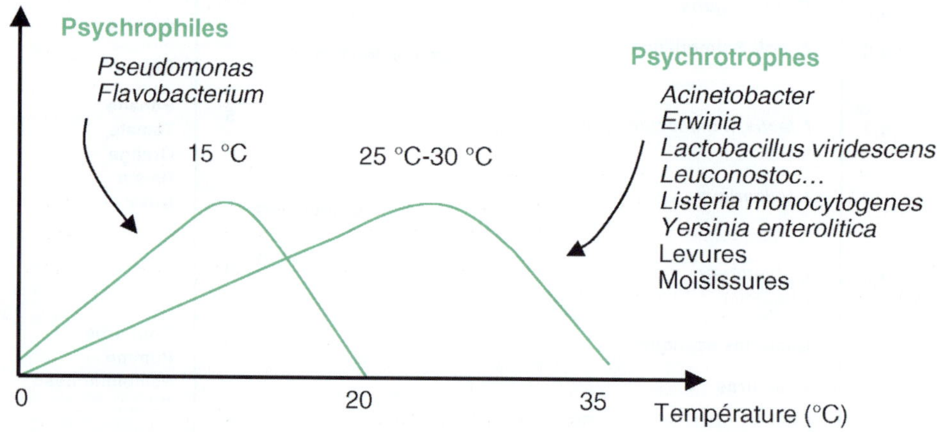

Figure 34 ■ Croissance des micro-organismes psychrophiles et psychrotrophes en fonction de la température.

Les psychrotrophes sont dominants dans toutes les denrées réfrigérées (viandes, poissons, lait, légumes, etc.). Les principaux genres sont *Pseudomonas, Alcaligenes, Erwinia, Corynebacterium, Flavobacterium, Lactobacillus* ou *Streptomyces*. Les levures et moisissures sont également pour la plupart psychrotrophes.

Leur vitesse de croissance lente leur permet d'envahir les milieux alimentaires en 1 à 3 semaines, avec un temps de génération de l'ordre de 24 h à 0 °C. Leur métabolisme reste très actif à ces températures, notamment grâce à la production d'hydrolases (lipases ou protéases), ce qui pose des problèmes technologiques (coagulation des protéines, modification de couleur) et organoleptiques (rancissement, flaveur et goût désagréables).

▶ MICRO-ORGANISMES MÉSOPHILES

Ils se multiplient à des températures allant de 20 à 45 °C avec un optimum à 37 °C (figure 35), où leur taux de croissance est maximal.

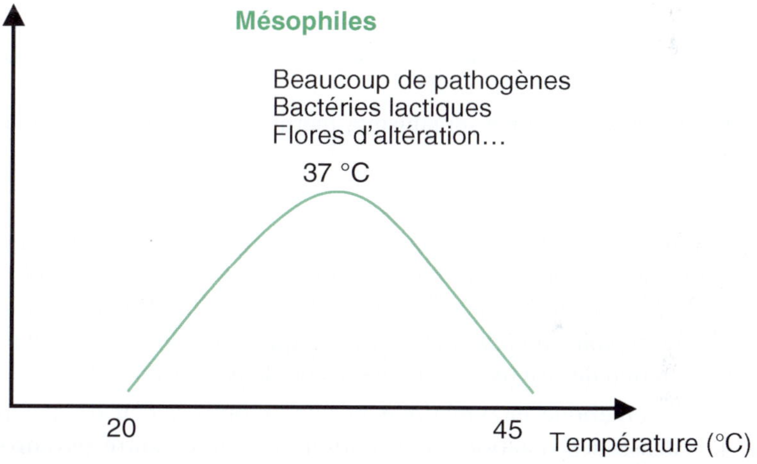

Figure 35 ■ Croissance des micro-organismes mésophiles en fonction de la température.

On les trouve dans les aliments conservés à température ambiante ou dans les aliments réfrigérés lorsque la chaîne du froid a été rompue. Les principaux genres et espèces bactériens sont représentés dans le groupe des mésophiles. Ce sont les espèces communes et les espèces pathogènes pour l'homme et l'animal ; ils sont pour la plupart des saprophytes naturels.

▶ MICRO-ORGANISMES THERMOPHILES

Ils sont capables de se multiplier à des températures allant de 45 à 65 °C avec un optimum à 55 °C (figure 36). Les thermophiles se rencontrent dans l'eau, l'air et le sol. Ils sont surtout représentés en alimentaire dans les genres bactériens *Bacillus* et *Clostridium* et par les moisissures *Aspergillus, Cladosporium* ou *Thermidium* (Hochstein, 1976).

Parmi les thermophiles, on distingue les germes dits thermotrophes qui sont des mésophiles susceptibles de se développer à des températures élevées. On peut donner l'exemple des bactéries lactiques telles que *Streptococcus thermophilus* ou *Lactobacillus bulgaricus* qui se multiplient activement à 45 °C, ainsi qu'une bactérie d'origine fécale, *Streptococcus faecalis,* qui peut se multiplier jusqu'à 50 °C.

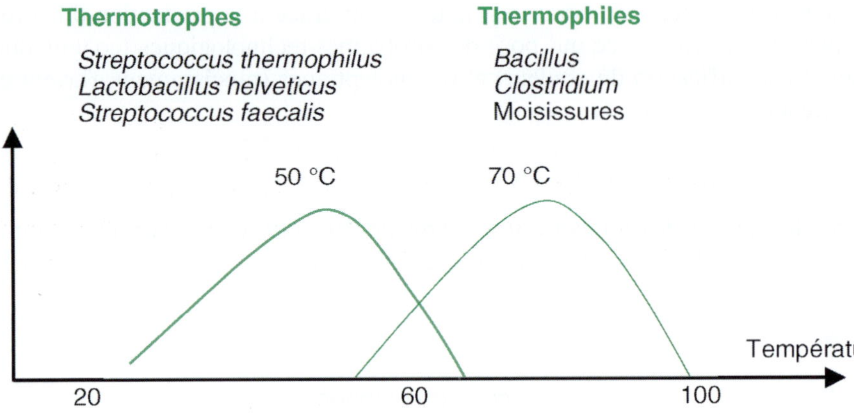

Figure 36 ■ Croissance des micro-organismes thermophiles en fonction de la température.

La température agit sur la vitesse des réactions chimiques et biochimiques. Dans les systèmes vivants, l'effet global d'une variation de température se traduit par une modification du taux de croissance et du taux de génération. Elle a aussi une action différentielle sur les voies métaboliques et provoque des changements dans la taille cellulaire, la sécrétion des toxines, de pigments ou de polysaccharides.

Les études de cinétique enzymatique *in vitro* montrent peu de différences au niveau de la vitesse des réactions d'oxydation des sucres entre psychrophiles et mésophiles. En revanche, il existe des différences de thermostabilité des enzymes des thermophiles et des mésophiles. La malonate-deshydrogénase de bacilles thermophiles, par exemple, est stable 120 min à 65 °C alors que celle de *B. subtilis* est inactivée très rapidement à cette température.

Les protéines membranaires, les ribosomes et les flagelles sont également plus thermostables chez les thermophiles. À l'opposé, certaines enzymes de psychrophiles sont plus thermolabiles que celles des deux autres groupes, et sont inactivées aux alentours de 30 à 35 °C.

La différence de thermosensibilité de certains éléments cellulaires ne permet pas d'expliquer l'ensemble des comportements des micro-organismes en fonction de la température. La pérennité des phénomènes de croissance exige celle des transferts membranaires, donc l'intégrité, la structure et la fonctionnalité de la membrane cytoplasmique.

Ce domaine a été largement exploré et de nombreux travaux signalent des différences significatives dans la longueur moyenne des chaînes des acides gras des lipides membranaires, ainsi que dans des changements de la longueur de chaîne en réponse aux variations de température. Chez les psychrophiles, les acides gras des lipides membranaires contiennent une forte proportion d'insaturés, ce qui assure d'une part un point de fusion bas permettant le maintien des transferts membranaires à basse température, et d'autre part une grande thermostabilité de la membrane. Le pourcentage d'acides gras saturés est plus élevé chez les mésophiles et les thermophiles, ce qui conditionne les propriétés physiques des membranes et les propriétés biologiques afférentes.

1.2.5.2. Effet de la température sur la survie

Lorsqu'on s'intéresse à l'effet de la température sur la résistance des micro-organismes, on est frappé par les valeurs élevées que ceux-ci peuvent supporter (figure 37). Les spores bactériennes sont parmi les plus résistantes avec celles de certaines moisissures qui supportent des traitements de plusieurs heures à des températures supérieures à 100 °C (cf. chapitre 10 § 6).

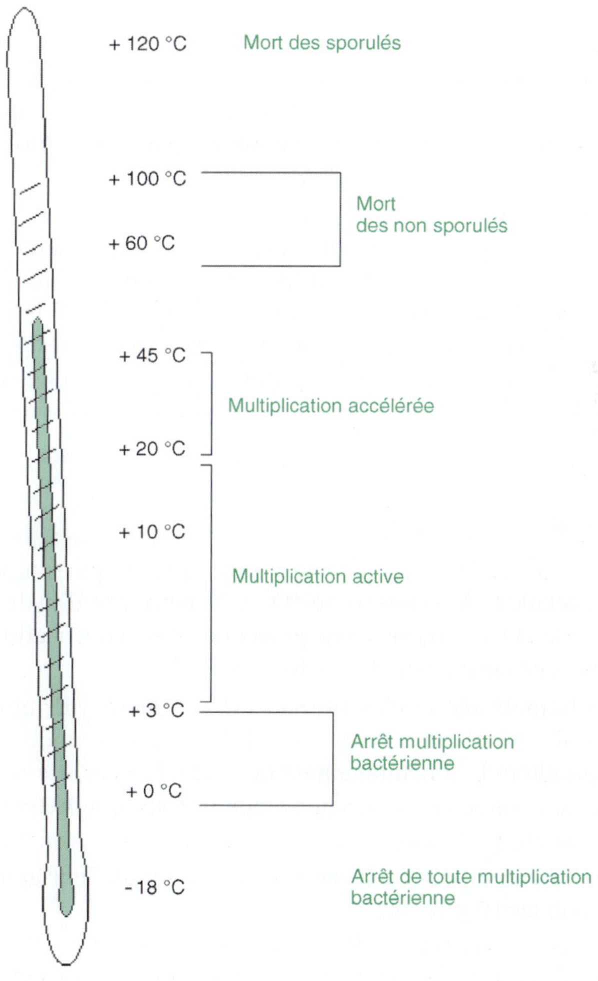

Figure 37 ■ Effet de la température sur la survie des micro-organismes.

Un traitement thermique peut casser l'ADN, dégrader l'ARN, entraîner la perte des lipopolysaccharides et altérer la perméabilité de la membrane. Cependant, le dommage le plus important concerne probablement les protéines, qui peuvent être dénaturées à des températures relativement basses (42 °C). Quand les micro-organismes sont soumis à un traitement thermique sublétal, il y a induction d'un ensemble de protéines spécifiques, appelées « protéines de choc thermique » (Lindquist et Craig, 1988).

Chez de nombreux micro-organismes, un traitement thermique sublétal s'accompagne d'une augmentation de la thermotolérance. Cette capacité à résister à des températures habituellement létales persiste plus ou moins longtemps. Elle est fonction des conditions du traitement (température et durée), de la composition du milieu et de l'état physiologique des cellules et varie d'une espèce à l'autre. Généralement, l'induction de la thermotolérance est reliée à la synthèse concomitante des protéines de choc thermique. Ces protéines protégeraient les protéines cellulaires des effets toxiques du stress, en s'y fixant pour les empêcher de coaguler. En protégeant les cellules contre un nouveau choc thermique, ces protéines seraient donc responsables de l'augmentation de la thermorésistance.

La thermorésistance n'est pas obligatoirement reliée à la thermophilie. C'est le cas, par exemple, des moisissures mésophiles (*Byssochlamys, Aspergillus*, etc.) et des bactéries sporulées mésophiles voire psychrotrophes (*Bacillus cereus, Bacillus subtilis*, etc.).

Sur un autre plan, la plupart des micro-organismes résistent mieux à un traitement de congélation lorsqu'il est effectué rapidement. Ceci est à relier à la formation de microcristaux intracellulaires altérant beaucoup moins les cellules que de gros cristaux formés lors d'une congélation lente (cf. chapitre 10 § 1). Quel que soit le mode de congélation, on observe cependant des déformations, lésions et destructions des structures cellulaires qui entraînent mortalité des cellules de l'ordre d'1 Log. En général, les bactéries à coloration de Gram+ sont plus résistantes que celles à coloration de Gram–.

1.2.6. Potentiel d'oxydoréduction

L'oxygène moléculaire (O_2) peut donner des radicaux qui sont très réactifs vis-à-vis d'autres molécules : le superoxyde (O_2^-), le peroxyde d'hydrogène (H_2O_2) et le radical hydroxyle ($OH^•$). Ils peuvent provoquer des modifications au niveau de l'ADN, de l'ARN et des protéines (Far et Komoga, 1991).

Il semble que la molécule la plus toxique soit le superoxyde, qui peut oxyder de nombreux composés (thiols, ascorbate, catécholamines) et modifier l'état d'oxydation du fer, ce qui altère le fonctionnement des cytochromes. Le peroxyde d'hydrogène réagit avec de nombreuses molécules mais surtout avec le fer et le cuivre pour générer des radicaux hydroxyles.

On distingue plusieurs types de bactéries en fonction de leur aptitude à se défendre contre ces oxydants (figure 38).

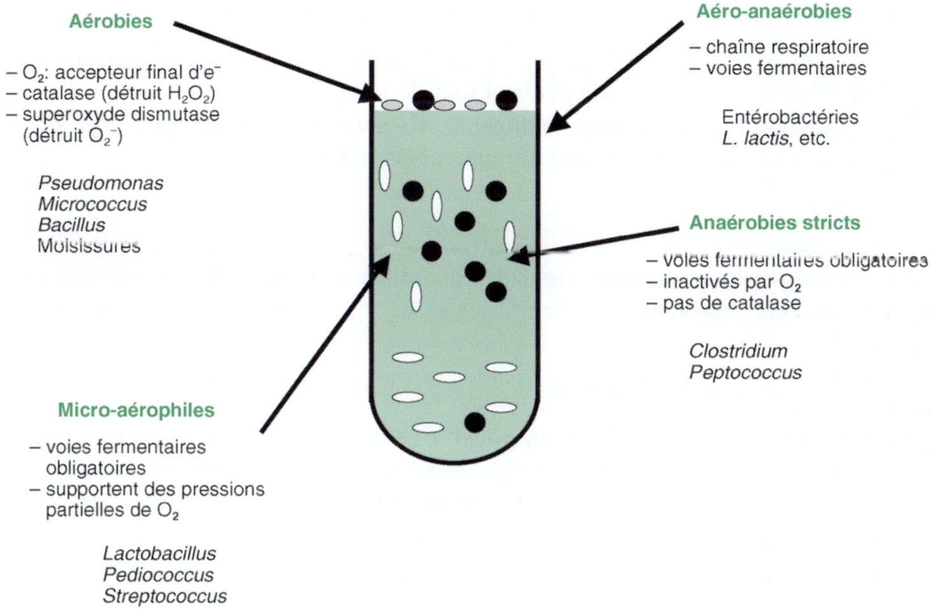

Figure 38 ■ Influence du potentiel d'oxydoréduction sur la croissance.

1.2.6.1. Micro-organismes aérobies

Ces micro-organismes se développent exclusivement en présence d'oxygène. Ils possèdent des enzymes comme la catalase et la superoxyde dismutase qui permettent de détruire les composés oxydants. La respiration est le mode métabolique qui permet la production de nombreuses molécules d'ATP. Ces micro-organismes qui se développent en surface des aliments se multiplient en général très rapidement. Il s'agit par exemple des bactéries du genre *Pseudomonas* qui se développent au froid sur les carcasses de viande, ou de celles du genre *Micrococcus* et *Bacillus*. Les moisissures sont aérobies strictes à quelques exceptions près (que l'on peut trouver dans le rumen par exemple).

1.2.6.2. Micro-organismes anaérobies

Ces bactéries possèdent une chaîne respiratoire qui leur permet de se développer en présence d'oxygène, mais aussi des voies fermentaires qui leur permettent de se multiplier en l'absence d'oxygène. Cette catégorie inclue de très nombreux micro-organismes utilisés dans les fermentations (bactéries lactiques) et des espèces composant la flore d'altération des aliments.

1.2.6.3. Micro-organismes anaérobies stricts

Ces micro-organismes ne possèdent en général pas d'enzymes capables de détruire les composés oxydants et utilisent donc des voies fermentaires pour se multiplier. Ils sont sensibles à l'oxygène et ne peuvent donc se développer qu'en conditions d'anaérobiose strictes (*Clostridium botulinum*).

1.2.6.4. Micro-organismes anaérobies aérotolérants

Ces micro-organismes utilisent des voies fermentaires obligatoires en raison de leur sensibilité à l'oxygène mais peuvent tout de même supporter des pressions partielles d'oxygène (*Clostridium perfringens*). Ils sont plus souvent incriminés dans les toxi-infections alimentaires que les anaérobies stricts.

1.2.6.5. Micro-organismes micro-aérophiles

Ces micro-organismes nécessitent des quantités d'oxygène de 2 à 10 kPa, mais peuvent être altérés au-delà.

1.2.7. Composés antimicrobiens

Ce sont des molécules qui ont un pouvoir bactériostatique et/ou bactéricide (cf. chapitre 10 § 4.). Il en existe une gamme très variée, de compositions chimiques et de modes d'actions hétérogènes. Elles peuvent avoir une origine endogène (lysozyme dans les œufs et le lait, huiles essentielles dans les épices ou gossypol antioxydant présent dans les graines de coton), être des produits de fermentation ou être ajoutées pour la conservation des aliments (additifs).

D'une façon générale les bactéries à coloration de Gram+ sont sensibles à de nombreuses molécules telles que le citrate, la nisine, les butylhydroxyanisol (BHA ; figure 57) ou butylhydroxytoluène (BHT ; figure 57), ainsi qu'à des molécules plus connues pour leur action antifongique comme les sorbates ou les benzoates. Les bactéries à coloration de Gram– sont plus résistantes que les bactéries à coloration de Gram+, mais elles sont néanmoins sensibles à ces additifs à large spectre ainsi qu'au SO_2.

Les acides lactique et acétique, très largement produits lors des fermentations, peuvent être utilisés comme additifs à activité antibactérienne assez large ; l'acide propionique et la pimaricine sont plutôt antifongiques.

1.2.8. Phénomènes d'interactions

Au-delà de l'influence spécifique de chacun d'eux, ces paramètres physico-chimiques (pH, a_w, température et additifs) interagissent et il est nécessaire de considérer globalement leur action couplée sur le développement des micro-organismes. Ces interactions peuvent être favorables ou défavorables en fonction du micro-organisme cible, de l'aliment qui le supporte et de l'adjonction d'additifs en respect de la législation en vigueur.

Au cours de leur croissance, les micro-organismes modifient la composition de l'aliment et la valeur de certains paramètres physico-chimiques : leur activité métabolique diminue la teneur en certains nutriments et augmente celle de composés résiduels, agissant soit comme facteurs de croissance soit comme substances antimicrobiennes. La conséquence est la modification de l'équilibre des flores ou de leur succession par des phénomènes d'antagonisme ou de synergie.

L'ensemble de ces processus aboutit soit à l'élaboration de produits fermentés soit à l'altération du produit. Parmi les phénomènes antagonistes, on peut citer l'action des bactéries lactiques à l'égard de la flore banale et psychrotrophe. Les effets inhibiteurs sont attribués à la baisse du pH et à la production de peroxyde d'hydrogène et de bactériocines.

Les synergies ou même les dépendances sont également fréquentes. On en trouve des exemples chez les bactéries lactiques, seules ou en relation avec des levures, dans les levains.

2. Modifications entraînant l'altération des aliments

L'altération liée à l'activité des micro-organismes conduit à une dépréciation des qualités organoleptiques et sanitaires de l'aliment. Elle se caractérise par une modification de la structure, de la couleur et du goût de l'aliment. On peut remarquer que ce qui constitue une altération pour certains aliments peut être recherché pour d'autres, et s'appuie sur des mécanismes identiques. C'est le cas des aliments fermentés : en effet, la fabrication des fromages conduit à une dégradation des matières grasses et des protéines du lait, entraînant une texture et une saveur recherchées.

Les micro-organismes se développent en surface de l'aliment ou en profondeur. L'impact sur la dégradation de l'aliment sera alors différent suivant ces deux cas :

• Altération par le développement des micro-organismes en surface : lorsque la surface de l'aliment est suffisamment humide pour permettre la croissance des micro-organismes, on observe au bout d'un certain temps dépendant des paramètres environnementaux (température, pH, etc.) la présence d'un biofilm colonisant la surface de l'aliment, appelé limon. Si les micro-organismes produisent des enzymes capables de dégrader les protéines en surface de l'aliment, il y a apparition d'odeurs désagréables, provenant du catabolisme des acides aminés. En revanche, certaines bactéries qui ne font essentiellement qu'acidifier le milieu (bactéries lactiques) sont moins néfastes.

On peut dans certains cas éliminer le limon par action mécanique : ce procédé est quelquefois utilisé en boucherie pour le traitement de surface des carcasses. Le développement de moisissures en surface de l'aliment est en général une altération irréversible. En effet, il est quasiment impossible de détacher les filaments de mycelium d'une surface, qui est de ce fait marquée d'une couleur résiduelle persistante.

• Altération par le développement des micro-organismes en profondeur : ce type d'altération modifie considérablement la structure et la texture de l'aliment. En effet, elle conduit à la production de gaz et de déchirures irréversibles et extrêmement préjudiciables. Elle est fonction de l'espèce microbienne et par conséquent de son métabolisme (production de protéases capables de dégrader les protéines, production de gaz résultant de différentes voies métaboliques).

2.1. Modification de la texture et de la structure

2.1.1. *Dégradation des protéines*

Les protéines alimentaires peuvent être dégradées par une succession d'enzymes produits par les micro-organismes. Les protéases dégradent les protéines en plus petits fragments appelés peptides, qui peuvent eux-mêmes être dégradés en plus petits peptides ou en acides aminés libres par les peptidases. Les peptidases sont souvent spécifiques car elles reconnaissent des séquences d'acides aminés déterminées : les aminopeptidases s'attaquent au dernier acide aminé portant le groupement amine, les carboxypeptidases au dernier acide aminé portant le groupement carboxyle et les endopeptidases à une liaison spécifique à l'intérieur du peptide. La dégradation des protéines conduit à une détérioration de la structure de l'aliment. Ce phénomène est bien illustré lors de l'affinage poussé d'un fromage à pâte molle type camembert : la structure plâtreuse essentiellement composée des caséines et de la matière grasse du lait se liquéfie au cours du temps par l'action des protéases naturelles du lait (la plasmine), de la présure et des protéases microbiennes.

2.1.2. *Production de gaz*

Certains micro-organismes produisent du gaz lors de leur développement dans l'aliment, entraînant alors le gonflement de l'aliment lui-même ou de l'emballage. Les gaz produits peuvent être le gaz carbonique (CO_2), l'hydrogène (H_2), le sulfure d'hydrogène (SH_2) et l'ammoniaque (NH_3). Les voies métaboliques aboutissant à la production de ces gaz sont très nombreuses et varient suivant l'espèce microbienne et le substrat sur lequel elles se multiplient : le gaz carbonique et l'ammoniaque peuvent provenir de la décarboxylation et de la désamination des acides aminés. De tels gonflements peuvent s'observer au niveau de l'emballage (conserves altérées) ou au niveau de l'aliment lui-même (meules d'emmental déclassées en raison d'une surproduction de gaz (CO_2, H_2) liée à la présence de *Clostridium tyrobutyricum*).

La production de gaz par les micro-organismes peut également être recherchée lors de la production des aliments fermentés. C'est le cas de *Propionibacterium freuedenreichii* qui est responsable de la formation des yeux lors de l'affinage de l'emmental, mais aussi le cas de *Saccharomyces cerevisae* qui produit du gaz carbonique lors de la fabrication du pain, de la bière et autres boissons fermentées.

2.1.3. *Production de polysaccharides*

Les polysaccharides produits par les micro-organismes lors de leur développement sont également des molécules responsables d'altérations. Ils forment en général une capsule ayant un rôle de protection de la bactérie vis-à-vis du milieu environnemental, des bactériophages ou des macrophages. Ces polysaccharides jouent également un rôle dans l'adhésion des micro-organismes aux surfaces et dans la formation des biofilms (limon bactérien). Ils donnent à l'aliment un aspect visqueux, très fortement dépréciateur. On peut citer comme exemple la contamination de certaines boissons fermentées (cidre ou vin) par des leuconostoques donnant un aspect huileux au produit. En revanche, cet aspect filant peut être recherché lors de la production de certains yaourts : des souches de lactobacilles ou de streptoccoques possédant ces caractéristiques sont ainsi utilisées lors de l'acidification du lait.

2.2. Modifications de la flaveur

La flaveur est la résultante du goût et de l'odeur que l'homme perçoit lorsqu'il déguste un aliment. Le développement des micro-organismes peut modifier en profondeur les caractéristiques de l'aliment, par la production de molécules ayant un effet direct sur la flaveur ou un effet indirect en se recombinant avec d'autres molécules présentes. Il s'agit préférentiellement d'acides organiques et de molécules issues du catabolisme des lipides et des acides aminés.

De nombreux acides sont produits par fermentation lors du développement des micro-organismes (acides lactique, butyrique, propionique, acétique). Outre le fait qu'elles acidifient le milieu, ces molécules ont également une odeur propre : c'est le cas par exemple de l'acide propionique produit par les bactéries propioniques dans l'emmental.

La protéolyse est responsable, par l'apparition de peptides et d'acides aminés, de nouveaux composants aromatiques : c'est le cas de peptides amers produits par certaines moisissures lors de l'affinage des fromages. Cependant, ce sont surtout les molécules issues du catabolisme des acides aminés qui interviennent dans l'apparition de nouveaux arômes : il s'agit de certains gaz comme l'ammoniaque issu de la désamination des acides aminés, le sulfure d'hydrogène qui provient du catabolisme des acides aminés soufrés et de nombreuses autres molécules telles que la cadavérine et la putrescine provenant de la décarboxylation des acides aminés. Comme pour toutes les altérations, ces mécanismes sont favorisés lors de la production des aliments fermentés. En effet, une partie non négligeable des arômes des fromages provient de la dégradation des protéines.

La lipolyse a également un impact important sur l'arôme ; elle correspond à la dégradation des matières grasses présentes dans l'aliment. Les enzymes intervenant dans ce mécanisme sont un peu moins répartis dans le monde microbien que les protéases. Parmi les micro-organismes lipolytiques, on trouve quelques bactéries et beaucoup de levures et de moisissures.

3. Modifications entraînant un risque de pathogénicité

3.1. Toxi-infections alimentaires collectives

Une toxi-infection alimentaire collective (TIAC) est définie par l'occurrence d'au moins deux cas groupés d'une symptomatique similaire, en général digestive, dont on peut rapporter la cause à une même origine alimentaire. Toute TIAC doit faire l'objet d'une déclaration à l'autorité sanitaire départementale, soit auprès de la direction départementale des affaires sanitaires et sociales (DDASS), soit auprès de la direction départementale des services vétérinaires (DDSV) (JO, juin 1988). Cette déclaration est obligatoire pour tout médecin en ayant constaté l'existence et pour le principal occupant, chef de famille ou d'établissement, des locaux où se trouvent les malades. La déclaration obligatoire des toxi-infections alimentaires collectives permet aux médecins inspecteurs de santé publique et aux inspecteurs de santé publique vétérinaires d'effectuer une enquête épidémiologique destinée à identifier les aliments responsables et les facteurs favorisants afin de prendre des mesures spécifiques pour prévenir les récidives.

L'analyse et la synthèse des données sont réalisées par l'Institut de veille sanitaire après mise en commun des informations de ces deux sources (DDASS et DDSV) et élimination des doubles déclarations.

Au total, 559 foyers de TIAC, toutes étiologies confondues, ont été déclarés en France en 2001 (Haeghebaert *et al.,* 2002). Depuis 1998, le nombre de TIAC déclarées a diminué de 15 % (– 103 foyers).

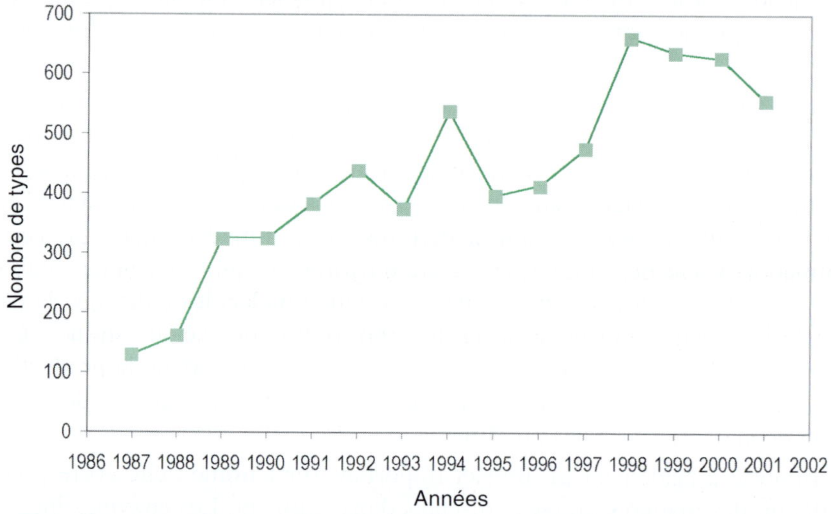

Figure 39 ■ Évolution du nombre de TIAC, toutes étiologies confondues, déclarées en France de 1987 à 2001 (Haeghebaert *et al.,* 2002).

Parmi les TIAC pour lesquelles l'agent était confirmé, *Salmonella* est l'agent le plus fréquemment isolé (64 % des TIAC ; tableau 13) et le sérotype Enteritidis est prédominant (52 % des TIAC à *Salmonella*). Le nombre de foyers dus aux autres agents pathogènes confirmés reste stable depuis 1987.

Le taux d'hospitalisation était de 10 % en 2001. Trois décès, tous secondaires à des infections à *Salmonella,* ont été rapportés chez des personnes âgées.

Une recrudescence des foyers de TIAC, toutes étiologies confondues, est observée chaque année durant la période estivale (juin à septembre). Les TIAC pour lesquelles une origine virale est suspectée surviennent plus fréquemment durant la période hivernale (octobre à mars).

61 % des TIAC renseignées pour le lieu du repas sont survenues en restauration collective et 35 % en milieu familial en 2001. La proportion de TIAC à salmonelles est toujours un peu plus élevée en milieu familial qu'en restauration collective.

Tableau 13 ■ Nombre de foyers et de cas selon l'agent étiologique confirmé ou suspecté. TIAC et foyers de salmonellose et de shigellose déclarés au CNRSS en France en 2001 (Haeghebaert *et al.*, 2002).

Agent causal	Foyers déclarés aux DDASS et DDSV							
	Foyers		Cas		Hospitalisés		Décédés	
	N	% § +	N	% § +	N	% °	N	%
Agents confirmés								
Salmonella	164	64	1726	57,7	272	15,8	3	0,2
Enteritidis	90	51,7	993	57,5	149	15	2	0,2
Typhimurium	30	17,2	308	17,8	80	26		
Hadar	1	0,6	2	0,1	2	100		
Autres sérotypes*	5	8,6	131	7,6	9	6,9	1	0,8
Sérotypes indéterminés	38	21,8	292	16,9	32	10,9		
Clostridium perfringens	8	2,9	208	6,9	1	0,5		
Staphylococcus aureus	43	15,8	620	20,7	131	22,3		
Bacillus cereus	8	2,9	139	4,6	9	6,5		
Histamine	8	2,9	22	0,7	2	9,1		
Shigella	3	1,1	8	0,3	2	25		
Autres pathogènes #	28	10,3	270	9	20	7,4		
1. Total agents confirmés	262	48,6	2993	44,4	437	14,6	3	0,1
2. Total agents suspectés	189	33,8	2647	39,3	177	6,7	0	
3. Total agents inconnus	98	17,5	1102	16,3	65	5,8	0	
Total TIAC	549	100	6742	100	679	10,1	3	0,04

+ pour les différents agents : % par rapport au total des agents déterminés.

§ Pour les sérotypes des salmonelles : % par rapport au total des salmonelles.

* Déclaration obligatoire TIAC : Anatum (1), Arizonae (2), Bredeney (1), Dublin (1), Mbandaka (1), Newport (7), Virchow (5).

Campylobacter (8 foyers = 121 cas), botulisme (4 foyers = 16 cas), dinophysis (1 foyer = 2 cas), distomatose (1 foyer = 3 cas), *Shigella* (3 foyers = 8 cas), *calcivirus* (1 foyer = 19 cas), toxoplasmose (1 foyer = 5 cas) *Vibrio parahaemolytica* (11 foyers = 100 cas), *Yersinia* (1 foyer = 4 cas).

° % par rapport au nombnre de cas.

Tableau 14 ■ Agents identifiés ou suspectés et aliments responsables ou suspectés, TIAC déclarées en France en 2001 (Haeghebaert *et al.*, 2002).

Aliments	***Salmonella***				***Clostridium perfringens***	***Staphylococcus aureus***	**Autres agents**	**Agents indéterminés**	**Total**
	Enteritidis	**Typhimurium**	**Autres sérotypes**	**Sérotypes inconnus**					
Lait et produits laitiers	1	5	7	1	0	17	7	3	**41**
Œufs et préparations à base d'œufs*	61	17	4	25	0	5	2	5	**119**
Viandes	0	2	0	3	11	12	6	3	**37**
Produits de charcuterie	10	2	1	2	4	12	4	3	**38**
Volailles	1	0	3	7	6	2	4	4	**27**
Poissons et crustacés	0	0	0	3	1	3	24	3	**34**
Coquillages	2	0	0	1	0	0	21	0	**24**
Autres aliments§	2	0	0	1	13	28	17	10	**71**
Eau de boisson	0	0	0	0	0	1	1	5	**7**
Aliments non retrouvés	13	4	0	11	12	30	29	62	**161**
Total	90	30	15	54	47	110	115	98	**559**

* : produits à base d'œufs : mousse au chocolat, pâtisseries, mayonnaise, etc.

§ : aliments d'origine non animale ou mixte.

Pour les TIAC à salmonelles, les aliments les plus fréquemment en cause sont les œufs et les préparations à base d'œufs crus ou peu cuits (57 % ; tableau 14). Des œufs provenant de centres d'emballage ont été incriminés dans 44 % des cas et des œufs de production familiale dans 42 % des cas. Les produits laitiers et les plats ayant nécessité des manipulations sont plus fréquemment incriminés pour les TIAC à *S. aureus* et les plats en sauce pour *C. perfringens.*

Parmi les facteurs qui contribuent à l'apparition de TIAC, on retrouve la contamination par les équipements, la contamination de la matière première, le non respect des températures réglementaires et des erreurs dans le procédé de fabrication (tableau 15).

Tableau 15 ■ Facteurs ayant contribué à la survenue des TIAC en 2001 (Haeghebaert *et al.,* 2002).

Facteurs	% *
Matières premières contaminées	50
Contamination par l'environnement	55
– personnel	2
– équipement	59
Erreur dans le processus de préparation	46
Délai important entre préparation et consommation	35
Non-respect des températures réglementaires	49
– chaîne du chaud	19
– chaîne du froid	43

* Total > 100 %, plusieurs facteurs possibles pour une seule TIAC.

3.2. Principaux pathogènes et producteurs de toxine

3.2.1. Micro-organismes producteurs de toxines

3.2.1.1. Clostridium botulinum (Doores, 1983)

Cette bactérie à coloration de Gram+ est sporulée et anaérobie stricte. Elle ne montre pas de caractéristiques particulières quant à ses conditions de croissance : c'est une bactérie mésophile dont le pH optimum est de 7. Comme toutes les bactéries sporulées, *Clostridium botulinum* est présente dans des environnements peu propices à la croissance bactérienne et a un caractère ubiquiste : on peut donc la trouver dans le sol et dans l'eau, supports à partir desquels elle est en mesure de contaminer tous les aliments (végétaux, lait, œufs, viande, etc.). Cependant, elle ne peut se développer qu'en condition d'anaérobiose et à température ambiante (supérieure à 15 °C). C'est pourquoi cette bactérie se trouve principalement dans les conserves mal stérilisées, les salaisons mal préparées et dans les gros morceaux de viande où des conditions d'anaérobiose peuvent exister (jambons fumés, etc.).

Les aliments incriminés dans les toxi-infections alimentaires à *Clostridium botulinum* sont essentiellement des conserves et jambons fumés préparés à la maison. La maladie est due à une neurotoxine thermolabile qui est produite par la bactérie lors de sa multiplication dans l'aliment. Les symptômes apparaissent de 2 à 24 h après l'ingestion, suivant la quantité de toxine ingérée. Ils se manifestent par une paralysie oculaire accompagnée d'une sécheresse de la bouche, suivies par des troubles de l'élocution et de la déglutition, une constipation et une rétention d'urine, et enfin par une paralysie respiratoire et des troubles de la conscience pouvant entraîner la mort de l'individu.

La prévention consiste :

- à éviter autant que possible le stress des animaux lors de l'abattage afin d'éviter un relarguage des micro-organismes dans le sang par le système réticulo-phytocitaire ;
- à refroidir rapidement les carcasses après abattage, afin d'éviter la conjonction d'une température idéale de croissance avec un épuisement de l'oxygène ;
- à conserver les semi-conserves au froid ;
- à saler les aliments correctement ;
- à bien nettoyer les matières premières en éliminant les traces de terre ;
- à respecter les barêmes de stérilisation dont un des objectifs est d'obtenir 12 réductions décimales de ce pathogène (cf. chapitre 10 § 6.4.1.) ;
- à détruire la toxine par chauffage en cas de suspicion d'un aliment contaminé (15 à 30 min à 80 °C).

3.2.1.2. Clostridium perfringens

Cette bactérie est très semblable à *Clostridium botulinum*. C'est une bactérie à coloration de Gram+, sporulée, ubiquiste et anaérobie stricte. Elle possède cependant la particularité de se développer à des températures plus élevées : sa température optimale de croissance est en effet de 45 °C. De ce fait, les toxi-infections alimentaires à *Clostridium perfringens*, en mesure de se développer rapidement lors d'un refroidissement lent des aliments, sont plus fréquentes que celles liées à *Clostridium botulinum* (Fach et Perelle, 1998). Elles concernent notamment la consommation de plats en sauce mal refroidis, car la température de cuisson (≤ 100 °C) ne détruit pas les spores, qui peuvent germer aux alentours de 50 °C lors du refroidissement et se multiplier activement.

La maladie est due à une toxine produite par *Clostridium perfringens* dans le tube digestif, qui constitue un milieu peu propice à son développement mais permet sa germination. Afin que des symptômes apparaissent, il est nécessaire d'atteindre une population d'au moins 10^8 bactéries·g^{-1} ; l'incubation de la maladie est de 12 h. La toxine se fixe sur les entérocytes du tube digestif et provoque une sécrétion de sodium et de chlorure, ce qui entraîne un afflux d'eau dans l'intestin et conduit à des diarrhées assez violentes qui finissent par régresser après 24 à 48 h.

La prévention de cette maladie peut se faire :

- en limitant la contamination endogène de la viande à l'abattage ;

– en évitant la multiplication de la bactérie, c'est-à-dire en maintenant l'aliment à une température supérieure à 63 °C ou inférieure à 3 °C (dans ce cas, le refroidissement à 10 °C devra se faire en moins de 2 h).

3.2.1.3. Staphylococcus aureus (Leloir *et al.*, 2003)

Staphylococcus est une bactérie à coloration de Gram+ qui présente comme caractéristique principale de pouvoir se développer sur des aliments à a_w relativement faible (jusqu'à 0,83). Sa température optimale de croissance est de 37 °C et son pH optimum de 7. Comme toutes les bactéries à coloration de Gram+, c'est une bactérie résistante dans le milieu environnemental.

Les aliments incriminés dans les TIAC à *Staphylococcus aureus* sont essentiellement des aliments manipulés par l'homme, produits à partir de lait cru (fromages à pâte molle principalement) ou parfois déshydratés (poudre de lait). La maladie est due à plusieurs toxines produites par la bactérie. L'entérotoxine A qui est la plus fréquente nécessite au moins 10^6 bactéries·g^{-1} d'aliment pour entraîner une pathologie. Les toxines de *Staphylococcus aureus* sont en général thermorésistantes et résistent aux enzymes digestives. Elles passent dans le sang et agissent sur un site de stimulation du centre cérébral du vomissement. Les symptômes se produisent 1 à 6 h après ingestion et se traduisent par des vomissements violents, des diarrhées et des douleurs abdominales importantes sans fièvre. La maladie régresse spontanément au bout de 2 à 3 jours, mais se caractérise par une longue fatigue pouvant durer de une à plusieurs semaines.

La prévention consiste à éviter :

– la présence des bactéries dans le lait par le contrôle des mammites (surveillance du cheptel et de la qualité du lait) ;

– la contamination des aliments manipulés lors de leur fabrication (port de gants, masque, mis à l'écart du personnel portant des plaies aux mains) ;

– le développement de la bactérie dans les aliments en évitant toute rupture de la chaîne du froid et en refroidissant rapidement les aliments.

3.2.1.4. Bacillus cereus (Nguyen-The *et al.*, 2003 ; Dromigny, 2001 ; Carlin et Nguyen-The, 1998)

Cette bactérie à coloration de Gram+ est anaérobie facultative, sporulée et capable de se développer entre 5 et 50 °C (optimum compris entre 30 et 37 °C). *Bacillus cereus* est un fort producteur d'enzymes et possède une phospholipase très active. Bien qu'elle ne soit généralement pas considérée comme une espèce psychrotrophe, de nombreux rapports concernant des souches se développant au froid ont été faits ces dix dernières années. Comme toutes les bactéries sporulées, c'est une bactérie ubiquiste. Les aliments incriminés sont très souvent le riz, notamment celui commercialisé en restauration asiatique. En effet, dans ce type de préparation le riz est cuit à la vapeur (ce qui ne permet pas de détruire la spore), et peut être réchauffé plusieurs fois dans la même journée (ce qui permet à la bactérie de germer et de se multiplier). D'autres aliments, tels que les viandes, les plats cuisinés ou les patisseries sont également incriminés dans les TIAC à *Bacillus cereus*. Le lait, la poudre de lait écrémé, la crème pasteurisée sont parfois altérés par cette bactérie (formation de grumeaux). Cette bactérie étant peu compétitive, elle est particulièrement problématique dans les produits contenant peu de micro-organismes (lait pasteurisé) ; capable de sporuler, elle est bien adaptée aux procédés avec traitements thermiques. La dose tolérée généralement dans le secteur laitier est de 10^3 spores·mL^{-1} de lait. Les aliments impliqués dans des épisodes de toxi-infections alimentaires à *Bacillus cereus* contiennent au moins 10^5 bactéries·g^{-1}.

Bacillus cereus peut provoquer une intoxication généralement bénigne, causée par deux types de toxines : une toxine émétique (émétisante) et des entérotoxines (toxines diarrhéigènes).

La toxine émétisante agit sur les centres nerveux contrôlant le vomissement. Elle est préformée, c'est-à-dire qu'elle se trouve dans l'aliment au moment où celui-ci est consommé. Elle est stable à 126 °C pendant 90 min, 4 °C pendant 2 mois, de pH 2 à 11 et même en présence de trypsine et de pepsine.

Les entérotoxines sont nécrosantes et létales pour les cellules ; elles sont produites durant la phase exponentielle de croissance. La toxine agit en stimulant le système AMP cyclique-adenylate cylase, provoquant une accumulation de liquide dans l'intestin. Elle est de plus cytotoxique, instable de 4 à 25 °C et totalement inactivée par chauffage à 56 °C pendant 5 min. Elle est sensible à la trypsine et à la pronase.

La maladie peut prendre deux formes différentes. La forme à syndrome émétique a une incubation relativement courte (30 min à 6 h), et se traduit par des nausées et vomissements accompagnés occasionnellement de douleurs abdominales et de diarrhées. Les symptômes subsistent de 6 à 24 h. La forme à syndrome diarrhéique a une incubation plus longue (6 à 15 h) et se traduit par une diarrhée aqueuse et profuse et des douleurs abdominales. Les vomissements sont très rares, la nausée est parfois ressentie. Les syndromes disparaissent en moins de 24 h mais chez des sujets immunocompromis, on peut craindre des complications.

La prévention est sensiblement la même que pour *Clostridium perfringens.*

3.2.2. Moisissures responsables de la production de mycotoxines (Pfohl-Leszkowicz, 1999)

Comme les spores bactériennes, les spores de moisissures sont extrêmement résistantes dans le milieu environnemental et ubiquistes. Leur germination nécessite cependant des conditions spécifiques. Toutes les moisissures ne sont pas responsables de la production de mycotoxines, qui sont des produits issus de leur métabolisme et peuvent donc varier suivant le substrat et les conditions environnementales (pH, température, hygrométrie et présence ou non d'oxygène). *Penicillium roqueforti*, qui est utilisé dans la production du Roquefort, peut ainsi produire des mycotoxines lorsqu'elle se développe sur d'autres aliments que les produits laitiers fermentés.

Les aliments incriminés sont ceux qui, stockés dans de mauvaises conditions, permettent le développement de moisissures à leur surface. En Europe, il s'agit essentiellement de matières premières végétales comme le maïs et le blé. Dans ce cas, les moisissures peuvent se développer lors du stockage, mais aussi en champ avant récolte. On peut également retrouver les mycotoxines dans les tourteaux de soja mal stockés. Il en résulte par ce biais une contamination du système sanguin de la vache et du lait. D'une manière générale, tous les fruits secs qui sont stockés dans de mauvaises conditions peuvent contenir des mycotoxines.

Dans la mesure où les moisissures sont visibles en surface, il est en général peu fréquent que des fruits et légumes moisis soient utilisés, sauf dans le cas où une transformation technologique peut les faire disparaître. Il est ainsi possible de trouver de grandes quantités de mycotoxines dans un jus de pomme produit à partir des pommes moisies.

Le mode d'action des mycotoxines est très varié. Certaines sont tératogènes, neurotoxiques, et/ou cancérigènes. La toxicité varie suivant la toxine et la dose journalière absorbée. Les toxines passent de l'aliment dans le sang *via* la muqueuse digestive et s'attaquent aux organes. L'aflatoxine est connue pour provoquer une nécrose du parenchyme hépatique, conduisant à un cancer si l'ingestion est régulière. La patuline (produite par *Penicillum expansum* et *Aspergillus clavis)* peut se trouver sur des pommes moisies et entraîne des lésions des poumons, des reins, de la rate et des neurones.

La prévention consiste à éviter le stockage trop long dans de mauvaises conditions (chaleur, humidité, aérobiose). Pour permettre une meilleure conservation des aliments, on peut utiliser certains fongicides comme les acides propionique ou sorbique. Afin d'éviter l'accumulation de mycotoxines chez le bétail, il est conseillé de varier son alimentation.

3.2.3. Autres micro-organismes pathogènes

3.2.3.1. Salmonella (Colin, 2002)

Les salmonelles sont des bactéries à coloration de Gram–, mésophiles. Elles sont en général considérées comme de mauvais compétiteurs dans les écosystèmes complexes, mais sont en revanche assez résistantes dans le milieu environnemental.

La principale niche écologique des salmonelles est le tube digestif de l'homme et des animaux, en particulier des volailles. Il arrive dans ce cas qu'une contamination intra-ovarienne se produise, contaminant ainsi le jaune d'œuf dès sa synthèse dans l'oviducte. Le jaune étant un milieu très favorable à la croissance des salmonelles, celles-ci pourront alors se développer jusqu'à sa commercialisation, et en cas de cuisson modérée (œuf au plat, à la coque ou omelette), conduire à une salmonellose aiguë (10^9 à 10^{10} salmonelles·g^{-1}).

La période d'incubation est de 12 à 24 h selon la quantité de bactéries ingérées et suivant l'hôte. Les salmonelles se fixent sur les cellules épithéliales du tube digestif où elles sont capables de s'envaginer. Par la production de toxines, elles entraînent une ulcération du tube digestif qui se traduit par des diarrhées très importantes associées à des douleurs abdominales et des vomissements. Ces symptômes sont accompagnés de fièvres ainsi que de vertiges. La maladie peut se poursuivre pendant plusieurs jours. Elle régresse en général spontanément au bout de 5 jours.

Dans la matière première, les populations de salmonelles sont en général restreintes. Il importe donc avant tout de limiter leur développement en respectant soi-

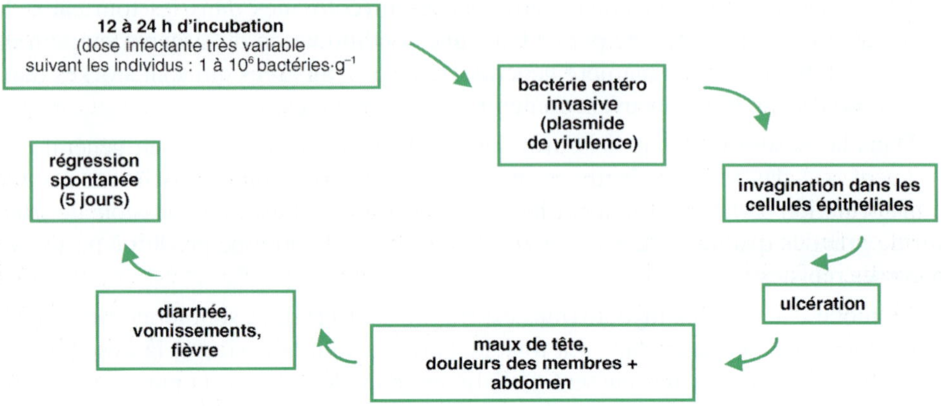

Figure 40 ■ Pathogénicité de *Salmonella* Enteritidis.

gneusement la chaîne du froid. Leur présence dans les œufs peut être évitée par une surveillance étroite des élevages et par la destruction de la bande lorsqu'il s'agit de poules pondeuses contaminées.

Cette bactérie pouvant être portée par l'homme, les règles générales d'hygiène sont à prescrire.

3.2.3.2. Listeria monocytogenes (Flandrois *et al.*, 2000 ; Goulet *et al.*, 2001)

Cette bactérie à coloration de Gram+, bien qu'elle ne sporule pas, présente une résistance assez importante dans le milieu environnemental. On peut donc la retrouver dans le sol et par conséquent dans tous les aliments. Chez l'homme et l'animal, elle peut transiter par le tube digestif et quelquefois s'y implanter en faible quantité. Ils peuvent donc être ponctuellement porteurs sains de cette bactérie. D'autre part, cette bactérie est psychrotrophe et est capable de former des biofilms.

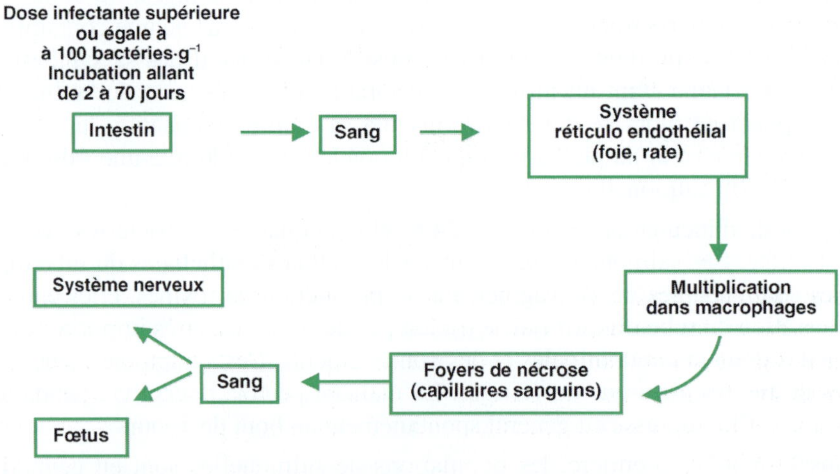

Figure 41 ■ Pathogénicité des *Listeria*.

Les souches du sérotype 4 sont connues comme étant les plus virulentes. La bactérie passe du tube digestif dans le sang et est capable de coloniser les macrophages, puis, après sa multiplication, de les lyser. Elle est alors disséminée dans le sang et peut atteindre certains organes dans lesquels elle se multipliera (placenta, méninges, etc.).

La période d'incubation varie de quelques jours à plusieurs semaines et conduit à plusieurs formes de maladie. Chez la femme enceinte, elle peut causer un avortement en fin de grossesse. Chez l'adulte, la forme neuroméningée conduit à 26 % de mortalité et la forme septicémique, qui se développe en général chez les personnes immunodéprimées, conduit à 68 % de mortalité. Enfin, chez le bébé, cette bactérie peut entraîner des septicémies ou des méningites. D'une manière générale, la listériose se caractérise par 25 % à 40 % de mortalité. Cependant, la prévalence est faible au regard de la fréquence de rencontre de la bactérie dans l'alimentation.

Tableau 16 ■ Quelques exemples de TIAC à *Listeria*.

Années	Nombre de cas	Aliments incriminés
1975-1976	167	n.i.
1992	279	Langue de porc
1993	39	Rillettes
1995	33	Fromages à pâte molle
1997	14	Pont-l'Évêque et Livarot
1999	10	Rillettes
1999-2000	32	Langue de porc en gelée

Environ 300 à 400 cas sporadiques·an^{-1} en France avec 25 à 40 % de mortalité.

On peut trouver *Listeria* dans de nombreuses matières premières telles que la viande, le lait ou le poisson (tableau 16). Elle peut se multiplier dans les aliments conservés au froid et dont la fenêtre de consommation est longue, ainsi que dans certains fromages à pâte molle dont l'a_w assez élevée permet le développement de la bactérie. La prévention vise à adapter la durée de consommation des produits à risque et à mettre en œuvre des traitements de stabilisation et de nettoyage et désinfection efficaces.

3.2.3.3. Escherischia coli O157:H 7 (Vernozy-Rozan, 2001)

Cette bactérie à coloration de Gram– a comme habitat naturel le tube digestif de l'homme et des animaux. Peu résistante dans le milieu environnemental, on la retrouve donc essentiellement sur la viande et les produits d'origine animale, plus rarement sur des légumes. En général, elle n'est pas présente en quantité suffisante dans ces matières premières pour conduire à des intoxications : il faut pour cela qu'elle se multiplie.

L'incubation est de 3 à 9 jours et conduit à des violentes diarrhées aqueuses associées à des crampes abdominales. Ces diarrhées peuvent devenir éventuellement hémorragiques, et conduire parfois à des complications de type syndrome urémique-hémolytique.

Il est possible d'éviter la contamination de la viande en usant des bonnes pratiques professionnelles durant l'abattage et notamment lors de l'éviscération. Un autre mode de prévention consiste à augmenter le barème de cuisson de la viande afin de détruire la bactérie, comme cela a été mis en œuvre par les chaînes de restauration rapide aux États-Unis.

3.2.3.4. Campylobacter

Cette bactérie à coloration de Gram– se trouve essentiellement dans le tube digestif des animaux, et plus particulièrement dans celui de la volaille. On peut la retrouver assez fréquemment dans le lait cru.

Pendant longtemps, cette bactérie n'a pas été recherchée en France. On estime cependant que le nombre de cas de campylobactériose est au moins équivalent à celui des salmonelloses. La dose infectante est relativement faible puisqu'elle n'est que de 500 bactéries.

La maladie commence après une incubation de 2 à 7 jours et se caractérise par une diarrhée pouvant être très forte, voire purulente et saignante dans certains cas, associée à une fièvre très élevée. Elle peut aussi s'accompagner de vomissements. Il en résulte une fatigue pouvant perdurer pendant plusieurs semaines et, dans certains cas (0,1 %) une complication appelée maladie de Ghislain Barré. Les campylobactérioses sont responsables dans les pays en voie de développement d'une forte mortalité infantile.

3.2.4. Virus

En France, l'importance des virus dans les infections d'origine alimentaire est assez méconnue. En revanche, ils comptent parmi les principales causes de maladies alimentaires aux États-Unis.

3.2.4.1. Poliovirus (entérovirus)

Ce virus est véhiculé par l'eau lorsque celle-ci est contaminée par des excréments humains.

Dans les pays industrialisés, les effets de ce virus ont pratiquement disparu en raison d'une part de la vaccination généralisée des populations, et d'autre part des mesures générales d'hygiène mises en œuvre depuis le début du XXe siècle (réseaux d'eau potable, évacuation des eaux usées). En revanche, cette maladie peut encore être contractée de nos jours dans les pays en voie de développement où ce niveau d'hygiène n'est pas atteint.

3.2.4.2. Virus de l'hépatite A

Ce virus est relativement fréquent en France puisqu'on le trouve assez souvent dans les coquillages. La contamination peut cependant se faire d'homme à homme (cycle fécal-oral), et plus généralement par de l'eau contaminée par des excréments humains. L'incubation est de 10 à 50 jours suivant la dose ingérée et suivant l'individu mais le virus peut être présent dans les selles 14 jours avant que la maladie ne se manifeste.

Celle-ci se caractérise tout d'abord par une phase que l'on appelle préictérique (4 à 7 jours avant la maladie proprement dite) qui se traduit par une fièvre associée à des troubles digestifs. La phase ictérique correspond à la présence de pigments et de sels biliaires dans les urines et dans le sang (jaunisse) et par une fatigue très importante. La convalescence peut être assez longue pour certains individus (plusieurs mois à une année). Le virus de l'hépatite A peut être détruit par la chaleur (60 °C pendant une heure ou 100 °C pendant 5 min).

3.2.4.3. Rotavirus (réoviridae) et l'agent de Norwalk (paroviridae)

Ces virus provoquent des gastro-entérites aiguës. L'incubation est de 1 à 3 jours et la maladie se traduit par des diarrhées, des vomissements importants et de la fièvre associée à des douleurs abdominales et des maux de tête. Ils sont présents dans l'environnement, notamment dans l'eau contaminée et dans les coquillages. Lorsqu'une personne est malade, elle excrète en très grande quantité le virus dans ses selles (10^{10} particules virales·mL^{-1}), et de ce fait les aliments manipulés par l'homme peuvent être assez fréquemment contaminés par cette voie.

3.2.5. ***Prions*** (Savey, 2000 ; Hirsch, 2000)

Les prions sont responsables des encéphalopathies subaiguës spongiformes transmissibles (ESST), appelées aussi maladie de Kreutsfeld-Jakob.

Il existe quatre formes de maladies à prions :

– héréditaire ;

– iatrogène ;

– sporadique (environ un cas par million d'habitants) ;

– transmissible par l'aliment.

Dans cette dernière forme, le prion passe la barrière digestive pour se retrouver dans le sang. Il est alors capturé par les ganglions, la rate et le thymus. Ensuite, il remonte le long du système nerveux central jusqu'au cerveau, provoquant une prolifération des cellules gliales (cellules de soutien) et des cavités dans les neurones. Le tissu cérébral se trouve ainsi de plus en plus atrophié, entraînant la mort au bout de 9 mois en général. Chez l'homme la période d'incubation est très longue puisqu'elle peut couvrir plusieurs dizaines d'années.

Ce que l'on a appelé la « maladie de la vache folle » a commencé en 1986 en Grande-Bretagne puisque, entre cette date et 1996, 165 000 animaux ont été abattus ou sont morts de cette maladie. Elle a également frappé de manière importante le bétail de la confédération helvétique et, à un moindre degré, plusieurs autres pays européens comme la France. On dénombre actuellement 125 cas humains. Les premiers cas observés ont été recensés en Grande-Bretagne une dizaine d'années après le début de l'épidémie chez le bétail. Ce sont en général des sujets jeunes.

L'agent infectieux serait une glycoprotéine dont la conformation modifiée est résistante aux protéases. La glycoprotéine non modifiée se trouve naturellement à la surface des neurones et est renouvelée régulièrement comme toutes les protéines de la cellule par un phénomène de turn-over. La glycoprotéine modifiée résistante aux protéases n'étant plus dégradée par ces dernières, s'accumule dans la cellule provoquant ainsi la mort des neurones.

En ce qui concerne l'agent infectieux responsable de cette maladie, l'hypothèse partagée par la majorité des scientifiques est celle exposée précédemment (la protéine prion modifiée). Cependant, d'autres scientifiques pensent que la maladie serait due à un prion associé à un autre agent infectieux, comme une bactérie ou un virus ou que le prion serait tout simplement le récepteur d'un agent conventionnel. Afin d'éradiquer cette maladie, plusieurs mesures ont été prises :

– la destruction des carcasses contaminées ;
– l'interdiction de l'utilisation des farines animales pour nourrir le bétail ;
– l'interdiction à la consommation de tissus potentiellement dangereux (iléon, ganglion rachidien, cerveau, moelle épinière, rétine, oreille interne) ;
– la détection du prion dans les carcasses à l'abattoir ;
– l'abattage de la cohorte lorsqu'un animal est contaminé.

4

Oxydation des lipides

Introduction

Les lipides jouent un rôle irremplaçable dans notre alimentation. Ils possèdent un rôle nutritionnel comme source d'énergie, d'acides gras essentiels, de vitamines liposolubles, de précurseurs d'hormones mais aussi un rôle organoleptique par leur contribution à la texture et à la sapidité des aliments.

Le principal défaut des lipides est de s'oxyder facilement. Il s'agit d'une des causes majeures d'altération des denrées alimentaires. La réaction d'oxydation des lipides est initiée entre des lipides le plus souvent polyinsaturés et l'oxygène. Durant celle-ci, plusieurs réactions de décomposition et de polymérisation interviennent simultanément conduisant à la formation d'un mélange complexe de produits de réaction : aldéhydes, cétones, alcools, hydrocarbures et polymères responsables des caractéristiques physico-chimiques et organoleptiques des produits gras oxydés. Dans la plupart des cas, la production de composés possédant des goûts ou odeurs désagréables, communément regroupés sous le nom de rancissement, est indésirable. Cependant des exceptions existent. Les produits d'oxydation des lipides font partie des arômes désirables formés lors de la cuisson des viandes ou de l'affinage de certains fromages. Parallèlement, l'oxydation des lipides peut réduire la qualité nutritionnelle, modifier la texture et la couleur des aliments et générer des composés déconseillés en santé humaine.

Les réactions chimiques intervenant lors de l'oxydation des lipides sont complexes. Ceci s'explique par le nombre important de substrats susceptibles de participer à l'oxydation, par la diversité des mécanismes d'oxydation, par le nombre d'agents pro-oxydants et/ou antioxydants qui modulent les cinétiques des réactions et enfin par la multitude des réactions de décomposition et de polymérisation qui interviennent.

1. Substrats lipidiques

Les acides gras libres ou estérifiés sous forme de glycérides sont sensibles à l'oxydation. Libres, les acides gras s'oxydent plus rapidement que les triglycérides montrant l'importance de la lipolyse dans le déroulement des phénomènes d'oxydation. Toutefois, c'est surtout le degré d'insaturation des lipides qui détermine la susceptibilité à l'oxydation des acides gras. L'oxydation des lipides est soit déclenchée par l'addition d'une molécule d'oxygène « singulet » sur une double liaison de la chaîne aliphatique d'un acide gras, soit initiée par l'arrachement d'un atome d'hydrogène de la chaîne aliphatique. Dans ce dernier cas, la susceptibilité à l'oxydation des matières grasses dépend de la labilité des atomes d'hydrogène de la chaîne aliphatique. L'énergie de liaison carbone-hydrogène appartenant à des systèmes aliphatiques saturés est de l'ordre de 400 kJ·mol^{-1}. En α d'une double liaison (acide oléique), l'énergie de liaison carbone-hydrogène est plus faible, de l'ordre de 340 kJ·mol^{-1}, et celle appartenant à un groupement méthylène entre deux doubles liaisons (acide linoléique) de l'ordre de 300 kJ·mol^{-1}. Cependant, qu'il fasse parti d'une chaîne aliphatique saturé ou insaturé, l'arrachement spontané d'un atome d'hydrogène est difficile et peu probable. Il sera facilité par les températures élevées, les radiations lumineuses, la présence de certains ions métalliques polyvalents et la présence d'un radical préexistant. Les vitesses relatives d'oxydation à 100 °C d'un acide gras dont la chaîne est formée de 18 atomes de carbone seraient de l'ordre de :

$$18{:}3_{\text{(vitesse d'oxydation relative : 3 000)}} > 18{:}2_{(1\,000)} > 18{:}1_{(100)} >> 18{:}0 \qquad [12]$$

Ainsi, les huiles riches en acides gras polyinsaturés telles que celles de poissons sont très sensibles à l'oxydation. Toutefois, les vitesses d'oxydation sont modulées par les conditions du milieu comme la teneur en oxygène, le pH, la teneur en eau du produit ou la présence d'agents antioxydants.

2. *Mécanismes d'oxydation des lipides*

L'oxydation des lipides ne peut se faire spontanément à partir de l'oxygène moléculaire et des molécules d'acides gras dans leur état fondamental. En effet, l'oxygène moléculaire dans son état fondamental ou « triplet », noté $^3O_2$ ou plus simplement O_2, est paramagnétique et possède deux électrons non appariés lui conférant un comportement de diradical. Sous cette forme, l'oxygène ne peut réagir avec les molécules d'acides gras qui sont en général dans un état « singulet » dans la mesure où c'est un processus de spin-interdit. Il ne peut réagir qu'avec des molécules ayant des électrons non appariés, autrement dit des radicaux libres.

L'oxygène dans son état « singulet », noté $^1O_2$, dans lequel les deux électrons de plus haute énergie sont appariés, désigne le premier état excité de la molécule d'oxygène ; il possède un excès d'énergie (92 kJ·mol^{-1}) par rapport à l'oxygène « triplet ». Dans son état singulet, l'oxygène peut réagir avec les molécules d'acides gras elles même dans un état singulet.

Ainsi, pour initier la réaction d'oxydation des lipides, l'acide gras ou l'oxygène doivent être activés. Dans le cas de l'activation d'une molécule d'acide gras en radical libre, on parle d'un mécanisme d'auto-oxydation des lipides. L'oxydation des lipides par l'oxygène singulet nécessite l'activation préalable de l'oxygène moléculaire. Il s'agit du second mécanisme conduisant à l'oxydation des lipides.

2.1. Auto-oxydation des lipides

L'auto-oxydation des lipides est une réaction radicalaire en chaîne autocatalytique. Une séquence impliquant une étape d'initiation correspondant à l'activation de la molécule d'acide gras, une phase de propagation et des réactions de terminaison a été proposée pour expliquer l'auto-oxydation des lipides (figure 42).

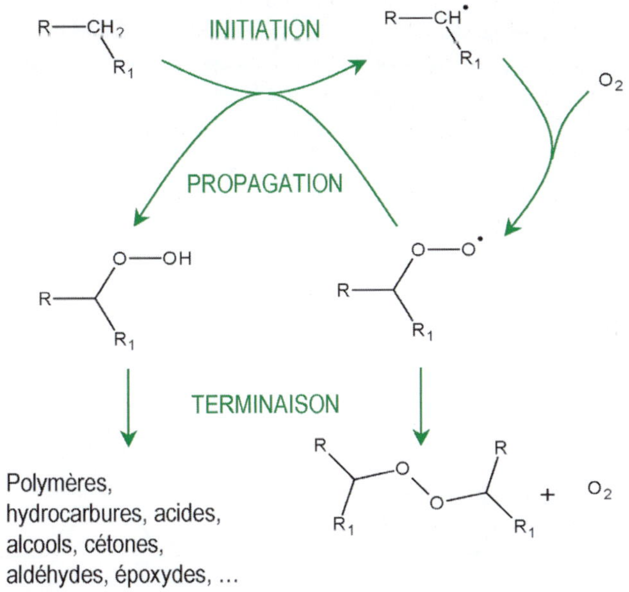

Figure 42 ■ Schéma général de l'auto-oxydation des lipides.

Une fois l'oxydation des lipides initiée par l'arrachement d'un atome d'hydrogène sur une chaîne d'acide gras, les trois groupes de réactions se déroulent simultanément.

2.1.1. Initiation

L'initiation de la réaction consiste en la formation d'un radical libre par arrachement d'un atome d'hydrogène d'une chaîne d'acides gras généralement non saturés :

$$R - H \rightarrow R^{\bullet} + H^{\bullet} \quad [13]$$

L'oxydation des lipides est d'abord très lente du fait de la faible vitesse d'initiation. En effet, le départ de l'atome hydrogène est peu probable en raison de l'énergie d'activation élevée de la réaction. Il est cependant facilité par :

- le chauffage (thermolyse) ;
- la lumière (photolyse) ;
- des radiations ionisantes ;
- la présence d'ions métalliques polyvalents, libres ou liés à des molécules organiques ;
- certaines enzymes (lipoxygénase).

Lorsque l'arrachement de l'atome d'hydrogène s'effectue en α d'une double liaison, l'électron célibataire de la structure radicalaire est stabilisé par résonance. Dans le cas de l'acide oléique, le radical est formé en position *n*-7 ou *n*-10. En raison de la délocalisation de l'électron célibataire par résonance, quatre radicaux libres d'acides gras, isomères de position, sont obtenus (figure 43).

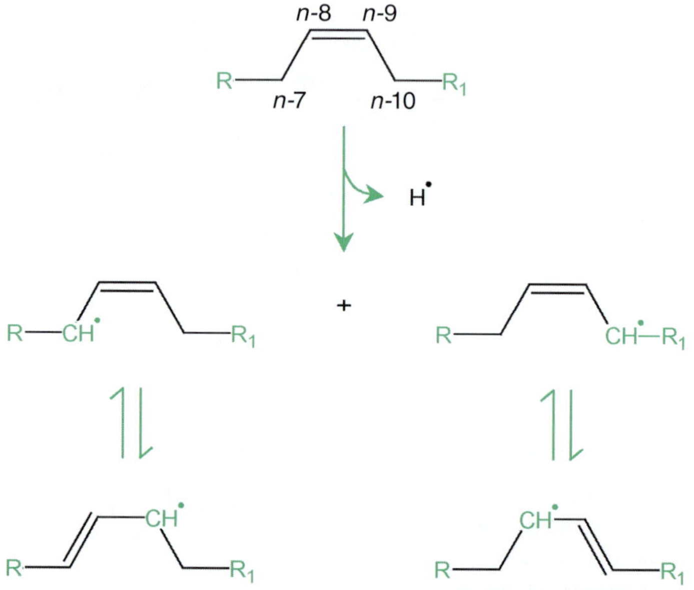

Figure 43 ■ Mécanisme d'auto-oxydation des acides gras mono-insaturés.

Les radicaux d'acides gras en position *n*-7 et *n*-10 sont légèrement plus abondants que les radicaux d'acides gras en position *n*-8 et *n*-9. Cependant, la proportion relative de chacun des radicaux d'acides gras varie en fonction de la température. Son augmentation tant à homogénéiser les populations de radicaux. En raison des possibilités d'isomérisation des doubles liaisons lors de la délocalisation des électrons par résonance à l'état radicalaire, l'acide oléique sera à l'origine de 8 hydroperoxydes allyliques : 4 d'entre eux auront une double liaison en conformation *cis*, les 4 autres seront dans la conformation *trans*.

Dans les chaînes d'acides gras polyinsaturés, l'arrachement de l'atome d'hydrogène s'effectue préférentiellement au niveau du groupement méthylène du système *cis, cis*-1,4 pentadiène ; pour l'acide linoléique la structure radicalaire est formée en position *n*-7 (figure 44).

Les systèmes conjugués porteurs d'un radical libre en position *n*-5 et *n*-9 sont favorisés d'un point de vue énergétique, car ils stabilisent la forme radicalaire. Ils seront à l'origine de 98 % des peroxydes formés à partir de l'acide linoléique. La chaîne radicalaire de l'acide linoléique peut également modifier la conformation des doubles liaisons conjuguées avant réaction avec l'oxygène : initialement en conformation *cis, trans*, les doubles liaisons conjuguées peuvent évoluer vers la conformation *trans, trans*.

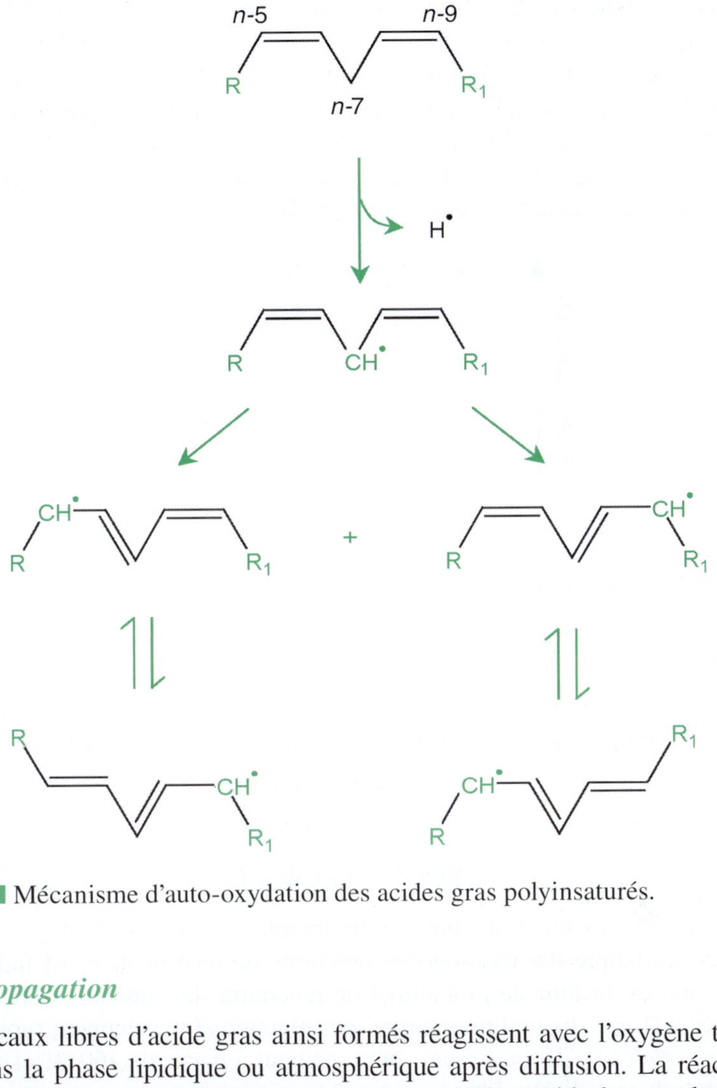

Figure 44 ■ Mécanisme d'auto-oxydation des acides gras polyinsaturés.

2.1.2. *Propagation*

Les radicaux libres d'acide gras ainsi formés réagissent avec l'oxygène triplet $^3O_2$ dissout dans la phase lipidique ou atmosphérique après diffusion. La réaction d'un radical acide gras avec une molécule d'oxygène est très rapide lorsque la teneur en oxygène n'est pas limitante. Sa constante de vitesse est de l'ordre de $3 \cdot 10^8$ $mol^{-1} \cdot L \cdot s^{-1}$. L'interaction conduit à la formation d'un radical peroxy (ROO•). Ce dernier stabilise sa structure par arrachement d'un atome d'hydrogène sur une autre chaîne d'acides gras (R'–H). Le radical libre d'acide gras (R'•) ainsi formé peut continuer la réaction suivant le même principe, c'est la phase de propagation.

$$R^{\bullet} + O_2 \rightarrow ROO^{\bullet}$$

$$ROO^{\bullet} + R' - H \rightarrow ROOH + R'^{\bullet} \qquad [14]$$

La phase propagation est possible sans apport extérieur d'énergie car le potentiel d'oxydoréduction des hydroperoxydes (ROO•/ROOH ~ 1 V) est supérieur à celui des acides gras (R'•/R'H ~ 0,6 V) ; elle est autocatalytique. La constante de vitesse de la réaction de propagation est de l'ordre de 10 $mol^{-1} \cdot L \cdot s^{-1}$. Ceci implique que lorsque la teneur en oxygène n'est pas limitante, la très large majorité des radicaux est sous forme peroxy.

Lors de la phase de propagation, un seul radical libre d'acide gras peut initier la formation de nombreuses molécules d'hydroperoxyde (1 000 ou plus par minute). La quantité d'hydroperoxydes générés correspond à la quantité d'oxygène consommée lors de l'oxydation des chaînes d'acide gras. La vitesse de formation des hydroperoxydes s'accélère au cours du temps (figure 45).

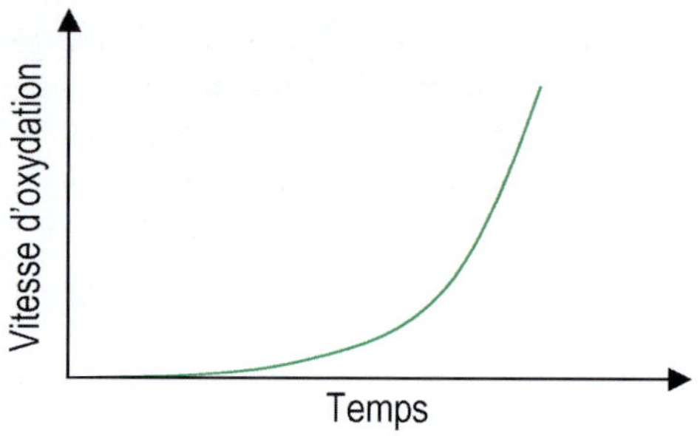

Figure 45 ■ Représentation schématique de la cinétique d'oxydation des lipides.

2.1.3. Terminaison

Lorsque la concentration en radicaux libres devient suffisamment importante, ces derniers peuvent se combiner pour terminer la réaction d'auto-oxydation :

$$R^{\bullet} + R'OO^{\bullet} \rightarrow ROOR'$$

$$R^{\bullet} + R''^{\bullet} \rightarrow RR'$$

$$2\ ROO^{\bullet} \rightarrow ROOR + O_2 \qquad [15]$$

La dernière de ces réactions prédomine lorsque la pression partielle en oxygène est élevée. L'enthalpie d'activation des réactions de terminaison est faible mais la limite provient du facteur de probabilité de rencontre des radicaux entre eux. Dans les huiles chauffées à haute température, ces réactions interviennent rapidement car les hydroperoxydes se décomposent spontanément à partir de 160 °C et augmentent la concentration en radicaux libres.

Un certain nombre de molécules possédant un potentiel d'oxydoréduction inférieur à celui des radicaux d'acides gras et des radicaux peroxy peuvent également terminer la réaction d'auto-oxydation. C'est le cas des antioxydants (AH_2) comme les tocophérols, l'acide ascorbique, le BHA (butylhydroxyanisol) ou BHT (butylhydroxytoluène) (figure 57). En réagissant avec les radicaux libres, ces molécules interfèrent avec le processus de propagation. Elles inhibent ou retardent l'oxydation des lipides.

$$R^{\bullet} + AH_2 \rightarrow RH + AH^{\bullet}$$

$$ROO^{\bullet} + AH_2 \rightarrow ROOH + AH^{\bullet} \qquad [16]$$

La constante de vitesse de terminaison du processus de propagation de l'oxydation des lipides par l'α-tocophérol (vitamine E) est de l'ordre de $8 \cdot 10^4\ mol^{-1} \cdot L \cdot s^{-1}$, soit environ 10^4 fois plus élevée que la constante de vitesse de la réaction de propagation. C'est pourquoi de faibles concentrations en α-tocophérol sont suffisantes pour exercer une activité antioxydante efficace.

2.2. Oxydation des lipides par oxygène singulet

L'activation de l'oxygène moléculaire en oxygène singulet s'effectue soit par perte d'un électron de l'anion superoxyde $O_2^{\cdot-}$ obtenu après interaction de l'oxygène triplet avec un agent métallique, soit par photo-oxydation de l'oxygène triplet en présence d'un photosensibilisateur. Les photosensibilisateurs les plus répandus dans la nature sont les chlorophylles, les phéophytines, les métalloporphyrine ou les riboflavines. L'oxygène singulet est 1 000 à 1 500 fois plus réactif vis-à-vis des doubles liaisons que l'oxygène triplet. Pour cette raison les huiles de consommation, riche en acides gras insaturés, conditionnées en bouteilles incolores doivent être exemptes de résidus chlorophylliens.

Le mécanisme d'oxydation des lipides par l'oxygène singulet diffère significativement du principe radicalaire précédemment décrit. L'oxygène singulet réagit directement sur les carbones insaturés des doubles liaisons par réaction d'addition, induisant un déplacement et un changement de conformation de la double liaison de *cis* à *trans*. Il y a formation d'hydroperoxydes sans formation d'intermédiaire radicalaire (figure 46).

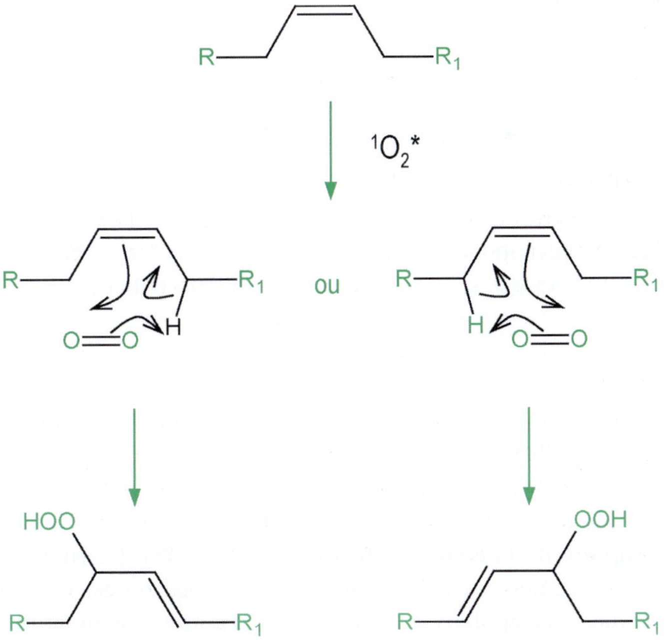

Figure 46 ■ Mécanisme d'oxydation des acides gras insaturés par l'oxygène singulet.

À partir de l'acide oléique, l'attaque de l'oxygène singulet est à l'origine de 2 hydroperoxydes allyliques. Les hydroperoxydes de l'acide oléique possèdent une double liaison en configuration *trans* (figure 46). Pour rappel, l'oxydation radicalaire de l'acide oléique produit un mélange de 4 hydroperoxydes allyliques isomères de position. Chacun d'eux pouvant posséder une double liaison en configuration *cis* ou *trans*.

3. Principaux composés dérivés de l'oxydation des lipides

Les dérivés de l'oxydation des lipides sont très variés : alcools, aldéhydes, cétones, acides carboxyliques, esters, hydrocarbures, polymères ainsi que des dérivés hétérocycliques comme des lactones et des alkylfuranes. Certains sont volatils, d'autres non, mais ils proviennent tous de la décomposition des hydroperoxydes accumulés au cours de la phase initiale de l'oxydation des lipides. La perception sensorielle n'est pas affectée par l'accumulation d'hydroperoxydes. En revanche certains produits de décomposition des hydroperoxydes possèdent des seuils de détection très bas. Beaucoup de ces composés sont responsables de la flaveur rance des produits oxydés. Plusieurs centaines de composés volatils dérivés de la dégradation des lipides sont retrouvés dans les viandes cuites.

Les hydroperoxydes s'accumulent au début de la réaction d'oxydation des lipides. Ils sont relativement stables, mais en présence d'ions métalliques ou à température élevée, ils se décomposent rapidement en radicaux alcoyl et hydroxy :

$$ROOH \rightarrow RO^{\bullet} + {}^{\bullet}OH \qquad [17]$$

Les radicaux alcoyls sont très réactifs. Ils acquièrent une structure moléculaire stable soit en arrachant un atome d'hydrogène à la première molécule qu'ils rencontrent, soit en se décomposant. Ils forment alors une large gamme de constituants volatils ou non volatils.

Lorsqu'ils arrachent un atome d'hydrogène à une nouvelle molécule d'acide gras, les radicaux alcoyl participent à la propagation de l'oxydation des lipides. Parallèlement, les radicaux alcoyl sont stabilisés sous forme d'alcool (hydroxy-acide ou hydroxy-ester) :

$$RO^{\bullet} + R'H \rightarrow ROH + R'^{\bullet} \qquad [18]$$

Lorsque les conditions stériques le permettent les γ- ou δ-hydroxy-acides ou γ- ou δ-hydroxy-esters peuvent se cycliser et former des lactones (figure 47) dont les caractéristiques olfactives dépendent de la configuration R ou S.

Lorsque les radicaux alcoyl se décomposent ils créent des fonctions aldéhyde ou cétone par rupture de la chaîne aliphatique (figure 48). La rupture de la chaîne aliphatique conduit également à la formation d'hydrocarbures. Ces divers composés sont eux-mêmes susceptibles de participer à d'autres réactions moléculaires en chaîne comme les réactions de Maillard, les cyclisations de type Diels-Alder et les réactions de polymérisation.

De nombreux produits d'oxydation des lipides sont de petites molécules plus riches en atomes d'oxygène que leurs précurseurs, ce qui leur confère des propriétés tensioactives et les rend solubles en phase aqueuse. La répartition des produits

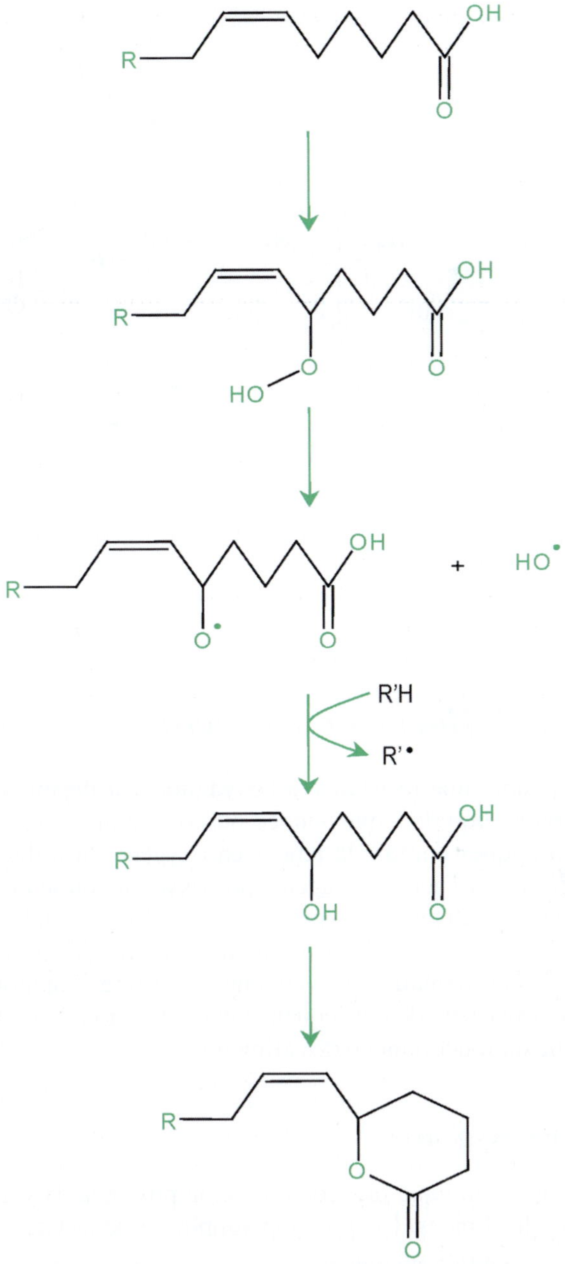

Figure 47 ■ Oxydation des lipides et formation de lactones.

de décomposition des lipides entre la phase aqueuse et la phase lipidique affecte la perception sensorielle des aliments car les composants de la flaveur sont perçus plus fortement en phase aqueuse qu'en phase lipidique. En outre, au cours du raffinage des huiles alimentaires, les dérivés de l'oxydation des lipides sont éliminés lors des opérations de lavage.

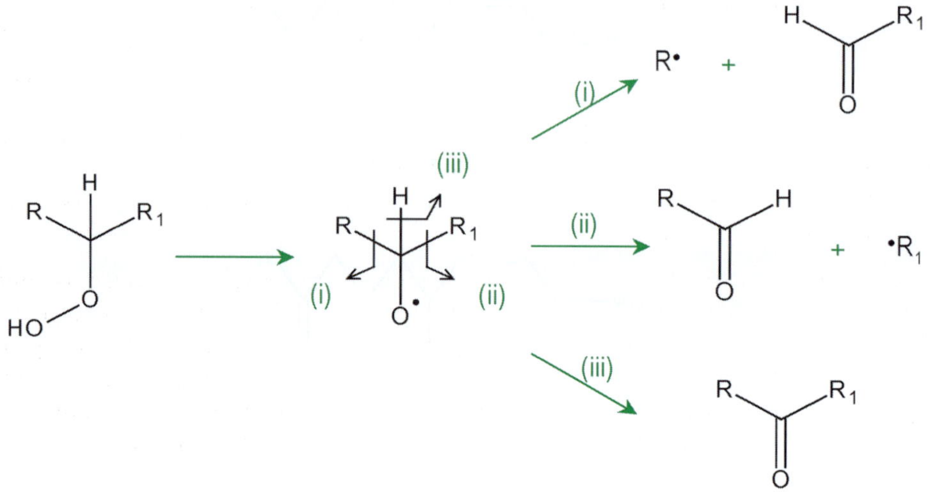

Figure 48 ■ Formation d'aldéhydes et de cétones par décomposition des hydroperoxydes.

(i), (ii), (iii) : différentes possibilités de stabilisation du radical alkoyl.

4. *Facteurs influençant l'oxydation des lipides*

Les lipides possèdent une résistance à l'oxydation qui dépend de la nature de la matière grasse (solide, liquide, émulsionnée ou non), d'un certain nombre de paramètres physico-chimiques comme la teneur en oxygène du milieu, la température, l'a_w, le pH, la présence et l'activité d'agents pro-oxydants ou antioxydants. Dans les denrées alimentaires ces divers éléments sont en équilibre instable. Les déstabilisations du système qui interviennent lors des manipulations, des transformations ou du stockage des denrées alimentaires peuvent engendrer une évolution rapide de l'oxydation des lipides et par voie de conséquence une altération de la qualité organoleptique, nutritionnelle ou fonctionnelle des aliments.

4.1. Teneur en oxygène

Comme nous l'avons indiqué précédemment, la présence d'oxygène est indispensable à l'oxydation des lipides. L'expression simplifiée de la vitesse d'oxydation des lipides répond aux équations suivantes :

Expression générale :

$$v = -\frac{dO_2}{dt} = \frac{dROOH}{dt} = \frac{A \cdot [RH] \cdot [O_2]}{[O_2] + k \cdot [RH]} \quad [19]$$

À forte concentration en oxygène :

$$v = A \cdot [RH] \quad [20]$$

À faible concentration en oxygène :

$$v = \frac{A \cdot [O_2]}{k} \qquad [21]$$

où v désigne la vitesse d'oxydation des lipides ; $[O_2]$ et [RH] représentent respectivement les concentrations en oxygène et en lipides ; A et k sont des constantes faisant intervenir les constantes de vitesse pour les étapes d'initiation, de propagation et de terminaison de l'oxydation des lipides.

Lorsque la concentration en oxygène est importante, la vitesse d'oxydation des lipides devient indépendante de la concentration en oxygène (équation 20), tandis que la vitesse d'oxydation des lipides est directement proportionnelle à la teneur en oxygène lorsque cette dernière est faible (équation 21). Ainsi, la représentation de la vitesse d'oxydation des lipides en fonction de la teneur en oxygène du milieu est constituée de deux parties linéaires pour les faibles et fortes teneurs en oxygène (figure 49).

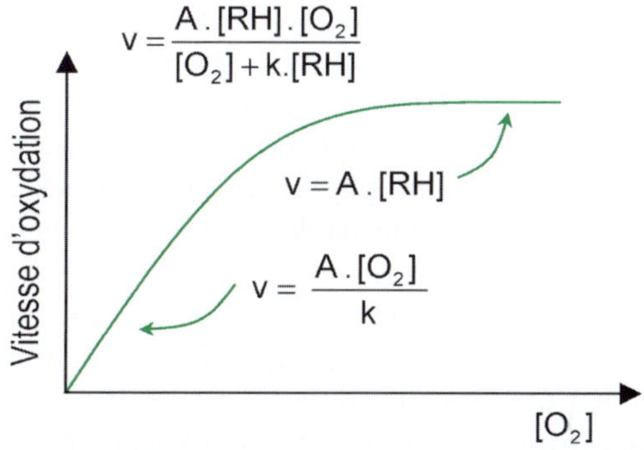

Figure 49 ■ Influence de la teneur en oxygène sur la vitesse d'oxydation des lipides.

Les vitesses d'oxydation des lipides obtenues à faible et forte teneur en oxygène dépendent de la nature des lipides présents dans les aliments et de leur composition physico-chimique.

La figure 49 montre que pour réduire de manière significative l'oxydation des lipides, il faut baisser la teneur en oxygène du milieu à un niveau ou la vitesse d'oxydation des lipides suit une réaction d'ordre 1 vis-à-vis de la concentration en oxygène. Ceci peut être obtenu par un conditionnement sous vide ou sous azote, ou par l'emploi de pièges à oxygène.

Par ailleurs, l'oxygène est naturellement plus soluble dans la phase lipidique que dans la phase aqueuse (environ 3 fois à 25 °C). Ainsi à faible concentration en oxygène, l'étape limitante dans l'oxydation des lipides (pente de la phase initiale) est la diffusion de l'oxygène dans la phase aqueuse. La phase aqueuse joue alors un rôle de barrière de protection contre l'oxydation des lipides. Dans ces conditions, l'élévation de la température en réduisant la solubilité de l'oxygène dans la phase aqueuse ralentit la vitesse d'oxydation des lipides. À l'inverse, la porosité de l'aliment ou la vitesse d'agitation qui augmente le rapport surface/volume favorise la diffusion de l'oxygène et l'oxydation des lipides.

4.2. Catalyseurs de l'oxydation des lipides

En raison des nombreuses manipulations qu'ils subissent, les aliments sont exposés à de nombreux initiateurs de l'oxydation des lipides ou catalyseurs d'oxydation, dont les plus importants sont les radiations lumineuses, les métaux de transition ou certaines enzymes. Hormis ceux générés par la lumière, les radicaux libres des aliments sont habituellement générés en phase aqueuse ou à l'interface phase aqueuse/ phase lipidique.

4.2.1. Radiations électromagnétiques

L'exposition des aliments à la lumière favorise l'apparition de la flaveur des corps gras oxydés. Son intensité dépend de la longueur d'onde des radiations électromagnétiques incidentes, de l'intensité et du temps d'exposition ainsi que de la capacité de pénétration des radiations dans les aliments.

Par l'énergie qu'elles véhiculent, les radiations électromagnétiques du domaine ultraviolet sont capables de provoquer l'arrachement d'un atome d'hydrogène sur une chaîne aliphatique d'acide gras insaturé. Mais c'est surtout par l'intermédiaire des photosensibilisateurs que s'effectue la photo-oxydation des lipides. Suite à une interaction avec les radiations électromagnétiques du domaine visible, les photosensibilisateurs naturels comme la chlorophylle, les porphyrines ou la riboflavine sont susceptibles de transformer l'oxygène triplet ($^3O_2$) en oxygène singulet ($^1O_2$) très réactif. Dans ce mécanisme, l'énergie électromagnétique véhiculée par les radiations du domaine du visible excitent le photosensibilisateur (Psens) d'abord dans un état singulet (^{1}Psens*) puis dans un état triplet (^{3}Psens*) compatible avec l'oxygène moléculaire dans son état fondamental (état triplet). L'énergie acquise par le photosensibilisateur est alors restituée et transférée à l'oxygène triplet qui est converti en oxygène singulet :

$$\text{Psens} + h\nu \rightarrow {}^1\text{Psens}^* \rightarrow {}^3\text{Psens}^*$$

$${}^3\text{Psens}^* + {}^3O_2 \rightarrow \text{Psens} + {}^1O_2 \qquad [22]$$

À son tour, l'oxygène singulet réagit avec les doubles liaisons d'un accepteur à l'état singulet, dans la plupart des cas, lipidique (RH), ce qui aboutit à la formation d'hydroperoxydes (ROOH) comme indiqué sur la figure 46.

4.2.2. Métaux de transition

Les métaux de transition (fer, cuivre, nickel, cobalt, etc.) soit libres soit sous forme de complexes (hémoglobine) sont de puissants catalyseurs d'oxydation des lipides. Ils se trouvent généralement dans la phase aqueuse et catalysent l'oxydation des lipides soit à partir de la phase aqueuse soit à l'interface lipidique. Dans ce dernier cas, la nature de l'interface est très importante. Lorsque la charge de l'interface de la matière grasse émulsionnée est négative, la vitesse d'oxydation des lipides par les éléments métalliques est plus rapide que dans le cas d'interfaces chargées positivement. Ceci résulte des possibilités d'interactions électrostatiques entre éléments métalliques et charges négatives de l'interface ce qui augmente la concentration interfaciale des agents catalytiques.

Les métaux de transition interviennent soit par décomposition des peroxydes *via* la réaction de Fenton, soit par arrachement d'un atome d'hydrogène sur la chaîne aliphatique d'un corps gras. Dans les deux cas, il y a formation de radicaux libres et parallèlement oxydation ou réduction de l'ion métallique. La forme réduite de l'anion métallique est très souvent la plus réactive.

Lors de la décomposition des hydroperoxydes en radicaux alkoyls, l'ion métallique est oxydé (réaction de Fenton) ; il transite de son état de valence le plus bas (M^{n+}) à son état de valence le plus élevé ($M^{(n+1)+}$). La réaction est très rapide. La régénération de la forme réduite (M^{n+}), beaucoup plus lente, peut s'obtenir lors de la formation d'un radical à partir d'une chaîne d'acide gras. Ainsi les métaux de transition peuvent participer à plusieurs cycles d'oxydoréduction (figure 50).

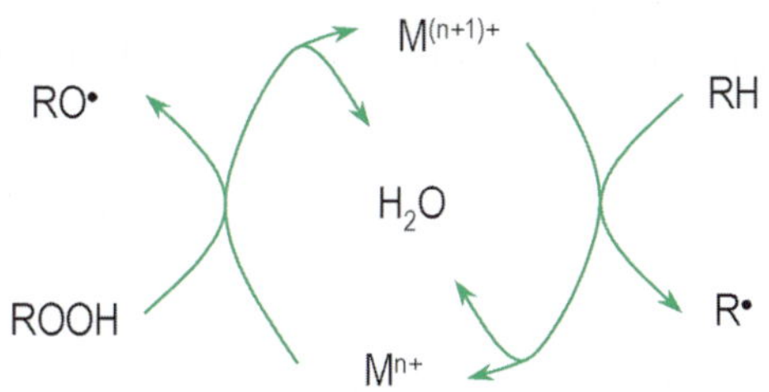

Figure 50 ■ Cycle d'oxydoréduction des agents métalliques lors de l'oxydation des lipides.

Typiquement les ions métalliques sous la forme réduite, M^{n+}, sont le fer ferreux (Fe^{2+}) ou le cuivre cuivreux (Cu^{+}) ; les ions métalliques sous la forme oxydée, $M^{(n+1)+}$, sont le fer ferrique (Fe^{3+}) et le cuivre cuivrique (Cu^{2+}).

En outre, les métaux de transition peuvent initier l'oxydation des lipides par réaction avec une molécule d'oxygène et formation d'un anion superoxyde ($O_2^{\bullet-}$). Ce dernier peut se combiner sous forme de peroxyde d'hydrogène (H_2O_2) (réactions de Haber-Weiss) qui se décompose suivant le principe de Fenton en radicaux hydroxy ($OH^{\bullet}$) extrêmement réactifs :

$$M^{n+} + O_2 \rightarrow M^{(n+1)+} + O_2^{\bullet-}$$

(réactions de Haber-Weiss) [23]

$$2\,O_2^{\bullet-} + 2\,H^+ \rightarrow H_2O_2 + O_2$$

$$M^{n+} + H_2O_2 \rightarrow M^{(n+1)+} + OH^- + OH^{\bullet}$$ (réaction de Fenton) [24]

L'oxydation des lipides dans les tissus musculaires de bœuf, poulet ou poisson peut être réalisée par l'hémoglobine suivant un mécanisme proche de celui-ci. L'hémoglobine possède un noyau porphyrine et un ion fer relié à l'hème par des liaisons de coordination. Dans les tissus frais, la presque totalité du fer hèmique est sous forme ferreux : myoglobine ou oxymyoglobine lorsqu'une molécule d'oxygène est liée au fer ferreux. L'oxydation de l'oxymyoglobine en métmyoglobine provoque la libération de l'oxygène sous la forme d'anion superoxyde, qui se transforme en peroxyde hydrogène et réagit avec le fer ferreux suivant la réaction de Fenton.

Les métaux de transition peuvent également participer à la formation de l'oxygène singulet après perte d'un électron par l'anion superoxyde. Comme nous l'avons indiqué précédemment, l'oxygène singulet est très réactif vis-à-vis des doubles liaisons des lipides.

$$M^{n+} + O_2 \rightarrow M^{(n+1)+} + O_2^{\bullet-}$$

$$O_2^{\bullet-} \rightarrow {}^1O_2 + e^- \quad [25]$$

D'après ces divers mécanismes, des traces métalliques peuvent dynamiser l'oxydation des lipides par réactions d'oxydoréduction en chaîne. Or les produits alimentaires contiennent naturellement des ions métalliques, ce qui les exposent inévitablement à l'oxydation.

4.2.3. Catalyseurs enzymatiques

Plusieurs enzymes sont susceptibles de catalyser l'oxydation des lipides mais les plus actives sont les lipoxygénases. Les lipoxygénases sont des catalyseurs de l'oxydation des lipides très répandus dans les plantes comme les légumineuses (soja), les céréales (blé, orge, maïs), les tubercules ou encore dans les feuilles, ainsi que dans certains tissus animaux. Le substrat des lipoxygénases est un système à double liaison *cis, cis*-1, 4 pentadiène contenu dans les acides gras polyinsaturés comme les acides linoléique, linolénique ou arachidonique.

Les lipoxygénases catalysent la formation d'hydroperoxydes selon un processus radicalaire sensiblement équivalent à celui décrit pour l'auto-oxydation des lipides. Une caractéristique de l'oxydation enzymatique est que les hydroperoxydes formés présentent une spécificité de site ainsi qu'une stéréo- et énantio-spécificité. Par exemple, la lipoxygénase de soja LOX1 oxyde l'acide linoléique pour donner le 13(S)-hydroperoxy *cis, trans*-9, 11 octadécadiénoïque (figure 51). En raison de leur activité optique, certains hydroperoxydes sont des marqueurs de l'oxydation enzymatique.

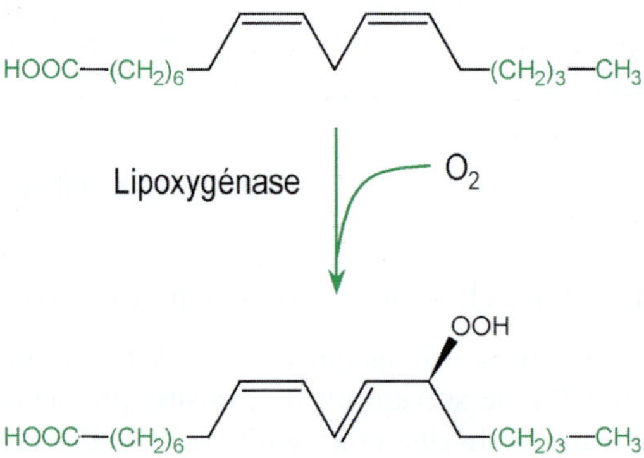

Figure 51 ■ Oxydation de l'acide linoléique par la lipoxygénase de soja LOX1.

Pour initier l'oxydation des lipides et pour entretenir leur activité, les lipoxygénases nécessitent la présence d'hydroperoxydes. En effet, les lipoxygénases sont des metalloprotéines possédant un atome de fer non hémique qui est à l'état ferreux dans l'enzyme inactive. L'activation de l'enzyme se produit lors de l'oxydation du fer ferreux en fer ferrique couplée à la décomposition d'un hydroperoxyde en radical alkoyl. Une fois active, l'enzyme catalyse l'arrachement d'un atome d'hydrogène positionné spécifiquement sur une chaîne d'acide gras. Le cycle d'oxydoréduction du fer est similaire à celui décrit sur la figure 50.

Bien que souvent combattue, l'oxydation des lipides insaturés par la lipoxygénase est parfois souhaitée. C'est le cas en panification ou les hydroperoxydes libérés par l'enzyme participeraient aux propriétés mécaniques des pâtes. Par ailleurs, les réactions d'oxydation ainsi catalysées entraînent la destruction des pigments de la farine et de certaines substances favorables aux qualités organoleptiques du pain.

4.3. Inhibiteurs de l'oxydation des lipides

Certaines molécules naturellement présentes dans les aliments exercent une action antioxydante sur les lipides soit en limitant la propagation des radicaux libres soit par un contrôle de l'activité des catalyseurs d'oxydation. Ainsi, elles retardent ou ralentissent la coloration ou l'apparition de flaveur indésirable due à l'oxydation des lipides.

4.3.1. Action antiradicalaire des antioxydants

Certains antioxydants sont des pièges à radicaux libres. Ils interviennent en transférant un atome d'hydrogène à l'espèce radicalaire. Les antioxydants réagissent préférentiellement avec les radicaux peroxydes car ce sont les radicaux majoritaires lors de l'oxydation des lipides. Cet échange d'atome d'hydrogène retarde significativement la propagation de l'oxydation.

L'efficacité d'un antioxydant résulte de la présence sur la molécule d'une liaison de faible énergie faisant intervenir un atome d'hydrogène. Plus l'énergie de cette liaison est faible, plus le transfert de l'atome d'hydrogène à un radical lipidique est favorisé énergiquement et donc se produit rapidement. L'efficacité d'un antioxydant dépend aussi de son aptitude à réduire l'énergie de sa structure radicalaire afin qu'il ne soit pas à son tour un catalyseur d'oxydation. Ainsi, les antioxydants radicalaires ($AH^{\bullet}$) sont souvent stabilisés par une délocalisation des électrons par résonance. Ils peuvent transmettre un second hydrogène à un autre radical lipidique et adopter une structure moléculaire encore plus stable non radicalaire (A) ou réagir entre eux pour former un dimère stable (HA – AH) :

$$ROO^{\bullet} + AH^{\bullet} \rightarrow ROOH + A$$
$$AH^{\bullet} + AH^{\bullet} \rightarrow HA - AH \qquad [26]$$

Les structures chimiques les plus communes qui participent au piégeage des radicaux libres sont les groupements hydroxyls des dérivés phénoliques, les groupements thiols des cystéines ou les groupements amines de l'acide urique, de certains alcaloïdes ou des protéines. Parmi ceux-ci, les dérivés phénoliques dont la formule générale est présentée sur la figure 52 sont les plus efficaces. Ils transfèrent rapidement un ou deux atomes d'hydrogène et forme un dérivé phénolique stable, radicalaire ou non (figure 53). Les dérivés ortho- et para- sont les plus efficaces, parce

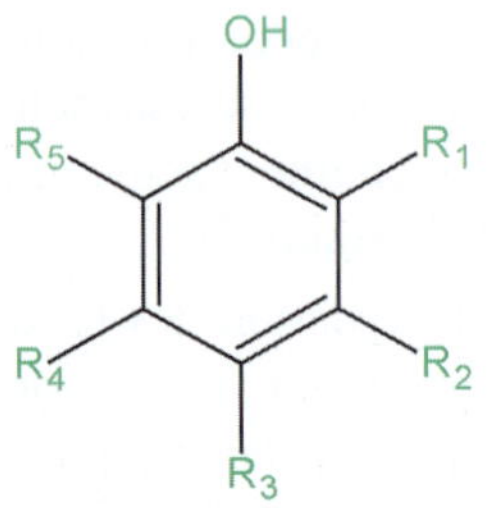

Figure 52 ■ Formule chimique des dérivés phénoliques.

qu'ils donnent des radicaux libres relativement stables du fait de la délocalisation de l'électron entre les formes de résonance. Le radical libre antioxydant est d'autant plus stable que le groupement substituant est plus grand, l'action antioxydante diminuant toutefois dans ce cas.

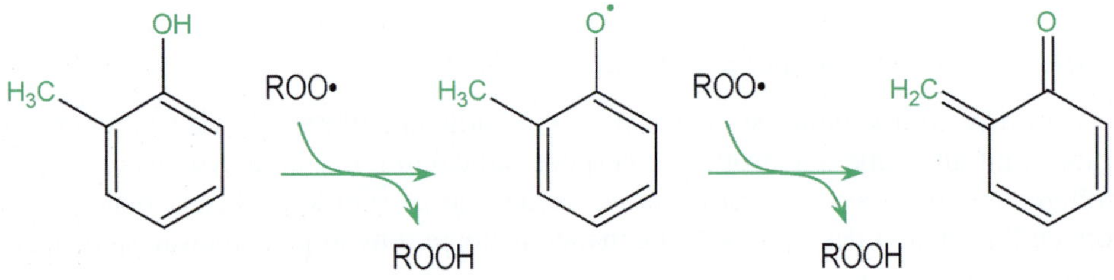

Figure 53 ■ Mécanisme d'action des antioxydants.

La durée de protection des aliments par les antioxydants demeure temporaire car ces derniers sont consommés jusqu'à disparition complète par le piégeage des radicaux libres. La cinétique de disparition des antioxydants est directement liée à l'insaturation de la matière grasse. Les matières grasses fortement insaturées et par conséquent prompt à la formation de structure radicalaire consomment rapidement les antioxydants. À l'inverse, dans les matières grasses pauvres en chaînes insaturées, la consommation des antioxydants est beaucoup plus lente. Tant que l'antioxydant est présent dans le système, le processus d'oxydation se limite à la phase d'initiation. Dés que ce dernier est entièrement consommé, l'oxydation s'accélère brutalement.

On observe parfois une synergie entre l'antioxydant et un composé dépourvu de propriétés antioxydantes directes :

$$AH + ROO^{\bullet} \rightarrow ROOH + A^{\bullet}$$

$$A^{\bullet} + BH \rightarrow AH + B^{\bullet} \qquad [27]$$

Le composé BH doit être moins réactif que l'antioxydant vis-à-vis de $ROO^{\bullet}$, et le radical libre $B^{\bullet}$ doit être plus stable que $A^{\bullet}$. Il y a réapprovisionnement de l'antioxydant AH.

4.3.2. Action anticatalytique des antioxydants

D'autres antioxydants agissent par des mécanismes indirects en inactivant le catalyseur d'oxydation des lipides. Certaines molécules comme les caroténoïdes interfèrent avec le mécanisme de photo-oxydation des lipides par l'oxygène singulet. Elles rentrent en compétition avec les lipides insaturés pour la réaction d'addition de l'oxygène singulet ou elles inactivent les photosensibilisateurs à l'état excité en absorbant leur excès d'énergie. Au cours de l'inactivation des photosensibilisateurs, les caroténoïdes passent par un état excité. À l'inverse des photosensibilisateurs, les caroténoïdes à l'état excité sont capables de retourner à leur état de plus basse énergie par dissipation de l'excès d'énergie dans le milieu environnant sans formation d'oxygène singulet.

L'activité pro-oxydante des métaux de transition est contrôlée au moins partiellement lorsqu'ils sont inclus dans des complexes. De nombreuses molécules sont capables de complexer les ions métalliques, mais toutes n'ont pas la même aptitude à inhiber l'activité oxydante. Certaines peuvent même favoriser l'oxydation des lipides en augmentant la solubilité de l'ion métallique ou en altérant son potentiel d'oxydo-réduction.

Cependant et le plus souvent, les métaux de transition sont complexés par des protéines (transferrine, ferritine, carnosine), des peptides, des acides aminés (histidine) des sels organiques (citrate, phytate) ou inorganiques (polyphosphates) sous une forme oxydée incapable de générer des anions superoxydes ou de décomposer les hydroperoxydes. Certaines enzymes jouent également un rôle essentiel contre l'oxydation des lipides. Les ferroxydases catalysent l'oxydation du fer ferreux très réactif en fer ferrique moins réactif. La superoxide dismutase, en collaboration avec la catalase et la glutathione peroxydase, convertit l'anion superoxyde en molécules d'eau réduisant la production de radicaux hydroxy très réactifs. Les composés phénoliques sont capables d'inhiber indirectement l'activité de la lipoxygénase en réduisant le fer du site actif de l'enzyme en fer ferreux.

4.4. Facteurs physico-chimiques

4.4.1. Activité de l'eau

L'a_w et l'état physique de l'eau influencent fortement la stabilité oxydative d'un aliment. La stabilité maximale des lipides est observée pour des a_w comprises entre 0,2 et 0,4. La vitesse relative d'oxydation des lipides augmente très significativement de part et d'autre de cette fenêtre, sur les plages d'a_w comprises entre 0,2 et 0 ou entre 0,4 et 0,7. Au-delà d'une a_w de 0,7, la vitesse d'oxydation des lipides est ralentie ou décroît (figure 3).

L'influence de l'a_w est complexe car elle implique plusieurs mécanismes. En effet, l'eau peut augmenter la vitesse d'oxydation des lipides en augmentant la mobilité des réactants. Elle peut également la ralentir en retardant la décomposition des hydroperoxydes et en diluant les catalyseurs d'oxydation.

En partant des faibles a_w, l'augmentation de la teneur en eau se traduit par la formation d'une couche d'hydratation monomoléculaire autour des molécules de solutés. Cette dernière protégerait les hydroperoxydes de la décomposition et diminuerait l'activité catalytique des agents métalliques en les solvatant. Les a_w responsables de la couche d'hydratation monomoléculaire correspondraient à l'optimum de stabilité des lipides vis-à-vis de l'oxydation. Lorsque la teneur en eau est supérieure à celle nécessaire à la formation d'une monocouche d'hydratation autour des molécules de solutés, l'eau permet la diffusion des molécules ce qui accroît la vitesse d'oxydation. À des a_w supérieures à 0,7, la vitesse d'oxydation des lipides est ralentie ou décroît par dilution des catalyseurs d'oxydation.

4.4.2. pH

Le pH intervient sur le mécanisme d'oxydation des lipides, principalement en modifiant la solubilité et l'activité des catalyseurs et des inhibiteurs de l'oxydation.

En ce qui concerne les catalyseurs d'oxydation, les agents métalliques sont peu solubles à pH basique où ils précipitent sous forme d'hydroxydes. Au contraire, la diminution du pH augmente leur solubilité et induit également leur décomplexation : dans le cas du lait, l'oxydation des lipides est maximale à pH 3,8. L'activité des lipoxygénases dépend du pH. Certaines sont plus actives à pH acide, d'autres à pH basique mais la majorité ont une activité maximale autour de la neutralité (pH de 6,0 à 8,0).

L'activité des antioxydants est généralement couplée à leur solubilité mais pas uniquement. Ainsi les polyphénols sont plus actifs à pH basique où leur solubilité est la meilleure. En effet, l'affaiblissement énergétique des fonctions hydroxyl avec l'augmentation de pH facilite le transfert de l'atome d'hydrogène aux radicaux lipidiques. À l'inverse la cepharanthine qui fait partie de la famille des alcaloïdes, est plus soluble à pH acide mais son activité antioxydante est optimale à pH basique en raison de la possibilité de transfert de l'atome d'hydrogène porté par le carbone asymétrique. Aussi, la solubilité de l'antioxydant n'est pas le seul critère d'appréciation de l'activité antioxydante (figure 54).

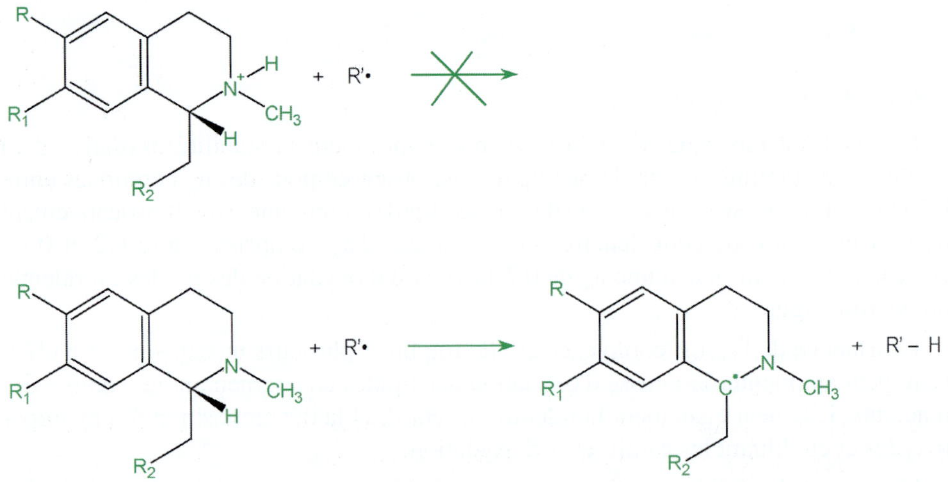

Figure 54 ■ Effet du pH sur l'activité antioxydante de la cépharantine.

L'accessibilité de la matière grasse aux catalyseurs ou aux inhibiteurs d'oxydation module également la vitesse d'oxydation des lipides. En émulsion, lorsque la matière grasse est protégée par des molécules tensioactives chargées négativement, l'oxydation des lipides catalysée par les agents métalliques est fortement accélérée par la baisse de pH qui améliore leur solubilité ; les interactions électrostatiques entre les charges négatives des tensioactifs et les charges positives des agents métalliques augmentent la concentration de ces derniers au niveau de l'interface. À l'inverse, aucune variation de la vitesse d'oxydation des lipides en fonction du pH n'est observée lorsque l'interface est composée de tensioactifs chargés positivement. Pour les interfaces protéiques, la vitesse d'oxydation des lipides est minimale au pHi des protéines. En effet, les protéines sont susceptibles de former un film interfacial viscoélastique plus épais proche de leur pHi ce qui ralentit la pénétration et la diffusion des catalyseurs d'oxydation vers l'intérieur des gouttelettes lipidiques.

4.4.3. Température

L'effet de la température sur l'oxydation des lipides est complexe et dépend de la concentration en oxygène dans le milieu. Lorsque celle-ci n'est pas limitante, la vitesse d'oxydation des lipides est de façon générale régie par la loi d'Arrhenius, et augmente avec la température. Cependant, la contribution relative des divers mécanismes d'initiation de l'oxydation varie en fonction de la température. Par exemple, lors de l'augmentation de la température, les processus d'initiation non enzymatique ont une contribution prépondérante par rapport aux processus d'initiation enzymatique. Dans les produits cuits, les réactions d'oxydation des lipides sont presque exclusivement catalysées par voie non enzymatique puisque la plupart des systèmes enzymatiques sont détruits. Ainsi, une opération de blanchiment retarde l'apparition des flaveurs de produits oxydés par rapport à une simple réfrigération ou congélation des produits frais, par inactivation thermique des enzymes catalysant l'oxydation des lipides telles que la lipoxygénase. Cependant, des traitements thermiques trop intenses peuvent induire la dénaturation de protéines et la libération d'ions métalliques complexés favorisant l'oxydation des lipides.

À l'inverse, lorsque la concentration en oxygène est limitante, la vitesse d'oxydation des lipides augmente avec la baisse de la température du fait de la solubilité accrue de l'oxygène dans la phase aqueuse. Aussi, lors de la baisse de la température, la cristallisation de la fraction lipidique à plus haut point de fusion exclue l'oxygène des zones cristallisées. L'oxygène se trouve alors concentré avec la fraction lipidique la plus insaturée ce qui facilite la propagation de l'oxydation des lipides.

5. Évaluation de la susceptibilité à l'oxydation et du niveau d'oxydation

L'oxydation des lipides s'accompagne de l'apparition et de la disparition de nombreux composés à des vitesses qui dépendent des conditions physico-chimiques dans lequel se trouve l'aliment. On peut toutefois les décrire sommairement comme représenté sur le diagramme de la figure 55 qui donne la consommation de l'oxygène ainsi que les teneurs en peroxydes lipidiques, polymères ou aldéhydes en fonction du temps.

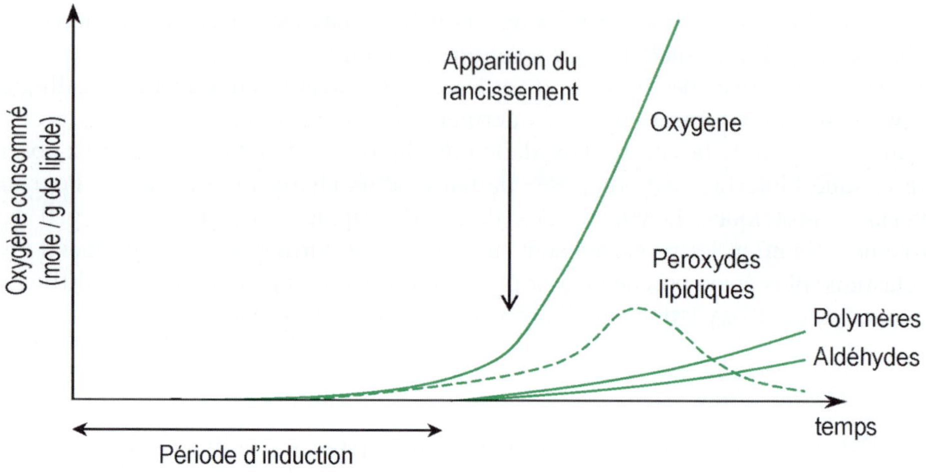

Figure 55 ■ Cinétique d'apparition et de disparition de composés au cours de la réaction d'oxydation des lipides (Cheftel et Cheftel, 1976).

On observe une période d'induction pendant laquelle l'oxydation se déroule lentement suivie d'une accélération brutale de l'oxydation des lipides avec dans un premier temps une accumulation de peroxydes qui seront ensuite décomposés en petites molécules volatiles ou condensés sous forme de polymères. L'apparition du rancissement intervient généralement en fin de période d'induction.

Déterminer le niveau d'oxydation ou la susceptibilité à l'oxydation d'un aliment lipidique n'est pas toujours aisé, car les corrélations entre la concentration en indicateurs de l'oxydation et la détérioration organoleptique ou la durée de conservation d'un aliment ne sont pas toujours satisfaisantes. Les méthodes développées sont basées soit sur la mesure d'un ou d'une classe de produits issus de l'oxydation des lipides qui donne une indication du niveau d'oxydation à un instant donné, soit sur la mesure de la durée de la phase d'induction. La durée de la phase d'induction correspond à la résistance à l'oxydation ou à la susceptibilité à l'oxydation d'un aliment. Elle s'évalue généralement par le temps nécessaire pour atteindre une soudaine augmentation de la vitesse d'oxydation ou pour qu'apparaisse une flaveur rance. Bien que les tests de résistance à l'oxydation pratiqués dans des conditions aussi proches que possible des conditions de stockage des aliments soient les plus informatifs sur la stabilité d'un aliment, ils n'en demeurent pas moins inadaptés d'un point de vue pratique. Ainsi, la susceptibilité d'un aliment à l'oxydation est estimée par des tests d'oxydation accélérée sous des conditions standardisées (AOM, *active oxygen method* ; Rancimat ; ORAC, *oxygen radical absorbance capacity*). Le chauffage est souvent utilisé pour accélérer l'oxydation des lipides. Ces méthodes présentent un certain nombre d'inconvénients car la vitesse d'oxydation dépend de la concentration en oxygène dont la solubilité décroît avec l'élévation de la température. De plus, les traitements thermiques peuvent entrainer la destruction d'antioxydants ou leur volatilisation (BHA, BHT) et accélérer les réactions de polymérisation, de cyclisation ou de scission.

Les méthodes mises en œuvre pour évaluer le niveau et la susceptibilité à l'oxydation des lipides peuvent être classées en trois groupes selon le principe mis en jeu.

5.1. Mesure de la consommation des substrats d'oxydation

L'étude cinétique de la consommation d'oxygène permet de mesurer la durée de la phase d'induction. On mesure l'accroissement de poids de la matière grasse sous l'effet de la fixation de l'oxygène ou la chute de pression engendrée par la consommation d'oxygène. Les résultats sont toujours à interpréter avec prudence car dans les milieux complexes, l'oxygène intervient dans de nombreuses réactions et pas seulement pour oxyder les lipides. En outre, la production de composés volatils par décomposition des peroxydes peut fausser les mesures.

Il est également possible de mesurer un substrat d'oxydation résiduel. Ce substrat est généralement un acide gras tel que l'acide linoléique ou l'acide linolénique que l'on dose par chromatographie en phase gazeuse.

5.2. Mesure des peroxydes formés

La mesure de l'indice de peroxyde est un test simple et par conséquent très utilisé. Les peroxydes sont dosés par iodométrie, polarographie ou colorimétrie après réaction avec le thiocyanate ferreux ou encore par chromatographie en phase gazeuse après un choc thermique. L'indice de peroxyde s'exprime en mg d'oxygène actif par kg de matière grasse.

Dans le test de Swift ou AOM, de l'air ou de l'oxygène purifié est mis à barboter dans un échantillon lipidique maintenu pendant la durée de l'expérience à 97,8 °C. Le dosage des peroxydes ou le temps de latence au bout duquel un début de rancidité peut être décelé par l'odorat, permet de mesurer la susceptibilité des lipides à l'oxydation. Cette méthode est dévolue à l'analyse des huiles ou des graisses mais n'est pas adaptée pour l'analyse des aliments. Elle convient pour le contrôle d'une fabrication mais ne renseigne pas sur la durée prévisible de conservation.

La méthode ORAC suit, par la perte de fluorescence de la fluorescéine, la peroxydation d'un aliment provoquée par un radical hydrosoluble stable initiateur, l'AAPH [2, 2' azobis (2-amidinopropane) hydrochloride]. La fluorescéine réagit plus lentement avec les radicaux libres que la plupart des antioxydants naturels, ce qui permet d'évaluer la stabilité à l'oxydation radicalaire d'un aliment. Elle s'exprime par l'aire nette sous la courbe représentant l'intensité de fluorescence à 515 nm en réponse à une excitation à 493 nm en fonction du temps (figure 56).

La spectroscopie de résonance paramagnétique électronique (RPE) peut également être utilisée pour déterminer la susceptibilité des matières grasse à l'oxydation. L'analyse est basée sur la mesure des radicaux libres formés durant les stades initiaux de l'oxydation. Les radicaux libres sont des espèces très réactives avec des durées de vie très courtes. La RPE nécessite l'emploi de pièges à radicaux comme le N-*tert*-butyl phenylnitrone (PBN). Ces espèces réagissent avec les radicaux libres pour former des radicaux beaucoup plus stables dont la durée de vie est compatible

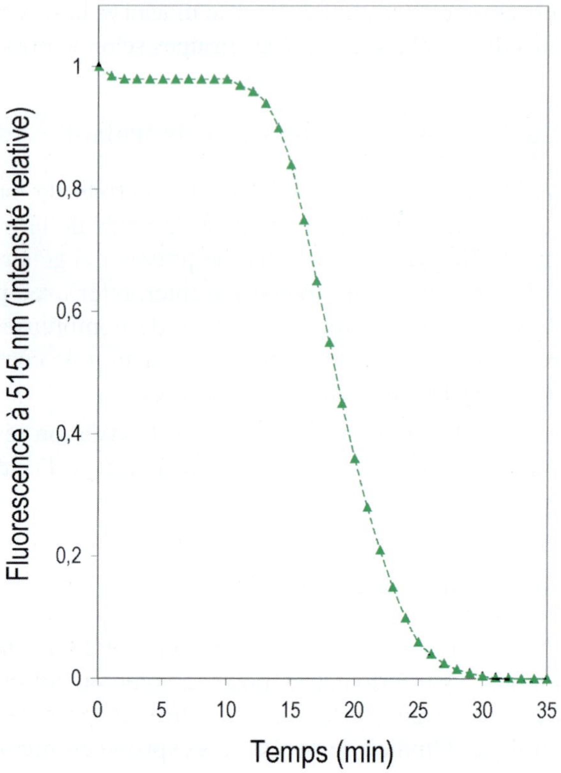

Figure 56 ■ Détermination de la stabilité à l'oxydation d'un produit alimentaire par la méthode ORAC.

avec le temps d'analyse. Contrairement aux tests d'oxydation accélérés, l'analyse par RPE s'effectue à plus basse température, autour de 60 °C.

La mesure des diènes conjugués par spectrophotométrie UV fournit des indications sur l'état d'oxydation des matières grasses. La formation d'hydroperoxydes à partir des acides gras polyinsaturés comme l'acide linoléique ou l'acide linolénique s'accompagne d'une migration de la double liaison qui conduit à la formation d'un diène conjugué absorbant à 233 nm.

5.3. Mesure des produits de décomposition des peroxydes

Plusieurs méthodes permettent d'analyser les produits de dégradation des peroxydes. Leur présence traduit un stade déjà avancé de l'oxydation.

L'analyse des composés volatils par chromatographie en phase gazeuse est bien corrélée à l'apparition de la flaveur rance. De plus, cette méthode permet de fournir des informations utiles sur l'origine des composés volatils.

Le test à l'acide thiobarbiturique (TBA) est une mesure d'un complexe coloré issu de la réaction de certains aldéhydes en particulier l'aldéhyde malonique et le TBA. Le complexe coloré absorbe à 523 nm. L'aldéhyde malonique provient essentiellement de l'oxydation des lipides polyinsaturés. Le test TBA pourrait surestimer l'état d'oxydation car d'autres composés colorés peuvent interférer avec la mesure à 523 nm.

Le Rancimat est un test instrumental automatisé mesurant la conductivité d'acide de faible poids moléculaire, par exemple l'acide formique, produit durant l'autooxydation d'une matière grasse placée sous bullage d'air ou d'oxygène et à une température supérieure à 100 °C. Cette méthode nécessite un niveau d'oxydation plus important que les autres méthodes pour obtenir des résultats mesurables.

6. Contrôle et prévention de l'oxydation des lipides

Comme nous l'avons évoqué précédemment, l'oxydation des lipides au sein des aliments est dépendante de la composition, la concentration et l'activité des substrats de réaction, de la balance des agents pro-oxydants et antioxydants. Elle est responsable d'une perte de qualité nutritionnelle (diminution de la teneur en acides gras polyinsaturés ou de vitamines antioxydantes), organoleptique (formation de molécules responsables de flaveurs indésirables, formation de substrats du brunissement non enzymatique) et fonctionnelle (perte de solubilité des protéines). En outre, les réactions mises en jeu dans l'oxydation des lipides font la plupart du temps intervenir des radicaux libres ou des formes très actives de l'oxygène, qui sont mises en cause dans le processus de vieillissement dégénératif de l'organisme ou dans des pathologies graves (en particulier certaines formes de cancer, l'athérosclérose, les maladies cardiovasculaires et le diabète).

Lutter contre l'oxydation des lipides représente donc un enjeu considérable pour les industriels de l'alimentation. Plusieurs voies peuvent être envisagées pour stabiliser les lipides vis-à-vis de l'oxydation : la première serait la réduction du degré d'insaturation de la matière grasse soit par hydrogénation chimique comme dans le cas des margarines, soit en jouant sur le régime alimentaire des animaux ou encore en sélectionnant génétiquement les plantes à faible activité désaturase. Or pour des raisons nutritionnelles, réduire l'insaturation de la matière grasse alimentaire n'est pas toujours désirable.

Dans ces cas la stabilité des lipides vis-à-vis de l'oxydation devra être atteinte en modulant favorablement l'activité antioxydante et pro-oxydante naturelle des denrées alimentaires. Dans un premier temps il faudra retenir au maximum l'activité antioxydante endogène des aliments. Pour ce faire, il faudra minimiser les pertes en antioxydants durant les étapes technologiques comme lors du raffinage des huiles alimentaires (tocophérols, caroténoïdes), sélectionner des plantes ou des ingrédients issus de plantes naturellement riches en molécules antioxydantes ou bien encore incorporer des antioxydants à la ration alimentaire des animaux. Parallèlement il faudra éviter d'exposer les denrées alimentaires à des catalyseurs d'oxydation (les températures trop élevées ou la lumière en particulier lorsque les denrées alimentaires contiennent des photosensibilisateurs). La réduction de la teneur en agents pro-oxydants, soit par traitement thermique pour inactiver la lipoxygénase (blanchiment des légumes), soit par l'utilisation de techniques séparatives qui permettent de réduire la teneur en chlorophylle dans les huiles alimentaires ou encore en limitant l'apport d'agents métalliques par l'eau ou les ingrédients entrant dans la composition des aliments, sont également des solutions envisageables. On peut encore sélectionner génétiquement les légumes et les graines à faible activité lipoxygénase. Cependant, certains agents pro-oxydants ont une importance nutritionnelle dans les aliments comme les nutriments fer, cuivre ou la riboflavine, ou organoleptique comme la myoglobine ou la chlorophylle qui sont largement utilisés comme colorant naturel.

Ainsi, la stabilisation des lipides vis-à-vis de l'oxydation passe soit par l'utilisation de moyens physiques particuliers permettant d'éviter le contact entre les acides gras insaturés et l'oxygène ou les catalyseurs d'oxydation (stockage sous vide ou sous azote, utilisation de piège à oxygène, encapsulation de la matière grasse), soit par l'incorporation de molécules antioxydantes.

6.1. Stabilisation par l'emploi de moyens physiques

La teneur en oxygène a un effet prépondérant sur la vitesse d'oxydation des lipides. Ainsi, la stabilité oxydative sera améliorée en réduisant la teneur en oxygène du milieu par emballage des denrées alimentaires sous vide ou sous azote dans un matériau imperméable à l'oxygène ou par glaçage dans le cas de poissons congelés. Par ailleurs, les emballages opaques jouent un rôle dans la protection des aliments oxydables contre la lumière.

Cependant, ces techniques ne permettent guère d'éliminer la totalité de l'oxygène, car l'oxygène occlus et adsorbé sur le produit ne se désorbe que lentement. C'est le cas notamment des produits lyophilisés, très poreux, et tellement sensibles à l'oxydation qu'une atmosphère avec de l'oxygène résiduel ne suffit pas à les stabiliser. Par l'utilisation de pièges à oxygène qui absorbent l'oxygène résiduel après emballage, il est possible de minimiser l'altération des aliments sensibles à l'oxydation. Les pièges à oxygène les plus couramment employés utilisent les principes de l'oxydation enzymatique (glucose oxydase couplée à la catalase) ou de l'oxydation du fer. Ces derniers permettent de piéger l'oxygène sous forme d'hydroxyde de fer :

$$Fe \rightarrow Fe^{2+} + 2\,e^-$$
$$1/2\ O_2 + H_2O + 2\,e^- \rightarrow 2\ OH^-$$
$$Fe^{2+} + 2\ OH^- \rightarrow Fe(OH)_2$$
$$Fe(OH)_2 + 1/4\ O_2 + 1/2\ H_2O \rightarrow Fe(OH)_3 \qquad [28]$$

Ces pièges à oxygène se présentent sous forme de sachets et sont emballés en même temps que l'aliment à stabiliser. Ils sont très efficaces et permettent de garantir la quasi-absence d'oxygène durant la durée de stockage des aliments. Cependant, il existe un risque potentiel d'ingestion accidentelle d'une quantité importante de fer malgré la mention « Ne pas manger ».

Les pièges à oxygène basés sur l'oxydation enzymatique mettent en œuvre la glucose oxydase qui catalyse l'oxydation du glucose (G) en gluconolactone en présence d'oxygène. La gluconolactone formée s'hydrolyse spontanément en acide gluconique (GO) et libère du peroxyde d'hydrogène. Ce dernier, indésirable dans les aliments, est éliminé par la catalase :

$$G + O_2 + H_2O \rightarrow GO + H_2O_2$$
$$H_2O_2 + \text{catalase} \rightarrow H_2O + 1/2\ O_2 \qquad [29]$$

Dans le bilan de la réaction d'oxydation catalysée par le système enzymatique glucose oxydase/catalase, une 1/2 mole d'oxygène est éliminée par oxydation d'1 mole de glucose. Les systèmes enzymatiques de stabilisation des aliments contre l'oxydation ne sont pas adaptés pour les aliments à faible a_w. Ils sont aussi très sensibles aux variations de pH et de température. Les enzymes peuvent être incorporées sous forme d'un sachet indépendant au moment du conditionnement de l'aliment ou associées à la structure de l'emballage. À ce titre, le polypropylène et le polyéthylène sont de bons substrats pour l'immobilisation des enzymes.

Une alternative pour retarder l'auto-oxydation des lipides est d'encapsuler la phase grasse dans une matrice glucidique (maltodextrine, gomme arabique) ou protéique (gélatine) qui agit comme une barrière contre le transfert de l'oxygène mais également des catalyseurs d'oxydation. La méthode d'encapsulation la plus répandue est la déshydratation d'une émulsion lipidique dont la phase aqueuse renferme le matériel d'encapsulation glucidique ou protéique. Il est également possible de solubiliser la fraction lipidique dans une solution contenant les agents d'encapsulation avant déshydratation. De fines gouttelettes lipidiques se forment spontanément en raison de la sursaturation accompagnant le phénomène de déshydratation. Les agents antioxydants (acide ascorbique, α-tocophérol) peuvent également être encapsulés dans des systèmes de type liposomes qui sont utilisés comme émulsifiants pour stabiliser les dispersions lipidiques. Ainsi les antioxydants sont libérés de manière contrôlée à l'endroit où les réactions d'oxydation sont initiées, c'est-à-dire à l'interface lipide/eau. Par ailleurs, en raison de leur encapsulation ils sont protégés des réactions vis-à-vis des autres composés alimentaires.

6.2. Formulation

Nous avons vu précédemment que des molécules naturellement présentes dans les aliments peuvent retarder l'apparition des altérations liées à l'oxydation des lipides. Dans certains cas, ces molécules antioxydantes sont en quantité insuffisante pour assurer une protection efficace des aliments, car elles sont naturellement présentes en faible quantité ou sont éliminées ou détruites lors des traitements technologiques. Ainsi, un contrôle efficace de l'oxydation des lipides peut être réalisé en inactivant les radicaux libres ou les catalyseurs d'oxydation par un ajout raisonné d'antioxydants.

Les antioxydants les plus classiquement utilisés dans l'alimentation sont obtenus par voie de synthèse chimique même si la tendance générale conduit à réduire l'utilisation d'additifs alimentaires synthétiques au profit d'additifs naturels. Leur emploi, réservé à certaines catégories d'aliment, est réglementé par des doses limites d'utilisation.

Les antioxydants synthétiques, BHA (butylhydroxyanisol) et BHT (butylhydroxytoluène) (figure 57) sont largement utilisés en France en dépit des réserves faites à leur encontre par les nutritionnistes. Ils sont l'un et l'autre solubles dans les phases lipidiques et résistent bien à la chaleur. Ils présentent l'inconvénient de s'évaporer rapidement ce qui rend difficile leur emploi dans les aliments déshydratés. Le gallate de propyle (figure 57) est soluble dans l'eau mais peu résistant à la chaleur et donne avec le fer des sels de couleur foncée ; il doit être utilisé avec un complexant des métaux comme l'acide citrique par exemple.

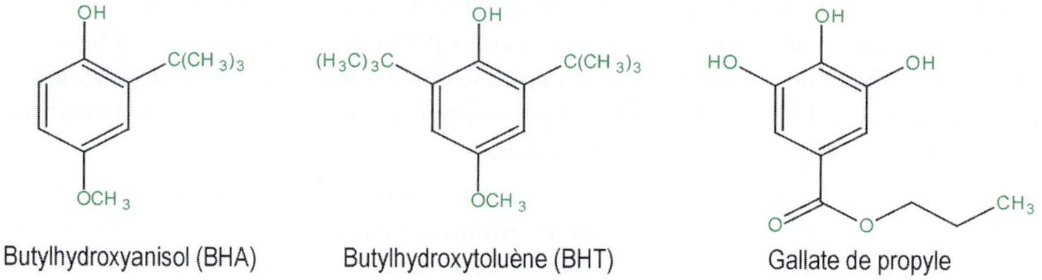

Figure 57 ■ Formule chimique de quelques antioxydants.

Les antioxydants naturels appartiennent à des familles chimiques diverses (composés phénoliques, tocophérols, acide ascorbique). Les composés phénoliques sont essentiellement les acides phénoliques, les flavonoïdes ou les anthocyanes. Ils interviennent soit en interrompant la phase de propagation de l'oxydation soit en inactivant les catalyseurs d'oxydation. Les tocophérols sont des antioxydants lipidiques résistant à la chaleur tandis que l'acide ascorbique est soluble en phase aqueuse. En présence d'agents métallique, l'acide ascorbique peut exercer une action pro-oxydante.

Les limites à la mise en œuvre des antioxydants dans les matrices alimentaires sont liées à leur solubilité, à leurs interactions avec d'autres constituants (protéines et composés phénoliques) ou aux modifications de couleur ou de flaveur (extraits d'herbes) qu'ils génèrent. Les antioxydants liposolubles sont peu efficaces pour bloquer une oxydation initiée en phase aqueuse. L'activité antioxydante des caroténoïdes (liposoluble) est peu efficace si l'oxygène singulet est généré par la riboflavine (hydrosoluble). À l'inverse les antioxydants solubles en phase aqueuse sont efficaces pour annihiler les réactions d'oxydation catalysées par les agents métalliques. En revanche dans les émulsions lipidiques, ils sont inefficaces pour bloquer la propagation de l'oxydation des lipides qui s'effectue au cœur de la phase lipidique ou aux interfaces.

En raison de ces spécificités, un mélange d'antioxydants sera, dans bien des cas, plus efficace contre l'oxydation des lipides en raison des phénomènes de synergie.

5

Brunissement non enzymatique

Introduction

Le brunissement non enzymatique regroupe un ensemble de réactions chimiques intervenant lors de la préparation ou le stockage des denrées alimentaires. Il est responsable de la formation de composés colorés bruns, de substances volatiles et sapides qui conditionnent la qualité sensorielle des aliments. Pour ces raisons le brunissement non enzymatique est recherché lors de la torréfaction des grains de café et de cacao, en rôtisserie, dans les produits boulangers et pâtissiers, dans l'élaboration de la bière, du vinaigre balsamique, du whisky ou même dans certains fromages comme les pâtes pressées cuites. En revanche, le brunissement non enzymatique est indésirable lorsque, non maîtrisé, il altère les caractéristiques organoleptiques des produits alimentaires. Il est en particulier responsable des notes de cuit de certains laits stérilisés, de jus de fruits stérilisés ou des défauts d'apparence des produits déshydratés. Par ailleurs, la valeur nutritionnelle des aliments peut être modifiée lors du brunissement non enzymatique. On peut citer la destruction d'acides aminés essentiels comme la lysine, une réduction de la digestibilité des protéines, la formation de composés potentiellement toxiques ou mutagènes, une modification de la capacité antioxydante de l'aliment. Ainsi un des enjeux de l'industrie alimentaire concernant le brunissement non enzymatique est d'atteindre simultanément les conditions de stabilité et les caractéristiques organoleptiques souhaitées pour les produits finis tout en préservant leur valeur nutritionnelle.

On associe souvent le brunissement non enzymatique à la réaction de Maillard. Or un certain nombre d'autres réactions chimiques n'obéissant pas à la définition de la réaction de Maillard participent au brunissement non enzymatique. C'est le cas de la dégradation thermique des sucres (caramélisation), de l'oxydation chimique des phénols ou des réactions chimiques intervenant au cours de la madérisation. Dans cette partie nous nous focaliserons plus spécifiquement sur la réaction de Maillard même si les autres réactions seront évoquées à titre de comparaison.

Définie pour la première fois par Louis-Camille Maillard en 1912, la réaction qui porte dorénavant son nom, regroupe un vaste ensemble de réactions complexes. Elle renvoie à toutes réactions initiées par l'interaction d'un groupement amine et d'un groupement carbonyle. Il s'ensuit une cascade de réactions incluant des déshydratations, des cyclisations, des rétro-aldolisations, des réarrangements, des isomérisations ainsi que des condensations menant d'une part à des molécules volatiles et aromatiques et d'autre part à des polymères azotées bruns de haut poids moléculaire connus sous le terme de mélanoïdines. De nombreux facteurs influencent la vitesse des diverses étapes de la réaction de Maillard et donc la nature et la quantité des constituants responsables de la coloration et du profil aromatique des produits au cours de leur élaboration ou de leur stockage. Ils incluent la nature des substrats, le couple temps-température employé lors des traitements thermiques ou au cours du stockage, le pH, l'activité de l'eau, la présence d'activateurs ou d'inhibiteurs.

1. Substrats

Les composés pouvant participer à la réaction de Maillard doivent posséder une fonction carbonyle libre ou un groupement amine non protoné. Par conséquent dans les aliments il existe un très grand nombre de substrats potentiels. Ils sont naturellement présents ou générés au cours des traitements technologiques ou du stockage. Ils sont à l'origine de très nombreux produits de réaction.

Traditionnellement le groupement carbonyle est la fonction réductrice d'un sucre. Ce dernier réagit lorsque la chaîne glucidique est en conformation linéaire. Ainsi les monosaccharides (ribose, glucose, fructose) participent à la réaction de Maillard tout comme certains disaccharides réducteurs (lactose, maltose) ou oligosaccharides réducteurs. Le saccharose (disaccharide non réducteur) ne participe pas à la réaction de Maillard à moins qu'il soit au préalable hydrolysé (sucre inverti). En revanche, le saccharose tout comme l'ensemble des sucres réducteurs ou non réducteurs peut être dégradé à haute température en l'absence de groupement aminé et participer au brunissement non enzymatique (caramélisation).

Il faut garder à l'esprit que les polyphénols, l'acide ascorbique, les acides uroniques ainsi que d'autres dérivés carbonylés (adhéhydes ou cétones) qui peuvent être formés au cours des phénomènes oxydatifs (de chaînes lipidiques par exemple) possèdent une ou plusieurs fonctions carbonyles ; ils peuvent également participer à la réaction de Maillard.

Dans le cas le plus général, le groupement amine provient d'acides aminés libres ou du groupement ε-aminé de la lysine lorsque cette dernière entre dans la constitution de la séquence primaire d'une protéine ou d'un peptide. Dans certaines conditions, la chaîne latérale de l'arginine peut participer à la réaction de Maillard. De même le groupement amine N-terminal des protéines a une réactivité lui permettant de participer à la réaction de Maillard, mais en réalité sa contribution est négligeable. L'ammonium et certaines amines primaires ou secondaires ont aussi les caractéristiques chimiques leur permettant l'attaque nucléophile d'un groupement carbonyle et l'initiation de la réaction de Maillard.

2. Mécanisme du brunissement non enzymatique

La réaction de Maillard comprend une succession de réactions très complexes. On peut arbitrairement distinguer quatre phases :

1) la réaction de condensation du groupement amine et du groupement carbonyle ;
2) le réarrangement d'Amadori et de Heyns ;
3) la décomposition des cétosamines ;
4) les réactions de polymérisation.

La figure 58 résume de manière schématique ces principaux stades.

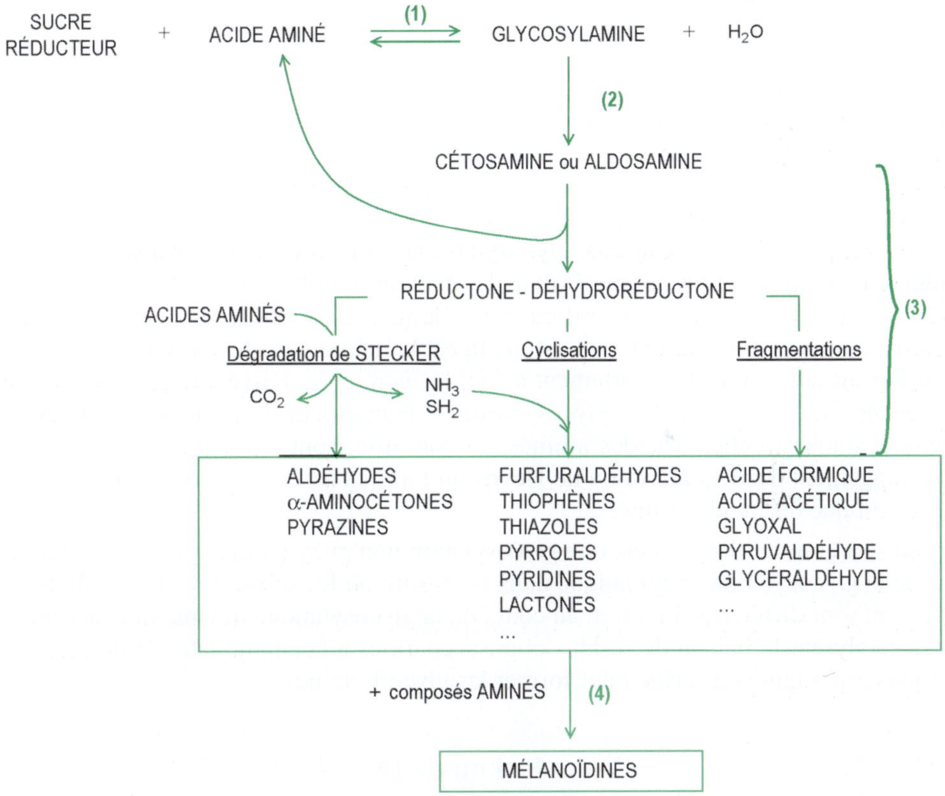

Figure 58 ■ Voies du brunissement non enzymatique.

2.1. Condensation

La réaction de Maillard débute par l'attaque nucléophile d'un groupement amine primaire ou secondaire d'un acide aminé ou d'une protéine sur la fonction carbonyle d'un sucre réducteur (ou plus généralement l'attaque nucléophile d'un groupement amine sur une fonction carbonyle) :

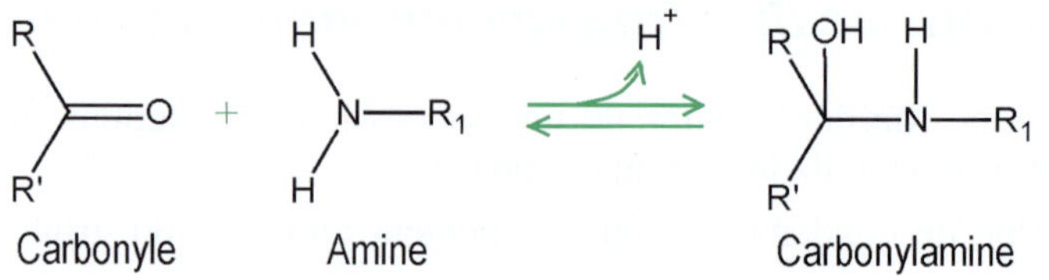

[30]

L'attaque nucléophile est possible lorsque le groupement amine possède un doublet électronique libre ; elle est donc favorisée en milieu basique. Le produit de condensation, hautement instable en solution aqueuse, perd une molécule d'eau entraînant la formation d'une glycosylamine également appelée « base de Schiff » (ou plus généralement une carbonylamine ; équation 31). Les amines tertiaires sont dans l'impossibilité de réaliser cette réaction.

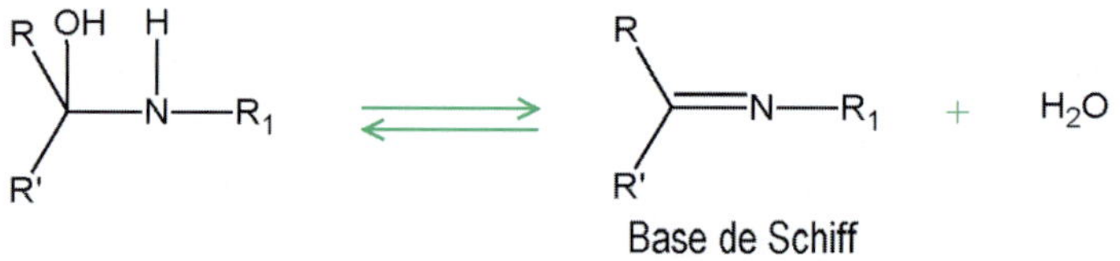

[31]

Les réactions conduisant aux glycosylamines sont réversibles. Ainsi en faisant intervenir la loi d'action de masse dans la réaction, on observe que la condensation de Maillard est favorisée en milieu partiellement déshydraté. La quantité d'eau libérée au cours de cette réaction est négligeable même dans les produits déshydratés. Par ailleurs, en milieu fortement acide, le sucre et le dérivé aminé peuvent être régénérés intégralement. Les glycosylamines d'amines et de protéines sont relativement stables ; celles d'acides aminés, au contraire, sont rapidement le siège d'un réarrangement dit d'Amadori ou de Heyns du fait de l'action exercée par la fonction carboxylique de l'acide aminé.

La réaction de Maillard est une glycosylation non enzymatique que l'on différentie de la glycosylation enzymatique dans la mesure où les substrats et les produits de réaction sont différents. En effet, au cours de la glycosylation enzymatique, les enzymes catalysent la liaison de résidus oligosaccharides à la chaîne latérale de certains résidus asparagine ou sérine pour former les glycoprotéines.

2.2. Réarrangement d'Amadori ou de Heyns

Les glycosamines peuvent subir une isomérisation irréversible et donner des produits plus stables, les cétosamines si le substrat glucidique initial est un aldose (produits d'Amadori), ou les aldosamines si le substrat glucidique initial est un cétose (produits de Heyns) (équation 32)

Ces réactions sont favorisées par la fonction carboxyle des acides aminés. Les aldosamines et les cétosamines demeurent stables tant que les conditions de chauffage ne sont pas trop drastiques. Les conséquences les plus importantes à ce stade sont une diminution de la quantité de lysine disponible ; la couleur et la flaveur des produits sont peu affectées.

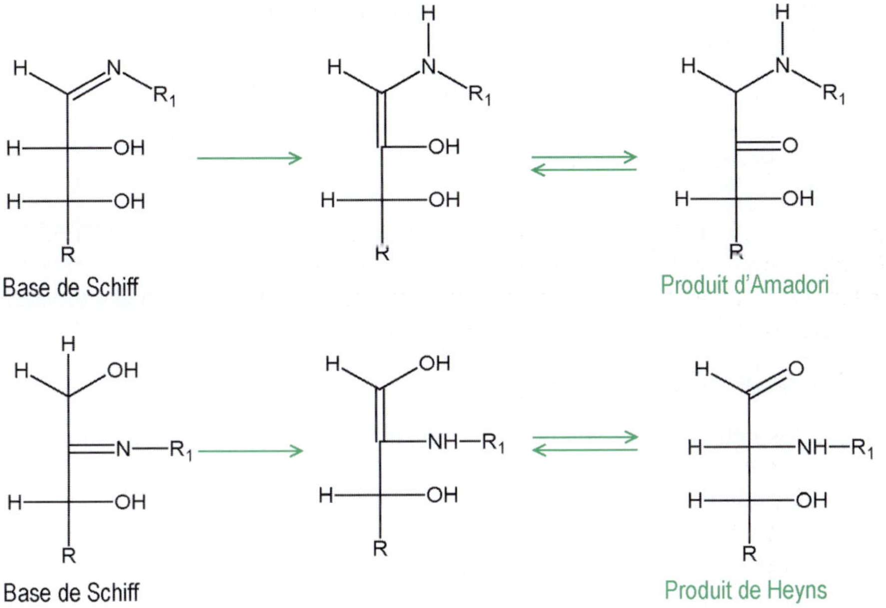

[32]

Les produits d'Amadori ou de Heyns peuvent réagir, par leur fonction amine secondaire, avec une seconde molécule de sucre réducteur pour donner des produits de réaction diglycosylés :

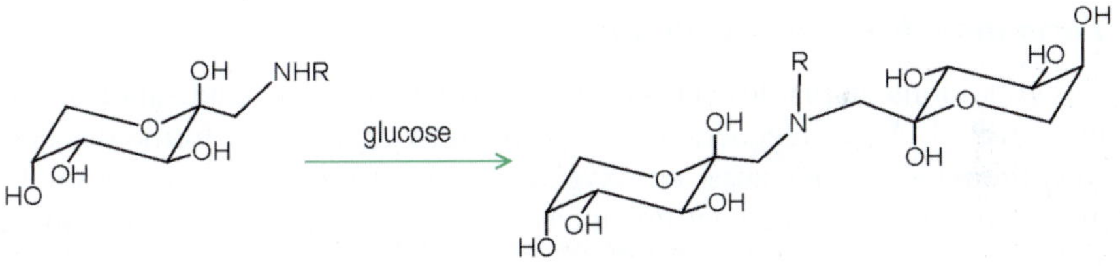

[33]

La fonction carbonyle des produits d'Amadori ou de Heyns peut également être le siège d'une nouvelle attaque nucléophile d'une fonction amine provenant d'un autre acide aminé ou d'une chaîne latérale de protéines :

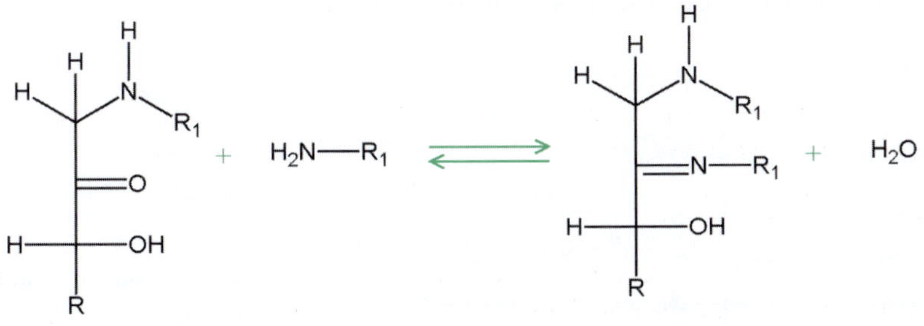

[34]

En présence d'acides aminés libres, les produits de Heyns sont instables ; ils subissent une isomérisation en produits d'Amadori. Le mécanisme mis en jeu serait de même nature que celui permettant l'isomérisation du glucose en fructose (réarrangement de Lobry de Bruyn-Alberda van Ekenstein) : [35]

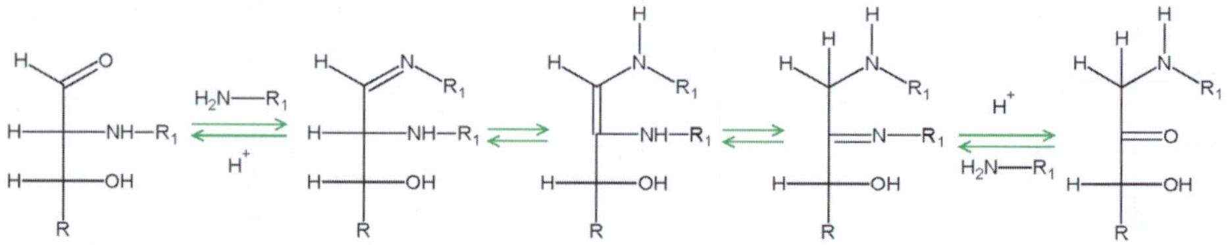

Produit de Heyns

Produit d'Amadori

2.3. Décomposition des cétosamines

Bien que les cétosamines soient relativement stables, elles peuvent subir une série de réactions parallèles et consécutives dont la majorité sont des transformations classiques telles que des énolisations, des déshydratations, des oxydations, des cyclisations, des décarboxylations, des rétro-aldolisations, etc. C'est la diversité des réactions pouvant intervenir simultanément qui produit une matrice complexe de réactions. Toutefois, trois voies principales peuvent être mises en avant :

1) la formation de composés carbonylés très réactifs ;

2) la dégradation de Strecker ;

3) la fragmentation des unités glucidiques (rétro-aldolisation).

2.3.1. Formation de composés carbonylés très réactifs

Selon les conditions de pH, les cétosamines peuvent subir une énolisation 1, 2 ou une énolisation 2, 3. Après régénération de la fonction amine, il se forme des composés α-dicarbonylés appelés aussi désoxyglycosones ou réductones (équation 36). En raison de leur réactivité, ce sont des intermédiaires essentiels de la réaction de Maillard.

Dans les aliments, la principale voie de décomposition des cétosamines en réductones commence par une énolisation en position 1, 2. Puis un réarrangement, accompagné de la perte d'une molécule d'eau, conduit à une double liaison 2, 3 et à la désamination du carbone 1. Ces réactions sont favorisées en milieu acide. Le pH optimum de la réaction de déshydratation serait de 5,5. [36]

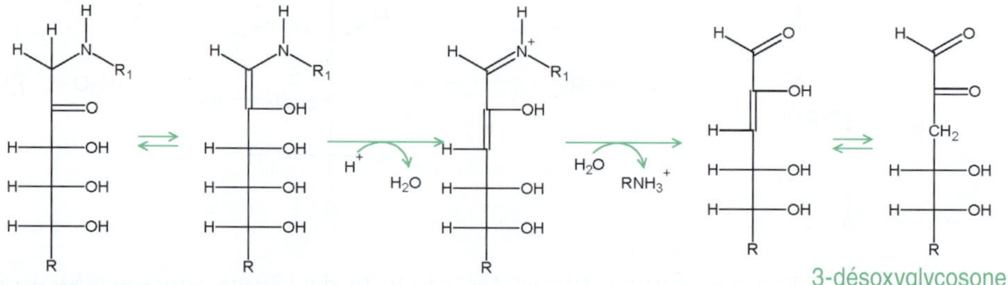

Produit d'Amadori

3-désoxyglycosone

Chauffé en milieu acide, les composés dicarbonylés peuvent perdre une molécule d'eau et donner un dicarbonyl insaturé qui par cyclisation donnent naissance à des furfuraldhéhydes, dont fait partie l'hydroxyméthyl furfural (HMF). Ce sont les principaux composés formés avec les lactones. Dans les jus de fruits pasteurisés, la teneur en 5-HMF semble refléter l'intensité du traitement thermique. En présence de composés possédant une amine primaire, tels que les acides aminés, la proportion des furfuraldéhydes formés décroît au profit d'hétérocycles azoté comme les pyrroles (figure 59).

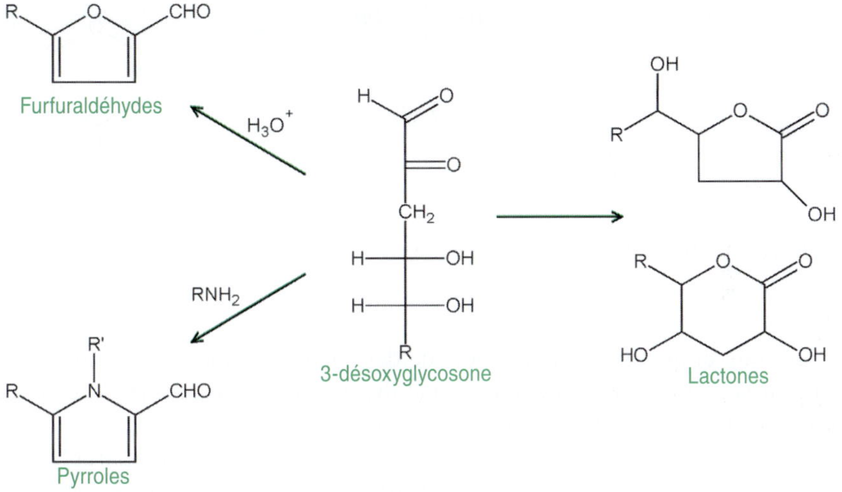

Figure 59 ■ Réactions du 3-désoxyglycosone.

Une autre voie de dégradation des cétosamines débute par une énolisation 2,3 et conduit à la formation de réductones (1-méthyl-2,3-dicarbonyle). Elle est favorisée en milieu basique ou lorsque l'amine liée au glucide est très basique. Elle intervient dans une faible mesure lorsque le pH est proche de la neutralité :

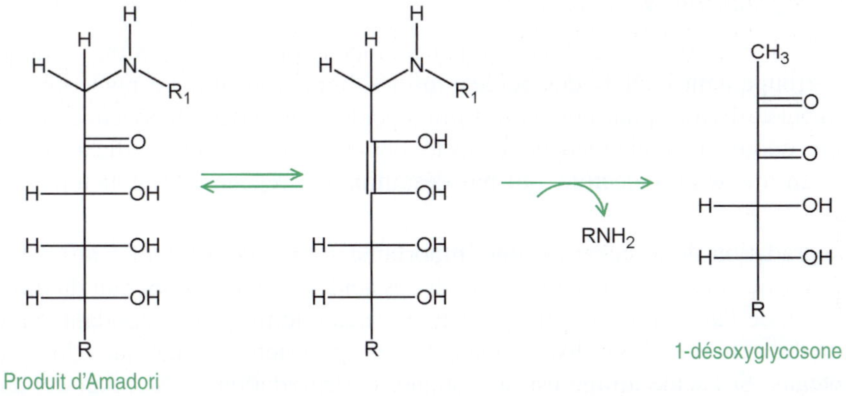

[37]

Ces réductones se décomposent de manière complexe en une large variété de composés à fonction mono et dicarbonyle : furanone, maltol, isomaltol (figure 60).

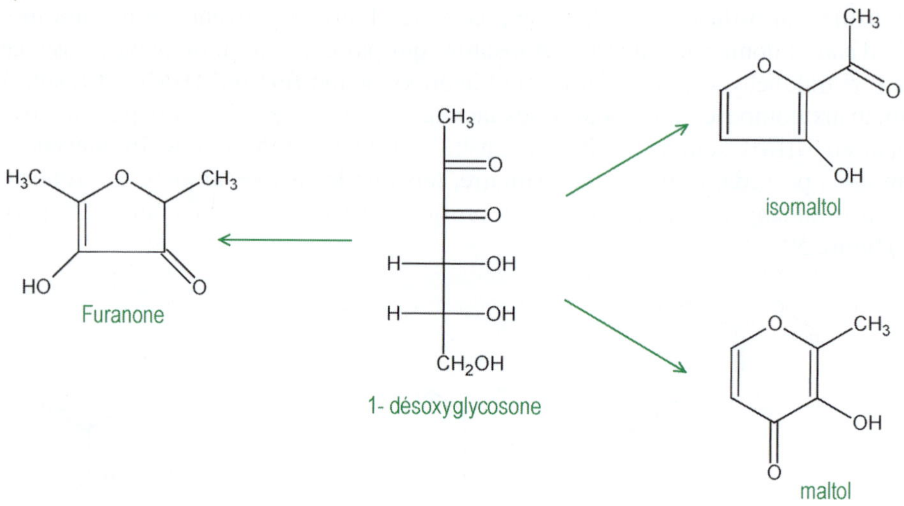

Figure 60 ■ Réactions du 1-désoxyglycosone.

À ce niveau, et quelle que soit la voie de dégradation employée, la fonction amine régénérée a seulement joué un rôle de catalyseur et l'acide aminé libre ou constitutif d'une protéine n'a pas encore été dégradé. Seuls les sucres réducteurs ont été transformés en réductones très réactives. Des transformations comparables peuvent avoir lieu au cours d'un chauffage intensif des sucres : c'est ce qui se passe dans la caramélisation. Les composés qui prennent ainsi naissance sont de puissants précurseurs du brunissement non enzymatique ; par réaction avec l'anhydride sulfureux ils donnent toutefois naissance à des sulfonates, relativement stables et peu réactifs. C'est sans doute ce qui explique en grande partie l'effet inhibiteur de l'anhydride sulfureux sur ce type de brunissement.

2.3.2. *Dégradation de Strecker*

Les réductones formées au cours de la décomposition des cétosamines réagissent avec le groupement α-NH_2 des acides aminés libres par attaque nucléophile sur groupement carbonyle pour donner des iminoacides qui se décarboxylent et s'hydrolysent en conduisant à un aldéhyde. Dans le même temps le composé dicarbonylé est converti en une α-aminocétone qui par désamination régénère la réductone (équation 38).

La dégradation de Strecker est une importante source de molécules aromatiques et sapides. Elle consiste en une dégradation des acides aminés en libérant du dioxyde de carbone, de l'ammoniac et un aldéhyde de l'acide aminé correspondant. Suivant la nature des acides aminés, divers aldéhydes aux propriétés aromatiques différentes sont obtenus. Si l'acide aminé est la cystéine, la dégradation de Strecker conduit à la production d'un mercaptoaldéhyde qui se décompose en acétaldéhyde et sulfure d'hydrogène. Ce dernier est à l'origine d'une multitude de composés soufrés fortement odorants : thiazole, thiazoline, thiophènes, trithiolanes, etc. (figure 61).

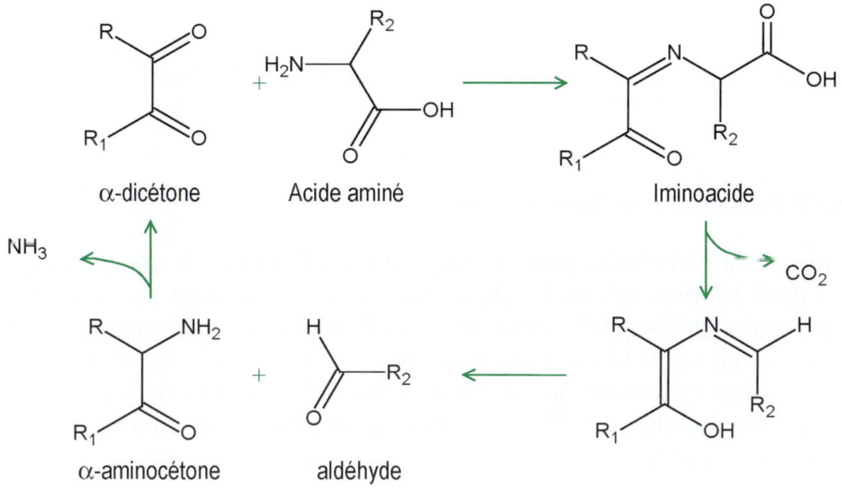

[38]

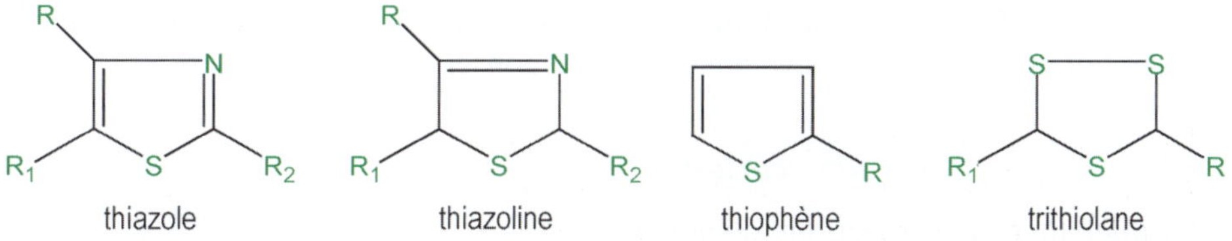

Figure 61 ■ Principales classes d'hétérocycles soufrés.

Les α-aminocétones issues de la dégradation de Strecker sont le siège de réaction de condensation pour donner naissance à des pyrazines (équation [39]) :

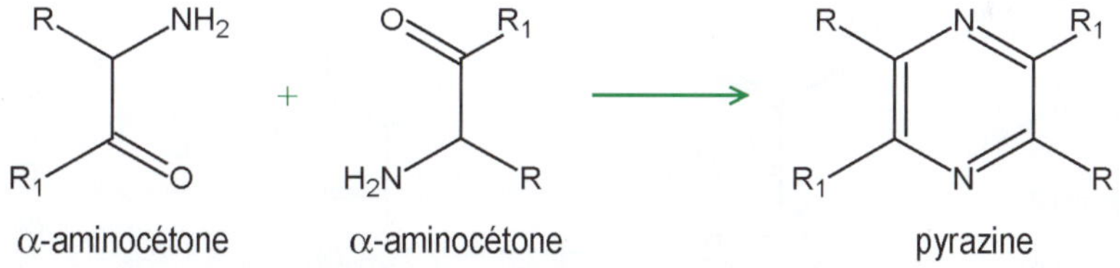

[39]

Les pyrazines sont des substances aromatiques intenses et spécifiques rencontrées dans les produits torréfiés ainsi que dans les viandes ou poissons grillés. Dans ces derniers, en raison de la présence de créatinine (présent uniquement dans le règne animal), les pyrazines participent avec des aldéhydes à la formation d'amines hétérocycliques de la famille des imidazoquinolines, des imidazoquinoxalines ou imidazopyridines.

Certains aliments contiennent, à l'état naturel, des composés carbonylés très réactifs. L'acide ascorbique, présent dans de nombreux fruits et légumes, possède à l'état oxydé une fonction réactive similaire des réductones. Elle constitue un substrat important pour la dégradation de Stecker dans certains jus de fruit et jus concentrés de fruits qui perdent du fait de ces réactions une partie de leur activité vitaminique C (figure 62).

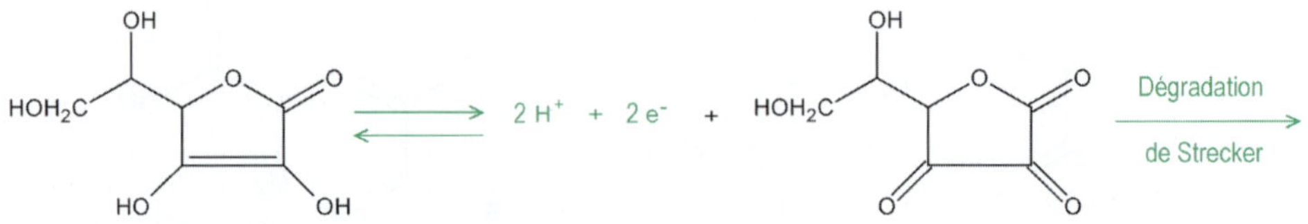

Figure 62 ■ Dégradation de l'acide ascorbique.

Par ailleurs, la vitamine C peut être dégradée en l'absence de composés azotés au moins dans les premiers stades de la dégradation conduisant au furfural ou à l'acide furoïque. Les composés azotés interviendraient dans un second temps dans la formation de pigments bruns. Cette réaction s'effectue en présence ou en absence d'oxygène suivant les conditions du milieu (pH, présence de catalyseurs). Ainsi l'addition d'acide ascorbique à des jus de fruits pour prévenir le brunissement enzymatique et compenser les pertes de vitamine C a pour inconvénient de favoriser le brunissement non enzymatique. En plus des altérations liées au brunissement non enzymatique, la libération de dioxyde de carbone engendre une surpression dans les briques de jus concentrés d'agrumes et de fruits particulièrement riches en vitamine C, ce qui est parfois associé à une mauvaise conservation du produit.

2.3.3. *Fragmentation des cétosamines*

Parallèlement aux réactions d'énolisation, les cétosamines ou leurs dérivés α-dicarbonylés peuvent subir des réactions de fragmentation (rétro-aldolisation) générant de petites molécules comportant de 1 à 5 atomes de carbone (équation 40) : formaldéhyde, acide formique, acide acétique, glyoxal, glycéraldéhyde, pyruvaldéhyde, ainsi que divers α-hydroxycétones, α-hydroxyaldéhyde, α-dicétones, etc. Les réactions de fragmentation sont favorisées en milieu neutre ou alcalin.

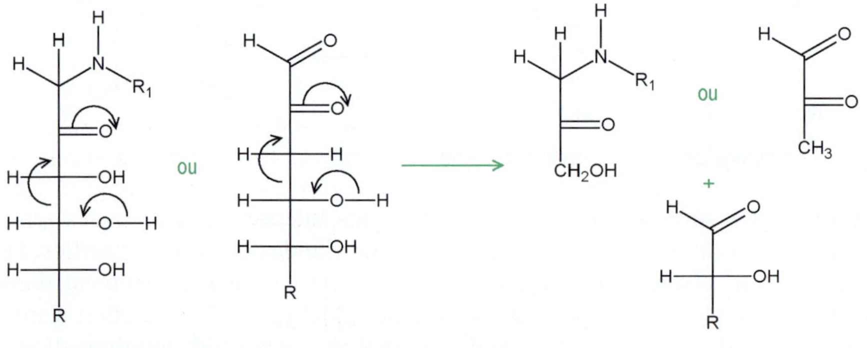

[40]

Ces molécules sont très réactives et susceptibles de participer ultérieurement à diverses réactions comme la dégradation des acides aminés selon Strecker, des réactions de déshydratation, d'oxydation ou de condensation contribuant à la formation de molécules aromatiques et de pigments bruns. Certaines molécules comme le glyoxal, le méthylglyoxal ou le diacétyl peuvent participer à des liaisons croisées (pontage), par exemple entre protéines par l'intermédiaire de la chaîne latérale de la lysine ou de l'arginine.

2.4. Réactions de polymérisation

Dans un stade ultime, des réactions de polymérisation successives mettant en jeu les intermédiaires hautement réactifs formés au cours des stades initiaux de la réaction de Maillard mènent à la formation de pigments de haut poids moléculaire, les mélanoïdines. Par leur coloration brune, ils représentent une indication visible de la réaction de Maillard ; l'intensité du brunissement augmente avec le degré de polymérisation. Elle est habituellement quantifiée par mesure de l'absorbance entre 420 et 540 nm. Dans les aliments, une large part des pigments bruns se trouve associée aux protéines par l'intermédiaire de la chaîne latéral de la lysine et de l'arginine.

La nature des produits formés ainsi que leur mode de formation sont encore aujourd'hui mal connus. Globalement, les mélanoïdines sont des composés azotés bruns de haut poids moléculaire contenant des répétitions de groupements furanne, pyrrole, indole, carbonyle, carboxyle, amine, amide, alcool, ester, éther, etc. Il semblerait que la polymérisation de composés de faible poids moléculaire en pigments bruns s'effectue essentiellement par réactions d'addition, de substitution et de condensation aldolique :

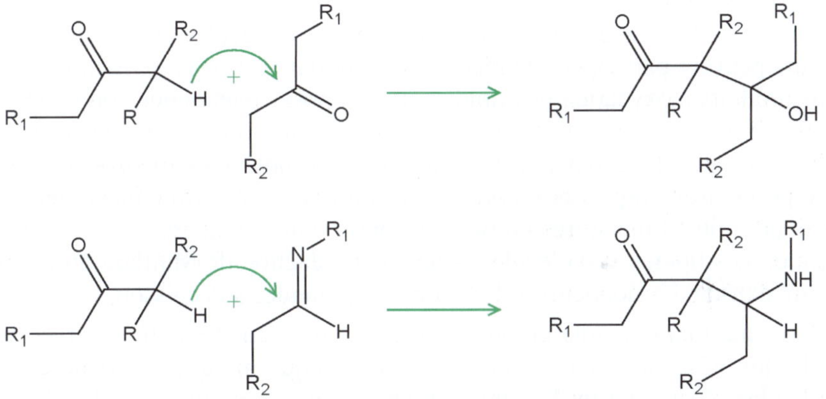

[41]

Les réactions de polymérisation sont accélérées par la présence de catalyseurs aminés, comme les acides aminés. Au contraire, elles sont retardées par l'utilisation d'anhydride sulfureux ou sulfites et d'acides aminés soufrés. Même si le mécanisme d'inhibition n'est pas très clair, il semblerait que les fortes propriétés nucléophiles du soufre rendent indisponibles les groupements carbonyles pour les réactions responsables du brunissement. Au cours de la phase de brunissement, de nombreuses autres réactions peuvent avoir lieu concomitamment aux réactions précédemment évoquées comme des cyclisations, des déshydratations, des oxydations ou des isomérisations.

3. *Facteurs influençant la réaction de Maillard*

Plusieurs facteurs physiques ou chimiques jouent un rôle important dans le développement de la réaction de Maillard : la nature et la quantité des substrats, la température et le temps de chauffage, le pH, la teneur en eau ainsi que la présence d'activateurs ou d'inhibiteurs. En régulant la vitesse des réactions, ces facteurs affectent la quantité et la nature des molécules aromatiques et colorées formées, donc la qualité des produits alimentaires.

3.1. Substrats

La nature et la quantité des substrats ont un effet prépondérant sur la réaction de Maillard.

3.1.1. Nature des substrats

Pour les sucres réducteurs, la taille du sucre est un facteur important. Les pentoses (ribose) réagissent plus rapidement que les hexoses (glucose, fructose, mannose), qui sont eux-mêmes plus réactifs que les disaccharides (lactose, maltose). Par ailleurs, au sein d'un même groupe, les sucres présentent une réactivité différente, qui peut notamment être observée entre les aldoses comme le glucose et les cétoses comme le fructose.

Comme nous l'avons évoqué précédemment des molécules autres que les sucres réducteurs peuvent participer à la réaction de Maillard ; c'est en particulier le cas de certains produits d'oxydation des lipides, de composés phénoliques ou toutes autres molécules porteuses de groupement carbonyle. En s'immisçant dans les stades initiaux ou finaux de la réaction de Maillard, ces molécules modifient la balance des composés aromatiques et colorés formés au cours des traitements technologiques des produits alimentaires ou de leur conservation. L'interaction entre produits d'oxydation des lipides et molécules issues de la réaction de Maillard aurait un rôle important dans le développement de l'arôme des viandes à la cuisson.

De la même manière, une grande différence de réactivité à été observée suivant les acides aminés. En raison de son caractère basique marqué, la lysine est l'acide aminé le plus réactif devant l'arginine, notamment aux premiers stades de la réaction de Maillard. Bien que participant fortement aux arômes de la viande cuite, la cystéine est peu impliquée dans le développement du brunissement en raison de l'action inhibitrice apporté par son groupement thiol.

3.1.2. Quantité de substrats

Dans les systèmes alimentaires, les quantités d'acides aminés (lysine) et de sucres réducteurs disponibles pour la réaction de Maillard sont à considérer. Elles interviennent en particulier sur la vitesse de condensation (v) entre le groupement amine (concentration [A]) et le groupement carbonyle (concentration [C]), dont l'expression est donnée par :

$$v = k \cdot [A] \cdot [C] \qquad [42]$$

Outre la nature des sucres réducteurs, leur réactivité dépend de la quantité de molécules sous une forme réactive, c'est-à-dire avec une configuration de chaîne linéaire.

Par ailleurs des conditions physico-chimiques ou biologiques particulières peuvent favoriser la libération d'unités glucidiques pouvant participer à la réaction de Maillard. Dans les viandes et poissons, l'élévation de la température favorise la libération de ribose à partir de l'inosine monophosphate et d'autres ribonucléotides. De la même manière, elle favorise l'inversion du saccharose lors du procédé de fabrication du sucre de table à partir de betteraves ou dans l'élaboration des confitures. Le stockage des pommes de terre à une température inférieure à 10 °C favorise l'accumulation de sucre réducteur (glucose) à partir de l'amidon. Ceux-ci pourront participer à la formation de pigments bruns, appréciés des consommateurs, au cours des procédés de friture. Pour les disaccharides et les polysaccharides, l'utilisation d'agents biologiques permet d'augmenter la quantité de sucres réducteurs et favorise la réaction de Maillard (confiture de lait, pain, bière, etc.).

La réactivité des protéines est principalement apportée par le groupement amine non protoné porté la chaîne latérale de la lysine. Ainsi les aliments contenant des protéines riches en lysine (lait) sont plus sensibles à la réaction de Maillard. Toutefois, la disponibilité des acides aminés réactifs dépend d'autres facteurs comme le pH ou l'état de dénaturation de la protéine qui modifient leur accessibilité.

3.2. Conditions physico-chimiques

3.2.1. Température et temps de chauffage

La réaction de Maillard est fortement influencée par le couple température-temps appliqué au produit. L'influence de la température sur la constante de vitesse de réaction peut s'exprimer par l'équation d'Arrhenius :

$$k_\theta = a \cdot e^{\frac{-E}{R \cdot T}} \qquad [43]$$

où k_θ est la constante de vitesse, a une constante ou facteur de fréquence, E l'énergie d'activation de la réaction ($J \cdot mol^{-1}$), R la constante des gaz parfaits (8,314 $J \cdot mol^{-1} \cdot K^{-1}$) et T la température absolue (K).

L'énergie d'activation des différentes étapes du brunissement enzymatique est relativement élevée. L'élévation de la température de 10 °C multiplie la constante de vitesse des réactions de brunissement (Q_{10}, équation 151 ; cf. chapitre 10, § 6.2.) par un facteur allant approximativement de 2 à 8. Par ailleurs, l'élévation de la température augmente la solubilité des sucres, leur vitesse de mutarotation et la quantité de molécules en conformation réactive. Par ces effets, le brunissement est fortement stimulé par une augmentation de la température. À l'inverse, il est ralenti à basse température mais peut s'effectuer même au dessous de 0 °C.

Le profil aromatique et l'intensité de la coloration varient suivant le temps et la température appliqués aux produits alimentaires. Ceux stockés à température ambiante peuvent développer des défauts de flaveurs liés à la réaction de Maillard. Lors d'un chauffage à température intermédiaire (100 °C) des flaveurs de caramels ou de cuits dominent alors que des notes grillées, rôties ou torréfiées prennent le dessus à température plus élevées (150 °C). Ceci provient du fait que les pyrazines se forment majoritairement à températures élevées. Par conséquent, pour un couple température-temps appliqué il existe un profil aromatique particulier qu'il est peu probable de reproduire par l'utilisation d'une autre combinaison de chauffage. Parallèlement, l'intensité de coloration augmente avec le temps d'exposition à une température donnée.

3.2.2. *pH*

Les effets du pH sont complexes car chacune des réactions qui interviennent dans le brunissement présente son propre pH optimum, compris dans une plage allant de 6 à 9. Ceci résulte du fait que seuls les groupements amines possédant un doublet libre participe à la réaction de condensation avec les groupements carbonyles. L'augmentation du pH déplace les équilibre dans ce sens :

$$R{-}NH_3^+ \rightleftharpoons R{-}NH_2 + H^+ \quad [44]$$

D'autre part, la structure hémiacétal des sucres est la plus stable en milieu acide dilué : à pH > 7, la proportion de sucres en conformation linéaire et réactive augmente fortement. Cette dépendance au pH implique que les produits alimentaires de pH neutre sont plus susceptibles à la réaction de Maillard que ceux qui ont un pH plus bas. À pH < 3 ou > 9, d'autres phénomènes de brunissement non enzymatique rentrent en compétition avec le brunissement lié à la réaction de Maillard.

Même si il n'existe pas de limite nette, on peut classer l'effet du pH sur les différents types de réaction intervenant dans la réaction de Maillard de la façon suivante : les milieux basiques favorisent les réactions d'addition et les rétro-aldolisations alors que les milieux acides favorisent les réactions d'hydrolyse et de déshydratation. Ainsi le profil aromatique et l'intensité de coloration développées par la réaction de Maillard seront différents suivant le pH. L'arôme des viandes cuites est plus intense dans la zone de pH 4-5,5 ; les pyrazines sont formées en quantité importante à pH > 5 ; l'intensité du brunissement augmente avec le pH.

Au cours de la réaction de Maillard, le pH du milieu diminue progressivement en raison de la formation d'acides en particulier l'acide formique et l'acide acétique. Leur formation crée un phénomène de rétro-inhibition sur la réaction de Maillard car le développement du brunissement est ralenti avec la baisse de pH.

3.2.3. *Activité de l'eau*

L'activité de l'eau modifie considérablement le développement de la réaction de Maillard. La vitesse de brunissement passe par un maximum pour une a_w comprise entre 0,5 et 0,8. De part et d'autre de ce maximum, la vitesse du brunissement diminue fortement.

La diminution de la vitesse du brunissement vers les fortes activités de l'eau provient du fait que l'eau est un produit de la réaction de condensation de l'amine et du carbonyle. Par conséquent, en relation avec la loi d'action de masse, la réaction initiale du brunissement se produit plus lentement dans les produits alimentaires à plus forte a_w. De plus, la réaction étant bimoléculaire, une augmentation de la teneur en eau tend à diluer les réactants et à ralentir la vitesse de brunissement.

La diminution de la vitesse de brunissement vers les plus faibles a_w reflète un ralentissement de la vitesse de diffusion des molécules les unes vers les autres. Les aliments déshydratés sont stables vis-à-vis du brunissement, en particulier en dessous de la température de transition vitreuse où la mobilité des molécules est nulle. En revanche toute reprise d'humidité qui diminue la température de transition vitreuse ou toute augmentation de température de stockage au-dessus de la température de transition vitreuse du produit déclenche la reprise des réactions de brunissement.

3.3. Présence d'activateurs ou d'inhibiteurs

Hormis le rôle catalytique des groupements amines, la réaction de Maillard est favorisée par la présence d'agents métalliques tels que le cuivre ou le fer et lors d'une exposition à l'oxygène. Ces éléments favorisent les phénomènes d'oxydation et la formation de composés α-dicarbonylés très réactifs dans le brunissement non enzymatique.

À l'inverse, les éléments réagissant avec la fonction carbonyle des sucres réducteurs et des intermédiaires carbonylés très réactifs seront des inhibiteurs de la réaction de Maillard. C'est le cas des sulfites ou du dioxyde de soufre ainsi que d'acides aminés possédant un atome de soufre comme la cystéine. Les sulfites réagissent avec les composés carbonylés pour former des sulfonates qui ont une faible réactivité dans la réaction de Maillard. La cystéine intervient à la fois par son groupement nucléophile mais aussi par sa propriété d'agent réducteur.

4. Conséquences du brunissement non enzymatique

La réaction de Maillard conduit à la formation de molécules dont l'effet sera favorable ou défavorable sur les qualités organoleptiques, fonctionnelles et nutritionnelles des produits alimentaires. Ces effets dépendront du produit alimentaire considéré.

4.1. Conséquences organoleptiques

La perception première de la qualité organoleptique des aliments est visuelle. La formation de mélanoïdines responsables du brunissement développé au cours de la réaction de Maillard est donc particulièrement importante et recherchée dans les produits alimentaires comme les produits boulangers et pâtissiers, les viandes, etc. En revanche, elle est non souhaitée quand elle affecte l'apparence des produits déshydratés. Au niveau industriel, la maîtrise du brunissement n'est pas toujours facile car la structure et les mécanismes de formation des mélanoïdines sont encore mal connus à l'heure actuelle. Suivant les conditions de milieux, en particulier pH et température de chauffage, on observe une variation de la couleur des mélanoïdines allant de teintes brun-jaunes à brun-rouges.

La réaction de Maillard est par ailleurs une source importante et diversifiée d'arômes. Ils résultent de la multitude de réactants qui peuvent se combiner pendant les traitements technologiques. Dans certains cas, la formation d'une classe de molécules aromatiques pourra participer favorablement à la flaveur du produit alors qu'elle sera perçue comme un défaut dans d'autres cas. La quantité des molécules produites est également à considérer. En raison de leur faible seuil de détection, les aldéhydes de Strecker participent activement à la flaveur d'une très large gamme d'aliments ; on les retrouve aussi bien dans les produits à base de pomme de terre que dans le cacao. Comme les aldéhydes de Strecker, les furannes, furannones et pyrannones se retrouvent dans presque tous les produits alimentaires. Ils dégagent une flaveur forte, sucrée et caramélisée. Les pyrroles quant à eux contribuent aux notes fumées ou cuites des produits à base de céréales. Les oxazoles et thiazoles sont des hétérocycles possédant un atome d'azote et un autre hétéroatome qui peut être soit un atome d'oxygène soit un atome de soufre. Ils possèdent un seuil de détection très bas. Les oxazoles apportent un goût de noisette et sont retrouvés dans de nombreux produits torréfiés ou fris comme le cacao, le café, les viandes ou les pommes de terre. Les thiazoles dégagent un arôme soufré, d'oignon et de viande. Les pyrazines et dérivés de la pyridine se retrouvent plus spécifiquement dans les produits rôtis ou torréfiés. Certains développent un arôme plaisant mais dans leur ensemble ils sont vecteurs d'amertume ou d'astringence.

4.2. Conséquences fonctionnelles

Au cours de la réaction de Maillard, la fonctionnalité des protéines peut être assez fortement modifiée. Les premiers stades de la réaction de Maillard ont plutôt tendance à l'améliorer. Des protéines peu solubles comme le gluten peuvent voir leur solubilité augmentée par glycosylation non enzymatique. Mais les résultats les plus impressionnants ont été obtenus pour l'amélioration des propriétés émulsifiantes de protéines du blanc d'œuf.

Dans les stades plus avancés de la réaction de Maillard, il y a formation de molécules très réactives susceptibles de former des liaisons croisées entre protéines. Elles pourraient participer aux propriétés viscoélastiques de la pâte à pain et à la qualité des produits après cuisson. En revanche, l'accumulation de protéines fortement agrégées aurait tendance à diminuer leur solubilité et leur digestibilité.

4.3. Conséquences nutritionnelles

La réaction de Maillard peut être à l'origine d'une réduction de la qualité nutritionnelle des aliments par destruction de molécules essentielles ou baisse de la digestibilité des protéines impliquées. Elle peut générer des facteurs antinutritionnels et des composés potentiellement toxiques qui réduisent encore davantage la valeur nutritionnelle de l'aliment, voire affectent sa sécurité. Par contre, elle peut conduire à la formation de molécules ayant un bénéfice reconnu en santé humaine.

Pour être utilisés comme source de nutriments, les acides aminés doivent dans un premier temps être libérés des protéines par digestion puis être absorbés au niveau de la barrière intestinale. Or, la participation des acides aminés au brunissement peut modifier profondément leur disponibilité soit par réduction de la digestibilité des protéines, soit par réduction de l'assimilation intestinale des acides aminés modifiés ou bien encore suite à leur destruction au cours des procédés technologiques. Le fait que la lysine et dans une moindre mesure l'arginine participe à la glycosylation non enzymatique des protéines a pour conséquence une réduction de la qualité nutritionnelle des protéines par baisse de la disponibilité en acides aminés essentiels. Les protéines dont la conformation est modifiée suite à la fixation de molécules glucidiques peuvent bloquer l'accessibilité des enzymes protéolytiques pour les liaisons peptidiques ou inhiber directement les enzymes digestives. Dans certains cas, les produits de Maillard dérivés de la lysine peuvent être utilisés comme source de lysine. La taille, la charge et la basicité de la molécule influencent sa susceptibilité à l'hydrolyse enzymatique, son transport et son utilisation comme source de lysine. Avec l'état d'avancement de la réaction, qui dépend de l'intensité du traitement appliqué, d'autres molécules comme des acides aminés essentiels et l'acide ascorbique peuvent être détruites.

De plus, la réaction de Maillard génère des composés antinutritionnels voir potentiellement toxiques comme les mélanoïdines, les composés carbonylés ou les amines hétérocycliques. Il a été avancé que le développement de la réaction de Maillard dans les aliments modifierait leur réponse allergène. Les mélanoïdines ainsi que certains précurseurs non assimilables altéreraient le métabolisme minéral par leur capacité chélatante. Les molécules α-dicarbonylées telles que le glyoxal, le méthylglyoxal et le diacétyl sont très réactives et ont été retrouvées dans des cafés instantanés ou des cafés décaféinés. Elles possèdent une activité mutagène. Toutefois aucune corrélation avec une activité cancérigène n'a été mise en évidence. Des amines hétérocycliques (carbolines, imidazaquinolines, imidazaquinoxalines) ont été retrouvées dans les viandes rôties et poissons fris. Ce sont de puissants agents mutagènes. Le type et la température de cuisson ainsi que la présence d'autres molécules modulent la quantité d'amines hétérocycliques formées et leur activité mutagène. Plus la température appliquée aux produits est élevée plus la quantité d'amines hétérocycliques est importante. La présence d'antioxydants tels que la vitamine C, le β-carotène ou les tocophérols réduisent la quantité d'amines hétérocycliques formées. La chlorophylle, les flavones et les flavonoïdes inhiberaient leur activité mutagène. Plus récemment de l'acrylamide à été retrouvé dans les chips, les frites ou les biscottes. L'acrylamide est un neurotoxique provoquant des cancers chez le rat et « probablement cancérigène pour l'homme » selon le CIRC (Centre international de recherche contre le cancer).

Certains bénéfices peuvent être attribués aux produits de la réaction de Maillard comme la formation de molécules antioxydantes. La capacité antioxydante des produits alimentaires est généralement associée à la formation de pigments bruns, les mélanoïdines. Ainsi elle augmente avec l'état d'avancement de la réaction de brunissement. Plusieurs mécanismes ont été proposés pour expliquer l'activité antioxydante des mélanoïdines. Elles possèdent des structures aromatiques qui peuvent facilement transmettre des atomes d'hydrogène aux structures radicalaires et ainsi bloquer la réaction de propagation de l'oxydation des lipides. Elles seraient également en mesure de chélater les métaux lourds catalyseurs de l'oxydation des lipides ou encore piéger les molécules d'oxygène à l'état singulet. Par ailleurs, certains produits de la réaction de Maillard ont une activité antibiotique en inhibant la croissance des flores pathogènes et des flores d'altération rencontrées dans les aliments. De même, des sites antigéniques sur les protéines alimentaires peuvent être sélectivement altérés par modification avec un sucre réducteur.

5. *Évaluation du brunissement non enzymatique*

Le degré d'avancement des premiers stades de la réaction de Maillard peut être estimé en quantifiant les sucres réducteurs résiduels ou la lysine disponible par des méthodes enzymatiques ou chimiques. Une alternative est le suivi de l'accumulation de leurs produits de condensation, les produits d'Amadori. Dans ce dernier cas, le dosage de la furosine permet la quantification du produit de condensation d'un sucre réducteur et de la chaîne latérale de la lysine d'une protéine. La furosine est un acide aminé artificiel libéré lors de l'hydrolyse acide (6M HCl, 110 °C, 24 h) du produit d'Amadori. La furosine est facilement quantifiée par HPLC. L'inconvénient de cette méthode est que le facteur de conversion entre la furosine quantifié expérimentalement et la quantité réelle de produit d'Amadori est approximative : seuls 30 à 40 % des produits d'Amadori sont convertis en furosine.

Pour les stades plus avancés, les produits de décomposition des cétosamines sont le plus couramment séparés et quantifiés par chromatographie liquide (CLHP) et/ou par chromatographie gazeuse (CG). Le couplage chromatographie gazeuse et spectrométrie de masse a permis la séparation et l'identification de nombreux produits volatils contribuant à la flaveur des aliments issus de la réaction de Maillard. Malgré le besoin d'une dérivation post-colonne, la CLHP présente un avantage sur la CG pour l'analyse des composés non volatils solubles dans l'eau.

Finalement, l'intensité du brunissement peut être mesurée soit par réflectance (aliments solides), soit par absorbance après extraction des pigments à température ambiante, éventuellement avec le concours d'une enzyme protéolytique. La mesure s'effectue entre 420 et 540 nm. Néanmoins, des précurseurs des pigments bruns sont des composés fluorescents et peuvent être utilisés pour suivre le développement de la réaction de Maillard.

En outre, des essais d'entreposage à température d'environ 40 °C et à a_w contrôlée sont pratiqués afin de connaître la susceptibilité au brunissement des produits déshydratés. De tels essais « accélérés » sont d'autant plus utiles qu'un traitement thermique excessif peut n'entraîner aucun brunissement immédiat, mais uniquement l'accumulation de composés carbonylés réactifs susceptibles de polymériser durant le stockage.

6. *Contrôle et prévention du brunissement non enzymatique*

Dans un produit alimentaire donné, certains effets de la réaction de Maillard peuvent être recherchés (amélioration de la capacité antioxydante et/ou de la flaveur de l'aliment) alors que d'autres sont non souhaités (perte de la valeur nutritionnelle). Les moyens pour prévenir le brunissement non enzymatique ou pour influer la balance des produits formés sont relativement peu nombreux. Ceci résulte entre autre de la connaissance incomplète de la structure des produits formés au cours de la réaction de Maillard, ainsi que des mécanismes réactionnels les générant.

6.1. Élimination des substrats

Le sucre peut s'éliminer par des traitements biologiques comme cela est pratiqué dans le cas des ovoproduits. En raison de la sensibilité thermique de ses protéines, le blanc d'œuf est difficile à sécuriser d'un point de vue microbien. Une alternative au traitement thermique du blanc d'œuf est l'étuvage de la poudre (de 65 à 90 °C pendant environ 1 semaine à 10 jours) qui permet la destruction des flores pathogènes comme les salmonelles. Cependant ces conditions sont idéales pour le développement du brunissement non enzymatique à moins que le glucose présent ne soit au préalable transformé en acide gluconique par traitement enzymatique (glucose oxydase) ou éliminé par fermentation.

Pour les pommes de terre, il existe un équilibre entre l'amidon, élément énergétique de réserve, et les sucres réducteurs qui sont utilisés pour les réactions cellulaires. Le stockage à des températures inférieures à 10 °C déplace l'équilibre vers la libération de sucres réducteurs qui participeront à la réaction de Maillard au cours de procédés technologiques. En revanche, une période de stockage à température supérieure à 10 °C (par exemple, 20 °C pendant 2 semaines) déplace l'équilibre vers la synthèse d'amidon au dépend des sucres réducteurs.

Quand cela est possible, il est souhaitable lors de la formulation de substituer les sucres réducteurs. Sinon, il est préférable de traiter ou prétraiter thermiquement les différents ingrédients séparément avant une ultime opération de mélange.

En outre, la modification des groupements aminés des protéines limite ou empêche les réactions de brunissement. La réaction des protéines avec la transglutaminase permet de transformer le groupement amine de la chaîne latérale de la lysine en groupement amide. Ce dernier est incapable de participer à la réaction de Maillard.

6.2. Facteurs physico-chimiques

Comme nous l'avons évoqué précédemment, la température, l'activité de l'eau et le pH sont des points de contrôle importants pour prévenir ou retarder les réactions de brunissement.

En raison des fortes énergies d'activation de certaines des réactions du brunissement, il faut éviter de soumettre les produits alimentaires à des traitements thermiques trop sévères et veiller à les entreposer à une température modérée. Par ailleurs, la température influe sur la nature des produits formés. En ce qui concerne le chauffage, des moyens alternatifs comme le chauffage par micro-ondes permet de limiter le développement du brunissement ; à l'inverse des méthodes traditionnelles de chauffage qui favorisent la déshydratation de surface et mettent en œuvre des températures relativement élevées, ce mode de chauffage maintient une température modérée et une atmosphère plus humide autour du produit pendant des temps généralement plus courts.

Au cours des procédés de concentration et de déshydratation, la température et le temps de séjour dans la zone critique d'a_w (0,5 à 0,8) doivent être les plus faibles possibles. Cependant la température employée influe directement sur le temps de séjour à ces a_w intermédiaires. Les conditions les plus satisfaisantes doivent être déterminées expérimentalement dans chaque cas. Par ailleurs, les produits concentrés ou déshydratés doivent être stockés idéalement à une température inférieure à la température de transition vitreuse, à l'abri de l'humidité et d'une source de chaleur.

L'abaissement du pH peut permettre dans certains cas de ralentir le brunissement, mais il faut évidemment que le produit se prête à une acidification qui doit d'ailleurs rester modérée.

6.3. Formulation (inhibiteurs)

Les inhibiteurs les plus efficaces contre le brunissement non enzymatique sont les sulfites. Ils agissent de façon compétitive comme nucléophile avec les composés carbonylés (sucres réducteurs, aldéhydes, cétones), les bases de Schiff ou les composés carbonylés insaturés en donnant des sulfonates particulièrement stables (figure 63).

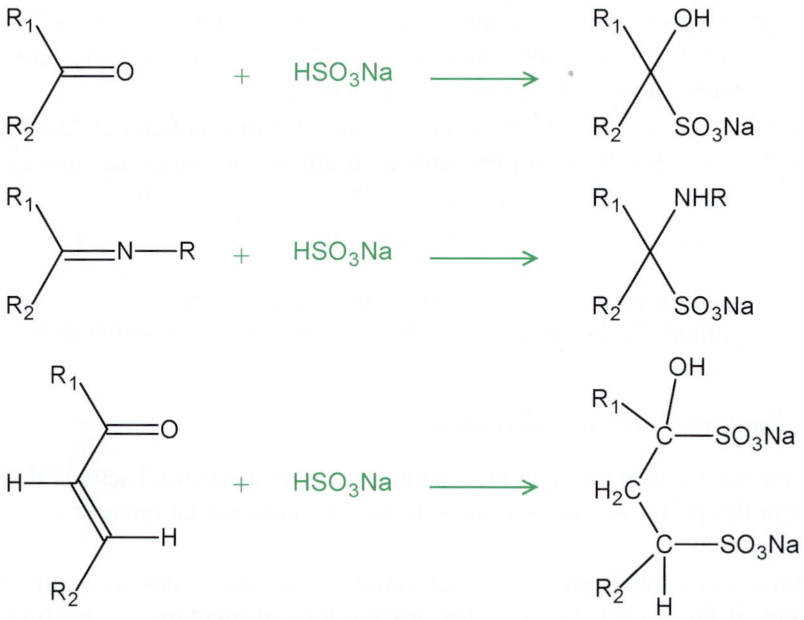

Figure 63 ■ Mécanismes d'inhibition par les sulfites (d'après Cheftel et Cheftel, 1976).

En fixant les intermédiaires les plus réactifs du brunissement non enzymatique, les sulfites allongent la période d'induction et retardent notablement l'apparition des pigments. Toutefois, lorsque les sulfites libres sont épuisés, le brunissement reprend son allure initiale (figure 64). Par ailleurs, des molécules telles que les nitrites diminuent l'efficacité du dioxyde de soufre : la période d'inhibition est raccourcie.

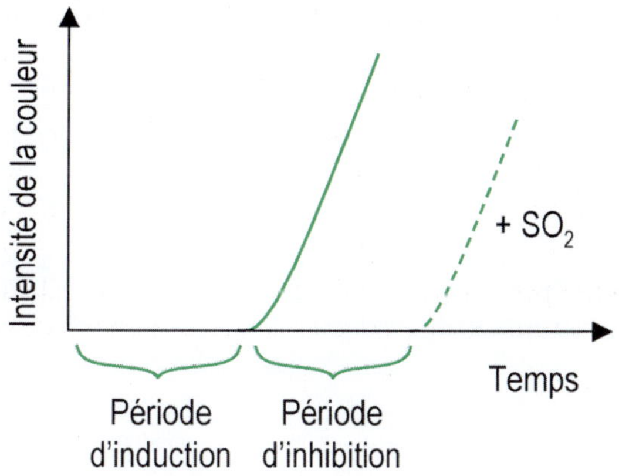

Figure 64 ■ Cinétique du brunissement non enzymatique : influence d'inhibiteurs.

La coloration finale obtenue est modifiée en présence de sulfite, en passant d'une teinte brun-rouge à une teinte brun-jaune. L'intervention des sulfites dans la structure des mélanoïdines reste à explorer.

Les sulfites inhibent également le brunissement enzymatique et la croissance des micro-organismes. Pour cette raison, ils sont largement utilisés comme antiseptiques dans les moûts de raisin et le vin, les fruits déshydratés, les jus concentrés conservés en fûts. L'action antiseptique exige en général des doses élevées, bien supérieures à celles qui suffisent à éviter le brunissement. Lorsqu'il est uniquement question d'éviter le brunissement (purées déshydratées de pommes de terres ou jus concentrés d'agrumes) les sulfites sont utilisés à des doses relativement faibles.

6

Brunissement enzymatique

Introduction

On appelle « brunissement enzymatique » la transformation, enzymatique dans ses premières étapes et en présence d'oxygène, de composés phénoliques en polymères colorés, le plus souvent bruns ou noirs en passant par des teintes intermédiaires de rose, rouge ou bleue. Les pigments sombres qui se forment à la fin de cette chaîne de réactions sont désignés par le terme général de mélanines. Le brunissement enzymatique s'observe chez les végétaux riches en composés phénoliques. Il intervient aussi dans le développement de la couleur de la peau, de la rétine, des cheveux et des poils de mammifères ainsi que dans le brunissement de la cuticule des insectes ou des crustacés.

À l'image du brunissement non enzymatique, le brunissement enzymatique est indésirable lorsqu'il atteint les caractéristiques organoleptiques et nutritionnelles des produits alimentaires. Il intervient peu dans les aliments d'origine animale ; Toutefois, on peut l'observer au cours du stockage de certains produits de la mer (crevettes, crabes, homards). En revanche, il apparaît fréquemment dans les produits végétaux notamment au cours des manipulations après récolte, de la conservation et des transformations technologiques (parage, pelage, découpage, broyage pour la préparation des jus, déshydratation, congélation). Ce phénomène s'observe sur les fruits et les légumes comme les pommes, les poires, les abricots, les pêches, les bananes, les avocats, ainsi que sur les pommes de terre et les champignons.

La formation des pigments bruns n'est cependant pas toujours indésirable. Un certain degré de brunissement est en effet recherché lors de la maturation des fruits secs (dattes, pruneaux, raisins), de la préparation du cidre, de la fermentation du thé, du séchage du tabac ou des graines fermentées de cacao et café.

1. *Substrats et enzymes du brunissement*

1.1. Substrats phénoliques

Il existe de nombreux substrats naturels, mono-, di- ou polyphénoliques, du brunissement enzymatique. Les plus importants sont les dérivés du pyrocatéchol, les dérivés de l'acide benzoïque et de l'acide cinnamique, les flavonoïdes, les tanins et les lignines. Leur réactivité est plus ou moins élevée selon leur structure et l'origine des enzymes qui catalysent leur oxydation : par exemple, les méta-diphénols sont faiblement réactifs.

Le noyau pyrocatéchol que l'on retrouve dans la 3,4-dihydroxyphénylalanine (DOPA) ou la 3,4–dihydroxyphényléthylamine (dopamine) est un puissant substrat du brunissement enzymatique (figure 65).

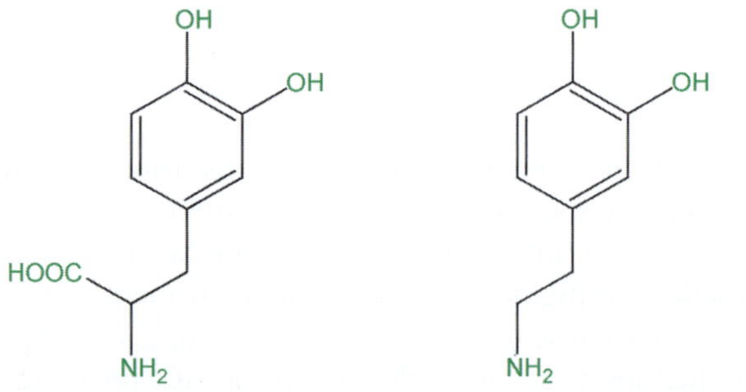

3, 4 - dihydroxyphénylalanine (DOPA)　　3, 4 - dihydroxyphényléthylamine (dopamine)

Figure 65 ■ Formule chimique de la DOPA et de la dopamine.

La 3,4-dihydroxyphénylalanine formée à partir de la tyrosine est susceptible d'être ensuite oxydée en dopaquinone. La tyrosine et l'acide chlorogénique sont les substrats majeurs du brunissement de la pomme de terre. La 3,4-dihydroxyphényléthylamine est le substrat principal du brunissement de la banane.

Les dérivés de l'acide benzoïque (acide gallique, acide protocatéchique) et de l'acide cinnamique (acide *p*-coumarique, acide caféique) participent activement au brunissement enzymatique (figure 66).

L'acide chicorique (dicaféoyltartrique) est le composé majeur des feuilles de scarole. L'acide chlorogénique (5'-caféoylquinique) représente 60 à 70 % des composés phénoliques isolés de la carotte. Présent dans les pommes et les poires, il est également en jeu dans la formation des pigments bleu-noir qui peuvent apparaître dans les pommes de terre lors de la cuisson par réaction avec des traces de fer. Cette coloration peut être évitée par abaissement de pH (en dessous de 4, ce qui ne convient pas toujours car à cette acidité la cuisson provoque la transformation de l'amidon en dextrine), et surtout par l'emploi de complexant du fer comme les phosphates ou l'acide éthylènediamine-tetracétique (EDTA). Des dérivés glucosés de l'acide *p*-coumarique, de l'acide caféique et de l'acide férulique ont été observés en quantité importante dans la tomate.

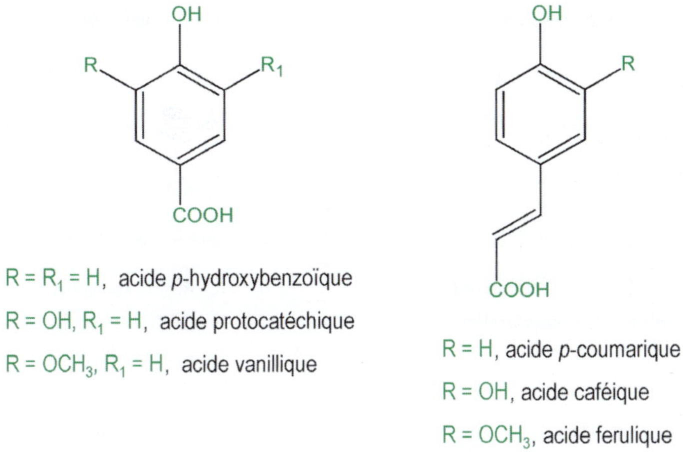

Figure 66 ■ Dérivés de l'acide benzoïque et de l'acide cinnamique.

Les flavonoïdes sont également de grands pourvoyeurs de substrat pour le brunissement enzymatique. Ils sont présents dans toutes les plantes vasculaires, dans les bactéries, les champignons et les lichens. La structure générale des flavonoïdes est caractérisée par un squelette de base à 15 atomes de carbone (C6 – C3 – C6) de type phényl-benzopyrane (figure 67).

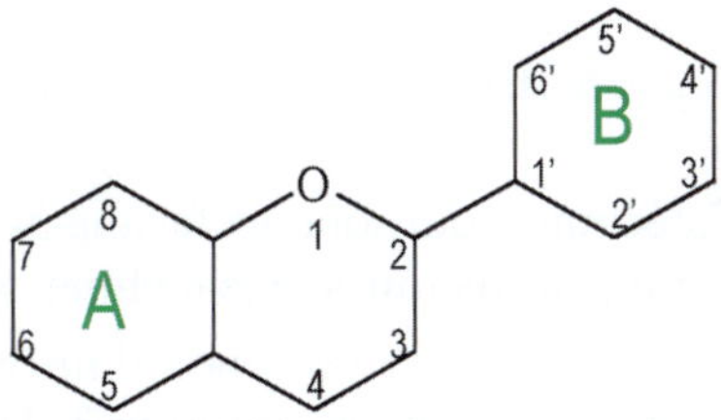

Figure 67 ■ Structure générale des flavonoïdes.

Cette grande famille est divisée en plusieurs sous classes qui se distinguent par la position du groupement phényl (B) et par le degré d'oxydation du noyau benzopyrane. Les favanes-3-ols, les flavonols, les flavones, les isoflavones, les flavanones, les isoflavanones, les anthocyanidines sont les principaux flavonoïdes responsables du brunissement enzymatique des végétaux (figures 68 et 69). Ils sont souvent présents dans les végétaux sous la forme de glycosides.

Les flavane-3-ols comme les catéchines et leurs dérivés sont parmi les principaux polyphénols des végétaux (raisin, thé...), en quantité variant selon la maturité de ceux-ci. Les catéchines possèdent 2 atomes de carbone asymétrique en position 2 et 3 à l'origine de 4 stéréo-isomères. Ils sont non colorés mais subissent une évolution rapide vers des composés de teintes jaunes à brunes durant les réactions d'oxydation enzymatique. Au cours de l'étape de fermentation des feuilles de thé pour l'élaboration du thé noir, environ 75 % des catéchines subissent des oxydations enzymatiques et des réactions de polymérisation. Dans les pommes, ce sont les épi-

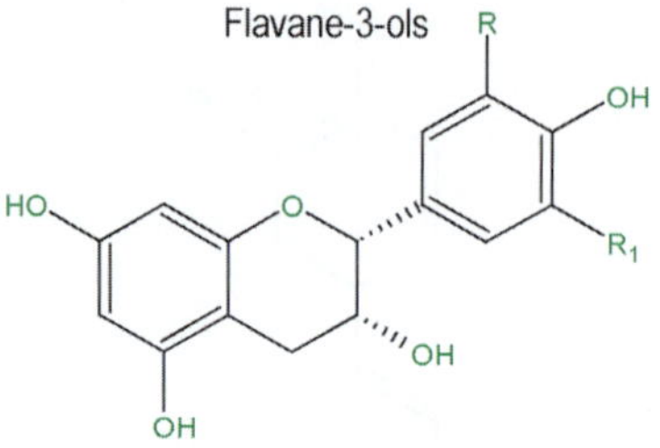

R = OH, R_1 = H, épicatéchine

R = R_1 = OH, épigallocatéchine

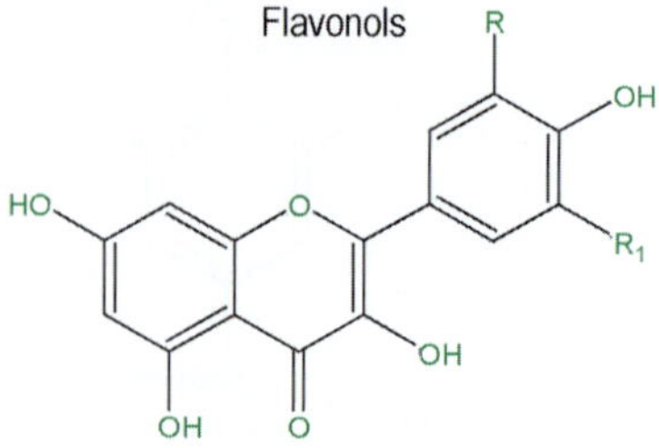

R = R_1 = H, kaempférol

R = OH, R_1 = H, quercétine

R = R_1 = OH, myricétine

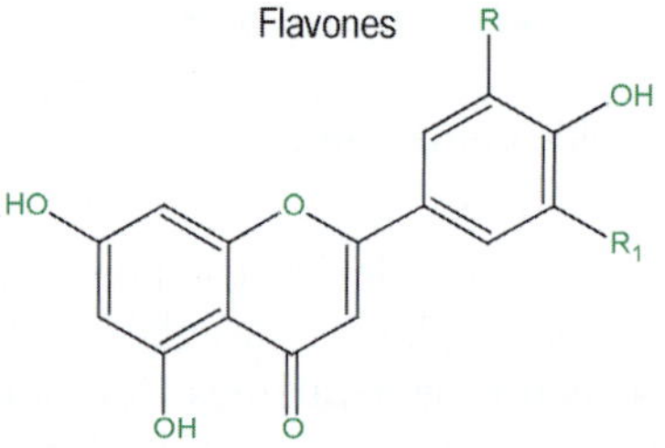

R = R_1 = H, apigénine

R = H, R_1 = OH, lutéoline

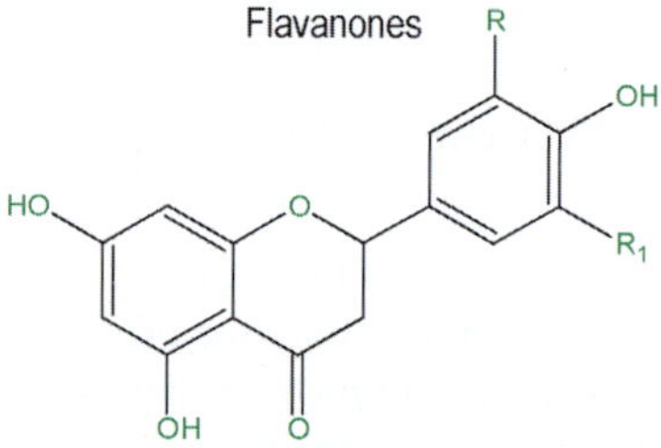

R = R_1 = H, naringénine

Figure 68 ■ Formule chimique de flavonoïdes.

catéchines, isomères des catéchines, qui sont les favane-3-ols les plus abondants. Le rapport de concentration entre épicatéchines et catéchines avoisinerait 5.

Les flavonols se caractérisent par la présence d'un groupement carbonyle en position 4 et d'un groupement hydroxyle en position 3. De plus, la présence d'une double liaison entre les carbones C_2 et C_3 impose la planéité du noyau benzopyrane. Sous forme de glycosides (unités glucidiques liées en position 3 et/ou 7 et/ou 4') de la quercétine, ils sont abondants dans les tuniques de l'oignon. Les flavones comme par exemple des glycosides de la lutéoline et de l'apigénine ont été observés chez la carotte.

Les flavanones possèdent un groupement carbonyle en position 4 et un atome de carbone asymétrique en position 2. Parmi celles-ci, la naringine, glycoside (diholoside de glucose et de rhamnose lié en position 7) de la naringénine, est responsable de la saveur amère de certains pamplemousses, surtout avant maturation. Un composé de structure voisine, l'hespéridine (5,7,3',4'-tétrahydroxy-4'-méthoxyflavanone) est présent dans les oranges.

Les anthocyanidines sont des pigments végétaux présentant une couleur rouge, violette ou bleue suivant leur structure (figure 69). Ils se rencontrent essentiellement sous forme de glycosides liés en position 3, plus rarement en position 5 ou 7.

L'augmentation du nombre de fonction hydroxyle sur le noyaux B conduit au déplacement du maximum d'absorption vers les plus grandes longueurs d'ondes, ce

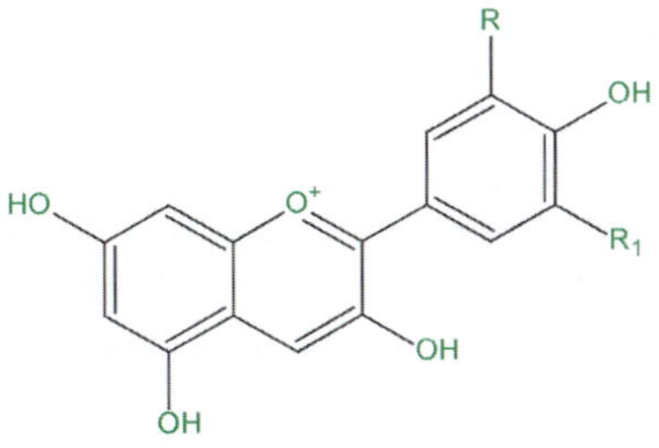

Figure 69 ■ Formule chimique d'anthocyanidines.

qui se traduit par une modification de la couleur de la molécule. Celle-ci est également très sensible aux changements de pH : ils passent du bleu au rouge lorsque le pH s'abaisse et inversement. Les légumes ne constituent pas, à quelques exception près (choux rouges par exemple), une source potentielle importante d'anthocyanidines. Chez l'aubergine, la couleur du fruit frais est due à des hétérosides de la delphinidine localisés dans le péricarpe. Les anthocyanidines sous la forme de glycosides de la cyanidine, de la delphidine, de la malvidine, de la peonidine, de la pelargonidine ou de la petunidine représentent une part importante tant au niveau qualitatif que quantitatif des flavonoïdes des fruits mûrs (raisins, myrtilles, cassis, cerises, fraises, framboises, figues et fruits exotiques). On en retrouve également mais en quantité plus modeste dans les pommes, les poires, les bananes et les oranges.

Les tanins qui contribuent à la texture (incrustation des parois cellulaires) et à la saveur (astringence) des tissus végétaux, sont aussi des substrats du brunissement enzymatique. On distingue deux groupes de tannins : les tannins hydrolysables (ou pyrogalliques), qui résultent de l'estérification de cinq fonctions hydroxyles du glucose par divers acides polyphénoliques (gallique, digallique, ellagique et lutéique), et les tannins condensés (ou catéchiques) dont la constitution chimique est très voisine de celle des anthocyanidines. La propriété physico-chimique prédominante des tannins est leur capacité à se lier par interactions hydrophobes et/ou échange de liaisons hydrogènes avec les protéines et les polysaccharides et à les précipiter. La liaison aux protéines peut expliquer pourquoi les polyphénols peuvent inhiber les enzymes. La formation de complexes entre d'une part les tanins et d'autre part les protéines et les polysaccharides induit souvent l'apparition de trouble dans les boissons (vin, bière). Par ailleurs, les interactions entre les tanins et les protéines salivaires et les mucopolysaccharides des secrétions muqueuses entraînent leur précipitation, avec perte du caractère lubrifiant de la salive. Une sensation de dessèchement gagne toute la cavité buccale, désignée par le terme d'astringence. Le noircissement qui s'observe parfois dans les purées de marrons provient de la formation de composés pigmentés entre tanins pyrogalliques et traces de fer.

Enfin les lignines qui assurent la rigidité de certains tissus végétaux, sont des polymères de polyphénols participant aussi au brunissement enzymatique.

1.2. Enzymes du brunissement

Les enzymes impliquées dans les réactions de brunissement sont les polyphénoloxydases (PPO) et dans une moindre mesure les peroxydases. Les polyphénoloxydases agissent sur les phénols en présence d'oxygène alors que les peroxydases font intervenir le peroxyde d'hydrogène. Ce dernier étant faiblement présent dans les cellules car rapidement éliminé, la participation des peroxydases au brunissement est limitée.

Les polyphénoloxydases existent dans de nombreux organismes sous des formes légèrement différentes, appelées iso-enzymes. Elles se différentient par leur affinité pour l'oxygène et les substrats phénoliques, leur vitesse de réaction maximale et leur rapport activité hydroxylante/activité oxydante. L'activité hydroxylante n'est pas toujours présente et lorsque les deux activités sont présentent le rapport activité hydroxylante/activité oxydante peut varier considérablement. Les polyphénoloxydases de la banane, de la pêche, du thé, du tabac catalysent spécifiquement l'oxydation des diphénols ; celles de la pomme, de la poire, de la pomme de terre, des champignons possèdent aussi une activité hydroxylante. Ces deux réactions consomment de l'oxygène. Les polyphénoloxydases sont des métalloprotéines renfermant du cuivre, indispensable pour le mécanisme catalytique de l'enzyme. Leur pH d'activité optimal se situe généralement entre 5 et 7, et l'activité décroît rapidement avec le pH. Parmi les polyphénoloxydases on distingue d'une part les catécholoxydases et d'autre part les laccases.

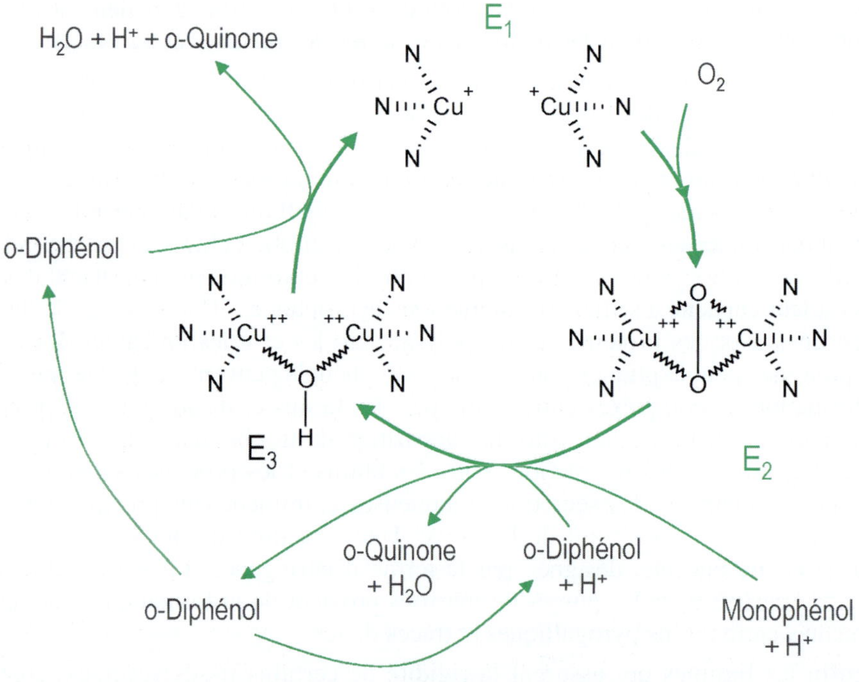

Figure 70 ■ Évolution de l'état d'oxydation du site actif des catécholoxydases au cours de l'oxydation des composés polyphénoliques (d'après Martinez et Whitaker, 1995).

Les catécholoxydases que l'on rencontre des bactéries aux mammifères en passant par les végétaux, catalysent l'hydroxylation des monophénols en *o*-diphénols (activité crésolase) et l'oxydation des *o*-diphénols en *o*-quinone (activité catécholase). Elles renferment deux atomes de cuivre au niveau de leur site catalytique ; chaque atome de cuivre est coordonné par trois histidines par l'intermédiaire de l'azote ε du cycle imidazole. Il semblerait que le cycle catalytique de la catécholoxydase inclue trois formes de l'enzyme (E_1, E_2, E_3) suivant l'état d'oxydation des atomes de cuivre et la présence d'oxygène moléculaire : la forme réduite (E_1), $Cu^+ - {}^+Cu$, et les formes oxydées (E_2), $Cu^{++} - O_2 - {}^{++}Cu$, et ($E_3$), $Cu^{++} - OH - {}^{++}Cu$ (figure 70).

La forme réduite (E_1) est incapable de réagir avec les composés phénoliques mais peut être activée par fixation d'oxygène moléculaire.

Les laccases sont présentes chez les plantes supérieures, les moisissures et certaines bactéries. Excrétées par *Botrytis cinerea*, elles interviennent de façon avantageuse dans l'élaboration des vins liquoreux. Les laccases, moins spécifiques que les catécholases, catalysent l'oxydation d'une large gamme de composés phénoliques : *p*-diphénols, *o*-diphénols, *m*-diphénols, *o*-triphénol (acide gallique) et divers monophénols à l'exception de la tyrosine. Les laccases contiennent 4 atomes de cuivre. Elles sont plus stables que les catécholoxydases en milieu acide, sont moins sensibles aux inhibiteurs comme les sulfites mais sont moins résistantes à une élévation de température.

2. Mécanisme du brunissement enzymatique

2.1. Formation de quinones

Les polyphénoloxydases réalisent l'hydroxylation des monophénols en *o*-diphénol et l'oxydation des *o*-diphénol et *p*-diphénol en quinones (figure 71). Seule la forme oxydée de l'enzyme, $Cu^{++} - O_2 - {}^{++}Cu$ (E_2), est en mesure de réagir avec les monophénols et d'insérer un atome d'oxygène en position *ortho* du composé phénolique. Les formes oxydées de l'enzyme (E_2 et E_3) peuvent réaliser l'oxydation des *o*-diphénols en *o*-quinones et la libération simultanée d'une molécule d'eau.

Ces réactions sont associées à une évolution de la couleur des produits. Alors que les composés phénoliques sont le plus souvent incolores, les quinones sont légèrement colorées, généralement de teinte jaune, orange, rose, rouge ou brune. La couleur des *o*-quinones dépend principalement du pH et des composés phénoliques dont ils proviennent.

2.2. Réactions à partir de quinones

Les quinones sont des espèces très instables, à la fois oxydants puissants et fortement électrophiles, qui conduisent rapidement à une grande diversité de produits colorés ou non. Ils réalisent soit des réactions d'oxydation de composés réducteurs, avec régénération du composé *o*-diphénolique, soit des réactions d'addition de composés nucléophiles conduisant à la formation de multiples produits d'addition (figure 72).

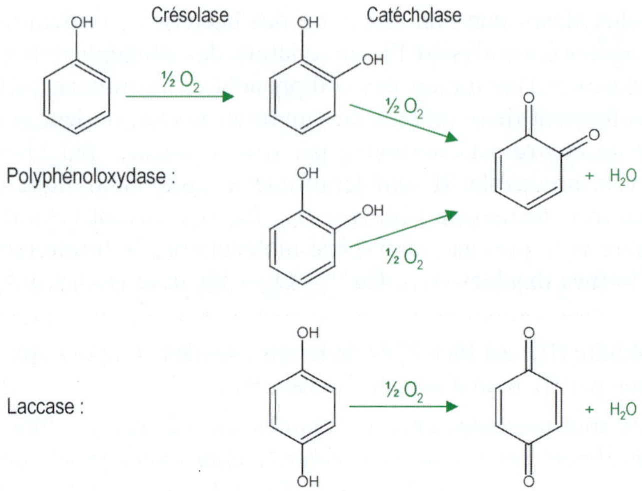

Figure 71 ■ Oxydation des composés phénoliques au cours du brunissement enzymatique.

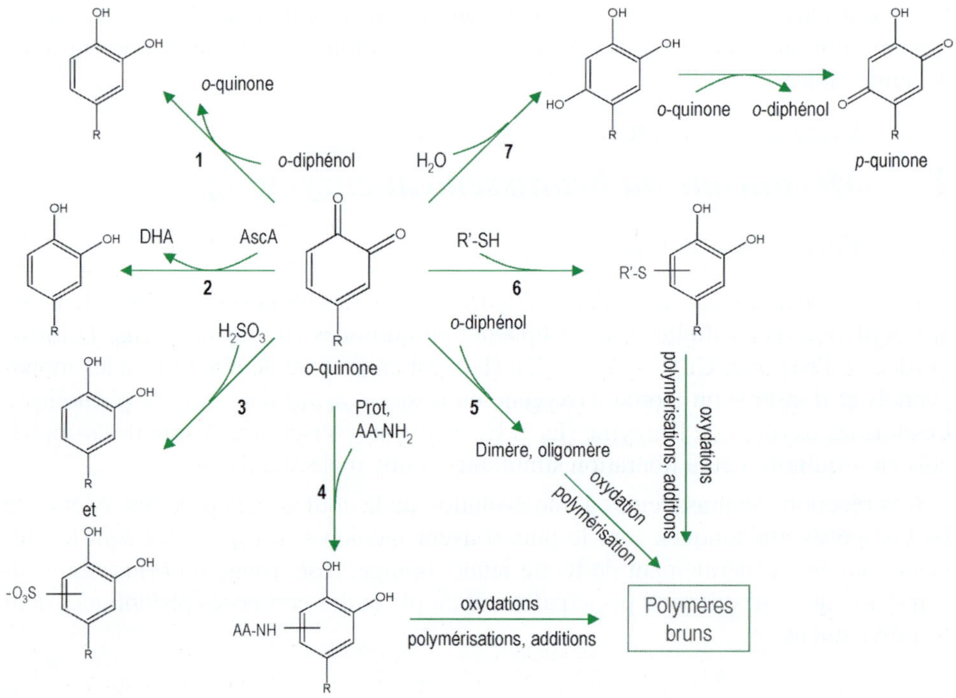

Figure 72 ■ Évolutions chimiques des quinones (d'après Nicolas *et al.*, 1994).

À ce stade, la participation des polyphénoloxydases est plus discrète. Les *o*-quinones peuvent réaliser des réactions d'oxydation couplée avec les *o*-diphénols (voie 1 ; figure 72). Ces réactions peuvent être rapides et dépendent des potentiels d'oxydo-réduction respectifs des différents substrats (quinones et phénols) en présence. Les *o*-quinones réagissent également avec divers polyphénols pour former des produits de condensations (dimères, oligomères, copolymères ; voie 5). Ces derniers, ayant eux-mêmes une structure *o*-diphénolique, peuvent être soumis à leur tour à une oxydation enzymatique par la polyphénoloxydase ou non enzymatique par des *o*-quinones. L'addition de molécules d'eau sur les quinones donne des trihydroxybenzène (voie 7) ; ceux-ci sont ensuite oxydés par la polyphénoloxydase ou des quinones en excès pour former des hydroxyquinones qui sont enfin le siège d'une condensation oxydative conduisant à des polymères colorés dont l'intensité évolue avec le degré de condensation. Les quinones peuvent réagir avec les groupements thiols ou amines de protéines, d'acides aminés et d'amines (voies 4 et 6). En raison de leur structure, certains composés formés agissent comme inhibiteurs compétitifs de la polyphénoloxydase. Les *o*-quinones peuvent oxyder l'acide ascorbique (AscA) en acide déshydroascorbique (DHA) régénérant l'*o*-diphénol correspondant (voie 2). Les sulfites réalisent des réactions de réduction ou d'addition sur les *o*-quinones (voie 3).

Après de multiples réactions d'oxydation, d'addition et de polymérisation, il se forme des pigments, les mélanines. La teinte (rose, rouge, bleue, brune, noire) et l'intensité de coloration des pigments diffèrent suivant les polyphénols mis en jeu et les facteurs environnementaux de la réaction d'oxydation (température et pH essentiellement).

3. Facteurs influençant le brunissement enzymatique

La vitesse d'apparition et l'intensité du brunissement enzymatique dans les produits végétaux dépend de la nature et la teneur en polyphénols, de la disponibilité en oxygène, de l'activité des enzymes qui elle-même dépend des conditions physico-chimiques du milieu (température, pH, activité de l'eau) ainsi que de la présence d'inhibiteurs naturels. La prédiction a priori de la vitesse d'apparition et de l'intensité du brunissement enzymatique est délicate car chaque composé phénolique présente ses propres paramètres cinétiques (K_M, v_{max}) et conduit à des pigments de teinte particulière.

3.1. Substrats

Le brunissement enzymatique est principalement corrélé à l'activité de la polyphénoloxydase et la teneur en composés phénoliques. Ainsi, les organismes contenant peu de polyphénoloxydases et/ou de composés phénoliques sont moins sensibles aux réactions de brunissement enzymatique. La teneur en composés phénoliques des produits végétaux dépend de nombreux facteurs dont la variété, le stade de maturité et les conditions environnementales (lumière, température, nutriments, pesticides). La concentration en composés phénoliques est élevée dans les fruits jeunes et diminue rapidement au cours de leur développement par phénomène de dilution. Après récolte, la concentration en composés phénoliques reste constante ou décroît légèrement. Aussi, une large variation qualitative et quantitative dans la distribution des composés phénoliques est observée au sein d'un même organisme.

Même dans les fruits ou légumes susceptibles de brunir, il n'y a pratiquement pas de réactions de brunissement tant que le tissu reste sain et intact car les enzymes et les substrats ne sont pas en contact ; les enzymes sont localisés dans les organites cellulaires : mitochondries, chloroplastes, microsomes, alors que les composés phénoliques sont localisés dans la vacuole. De plus, le contact entre les composés susceptibles de s'oxyder et l'oxygène qui est le deuxième substrat du brunissement enzymatique est réduit ; l'oxygène dissout est préférentiellement utilisé par les enzymes de la respiration qui ont plus d'affinité pour l'oxygène que les enzymes responsables du brunissement.

En revanche une délocalisation cellulaire occasionnée par différents traumatismes qui peuvent être d'origine mécanique (choc, coupure, blessures quelconques) pathologique (attaque de micro-organismes saprophytes ou parasites) ou physiologique (dérégulation cellulaire de diverses natures) est susceptible d'induire un brunissement du tissu végétal. Plus les organes végétaux sont traumatisés, plus le risque de brunissement est important. C'est en particulier le cas lorsque les zones traumatisées sont directement au contact de l'oxygène de l'air. Pour cette raison, les produits de quatrième gamme « prêts à l'emploi » sont très sensibles au brunissement. Ainsi la maîtrise de ces produits implique l'entretien des outils de coupe, l'élimination par lavage du contenu cellulaire des zones endommagées et le conditionnement en atmosphère appauvrie en oxygène.

3.2. Conditions physico-chimiques et présence naturelle d'inhibiteurs

La température a un effet direct sur les réactions enzymatiques en général et sur la modification de la couleur des produits végétaux en particulier. L'optimum des polyphénoloxydases se situent aux alentours de 25 à 35 °C et correspond à un optimum entre deux phénomènes : le premier est l'augmentation des vitesses de catalyse et le second est l'inactivation thermique des enzymes. Par ailleurs les réactions d'oxydation et de condensation non enzymatiques sont favorisées avec l'augmentation de la température. Ainsi l'optimum du brunissement enzymatique se situe entre 35 et 40 °C. Une baisse de la température en dessous de ces valeurs se traduit par un ralentissement de la réaction. Cependant, l'utilisation rationnelle du froid ne permet qu'une réduction de la vitesse de réaction, mais pas son inhibition totale. Le stockage des produits végétaux à une température trop basse, inférieure à la température de « *chilling injury* », provoque des délocalisations cellulaires. Dans ces conditions, les réactions biochimiques comme le brunissement enzymatique sont plus importantes que si la température de stockage avait été supérieure. Ainsi la température optimale de stockage des produits végétaux pour prévenir l'apparition d'un brunissement est celle pour lequel on aura une réduction maximale de l'activité enzymatique sans porter atteinte à la structure des tissus végétaux.

Le pH optimum d'observation du brunissement enzymatique se situe entre pH 4 et 7. Il tient compte des pH optima de l'activité de la polyphénoloxydase et des réactions non enzymatiques d'addition et de condensation, réactions d'oxydation favorisant le brunissement et réactions d'inhibition du brunissement. La baisse de pH en dessous de ces maxima réduit le brunissement enzymatique des produits végétaux.

Selon l'origine du matériel végétal, le pH optimum d'activité de la polyphénoloxydase se situe généralement entre pH 5 et 7. Cependant, la polyphénoloxydase de pomme conserve 40 % de son activité maximale à pH 3. Le contrôle du brunissement enzymatique par la seule acidification est de ce fait difficile à moins d'atteindre des valeurs de pH très faible.

L'abaissement de l'activité de l'eau ralentit les activités enzymatiques par une moindre mobilité des substrats et des produits de réaction qui dans certains cas exerce une action inhibitrice sur l'enzyme. Cependant dans le cas des produits végétaux, l'abaissement de l'a_w est incompatible avec la survie du végétal. La déshydratation des tissus à l'origine de l'abaissement de l'a_w occasionne des troubles physiologiques dont les conséquences sur le brunissement enzymatique sont bien supérieures aux effets escomptés par la réduction de l'activité de l'enzyme. Ainsi, l'apparition du brunissement enzymatique est moindre dans des zones d'a_w où l'activité de l'enzyme est significative.

Parmi les inhibiteurs du brunissement enzymatique naturellement rencontrés, l'acide ascorbique est sans conteste le plus connu et le plus répandu. L'acide ascorbique retarde l'apparition du brunissement en réduisant les *o*-quinones en leur dérivés phénoliques correspondants. Il est également possible que l'acide ascorbique exerce une action plus directe sur la polyphénoloxydase en réduisant le cuivre du site catalytique de l'enzyme. Sous cet état d'oxydation, la polyphénoloxydase est incapable d'exprimer une activité crésolase ou catécholase.

4. Conséquences du brunissement enzymatique

Les composés phénoliques participent activement à la coloration et à la qualité gustative des aliments (amertume, astringence). Leur oxydation en quinone et leur polymérisation au cours du brunissement enzymatique se traduit par des évolutions en terme de caractéristiques organoleptiques. Comme nous l'avons évoqué précédemment, la couleur évolue vers des teintes de plus en plus brunes avec l'évolution du degré de polymérisation des composés phénoliques.

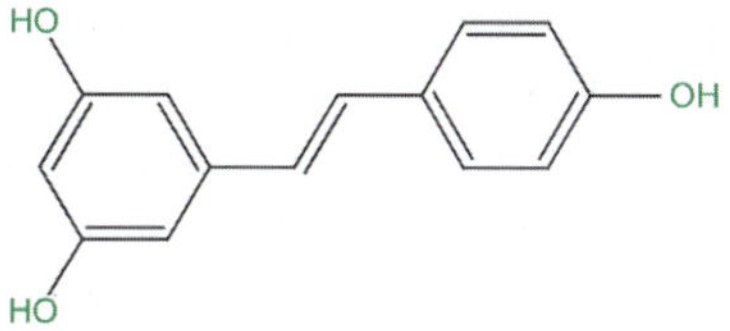

Figure 73 ■ Formule chimique du *trans*-resvératrol.

Par ailleurs, certains composés phénoliques présentent des activités antifongiques et antibactériennes. Le resvératrol (3, 5, 4' trihydroxystilbène) (figure 73), phytoalexine de la famille des stilbènes, est synthétisé en réponse à un signal de défense contre l'attaque du raisin par la pourriture *Botrytis cinerea*. Il présente un spectre d'activité relativement large qui en fait un candidat sérieux pour une utilisation comme agent antifongique naturel afin de contrôler le développement des moisissures au cours du stockage des fruits et légumes.

Malgré un mécanisme d'action encore mal connu, il a été observé que les polyphénols sont plus efficaces contre les bactéries à coloration de Gram+ que les bactéries à coloration de Gram–. Certains produits de dégradation des polyphénols tels que les quinones sont plus actifs que les formes non oxydées. Même s'il est difficile de généraliser, il semble qu'une évolution du degré d'oxydation des composés phénoliques s'accompagne d'une modification de son caractère antibactérien.

Enfin les composés phénoliques possèdent des propriétés antioxydantes avec toutes les conséquences que cela implique en santé publique. Elles se manifestent essentiellement par la capacité des composés phénoliques à inhiber la formation des radicaux libres, à piéger les radicaux libres et à chélater les métaux de transition, principalement le fer et le cuivre qui sont des catalyseurs des réactions radicalaires. Dans de nombreux cas, les procédés technologiques utilisés pour l'élaboration des produits alimentaires sont responsables d'une réduction de la quantité d'antioxydants naturels. Cette évolution serait une conséquence de l'exposition des molécules antioxydantes, et en particulier des composés phénoliques, à des températures élevées, à l'oxygène de l'air ou à des radiations lumineuses. Par exemple, les opérations de pelage, de parage ou de découpe des fruits et légumes sont responsables du brunissement enzymatique et d'une diminution de la quantité d'antioxydants naturels.

Cependant, bien que les oxydations enzymatiques soient supposées engendrer une diminution progressive de la quantité de molécules antioxydantes dans les produits alimentaires, il apparaît que certains composés phénoliques dans un état d'oxydation intermédiaire peuvent posséder une capacité à piéger les radicaux libres supérieure aux mêmes molécules non oxydées. Ainsi, le thé noir possède peu de composés phénoliques à l'état monomérique en raison des oxydations et polymérisations successives intervenues durant l'étape de fermentation des feuilles de thé ; pourtant, il possède une capacité antioxydante égale au thé vert, riche en composés phénoliques monomériques et non oxydés. Les catéchines exposées aux enzymes du brunissement améliorent dans un premier temps leur propriété d'interruption de la propagation des radicaux libres. Ensuite la formation de composés bruns s'accompagne d'une baisse de la capacité antioxydante (figure 74).

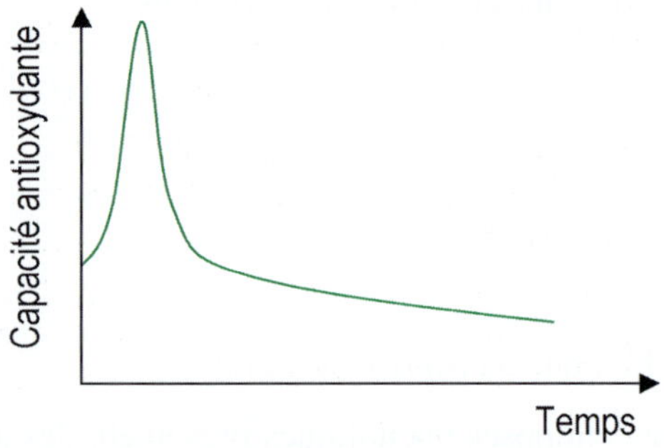

Figure 74 ■ Évolution de la capacité antioxydante d'aliments contenant des composés phénoliques au cours de l'oxydation enzymatique.

La capacité antioxydante accrue des composés phénoliques partiellement oxydés serait attribuée à une meilleure aptitude à transférer aux radicaux libres les atomes d'hydrogène des groupements hydroxyles aromatiques et à stabiliser des électrons non appariés par la structure aromatique polymérisée. Cependant, à partir d'un certain degré de complexité moléculaire, l'activité antioxydante des composés polyphénoliques diminue en raison des gênes stériques.

5. Évaluation du brunissement enzymatique

Parmi les critères d'évaluation de la qualité des aliments, la couleur a sans contexte un rôle primordial si bien que son altération est bien souvent irrévocable. Ainsi, les méthodes expérimentales basées sur la quantification de la couleur des produits alimentaires se sont naturellement imposées pour évaluer le brunissement enzymatique. La spectroscopie d'absorbance UV visible, la colorimétrie tristimulus et la réflectrométrie sont les plus employées mais il est également possible de suivre la consommation d'oxygène ou l'oxydation indirecte de certains composés. Ces différentes méthodes ne sont pas interchangeables. Au contraire, elles donnent des informations complémentaires sur le brunissement enzymatique.

La spectroscopie d'absorbance UV visible utilise la mesure de l'absorbance, généralement à une longueur d'onde comprise entre 400 et 500 nm. Cette mesure s'effectue en solution et nécessite au préalable l'extraction et la purification des composés responsables du brunissement. De ce fait, la mesure d'absorbance ne tient compte que des pigments solubles. Or, au cours du brunissement enzymatique, les réactions de polymérisation conduisent à l'insolubilisation d'une partie des pigments. Ces derniers sont éliminés durant les étapes de filtration ou de centrifugation précédant la mesure d'absorbance, et ne seront pas quantifiés par cette technique d'analyse. De plus, suivant le type de pigment formé, qui dépend lui-même des substrats phénoliques mis en œuvre et des conditions de réaction, la longueur d'onde du maximum d'absorbance varie. Après oxydation, les catéchines forme des pigments de teinte jaune avec un maximum d'absorbance à 380 nm, l'acide chlorogénique engendre des pigments jaune-orangé avec un maximum d'absorbance à 420 nm tandis que l'*o*-dihydroxyphénylalanine (DOPA) est le précurseur de pigments roses avec un maximum d'absorbance à 480 nm. La valeur d'absorbance à une seule longueur d'onde est donc parfois mal corrélée avec l'aspect visuel du brunissement.

La colorimétrie tristimulus et la réflectrométrie mesurent la lumière réfléchie par un objet et peuvent être appliquée directement à des surfaces coupées ou à des purées de fruits ou de légumes. La colorimétrie tristimulus utilise trois filtres (rouge, vert et bleu) à l'image des capteurs de la rétine (cf. chapitre 13, § 2.2.). La réflectrométrie utilise des capteurs multiples pour mesurer la réflectance spectrale d'un objet pour chaque longueur d'onde. La réflectrométrie permet d'obtenir les mêmes résultats que la colorimétrie tristimulus mais permet également d'obtenir la courbe spectrale pour la couleur étudiée.

6. Contrôle, prévention du brunissement enzymatique

Les évolutions post-récoltes constituent une perte importante des fruits et légumes à travers le monde ; le brunissement enzymatique est un contributeur majeur de cette perte. En vinification, l'incidence des polyphénoloxydases est particulièrement visible au travers de ce que l'on appelle la « casse oxydasique » : la couleur se modifie, évoluant vers les tons d'un brunissement plus ou moins prononcé avec fréquemment une altération de la limpidité et de l'arôme responsable d'une réduction de la qualité du produit. Ainsi, le contrôle et la prévention du brunissement enzymatique revêtent un enjeu primordial. Il existe de nombreux moyens pour empêcher le brunissement enzymatique mais seuls certains sont utilisés en pratique. On peut les classer en trois catégories suivant qu'ils affectent principalement les enzymes, les substrats ou les produits de la réaction du brunissement enzymatique, même si certains peuvent agir sur les trois cibles simultanément. Leur emploi dépend des produits alimentaires considérés ainsi que des considérations d'ordre nutritionnel, technique, organoleptique, réglementaire, économique voire éthique.

6.1. Dénaturation ou inhibition des polyphénoloxydases

La thermostabilité de la polyphénoloxydase, qui dépend du pH, est plus faible que celle des autres enzymes responsables de l'altération des denrées alimentaires. Ainsi, la dénaturation thermique de la polyphénoloxydase (blanchiment) par immersion dans de l'eau chaude, par la vapeur d'eau ou par traitement micro-ondes est un moyen efficace pour empêcher le développement du brunissement enzymatique dans les conserves et les produits surgelés. Une courte exposition à des températures de 70 à 90 °C suffit en général pour une inactivation totale de l'enzyme. La destruction des enzymes suit une loi du premier ordre (la vitesse d'inactivation est proportionnelle à l'activité résiduelle de l'enzyme). Dans de nombreux cas il faut veiller à ce que le traitement thermique soit suffisamment intense pour que la totalité des enzymes responsables du brunissement soient détruites sous peine d'observer une intensification du brunissement après cuisson. En effet, l'altération de la perméabilité sélective des membranes lors de la cuisson met en contact les substrats phénoliques et les enzymes. Par ailleurs l'inactivation totale des enzymes du brunissement n'est pas toujours traduite par une absence de coloration après cuisson. Par exemple, la couleur grise qui apparaît au cours de la cuisson des champignons est due aux réactions secondaires affectant les quinones préformées. Les traitements thermiques permettant d'inhiber la polyphénoloxydase ne sont pas toujours utilisables car ils peuvent affecter négativement la flaveur et la texture des produits alimentaires. Il est en revanche possible de mettre en œuvre des conditions ou des composés permettant d'affaiblir la fixation du cuivre sur le site actif de l'enzyme, ou des composés interagissant au niveau de ce site actif et rentrant en compétition avec les substrats du brunissement enzymatique.

L'abaissement du pH à des valeurs ≤ 4 peut être utilisé pour réduire le brunissement des jus de fruits, des fruits tranchés, des avocats, du guacamole tant que l'acidité est tolérée d'un point de vue gustatif. Les acides citrique (jus de citron), malique, fumarique, sorbique ou les acides inorganiques (acides chlorhydrique et phosphorique) sont les plus fréquemment utilisés. La baisse de l'activité des polyphénoloxydases est due à un affaiblissement de la coordination du cuivre par le site actif de l'enzyme. Par ailleurs l'activité complexante du citrate permet le déplacement du cuivre du site actif et l'inactivation de la polyphénoloxydase. Le pyrophosphate de sodium et l'acide éthylènediamine tétra-acétique sont également des inhibiteurs efficaces du brunissement enzymatique en raison de leur aptitude à complexer le cuivre.

Les halogénures exercent une activité inhibitrice sur les polyphénoloxydases. Ainsi les chlorures de sodium et de calcium sont utilisés pour retarder le brunissement enzymatique des fruits et légumes destinés à la transformation. Le chlorure de calcium présente l'avantage de maintenir la fermeté des tissus végétaux par interaction du calcium avec les molécules de pectine. L'action inhibitrice des chlorures est fortement dépendante du pH et en ce sens ils sont souvent utilisés en complément d'une acidification du milieu entre pH 3,5 et 5. L'inhibition par les halogénures est liée à l'électronégativité de l'anion ; le fluorure est le plus inhibiteur des halogénures. Les halogénures formeraient un complexe avec le cuivre favorisant sa libération suite à la protonation de résidus histidine du site actif de l'enzyme.

Le 4-hexylrésorcinol (figure 75) ou des dérivés de l'acide benzoïque et de l'acide cinnamique dont la structure est similaire aux substrats phénoliques des polyphénoloxydases peuvent être utilisés pour inhiber le brunissement enzymatique.

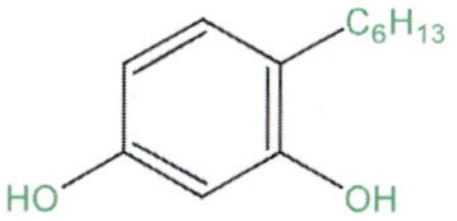

Figure 75 ■ Formule chimique du 4-hexylrésorcinol.

Ces composés agissent comme inhibiteurs compétitifs de la polyphénoloxydase. Des dérivés diaminés des coumarines et le 4-hexylrésorcinol inhibent efficacement l'apparition de taches brunes sur les produits de la mer comme les crevettes roses. Le 4-hexylrésorcinol prévient le brunissement des fruits découpés et des jus de fruits. Il inhibe aussi la poyphénoloxydase des champignons, des pommes de terre et des avocats. L'atout majeur de ce composé est sa spécificité vis-à-vis des polyphénoloxydases, ce qui permet de l'utiliser en faible concentration en limitant les effets sur le goût, la couleur et la texture des produits traités.

Enfin, comme les polyphénoloxydases ne semblent pas exercer un rôle vital sur l'organisme, des tentatives de sélection d'espèces peu sensibles au brunissement ont été envisagées par techniques classiques ou génie génétique. Ces dernières s'appuient sur des mutations dirigées au niveau du site actif de la polyphénoloxydase (histidine), ou sur l'insertion en sens inverse dans les cellules végétales du gène codant pour la polyphénoloxydase. Lors de la transcription, l'ARN messager issu du gène inséré en sens inverse s'hybride avec celui du gène endogène codant pour la polyphénoloxydase, empêchant ainsi sa traduction (Martinez et Whitaker, 1995).

6.2. Modification ou élimination des substrats d'oxydation

L'inhibition du brunissement enzymatique peut être obtenue en éliminant du milieu réactionnel un des deux substrats, l'oxygène ou les composés phénoliques. L'élimination de l'oxygène s'effectue par immersion des produits à protéger du brunissement dans des sirops, des saumures ou par enrobage. Les atmosphères appauvries en oxygène constituent aussi une méthode satisfaisante pour ralentir l'apparition du brunissement enzymatique. Elles peuvent être obtenues par conditionnement sous atmosphère modifié ou inerte. Lorsque sa disponibilité constitue le facteur limitant de la réaction, l'influence de l'oxygène sur le brunissement est mesurée par le K_M (constante de Michaélis), qui représente la concentration en oxygène dissous pour laquelle la vitesse de la réaction atteint la moitié de sa valeur maximale. Par ailleurs, l'appauvrissement en oxygène de l'atmosphère s'accompagne de modifications physiologiques comme un ralentissement de la respiration, une inhibition de la production d'éthylène et un retard dans le mûrissement et la sénescence des tissus responsables de la libération des enzymes et substrats des réactions du brunissement. Les enzymes de la respiration ont plus d'affinité pour l'oxygène que les enzymes responsables du brunissement ; ceci permet d'inhiber le brunissement enzymatique en réduisant la pression partielle d'oxygène (conditionnement sous atmosphère modifié de nombreux végétaux) sans apparition du catabolisme anaérobie. Ces conditions associées à un stockage en froid positif sont appliquées pour inhiber le brunissement enzymatique des produits de quatrième gamme. En revanche, lorsque le produit est à nouveau mis au contact de l'oxygène le brunissement réapparaît rapidement.

Les substrats phénoliques peuvent être réduits ou éliminés par sélection de variétés naturellement pauvres en composés phénoliques ou par l'utilisation de méthodes physiques :

• L'ultrafiltration peut être utilisée pour éliminer sélectivement les polyphénols des jus de fruits. Un traitement préalable à la laccase permet de réduire davantage la quantité de polyphénols des jus en les polymérisant, ce qui facilite leur élimination par ultrafiltration. Cependant, l'action des laccases semble augmenter la susceptibilité au brunissement des jus au cours de la conservation. Il est probable que la formation d'*o*-quinones très réactives et leur passage à travers les pores de la membrane en soit la cause.

• Les cyclodextrines ont été utilisées pour éliminer en particulier la naringine afin de réduire l'amertume de certains jus de fruits. Parallèlement les jus traités sont moins sensibles au brunissement enzymatique. Les cyclodextrines sont des oligosaccharides cycliques composés de 6 (α-cyclodextrine) ou plus (7 : β-cyclodextrine ; 8 : γ-cyclodextrine) unités glucose liées en α 1-4. La structure des cyclodextrines s'apparente à un cône dont la surface externe est hydrophile et la cavité interne hydrophobe. Cette dernière permettrait la formation de complexes d'inclusion avec les polyphénols empêchant l'action des polyphénoloxydases.

• Le chitosane, issu de la chitine des crustacés, a pu être utilisé pour réduire le brunissement des jus de fruits. Bien que le principe d'action du chitosane soit mal connu, il semblerait que sa charge positive lui permette d'établir des interactions électrostatiques avec les particules solides sur lesquelles les polyphénoloxydases sont liées. Le complexe est ensuite éliminé du jus par filtration.

• Les carraghénanes permettent également l'élimination de certains composés phénoliques. Ils forment vraisemblablement des complexes avec les polyphénols mais peuvent également chélater l'ion cuivre du site actif de l'enzyme par l'intermédiaire de leur groupement sulfaté.

L'utilisation des méthodes physiques pour éliminer les composés phénoliques se limite aux produits liquides. Cependant la réduction ou l'élimination des composés phénoliques n'est pas toujours souhaitable car ils exercent une action directe sur la qualité sensorielle et nutritionnelle des produits alimentaires les contenant, ainsi que pour l'inhibition des agents pathogènes. Une alternative est de transformer de manière irréversible et spécifique les *o*-diphénols en phénols méthylés sous l'action de *o*-méthyltransférase. L'action catécholase (*o*-diphényloxydase) des polyphénoloxydase est alors inhibée. Le coût d'obtention actuel des *o*-méthyltransférases en limite l'utilisation pour la prévention du brunissement enzymatique.

6.3. Action sur les produits de réaction

Plusieurs agents sont utilisés pour prévenir le brunissement enzymatique des aliments par interaction avec les produits de réaction. Ils agissent essentiellement comme réducteurs des *o*-quinones qui sont rétrogradés en leur *o*-diphénol correspondant et/ou en réalisant des produits d'additions nucléophiles le plus souvent incolores. Leur effet est généralement temporaire car ils sont consommés de façon irréversible au cours des réactions d'oxydoréduction auxquelles ils participent. La quantité d'agents à utiliser dépend de l'abondance des composés phénoliques sensibles à l'oxydation enzymatique et de la durée (conservation) pendant laquelle le brunissement doit être inhibé. Par ailleurs la non spécificité des agents réducteurs peut engendrer des défauts de goût ou de couleur dans les produits alimentaires en raison de leur implication dans des réactions secondaires.

Parmi ces agents, les plus efficaces sont les sulfites. Les sulfites peuvent réduire les quinones ou former des composés d'addition nucléophile dont la polymérisation donne des produits incolores. Lorsqu'ils sont ajoutés après le début du brunissement on peut même observer une décoloration partielle des produits alimentaires. Cependant, la coloration devient de plus en plus résistante à leur action lorsque le degré de condensation augmente. Les sulfites permettraient également d'inhiber l'activité des polyphénoloxydases en se fixant sur ces dernières et en modifiant leur structure. Ils sont utilisés pour inhiber la formation de polymères bruns dans les crevettes, les pommes de terre découpées, les champignons et les pommes. Cependant et malgré leurs propriétés multifonctionnelles (antioxydant, antimicrobien, antibrunissement), leur utilisation est de plus en plus réglementée car ils ne seraient pas sans incidence en santé humaine (cf. tableau 22). Ils sont tolérés, jusqu'à une teneur de 50 $mg \cdot kg^{-1}$ dans les produits « quatrième gamme » destinés à la cuisson et étiquetés en conséquence. Pour cette raison la recherche de solutions alternatives à l'utilisation des sulfites a été envisagée.

Les substituts les plus connus pour prévenir le brunissement enzymatique des aliments sont l'acide ascorbique et ses dérivés ainsi que son stéréo-isomère, moins coûteux, l'acide érythorbique (isoascorbique). Ils rétrogradent les *o*-quinones néoformées en *o*-diphénols correspondants. La réaction se poursuit tant qu'il reste dans le milieu de l'acide ascorbique, de l'oxygène et de l'enzyme active. Lorsque tout l'acide ascorbique à été oxydé en acide déshydroascorbique, les quinones recommencent à s'accumuler et un brunissement apparaît. Par ailleurs, l'acide ascorbique pourrait réduire le cuivre du site actif des polyphénoloxydases et ainsi inhiber son activité.

Cette classe d'inhibiteurs est rapidement inactivée par des traces d'éléments métalliques comme le fer et le cuivre naturellement présents dans les produits alimentaires. Ils sont moins efficaces que les sulfites pour inhiber le brunissement enzymatique en raison d'une moindre stabilité et d'une moindre pénétration dans les matrices alimentaires. Pour cette raison ils sont souvent utilisés en combinaison avec d'autres agents de conservation tels que les acides citrique ou sorbique. L'acide déshydroascorbique généré au cours de ces réactions peut participer aux réactions de brunissement non enzymatique (dégradation de Strecker ; cf. chapitre 5, § 2.3.2.).

Les composés possédant des groupements thiols (cystéine, glutathion sous forme réduite) sont de puissants inhibiteurs de brunissement enzymatique. La cystéine exerce son activité réductrice en réduisant les o-quinone et en formant des produits d'addition cystéine-quinone incolores. Ces derniers agissent comme inhibiteurs compétitifs de la polyphénoloxydase mais peuvent subir des oxydations croisées avec les quinones en excès. Ils sont à l'origine de composés colorés dont la teinte s'échelonne de rose à rouge à pH < 5 vers des teintes brunes à noires à pH > 5, supposant une baisse de l'efficacité de la cystéine (figure 76).

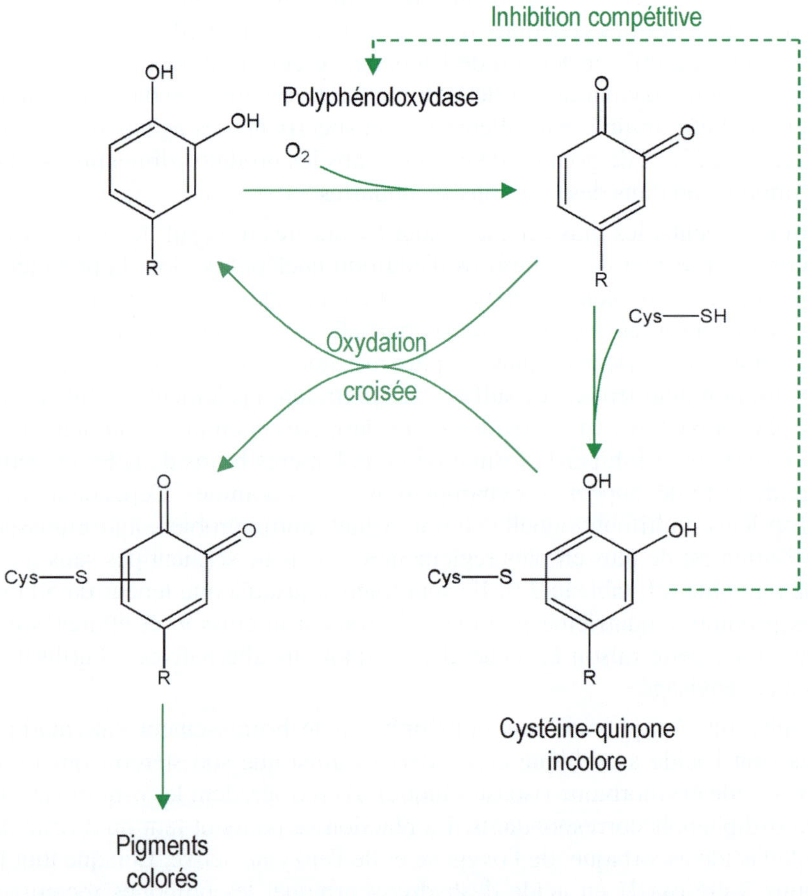

Figure 76 ■ Effet de la cystéine sur l'oxydation enzymatique des polyphénols (d'après Nicolas *et al.*, 1994).

Pour inhiber efficacement le brunissement enzymatique, il faut que la quantité de cystéine soit supérieure à celle des composés phénoliques totaux présents dans le milieu. Son effet a été mis en évidence sur les morceaux d'avocat ou de banane. Cependant, dans de nombreux cas, les teneurs en cystéine à employer pour inhiber le brunissement enzymatique sont inadaptées aux propriétés organoleptiques recherchées pour les produits finis. Le glutathion sous forme réduite présente l'inconvénient d'être trop onéreux pour une utilisation à grande échelle en industrie agroalimentaire.

7

Dynamique moléculaire dans les matrices alimentaires

Introduction

Les migrations moléculaires peuvent être à l'origine de profondes altérations de la qualité organoleptique, microbiologique et nutritionnelle au cours de la conservation des aliments (ramollissement, rassissement, développement d'une texture sableuse, brunissement non enzymatique, développement de moisissures). Ces migrations sont régies par des paramètres thermodynamiques et cinétiques qui représentent respectivement la quantité de molécules devant diffuser et le temps nécessaire pour atteindre l'équilibre thermodynamique.

Les migrations s'observent entre un aliment et son environnement mais également dans les aliments « hétérogènes » à partir du moment où il existe, pour une molécule donnée, un gradient de potentiel chimique. Elles se poursuivent sous l'influence de celui-ci jusqu'à ce que le système alimentaire ait atteint l'équilibre thermodynamique. La vitesse des migrations moléculaires est fonction de la différence de potentiel chimique qui diminue continuellement au cours des transferts et d'une résistance à la diffusion qui dépend de la structure, de la microstructure des aliments et des interactions établies avec les autres molécules du milieu. Dans la plupart des cas, les migrations moléculaires peuvent être décrites suivant le modèle de diffusion établi par la loi de Fick (cf. chapitre 9, § 1.2.). Cependant, dans les matrices alimentaires, les phénomènes de diffusion peuvent s'accompagner de changements de phase ainsi que de modifications de structure qui affectent les vitesses de migration. Ainsi, dans l'étude des migrations moléculaires, il est important de coupler les phénomènes de diffusion des molécules aux évolutions de phase et de structure des matrices.

1. Migration de l'eau et modification de la qualité des aliments

Les migrations d'eau entre aliments contenus dans un même emballage, entre domaines d'un aliment « hétérogène » ou les échanges avec l'atmosphère environnant (figure 77) sont des phénomènes dynamiques largement rencontrés dans les pizzas, les tartes, les viennoiseries fourrées, les glaces avec enrobage ou cône, les céréales avec fruit, etc. Elles influencent considérablement l'acceptabilité des aliments par le consommateur essentiellement en terme de qualités organoleptiques et microbiologiques.

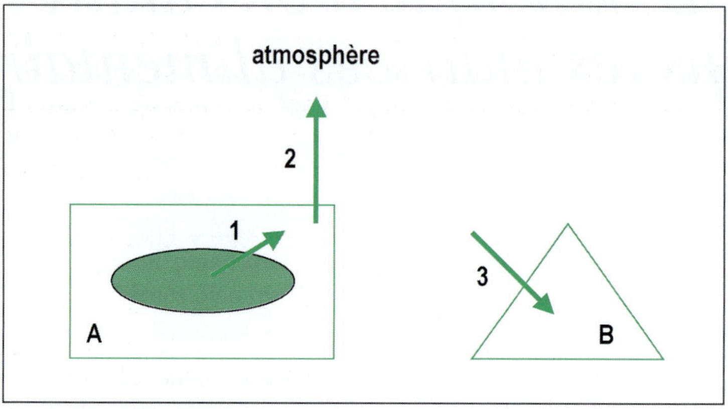

→ Sens des migrations d'eau

- **1** - Migration entre domaines d'un aliment « hétérogène »
- **2** - Migration de l'aliment **A** vers l'atmosphère
- **3** - Migration de l'atmosphère vers l'aliment **B**

Figure 77 ■ Migration de l'eau de l'aliment vers l'atmosphère ou réciproquement.

1.1. Migration d'eau

La force motrice de la migration d'eau est la différence d'a_w entre les différents composants ou domaines en présence ou la différence de pression partielle de vapeur d'eau avec l'atmosphère de stockage. Le transfert d'eau cesse lorsqu'un état d'équilibre est atteint ; cet équilibre concerne l'a_w et non la teneur en eau. Ainsi, des éléments à teneur en eau différente enfermés dans un emballage étanche vont échanger de l'eau, jusqu'à égalité de leur a_w. Pour certains systèmes alimentaires, l'a_w à l'équilibre est acceptable du point de vue de la stabilité physique, chimique ou biologique de chacun des composants ou domaines de l'aliment ; la durée de vie de ces systèmes n'est donc pas limitée par les transferts d'eau. À l'opposé, pour les systèmes où l'a_w à l'équilibre ne permet pas d'assurer une bonne stabilité d'un ou plusieurs composants ou constituants, la durée de vie du produit est déterminée par les vitesses de migration d'eau.

Les transferts d'eau ne sont pas indépendants du transfert des autres constituants du milieu. Ils peuvent créer pour ceux-ci des gradients locaux de potentiel chimique à l'origine de leur migration. En outre, le flux d'eau peut entraîner des solutés par convection ou au contraire s'opposer à leur migration ; c'est le cas des aliments sucrés ou salés en surface pour lesquels les flux d'eau du cœur du produit vers sa surface « s'opposent » à une migration en sens inverse des molécules de sels ou de sucres.

1.2. Mise en équilibre avec l'atmosphère environnante

D'une manière générale les produits à faible activité d'eau peuvent être sujets à une reprise d'humidité de l'atmosphère environnante lorsqu'ils sont laissés à l'air libre. Les biscuits, le pain ou les céréales vont avoir tendance à perdre de leur croustillance. Les ingrédients en poudre vont présenter le défaut de mottage. Dans le cas du lait, la cristallisation du lactose favorisée par une reprise d'humidité contrôlée permet par un séchage prolongé l'obtention de poudre instantanée dont la dissolution est améliorée.

À l'inverse, les fruits et légumes sont constitués de cellules gorgées d'eau ; elles participent à la fermeté du végétal et à sa fraîcheur. Suivant les conditions de stockage (température et humidité relative), les fruits et légumes sont soumis à une déshydratation plus ou moins rapide au profit de l'atmosphère environnant. La vitesse de déshydratation dépend de la surface d'échange entre le végétal (saturation) et l'atmosphère environnant ainsi que la différence de pression partielle de vapeur d'eau entre les milieux. Ainsi le découpage pratiqué dans les fruits et légumes de « 4e gamme » et les atmosphères sèches favorise la déshydratation. Une déshydratation excessive engendre un flétrissement du végétal, une perte de masse mais elle peut également avoir des conséquences physiologiques fâcheuses par stimulation de la synthèse de l'éthylène qui accélère la sénescence. Les pertes d'eau maximales tolérées sans observer d'altération de la qualité organoleptique du végétal varient considérablement. Elles se situent plus généralement entre 3 et 10 %. Les fruits secs (raisins secs) possèdent une texture « souple » liée à une teneur en eau suffisamment importante. Dans certaines conditions de stockage (conditionnés en atmosphère sèche et/ou en présence d'aliment à faible a_w), ils peuvent être sujets à une perte d'eau qui se traduit par un durcissement qui est inacceptable d'un point de vue organoleptique.

1.3. Mise en équilibre au sein d'un aliment « hétérogène »

À la sortie du four, il existe un gradient de teneur en eau décroissant du centre à la périphérie des biscuits qui tend à se rééquilibrer au cours du stockage. Les migrations d'eau qui en découlent entraînent une extension des zones qui reprennent de l'eau et une contraction des zones qui en cèdent. Ces mouvements provoquent des tensions que la structure du biscuit ne peut tolérer que si elle est suffisamment plastique, sinon on observe un incident de fêlure qui apparaît généralement au cours du stockage. Pour éviter la fêlure, il est possible de jouer sur les conditions de refroidissement après cuisson. Les refroidissements lents permettent en effet aux biscuits d'absorber les contraintes mécaniques dues aux transferts d'eau.

Les pizzas, les tartes, les viennoiseries ou pâtisseries fourrées se caractérisent souvent par une garniture ou un fourrage dont l'a_w est supérieure à la pâte utilisée comme support ou comme agent d'enrobage. Dans ces aliments, les transferts d'eau sont quasi-inévitables ; ils se traduisent généralement par un ramollissement de la pâte et une perte du caractère croustillant. Par ailleurs, une augmentation locale de la teneur en eau dans un aliment « hétérogène » à faible a_w (par exemple, la pâte) peut permettre le développement de micro-organismes si l'a_w devient supérieure à leur a_w limite de croissance. Elle peut également favoriser les réactions chimiques telles que l'oxydation des lipides, le brunissement non enzymatique et les réactions enzymatiques.

1.4. Mise en équilibre suite à un changement d'état et/ou de structure

Les produits alimentaires solides peuvent se trouver dans un état cristallin thermodynamiquement stable, ou dans un état amorphe qui correspond à un équilibre précaire qui dépend de la température et de l'a_w. Suivant la température de transition vitreuse, T_g (cf. chapitre 1, § 2.2.), l'état amorphe peut être divisé en un état à faible mobilité d'eau (vitreux, rigide, cassant) et en un état à plus forte mobilité de l'eau (mou, caoutchouteux, souple, malléable). L'évolution de l'état vitreux à l'état caoutchouteux entraîne une modification des propriétés thermodynamiques, des mobilités moléculaires et des propriétés mécaniques de la matrice. Elles peuvent être à l'origine d'altérations physique, chimique ou biologique qui limitent la durée de conservation des aliments.

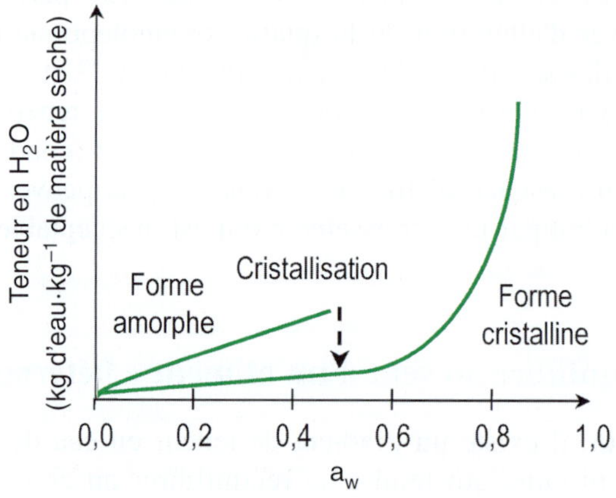

Figure 78 ■ Isothermes de sorption de lactose amorphe et cristallin.

Certains sucres peuvent être responsables de détériorations physiques ou rhéologiques dans les produits alimentaires tels que les confiseries, les crèmes glacées, les poudres de lait, etc. Ils posent un problème dans les matrices amorphes en raison de la possibilité de passage d'une forme amorphe hygroscopique à la forme cristalline non hygroscopique accompagnée d'une libération de molécules d'eau. La figure 78 montre qu'à partir de 0,4 d'a_w, le lactose amorphe cristallise et « relargue » de l'eau, engendrant ainsi une « cassure » au niveau de son isotherme.

Ce phénomène peut se produire plus ou moins rapidement suivant l'écart de température entre le produit et la température de transition vitreuse (figure 79).

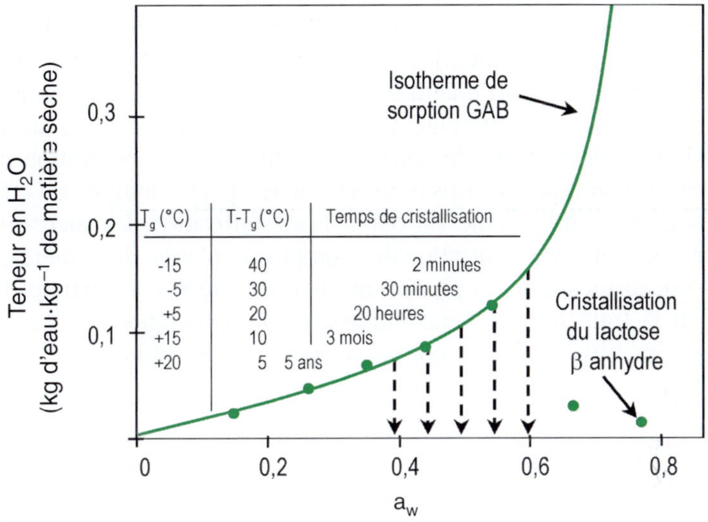

Figure 79 ■ Temps de cristallisation du lactose amorphe en fonction de T - T_g (Roos, 2002).

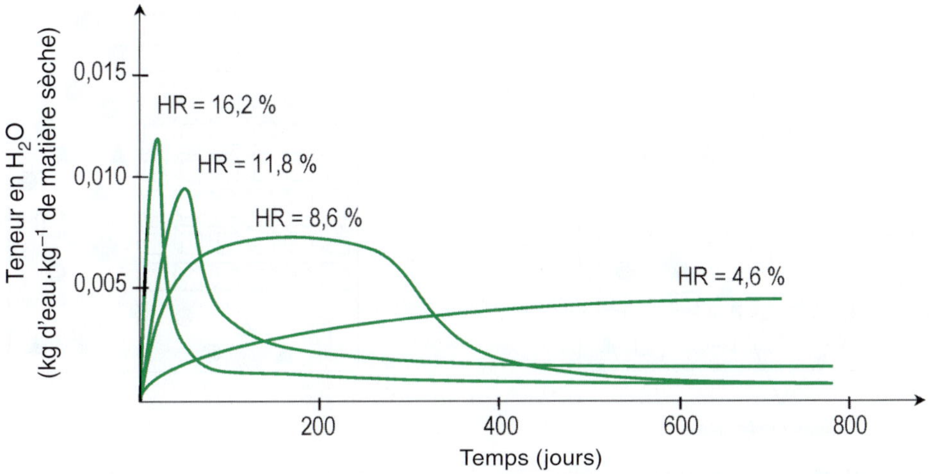

Figure 80 ■ Cristallisation du glucose amorphe en glucose cristallin en fonction de l'humidité relative.

Ces travaux montrent que du lactose amorphe à 25 °C peut cristalliser en 5 ans, 20 h ou 2 min si l'écart de température T - T_g est respectivement de 5, 20 ou 40 °C. Au cours de la cristallisation des sucres, la libération d'eau accentue l'écart de température T - T_g pour une température de stockage donnée ce qui accélère en retour la vitesse de cristallisation. Pour une a_w donnée elle est également plus rapide lorsque la température s'élève, accentuant ainsi l'écart de température T - T_g. La figure 80 montre comment, dans le cas du glucose amorphe à 25 °C, cette transformation (passage de l'état amorphe à l'état cristallin) est influencée par l'humidité relative (H_R). Il faut un minimum de 8,6 % d'H_R pour que le glucose cristallise en moins de 400 jours et au moins 16,2 % d'H_R pour que le glucose cristallise en quelques jours.

L'eau peut également se localiser sur d'autres constituants du produit, avec comme résultat, la formation d'une masse collante peu soluble. On aboutit ainsi souvent à une prise en masse ou mottage. Ceci s'observe pour le café, le jus d'orange ou les produits laitiers déshydratés lorsque les conditions de conservation ne sont pas optimales. Par ailleurs, la cristallisation des sucres peut conduire à l'effondrement de structure des produits poreux. En outre, la cristallisation des sucres peut entraîner le « relargage » et la concentration des composés volatils, de matière grasse, etc., initialement encapsulés dans la phase amorphe (figure 81). La baisse de viscosité accompagnant la transition de l'état vitreux à l'état caoutchouteux accélère également les réactions bimoléculaires comme l'oxydation des lipides et le brunissement non enzymatique.

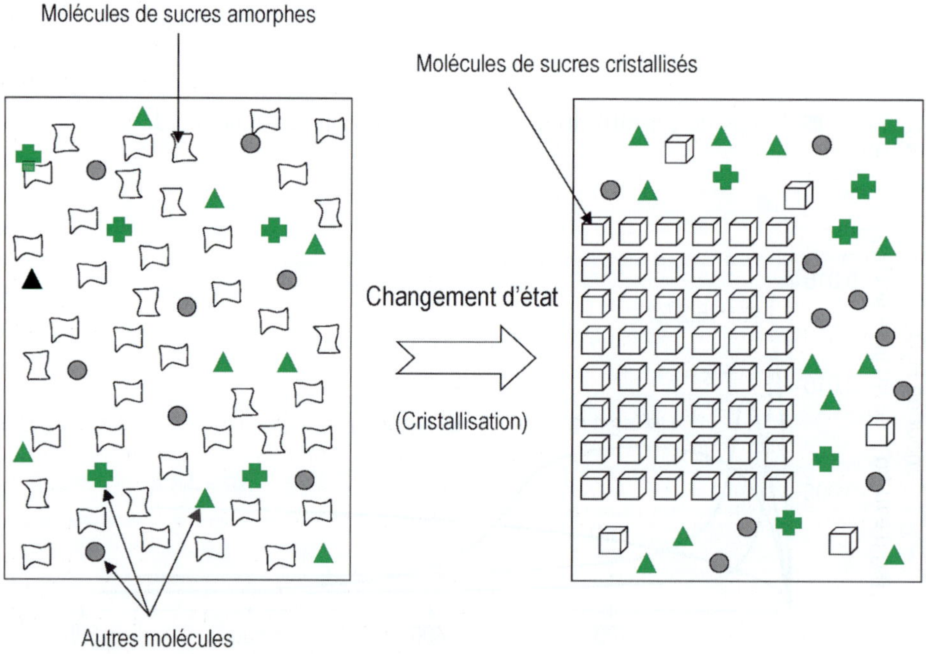

Figure 81 ■ Concentration des composés, initialement encapsulés dans la phase amorphe.

Au cours du stockage, le pain perd progressivement de sa fraîcheur : il rassit. Le rassissement s'observe par un ramollissement de la croûte qui devient plus élastique et une mie qui se rigidifie. C'est un phénomène complexe dans lequel la réorganisation des chaînes d'amidon et les migrations d'eau ont un rôle prépondérant. La cuisson du pain permet de former un réseau amylacé constitué de chaînes d'amylopectine emprisonnées dans une matrice continue formée par des chaînes d'amylose. En outre, elle est responsable d'une déshydratation du pain, plus importante au niveau de la croûte que de la mie. Après retour à la température ambiante, les molécules de la croûte du pain sont dans un état vitreux rigide à l'origine du caractère « craquant-croustillant » alors que celles de la mie sont dans un état caoutchouteux malléable responsable du moelleux de la mie. Au cours du stockage, les chaînes d'amylose et d'amylopectine de la mie sont le siège d'une réorganisation en structures cristallines stables : c'est la rétrogradation de l'amidon. La vitesse de rétrogradation est fonction de l'écart de température T - T_g. La cristallisation s'accompagne d'une libération de molécules d'eau qui migrent de la mie à la croûte et la ramollissent. Un pain rassis peut être « rafraîchi » par un réchauffage qui permet de rompre à nouveau ces structures cristallines.

2. Contrôle et prévention

Les migrations d'eau associées ou non à un changement d'état peuvent être à l'origine d'altérations irrémédiables de la qualité des produits alimentaires. Lutter contre ces migrations d'eau est un enjeu considérable car cela permet d'augmenter la durée de conservation des produits alimentaires, critère de praticité cher à bon nombre de consommateur. Son contrôle s'effectue en jouant sur les facteurs thermodynamiques et cinétiques de la migration de l'eau au sein d'un aliment hétérogène ou avec l'atmosphère environnant soit en limitant les gradients d'a_w soit en ralentissant les vitesses de migration d'eau.

2.1. Facteurs thermodynamiques

Un premier facteur pour lutter contre les migrations d'eau est de nature thermodynamique ; il s'agit de réduire les gradients d'a_w entre domaines d'un aliment hétérogène ou avec l'atmosphère environnant. La formulation permet de limiter les différences d'a_w locales. Dans certains cas, il s'agira d'augmenter l'a_w alors que dans d'autres une diminution sera recherchée. L'augmentation de l'a_w peut s'obtenir par diminution de l'extrait sec total ou par diminution des composés solubles ou par augmentation du taux de matière grasse pour un extrait sec donné. Les variations d'extrait sec et du taux de matière grasse entraînent souvent des modifications de texture des aliments. Parmi les nombreuses molécules qui permettent de diminuer l'a_w des aliments, les sels (essentiellement le chlorure de sodium) et les sucres (essentiellement le saccharose) sont les plus fréquemment utilisées. Cependant ces solutés peuvent altérer la qualité sensorielle des produits alimentaires. Les sels et les sucres ajoutés sont responsables d'une augmentation de la perception salée ou sucrée des aliments. Au-delà d'une certaine teneur, les défauts de flaveur sont inacceptables pour le consommateur. Par ailleurs, la limite de solubilité de ces molécules est rapidement atteinte surtout lorsque l'a_w est faible. Les modifications physiques liées aux phénomènes de cristallisation peuvent constituer une limite d'acceptabilité des produits par le consommateur. L'utilisation du glycérol et du propylène glycol comme dépresseur d'a_w n'entraîne pas ces défauts de texture. Cependant la toxicité potentielle du propylène glycol limite son utilisation à des doses maximales autorisées. Comme évoqué dans les chapitres précédents, les modifications d'a_w peuvent favoriser les réactions chimiques tels que le brunissement non enzymatique durant le stockage. Ces différentes dispositions pour limiter les gradients d'a_w ne sont généralement applicables que si la différence d'a_w à corriger ne dépasse pas la valeur de 0,1 dans la gamme d'a_w intermédiaire (0,3 à 0,7).

En panification, des molécules émulsifiantes, telles que les monoglycérides, sont connues pour ralentir les phénomènes de rassissement. Les monoglycérides ont la propriété de s'associer avec les chaînes d'amylose et de limiter la déstructuration des grains d'amidon. Par cette propriété, ils limitent le phénomène de gélatinisation au cours du chauffage et par conséquent le nombre de molécules impliqué dans la rétrogradation au cours du refroidissement et du stockage du produit. Par ailleurs les complexes monoglycérides-amylose ont une plus faible tendance à la rétrogradation.

2.2. Facteurs cinétiques

Le second facteur pour lutter contre les migrations d'eau est d'ordre cinétique ; Les migrations d'eau au sein d'un aliment « hétérogène » sont fortement dépendantes de la tortuosité du chemin de diffusion et de la viscosité de la phase aqueuse. La présence de cristaux ou de matière grasse constitue des obstacles aux migrations d'eau. Ainsi, plus leur présence est abondante, essentiellement sous formes de dispersion de petite taille, plus la diffusion de l'eau est ralentie.

Une augmentation locale de la viscosité de la phase aqueuse par ajout d'hydrocolloïdes permet également de réduire localement la vitesse de migration de l'eau. Dans ce sens, la prise en compte de la T_g des produits alimentaires est également très importante pour le maintien de leur qualité au cours de la conservation. En dessous de la T_g, la viscosité est très élevée et les migrations moléculaires sont limitées. Dans le cas du séchage de produits laitiers, l'élimination de l'eau est tellement rapide que le lactose n'a pas le temps de cristalliser et qu'il se retrouve sous forme vitreuse (sous forme de verre amorphe ; figure 82).

Au niveau du stockage, il est nécessaire de maintenir une phase amorphe afin d'obtenir un produit présentant des caractéristiques organoleptiques et structurales maximales. Le stockage du produit doit donc être effectué à une température inférieure à T_g pour éviter les phénomènes de cristallisation du lactose et de migration d'eau responsable du mottage. À titre d'exemple, une poudre de lait écrémé à 4 % d'humidité sera stable au cours du temps si et seulement si son a_w reste proche de 0,2 (à 25 °C) et si elle est stockée sous sa température T_g qui est de 50 °C environ (figure 83). Si cette teneur en eau passe à 7 %, l'a_w augmente à 0,4 et la T_g chute à 25 °C. Ceci signifie, d'une part que du fait de l'a_w élevée, la poudre sera plus sensible aux évolutions physiques et chimiques (cristallisation du lactose et brunissement non enzymatique par exemple). De plus, pour limiter ce phénomène, cette poudre devra être stockée à une température inférieure à 25 °C, ce qui sera plus difficile et coûteux.

De même, les pâtes alimentaires peuvent être conservées longtemps lorsqu'elles sont maintenues en dessous de la T_g. Après les phases de réhydratation de la semoule de blé dur, de malaxage jusqu'à l'obtention d'un mélange homogène et de mises en formes, les pâtes alimentaires fraîches sont séchées, généralement entre 70 et 90 °C afin d'assurer la formation d'un réseau de gluten sans induire la gélatinisation de l'amidon, puis refroidies en dessous de la T_g (50 °C à 15 % d'humidité).

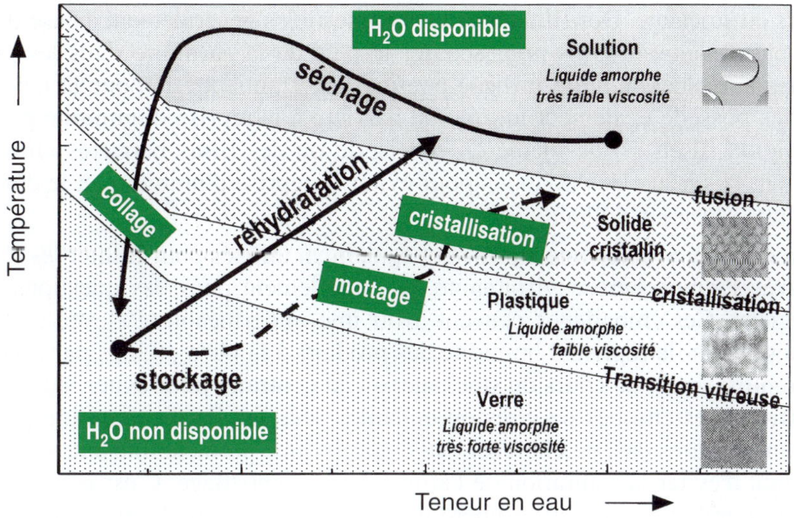

Figure 82 ■ Changements d'état du lactose et transition vitreuse.

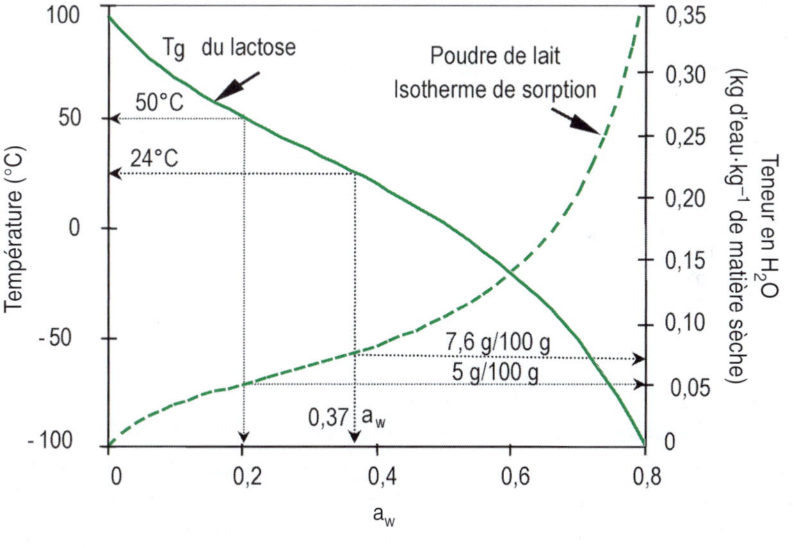

Figure 83 ■ Évolution de la teneur en eau d'une poudre de lait écrémé et de la T_g du lactose amorphe en fonction de l'a_w.

Une autre approche consiste à utiliser des films « barrières » pour séparer des domaines dont l'a_w est différente. Au sein des aliments hétérogènes, les films utilisés devront être comestibles. Les films barrières comestibles ont les mêmes propriétés que les emballages synthétiques mais généralement avec une efficacité moindre. L'efficacité des films « barrières » dépend de plusieurs facteurs comme leur composition, leur épaisseur, la température, l'écart d'a_w entre les domaines à protéger, etc. La couche de chocolat qui recouvre l'intérieur des cônes de glace constitue une barrière au transfert d'eau de la glace vers le cône. Ce dernier conserve sa croustillance au cours du stockage. Des films barrières comestibles généralement à base d'amidon et de lipides sont employés pour séparer la pâte de la garniture dans les pizzas et les tartes surgelées. L'huile utilisée comme agent antiadhésif pour la cuisson des gaufrettes possède également un rôle de barrière à la reprise d'humidité pendant la conservation. Il en est de même en confiserie ou des films barrières alimentaires recouvrent la surface des bonbons pour éviter la reprise d'humidité et le développement d'une sensation collante.

Des emballages non comestibles sont également utilisés pour limiter les transferts d'eau avec l'atmosphère environnante, essentiellement pour des questions de coût et d'hygiène. Ces emballages peuvent avoir une imperméabilité élevée à la vapeur d'eau pour éviter la reprise d'humidité des produits à faible a_w (chips par exemple) et leur ramollissement au cours du stockage, ou au contraire pour éviter leur déshydratation (fromages enrobés de cires ou emballés sous feuille d'aluminium par exemple). Dans certains cas, on cherchera au contraire une perméabilité à la vapeur d'eau permettant d'éviter la saturation de l'atmosphère d'emballage. C'est le cas des fruits et légumes emballés sous atmosphère modifiée pour ralentir la maturation. Si l'humidité relative de l'atmosphère de conservation des fruits et légumes est trop élevée, il existe un risque de développement microbien à la surface du végétal.

Références bibliographiques

de la deuxième partie

Ames JM (1998). Applications of the Maillard reaction in the food industry. *Food Chem*, **62** (4) : 431-439.

Ames JM (1990). Control of the Maillad reaction in food systems. *Trends Food Sci Technol*, **12** : 150-154.

Beuchat LR (1983). Influence of a_w on growth, metabolic activities and survival of yeasts and moulds. *J Food Protect*, **46** : 135.

Berset C, Cuvelier M-A (1995). Évaluer et prévenir l'oxydation des lipides. *La Bretagne agroalimentaire,* **1** : 4-13.

Billot J (1999). Le brunissement enzymatique. *In :* Tirilly Y, Bourgeois CM, *Technologie des légumes*, Tec & Doc Lavoisier, Paris, 225-246.

Board RG, Fuller R (1994). Contaminants of liquid egg products. *In* : Chapman et Hall, *Microbiology of the avian egg*, Tec & Doc Lavoisier, Paris.

Buera P, Schebor C, Elizalde B (2005). Effects of carbohydrate crystallization on stability of dehydrated foods and ingredient formulations. *J Food Eng*, **67** : 157-165.

Carlin F, Nguyen-The C (1998). Bacillus cereus. *In* : Sutra F, Federighi M, Jouve JL, *Manuel de bactériologie alimentaire.* 1re Ed. Polytechnica, Paris. 163-184.

Champion D, Le Meste M, Simatos D (2000). Towards an improved understanding of glass transition and relaxations in foods : molecular mobility in the glass transition range. *Trends Food Sci Technol*, **11** : 41-55.

Cheftel JC, Cheftel H (1976). *Introduction à la biochimie et à la technologie des aliments*, Volume 1. Technique et Documentation, Paris.

Chirife J, Fontan CF (1982). Water activity of fresh food. *J Food Sci,* **47** : 661.

Colin M (2002). *Salmonella spp.* Fiche microbiologique de l'agence française de sécurité sanitaire des aliments (AFSSA), 6 p.

Costerson JW, Marria T, Cheng KJ (1985). Phenomena of bacteria adhesion. *In:* Savage DC, Fletcher M, *Bacterial adhesion.* Plenum Press, New-York.

Coupland JN, McClements DJ (1996). Lipid oxidation in food emulsions. *Trends in Food Sci & Technol*, **7** : 83-91.

Debeaufort F, Voilley A, Guilbert S (2002). Procédés de stabilisation des produits alimentaires par les films « barrières ». *In :* Le Meste M, Lorient D, Simatos D, *L'eau dans les aliments*, Tec & Doc Lavoisier, Paris, 549-600.

Decker EA (1998). Strategies for manipulating the prooxydative/antioxydative balance of foods to maximize oxidative stability. *Trends Food Sci Technol*, **9** : 241-248.

Doores S (1983). Bacterial spore resistance-species of emerging importance. *Food Tec. Nov*, 127.

Dromigny E (2001). Les dangers biologiques. *In* : Magras C, Cappelier JM, Dromigny E, Federighi M, Pilet MF, Tartrou F, *Sécurité et Qualité des aliments.* Ed. École nationale vétérinaire de Nantes, 81-85.

El Gerssifi M (1998). Les défauts des produits de pâtisserie et biscuiterie au cours du stockage : la prévention par la formulation. *Ind Alim Agr*, **7/8** : 82-88.

Fach P, Perelle S (1998). *Clostridium perfringens* et *C. botulinum. In* : Sutra F, Federighi M, Jouve JL, *Manuel de bactériologie alimentaire.* Polytechnica, Paris, 107-132.

Farr SB, Komoga T (1991). Oxydative stress responses in *Escherichia coli* and *Salmonella typhymurium. Microbiol reviews*, **55** (4) : 561-585.

Fenoll GF, Rodriguez-Lopez JN, Varon R, Garcia-Ruiz PA, Garcia Canovas F, Tudela J (2002). Kinetic characterization of the reaction mechanism of mushroom tyrosinase on tyramine/dopamine and L-tyrosine methyl esther/L-dopa methyl esther. *Int J Biochem Cell Biol*, 34 : 1594-1607.

Flandrois JP, Berche P, Brisabois A, Catteau M, Labadie JC, Rocourt J, Salvat G, Vaissaire J, Vaillant V, Vidon D, Vranckx R (2000). Rapport de la commission d'étude des risques liés à *Listeria monocytogenes*. Agence Française de Sécurité Sanitaire des Aliments, 144 p.

Fletcher M, Floodgate GD (1973). An electron microscopic demonstration of an acidic polysaccharide involved in the adhesion of a marine bacterium to solid surfaces. *J Gen Microbiol*, **74** : 325-334.

Foster JW (1995). Low pH adaptation and the acid tolerance response of *Salmonella typghimurium*. *Crit Reviews Microbiol*, **21** : 215-237.

Foster JW, Hall HK (1991). Inducible pH homeostasis and the acid tolerance response of *Salmonella tiphymurium*. *J Bacteriol*, **173** : 5129-5135.

Fournaud J (1985). Bactériologie des carcasses de bovines à l'abattoir. *Sci Alim*, **5** : 25-30.

Frankel EN (1982). Volatile lipid oxidation products. *Prog Lipid Res*, **22** : 1-33.

Frankel EN (1980). Lipid oxidation. *Prog Lipid Res*, **19** : 1-22.

Frankel EN (1985). Chemistry of free radical and singlet oxidation of lipids. *Prog Lipid Res*, **23** : 197-221.

Frankel EN (1996). Antioxydants in lipid foods and their impact on food quality. *Food chem*, **57** (1) : 51-55.

Friedman M (1996). The impact of the Maillard reaction on the nutritional value of food proteins. *In :* Ikan R, *The Maillard reaction : consequences for the chemical and life sciences,* 105-128.

Friedman M (1996). Food browning and its prevention : an overview. *J Agric Food Chem,* **44** (3) : 631-653.

Gerrard JA (2002). Protein-protein crosslinking in food : methods, consequences, applications. *Trends Food Sci Technol*, **13** : 391-399.

Ghosh V, Ziegler GR, Anantheswaran RC (2002). Fat, moisture and ethanol migration through chocolates and confectionary coatings. *Crit Rev Food Sci Nutr*, **42** (6) : 583-626.

Gill C (1998). Microbiological contamination of meat during slaughter and butchering of cattle, sheep and pigs. *In :* Davies AR, Board RG, *The Microbiology of meat and poultry*. Blackie Academic, Glasgow.

Goulet V, Jacquet C, Laurent E, Rocourt J, Vaillant V, De Valk J (2001). La surveillance de la listériose humaine en France en 1999. *Bull Epidémiol Hebdo,* 34.

Haeghebaert S, Carlier JP, Popoff M (2003). Caractéristiques épidémiologiques du botumisme alimentaire en France (2001 et 2002). *Bull Epidémiol Hebdo,* 29 : 129-130.

Heaghebaert S, Le Querrec F, Bouvet P, Gallay A, Espié E, Vaillant V (2002). Les toxi-infections alimentaires collectives en France en 2001. *Bull Epidémiol Hebdo,* 50 : 249-253.

Hirsch M (2000). Point sur les enjeux liés à l'éventualité de la présence de l'agent de l'ESB chez les ovins. Agence Française de Sécurité Sanitaire des Aliments, 4 p.

Ho C-T (1996). Thermal generation of Maillard Aromas. *In :* Ikan R, *The Maillard reaction : consequences for the chemical and life sciences*, 27-53.

Hochstein LI (1976). *Extreme environments mechanisms of microbial adaptation*. Academic Press, Inc.

Hultin HO (1992). Lipid oxidation in Fish muscle. *In :* Flick GJ Jr, Martin RE, *Advances in Seafood biochemistry – composition and quality*, 99-123.

Journal officiel de la République française (1988). TIAC : déclaration, investigation, conduite à tenir. *JO,* 1487.

Kato A (2002). Industrial applications of Maillard-type protein polysaccharide conjugates. *Food Sci Technol Res*, **8** (3) : 193-199.

Labuza TP, Hyman CR (1998). Moisture migration and control in multi-domain foods. *Trends Food Sci Technol*, **9** : 47-55.

Le Loir Y, Baron F, Gautier M (2003). *Staphylococcus aureus* and food poisoning. *Genet Mol Res*, **2** (1) : 63-73.

Le Meste M, Roudaut G, Champion D, Simatos D (2002). L'eau, facteur de mobilité dans l'évolution de la structure physique de l'aliment et cinétiques de réaction. *In :*

Le Meste M, Lorient D, Simatos D, *L'eau dans les aliments*. Tec & Doc Lavoisier, Paris, 133-155.

Lindley MG (1998). The impact of food processing on antioxidants in vegetable oils, fruits and vegetables. *Trends in Food Sci Technol*, **9** : 336-340.

Lindquist S, Craig EA (1988). The heat shock proteins. *Ann Rev Genet,* **22** : 631-677.

Mc Evily AJ, Iyengar R, Otwell WS (1992). Inhibition of enzymatic browning in foods and beverages. *Crit Rev Food Sci Nutr*, **32** (3) : 253-273.

Manzocco L, Calligaris S, Mastrocola D, Nicoli MC, Lerici CR (2001). Review of non-enzymatic browning and antioxydant capacity in processed foods. *Trends Food Sci Technol*, **11** : 340-346.

Martinez MV, Whitaker JR (1995). The biochemistry and control of enzymatic browning. *Trends Food Sci Technol*, **6** : 195-200.

Martins SIFS, Jongen WMF, van Boekel MAJS (2001). A review of Maillard reaction in food and implication to kinetic modelling. *Trends Food Sci Technol*, 11 : 364-373.

Matsuno R, Adachi S (1993). Lipid encapsulation technology – techniques and applications to food. *Trends Food Sci Technol*, **4** : 256-261.

Mei L, McClements DJ, Wu J, Decker EA (1998). Ion-catalysed lipid oxidation in emulsion as affected by surfactant, pH and NaCl. *Food Chem*, **61** (3) : 307-312.

Meyer AS, Isaksen A (1995). Application of enzymes as food antioxidants. *Trends Food Sci Technol*, **6** : 300-304.

Morrissey PA, Sheehy PJA, Galvin K, Kerry JP, Buckley DJ (1998). Lipid stability in meat and meat products. *Meat Sci*, **49** (suppl. 1) : 73-86.

Mottram DS (1998). Flavour formation in meat and meat products : a review. *Food chem*, **62** (4) : 415-424.

Nguyen-Thé C, Carlin F, Guinebretière MH (2003). *Bacillus cereus* et sécurité des aliments. *Bull Soc Franc Microbiol*, **18** (2) : 104-111.

Nicolas JJ, Richard-Forget FC, Goupy P, Amiot M-J, Aubert SY (1994). Enzymatic browning reactions in apple and apple products. *Crit Rev Food Sci Nutr*, **34** (2) : 109-157.

Nicoli MC, Anes M, Parpinel M (1999). Influence of processing on the antioxidant properties of fruit and vegetables. *Trends Food Sci Technol*, **10** : 94-100.

Pilizota V, Subaric D (1998). Control of enzymatic browning of foods. *Food Technol Biotechnol*, **36** (3) : 219-227.

Riley PA (2000). Tyrosinase Kinetics : A semi-quantitative model of the mechanism of oxidation of monohydric and dihydric phenolic substrats. *J Theor Biol*, 203 : 1-12.

Roos YH (2002). Importance of glass transition and water activity to spray drying and stability of dairy powders. *Lait,* **82** : 478-484.

Sapers GM, Hicks KB, Phillips JG, Garzarella L, Pondish DL, Matulaitis RM, McCormack TJ, Sondey SM, Seib PA, Ei-Atawy YS (1989). Control of enzymatic browning in apple with ascorbic acid derivatives, Polyphenoloxydase inhibitors and complexing agents. *J Food Sci*, **54** (4) : 997-1002.

Savey M (2000). ESB chez les ovins. Conaissances actuelles et démarche pour une évaluation du risque en Santé Publique. Agence Française de Sécurité Sanitaire des Aliments, 4 p.

Soliva-Fortuny RC, Martin-Belloso O (2003). New advances in extending the shelf-life of fresh-cut fruits : a review. *Trends Food Sci Technol*, **14** : 341-353.

Sperber WH (1983). Influence of A_w on foodborne bacteria : a review. *J Food Protect*, **46** : 142.

Stephen AM, Cummings JH (1980). The microbial contribution to human faecal mass. *J Med Microbiol*, 13.

Strong DH, Foster EM, Duncan CL (1970). Influence of a_w on the growth of *Clostridium perfringens*. *Appl Microbiol*, **19** : 980.

Thapon JL, Audiot V, Nys Y, Protais J, Sauveur B (1994). Présentation générale de l'œuf. *In : L'œuf et les ovoproduits*, Tec & Doc Lavoisier, Paris.

Troller JA (1980). Influence of a_w on microorganisms in foods. *Food Technol*, **34** (5) : 76.

Van Boeckel MAJS (1998). Effect of heating on Maillard reactions in milk. *Food Chem,* **62** (4) : 403-414.

Varoquaux P (2002). Fruits frais prêts à l'emploi dits de « 4e gamme ». *In* : Albagnac G, Varoquaux P, Montiguaud JC, *Technologies de transformation des fruits,* Tec & Doc Lavoisier, Paris, 119-157.

Vermeiren L, Devlieghere F, van Beest M, de Kruijf N, Debevere J (1999). Developments in the active packaging of foods. *Trends Food Sci Technol*, 10 : 77-86.

Vernozy-Rozan C (2001). *Escherischia coli* enterohémorragique (EHEC). Fiche microbiologique de l'agence française de Sécurité Sanitaire des Aliments (AFSSA), 6 p.

Vuataz G (2002). The phase diagram of milk: a new tool for optimising the drying process. *Lait,* 82 : 485-500.

Weenen H (1998). Reactive intermediates and carbohydrate fragmentation in Maillard chemistry. *Food Chem*, **62** (4) : 393-401.

Yaylayan VA (1997) Classification of the Maillard reaction : a conceptual approach. *Trends Food Sci Technol*, **8** : 13-18.

Yaylayan VA, Huyghues-Despointes A (1994). Chemistry of Amadori Rearrangement products : analysis, synthesis, kinetics, reactions, and spectroscopic properties. *Crit Rev Food Sci Nutr*, **34** (4) : 321-369.

Troisième partie

Traitements de stabilisation des aliments

8

Bases de la stabilisation biologique et physico-chimique des aliments

Introduction

L'aliment est un système complexe et hétérogène. Il est souvent constitué d'une matrice de nature protéique et/ou polysaccharidique imprégnée d'une phase continue généralement aqueuse, dans laquelle se trouvent des composants hydrophiles solubles (glucides, sels, vitamines, etc.) et un certain nombre d'éléments dispersés (cellules, globules gras, bulles de gaz, cristaux, etc.) (figure 84). Un tel système est très instable aux plans thermodynamique, biologique et chimique.

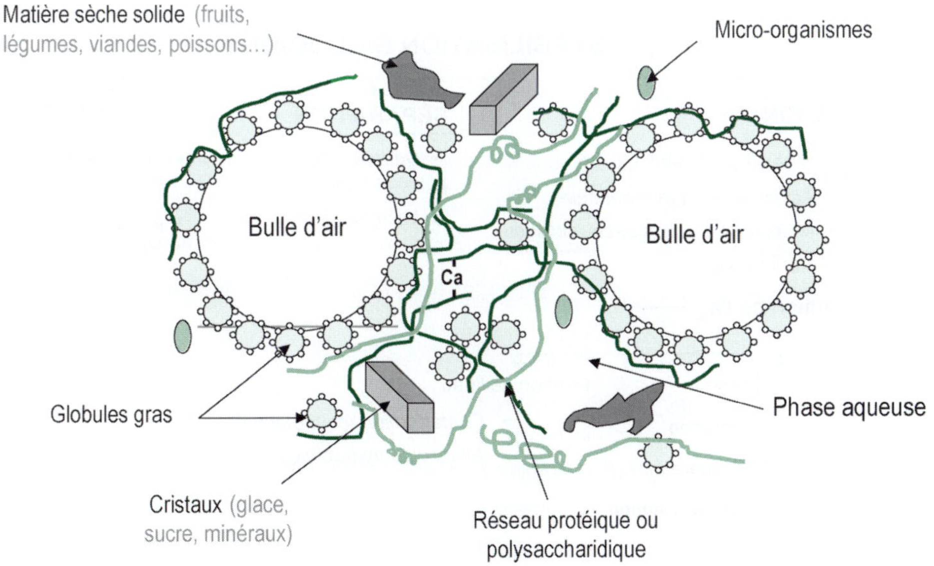

Figure 84 ■ Structure matricielle des aliments.

Les éléments dispersés sont soumis à des forces qui conduisent à des séparations de phase soit par décantation lorsque la masse volumique des éléments dispersés est supérieure à celle de la phase dispersante, soit par crémage dans le cas inverse. Des gradients de potentiel chimique ou de pression s'exerçant de part et d'autre des interfaces peuvent induire des transferts de solutés et des déstructurations (coalescence, plasmolyse). Cette instabilité physico-chimique peut être accrue par les contraintes mécaniques et thermiques que subissent les produits au cours du stockage (réfrigération, congélation) et lors de leur mise en œuvre (décongélation, réchauffage, etc.).

Les polymères de nature protéique et polysaccharidique qui contribuent pour une part importante à la structuration de l'aliment sont susceptibles de se réorganiser au cours de la conservation compte tenu de l'influence de la température sur les interactions hydrophobes, ioniques et hydrogènes. On assiste parfois, comme décrit dans le chapitre 7, à des recristallisations qui s'accompagnent de libération et migration d'eau avec des modifications texturales (rétrogradation de l'amidon et rassissement du pain).

Les agents biologiques, enzymes et micro-organismes, trouvent dans la plupart des aliments des conditions favorables à leur action et développement tant au niveau des conditions physico-chimiques (pH, a_w, température) que de la disponibilité des substrats et facteurs de croissance. Les réactions de lipolyse, de protéolyse et d'oxydation, la production de métabolites (acides, alcool, gaz) et le développement de flores pathogènes et de toxines sont autant d'éléments qui contribuent, comme nous l'avons vu précédemment, à altérer la qualité organoleptique, hygiénique et nutritionnelle des aliments. Il en est de même pour les réactions chimiques (réaction de Maillard, auto-oxydation des lipides).

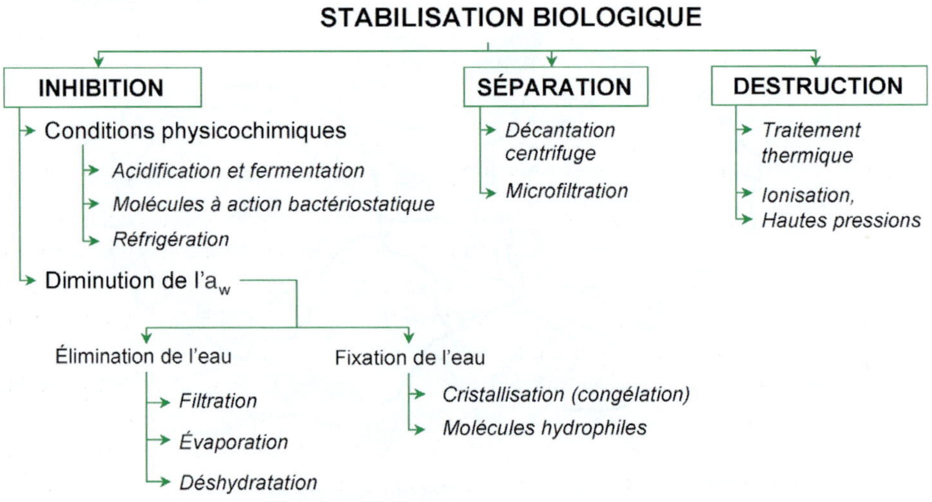

Figure 85 ■ Stratégies de stabilisation biologique des aliments.

1. Stabilisation biologique

Nous pouvons envisager quatre stratégies pour assurer la stabilité biologique d'une matière première agricole ou d'un aliment (figure 85) :

• Inactivation de l'agent biologique soit par un apport énergétique qui induit une dénaturation des enzymes et des constituants cellulaires soit par des traitements physiques, chimiques, enzymatiques capables de lyser la paroi cellulaire ou d'en altérer les propriétés.

• Séparation de l'agent biologique basée sur des différences de masse volumique ou sur les caractéristiques de taille de ceux-ci.

• Inhibition des enzymes, micro-organismes et réactions par diminution de la disponibilité de l'eau (baisse de l'a_w) qui limite d'une part le transfert des substrats et facteurs de croissance, et d'autre part celui des métabolites ou produits de la réaction qui s'accumulent ainsi dans l'environnement réactionnel.

• Inhibition par création de conditions physico-chimiques limitantes (pH, pression d'oxygène, inhibiteurs bactériens, etc.).

1.1. Destruction des agents biologiques

La destruction des micro-organismes et l'inactivation des enzymes par traitements thermiques qui apportent l'énergie nécessaire à la dénaturation des macromolécules (protéines, ADN) a été initié par Appert et Pasteur. Les traitements de pasteurisation et de stérilisation des aliments ont été définis en prenant en compte la thermosensibilité des flores pathogènes :

– la pasteurisation permet de détruire une part importante des flores indésirables (*Listeria*, staphylocoque, salmonelle, etc.) et d'allonger la durée de conservation dans la chaîne du froid ;

– la stérilisation a pour objectif de détruire tous les micro-organismes et de dénaturer toutes les enzymes pour obtenir une longue conservation à température ambiante.

Pour limiter les risques de prolifération d'agents pathogènes, les barèmes sont définis sur la base de la thermorésistance de *Clostridium botulinum,* un des micro-organismes les plus thermostables et les plus pathogènes. En cherchant à détruire les micro-organismes et inactiver les enzymes par dénaturation thermique on provoque des dénaturations de macromolécules impliquées dans la texture de l'aliment et de constituants d'intérêt biologique (vitamines). Ces effets collatéraux dégradent la qualité sensorielle et nutritionnelle de l'aliment. Ainsi, atteindre l'objectif en matière de destruction microbienne sans trop altérer la qualité de l'aliment exige une grande maîtrise des transferts de chaleur et de quantité de mouvement au cours des traitements thermiques. Les traitements thermiques ne sont pas toujours applicables soit en raison de la thermosensibilité des produits (blanc d'œuf par exemple), soit pour préserver le caractère cru du produit. Différents traitements athermiques peuvent alors être envisagés : l'ionisation, les hautes pressions, les champs électriques pulsés. Leur domaine d'application est encore limité essentiellement pour des raisons de coût, de réglementation et d'acceptation par les consommateurs.

1.2. Inhibition par abaissement d'a_w

La plupart des évolutions microbiennes et biochimiques qui altèrent la qualité de l'aliment se déroulent en phase aqueuse. L'eau a un double rôle :

- en tant que solvant, elle assure le transfert des substrats, des facteurs de croissance, des agents biologiques et des produits de réaction ce qui permet le déroulement des réactions dans des conditions optimales ;
- en tant que substrat de réaction, elle intervient dans les réactions d'hydrolyse (protéolyse, lipolyse).

Cette double action de l'eau implique sa disponibilité, caractérisée par l'a_w : tout traitement qui réduira cette disponibilité ralentira le déroulement des réactions. L'a_w peut être abaissée en éliminant l'eau libre par évaporation et séchage, par cristallisation de l'eau solvante (congélation) ou par apport de solutés très hydrophiles qui fixent des molécules d'eau par interactions hydrogènes ou dipolaires (salage, sucrage). L'inhibition générée par abaissement d'a_w peut être levée par réhydratation, décongélation et dilution. Ce mode de conservation altère peu les qualités nutritionnelles et organoleptiques lorsque les traitements de congélation et de déshydratation sont bien maîtrisés au niveau des transferts de chaleur et de matière. La durée de stockage peut toutefois être limitée dans le cas de produits gras, car les réactions mettant en œuvre des substrats lipidiques se déroulent à l'interface des phases lipidique et aqueuse, et qu'elles sont en conséquence peu dépendantes de la disponibilité de l'eau.

1.3. Inhibition chimique

Les cinétiques de croissance microbienne et les constantes de vitesse des réactions enzymatiques sont très dépendantes du pH du milieu. Il est possible de ralentir les phénomènes biologiques en s'écartant du pH optimal de réaction. Celui-ci se situant dans la zone de pH neutre pour de nombreux micro-organismes et enzymes, on peut ainsi limiter la croissance microbienne par acidification du milieu, soit par ajout d'acide (acétique, lactique, propionique, carbonique, etc.), soit par fermentation. La croissance des micro-organismes aérobies peut également être maîtrisée par réduction de la pression d'oxygène par conditionnement sous vide ou en atmosphère contrôlée.

Nombreux sont les métabolites et les produits de réaction qui sont eux-mêmes inhibiteurs et qui à partir d'une certaine concentration bloquent la fermentation (alcool, acide lactique ou propionique) ou la réaction.

Le rôle bactériostatique voire bactéricide de certaines substances chimiques a été mis en évidence dans les procédés ancestraux : c'est le cas par exemple du nitrate-nitrite en salaisonnerie et des composés phénoliques provenant de la dégradation thermique de la lignine dans les procédés de fumage. Ces technologies génèrent des substances indésirables de par leur caractère cancérigène (nitrosamines, benzopyrènes). Une bonne connaissance des phénomènes biochimiques responsables de la formation de ces substances et de l'impact de la conduite des procédés permet d'en limiter les teneurs dans l'aliment.

2. Stabilisation physico-chimique

La présence, dans l'aliment, d'éléments dispersés (globules gras dans le cas d'émulsions, bulle d'air dans le cas des mousses) ou de macromolécules protéiques et glucidiques présentant une incompatibilité thermodynamique génère des tensions qui contribuent à déstabiliser le produit. Les gradients de potentiel chimique aux interfaces peuvent induire des transferts d'eau et de solutés entre deux phases ou entre un support et un garnissage (par exemple hydratation d'un support de pâte sablée ou feuilletée à partir de la garniture) : l'ensemble de ces transferts altère la qualité organoleptique des produits (chapitre 7).

La vitesse de transfert v des éléments dispersés est régie par la loi de Stockes :

$$v = \frac{D^2}{18 \cdot \eta} \cdot \Delta\rho \cdot g \qquad [45]$$

avec *D* diamètre des particules (m), $\Delta\rho$ différence de masse volumique entre phase dispersée et phase dispersante ($kg \cdot m^{-3}$), η viscosité de la phase dispersante (Pa.s) et g accélération gravitationnelle ($m \cdot s^{-2}$).

Pour stabiliser des éléments dispersés, on peut jouer sur les paramètres *D* et η ou créer un réseau macromoléculaire limitant le déplacement des particules en les incluant dans ses mailles.

La réduction du diamètre des éléments dispersés tels que des globules gras peut être réalisée par des traitements mécaniques de type homogénéisation : pour atteindre des diamètres assez bas il est nécessaire d'abaisser la tension interfaciale qui créé une résistance à l'augmentation de surface interphasique. Cette tension superficielle peut être abaissée à l'aide de molécules amphiphiles qui se positionnent à l'interface, partie hydrophobe orientée vers la phase lipidique et partie hydrophile orientée vers la phase aqueuse. Il ne suffit pas de créer des microémulsions, encore faut il que les globules gras ne s'agglomèrent pas, ce qui peut conduire à la coalescence et à l'augmentation du diamètre. Pour limiter ce phénomène il faut créer à la surface du globule des contraintes ioniques et stériques qui par répulsion vont limiter le rapprochement des particules. La réduction de *D* n'est pas toujours suffisante pour stabiliser le système, et il est alors possible d'accroître la viscosité en augmentant la concentration en solutés (addition de sucres par exemple) ou en immobilisant de l'eau solvante par ajout de macromolécules glucidiques ou protéiques aux propriétés épaississantes.

La stabilisation d'une mousse est plus difficile que celle d'une émulsion car la différence de masse volumique est de l'ordre de 1 000 $kg \cdot m^{-3}$ alors qu'elle est de 100 $kg \cdot m^{-3}$ dans le cas d'une émulsion. Il est donc nécessaire dans ce cas de créer un maillage macromoléculaire qui immobilise les bulles d'air. Les protéines globulaires, en particulier celles du blanc d'œuf, présentent de bonnes propriétés moussantes car lors du battage elles se positionnent à l'interface air/eau ce qui crée une dissymétrie dans leur environnement : il en résulte une dénaturation par évolution des structures tertiaires voire secondaires, pouvant s'accompagner d'interactions moléculaires et contribuer à former un film cohésif assurant une bonne stabilité de la mousse.

La dynamique de l'eau et des solutés entre les différents matériaux constitutifs de l'aliment peut être maîtrisée en créant des interfaces hydrophobes : c'est le rôle de la matière grasse en pâte feuilletée et sablée. Encore faut-il que les propriétés physiques de cette matière grasse ne soit pas altérées par des phénomènes de cristallisation des triglycérides lors de la réfrigération des produits.

La stabilité physico-chimique doit être maîtrisée pendant toute la durée de conservation mais aussi durant les opérations de décongélation et de réchauffage. Cette maîtrise de la stabilité d'un système complexe qui d'un point de vue thermodynamique est instable est une des principales difficultés auxquelles sont confrontés sans cesse les ingénieurs de l'industrie agroalimentaire. Ils disposent aujourd'hui d'un grand nombre d'ingrédients fonctionnels de nature glucidique et protéique qui permettent de limiter les transferts au sein de la matrice alimentaire.

Répondre aux attentes du marché et aux exigences du consommateur en matière de qualité hygiénique, sensorielle et nutritionnelle, en apportant du service et en préservant si possible le caractère traditionnel des aliments, est un véritable défi que doit relever sans cesse le secteur de l'alimentation. Cette maîtrise de la qualité implique une parfaite connaissance de l'aliment et de sa réactivité d'un point de vue biochimique, chimique et thermodynamique ainsi que des procédés mis en œuvre dans leur élaboration et leur conservation.

9

Les transferts, bases des opérations unitaires

Introduction

La transformation des matières premières d'origine agricole en produits finis alimentaires peut être analysée de différentes manières. La première consiste à aborder ces diverses transformations par filière, en établissant pour chacune d'elle une monographie des différentes opérations réalisées. Cette vision des choses est rapidement redondante, dans la mesure où l'on retrouve les mêmes opérations unitaires dans différentes filières. À titre d'exemple, peu de choses, à l'exception des caractéristiques du produit ou du type de matériel utilisé, différencient une pasteurisation en brasserie ou en laiterie, une concentration en laiterie ou en sucrerie, ou encore l'extraction par de l'eau du sucre d'une betterave de l'extraction par un solvant de la matière grasse d'un tourteau d'oléagineux.

Ces redondances peuvent être limitées dans une deuxième approche, qui consiste à étudier ces différentes transformations par opérations élémentaires (dites encore opérations unitaires), telles que la filtration, la centrifugation, la pasteurisation ou le séchage.

Cependant, cette approche peut également être rationalisée, car ces opérations unitaires sont fondamentalement liées à trois types d'échanges (qualifiés encore de transferts) résultant de l'écart d'une grandeur physique (température, concentration ou vitesse) entre deux endroits du système considéré : transferts de chaleur (déplacement d'énergie thermique d'un point chaud vers un point froid), transferts de matière (déplacement de matière d'un point concentré vers un point dilué) et transferts de quantité de mouvement (déplacement de quantité de mouvement d'un point animé d'une vitesse donnée vers un point animé d'une vitesse inférieure).

Par exemple :

– les transferts de chaleur ont un rôle prépondérant dans les opérations élémentaires de pasteurisation, de stérilisation ou de concentration ;

– les transferts de matière régissent principalement les opérations d'extraction par diffusion.

Cependant, les transferts sont souvent couplés et interdépendants : par exemple, dans une opération de séchage, le transfert de chaleur est à l'origine du transfert de matière du produit concerné vers son environnement.

Il apparaît donc comme essentiel d'aborder l'étude des opérations unitaires, qui enchaînées, constitueront les processus de stabilisation des aliments, par une étude préalable de ces transferts.

On distingue trois modes de transfert :

• *par conduction (dits encore par diffusion)* : dans ce cas, la matrice dans laquelle se fait le transfert peut être considérée comme immobile dans la direction de celui-ci.

Par exemple, le transfert de chaleur dans un solide est *de facto* de type conductif, dans la mesure où la matrice n'autorise aucun déplacement relatif d'élément de matière. Dans un liquide, un transfert peut être de type conductif si l'énergie est transférée par agitation moléculaire, à l'exclusion de tout déplacement d'éléments liquides dans la direction du transfert ;

• *par convection* : dans ce cas, le transfert est assuré par le déplacement d'une partie de la matrice qui transporte une quantité de chaleur, de matière ou de quantité de mouvement d'un point à un autre.

Par exemple, le chauffage central est de type convectif à deux plans : la chaleur produite par la chaudière est transportée vers les radiateurs par la circulation forcée de l'eau dans les conduites, et des radiateurs vers le local par déplacement convectif d'air ;

• *par rayonnement* : ce type de transfert, qui est spécifique aux transferts de chaleur, se fait par propagation d'une onde électromagnétique et ne nécessite pas de support matériel.

Par exemple, le dorage de produits alimentaires peut être réalisé par rayonnement infrarouge.

Ces trois modes de transfert peuvent coexister. Le rayonnement peut être considéré comme dominant dans les cas de très hautes températures. Cependant, dans la majorité des cas en industrie alimentaire, les températures mises en œuvre (entre – 20 °C et + 150 °C) sont faibles et le rayonnement peut être négligé par rapport aux deux autres modes de transfert ; seuls ceux-ci retiendront donc notre attention dans ce chapitre.

1. Transferts en mode conductif

En mode conductif, les vitesses de transfert sont liées aux caractéristiques propres du système considéré et sont directement proportionnelles à la surface d'échange et au gradient de potentiel.

C'est la raison pour laquelle on observe une grande analogie entre les équations décrivant les transferts de chaleur, de matière et de quantité de mouvement.

1.1. Transferts de chaleur : loi de Fourier

La loi de Fourier s'exprime par la relation vectorielle :

$$\overrightarrow{\phi_q} = -\lambda \cdot \overrightarrow{\text{grad}(\theta)} \quad [46]$$

$\overrightarrow{\phi_q}$ est le vecteur de densité de flux de chaleur ($W \cdot m^{-2}$), c'est à dire la valeur scalaire $\frac{1}{dA}\frac{dQ}{dt}$ (dA : surface d'échange élémentaire ; m^2) multipliée par le vecteur unitaire normal à la surface isotempérature :

$$\phi_q = \frac{1}{dA}\frac{dQ}{dt} = -\lambda \frac{d\theta}{dx} \quad [47]$$

Le facteur de proportionnalité λ entre densité de flux de chaleur et gradient de température est la conductibilité thermique ($W \cdot m^{-1} \cdot K^{-1}$), caractéristique du produit considéré.

1.1.1. Établissement du régime stationnaire dans une plaque infinie

En général, dans un système, les grandeurs physiques varient d'un point à un autre et, en un point donné, varient au cours du temps. Ce système est en régime non stationnaire (encore appelé régime transitoire). Cependant, si le milieu extérieur au système est invariant, le système tend, au bout d'un temps variable qui le caractérise, vers un état d'équilibre tel qu'en tout point les grandeurs physiques (ici la température) deviennent invariantes dans le temps. Un tel système a alors atteint un régime stationnaire (encore appelé régime permanent).

Le modèle géométrique le plus souvent rencontré dans la pratique est celui de la plaque infinie, solide supposé homogène et isotrope, délimité par deux plans parallèles. Ce modèle figure, en particulier, la paroi à travers laquelle s'échange de l'énergie thermique dans un échangeur à plaques, qui peut être considérée comme infinie dans la mesure où l'influence des bords est négligeable sur le transfert de chaleur.

Dans ce modèle, les surfaces isotempératures ont des plans parallèles aux faces de la plaque considérée, et l'équation [47] s'intègre alors pour l'ensemble de la surface d'échange A en :

$$\phi_q = \frac{1}{A}\frac{dQ}{dt} = -\lambda \frac{d\theta}{dx} \quad [48]$$

$\frac{dQ}{dt}$, puissance ou flux de chaleur, se note encore $\dot{Q}$.

Si, partant d'une température uniforme θ_0 (figure 86), on porte brusquement une face de cette plaque à la température θ_1, un transfert de chaleur a lieu sous l'action du gradient de température dans une direction normale à la plaque. Au bout d'un certain temps, le profil de température sera celui représenté sur la figure 86. Si l'on considère l'équation [48], la quantité de chaleur dQ qui entre en un intervalle de temps dt dans la tranche d'épaisseur dx au travers de la surface isotempérature à la côte x est de toute évidence supérieure à celle sortant au travers de la surface isotempérature à la côte x + dx. Il s'accumule donc de la chaleur dans cette tranche, ce qui se traduit par une augmentation de la température dans cet élément de plaque. Le phénomène va se poursuivre jusqu'à ce que ce qui rentre en x soit égal à ce qui sort en x + dx, c'est-à-dire jusqu'à ce que $\frac{d\theta}{dx}$ soit le même pour toutes les surfaces isotempératures ou encore que le profil de température soit linéaire dans la plaque (figure 87).

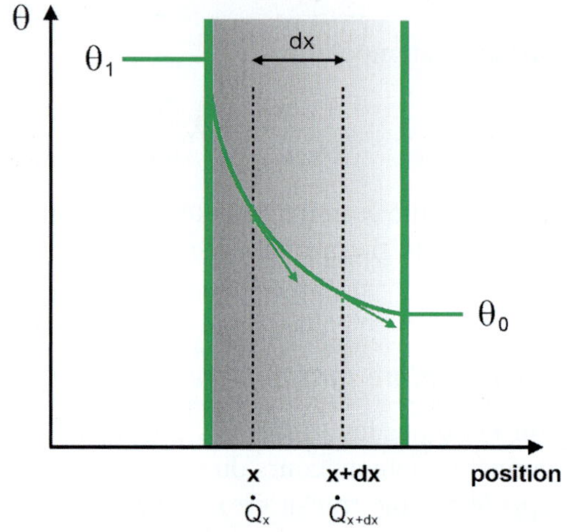

Figure 86 ■ Profil de température dans une plaque infinie en régime transitoire.

1.1.2. *Transfert de chaleur dans une plaque infinie en régime stationnaire*

Comme nous venons de le voir, le transfert de chaleur dans une plaque infinie en régime stationnaire se caractérise par un gradient de température linéaire (figure 87). L'équation [48] s'intègre de la manière suivante :

$$\dot{Q} = A \cdot \alpha \cdot \Delta\theta \qquad [49]$$

avec $\Delta\theta = \theta_1 - \theta_0 > 0$ et :

$$\alpha = \frac{\lambda}{e} \qquad [50]$$

α, appelé coefficient de transfert de chaleur ($W \cdot m^{-2} \cdot K^{-1}$), permet de caractériser l'aptitude de la plaque à laisser passer la chaleur, puisqu'il intègre à la fois sa conductibilité thermique et son épaisseur (*e*).

1.1.3. *Transfert de chaleur dans une plaque composite en régime stationnaire*

Une paroi est souvent constituée d'une succession de barrières au transfert de chaleur : plaque d'échange elle-même, dépôts encrassants éventuels, couches limites

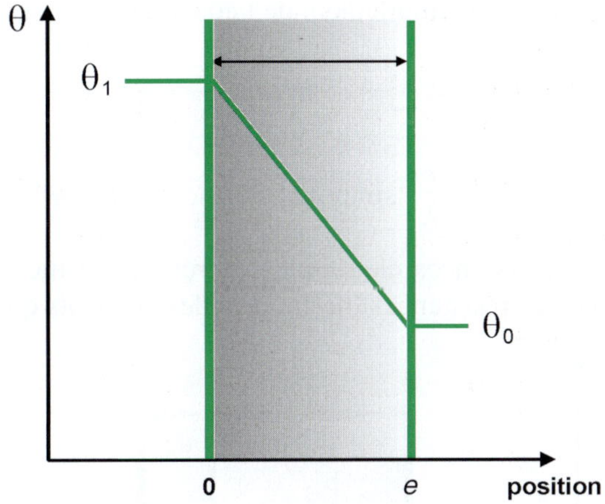

Figure 87 ■ Profil de température dans une plaque infinie en régime stationnaire.

de fluides au contact des surfaces, etc. Le modèle de la plaque composite est donc intéressant compte tenu de ses multiples applications.

En régime stationnaire, le flux surfacique est constant et le même dans chacune des sous plaques constituant la plaque composite (figure 88) :

$$\phi_q = \frac{1}{A}\frac{dQ}{dt} = \begin{cases} \lambda_1 \cdot \dfrac{\theta_1 - \theta_2}{e_1} = \alpha_1 \cdot (\theta_1 - \theta_2) \\ \lambda_2 \cdot \dfrac{\theta_2 - \theta_3}{e_2} = \alpha_2 \cdot (\theta_2 - \theta_3) \\ \lambda_3 \cdot \dfrac{\theta_3 - \theta_4}{e_3} = \alpha_3 \cdot (\theta_3 - \theta_4) \end{cases} \quad [51]$$

Conduisant à :

$$\Leftrightarrow \phi_q = \frac{1}{\dfrac{1}{\alpha_1} + \dfrac{1}{\alpha_2} + \dfrac{1}{\alpha_3}} \cdot \Delta\theta \quad [52]$$

avec $\Delta\theta = \theta_1 - \theta_4$.

La densité de flux de chaleur est donc proportionnelle à l'écart de température et à un coefficient constant de transfert relatif à l'ensemble des sous plaques que l'on désigne par α_g ($W \cdot m^{-2} \cdot K^{-1}$), encore appelé coefficient global de transfert de chaleur, et tel que :

$$\begin{cases} \dfrac{1}{\alpha_g} = \dfrac{1}{\alpha_1} + \dfrac{1}{\alpha_2} + \dfrac{1}{\alpha_3} \\ \phi_q = \alpha_g \cdot \Delta\theta \end{cases} \quad [53]$$

Plus généralement, pour un empilement de i couches successives :

$$\frac{1}{\alpha_g} = \sum_i \frac{1}{\alpha_i} \quad \text{avec} \quad \frac{1}{\alpha_i} = \frac{e_i}{\lambda_i} \qquad [54]$$

Les termes de la forme $\frac{1}{\alpha} = \frac{e}{\lambda}$ sont qualifiés de résistances thermiques. En effet, par analogie avec les résistances électriques, la résistance thermique globale d'un système est la somme des résistances thermiques des éléments qui le composent.

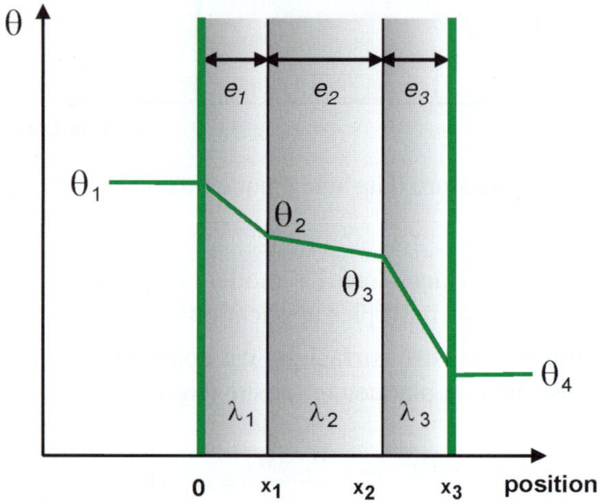

Figure 88 ■ Profil de température dans une succession de plaques infinies accolées en régime stationnaire.

1.1.4. Transfert de chaleur en régime non stationnaire

Dans l'étude des transferts de chaleur, il est fréquent que l'on néglige la phase de mise en régime pour ne s'intéresser qu'au régime stationnaire : pasteurisateur ou stérilisateur, corps d'évaporation sous vide, etc. Cependant, il est parfois nécessaire d'étudier des transferts en régime transitoire. Un exemple très illustratif concerne le calcul des barèmes de stérilisation, qui se base sur la connaissance de l'évolution de la température au cœur du produit au cours du temps (cf. chapitre 10, § 6.3.).

Afin de simplifier notre approche, nous resterons dans le modèle géométrique de la plaque infinie (figure 86). Les conditions initiales sont :

- la totalité de la plaque est à une température uniforme θ_0 ;
- au temps 0, on porte brusquement une face à la température θ_1, qui sera ensuite supposée constante au cours du temps, l'autre face étant maintenue à θ_0.

Pour évaluer ce transfert, il suffit de mettre en équation la description qualitative faite au paragraphe 1.1.1. La quantité de chaleur qui entre en un intervalle de temps dt dans la tranche d'épaisseur dx au travers de la surface isotempérature à la côte x est :

$$-\lambda \cdot A \cdot \frac{d\theta}{dx} \cdot dt$$

La quantité de chaleur sortant dans le même intervalle de temps au travers de la surface isotempérature à la côte x + dx est :

$$-\lambda \cdot A \cdot \left(\frac{d\theta}{dx} + \frac{d}{dx}\left(\frac{d\theta}{dx}\right) \cdot dx \right) \cdot dt$$

La quantité de chaleur qui s'accumule dans cette tranche est donc :

$$\lambda \cdot A \cdot \frac{d^2\theta}{dx^2} \cdot dx \cdot dt \qquad [55]$$

Par ailleurs, cette accumulation de chaleur dans la tranche d'épaisseur dx, de volume dV = A·dx, et de masse dm = A·dx·ρ, se traduit par une variation de température dθ satisfaisant la relation :

$$dm \cdot C_p \cdot d\theta = A \cdot dx \cdot \rho \cdot C_p \cdot d\theta \qquad [56]$$

C_p ($J \cdot kg^{-1} \cdot K^{-1}$) étant la chaleur spécifique du produit. D'où, en égalant les expressions [55] et [56] :

$$\frac{d\theta}{dt} = \frac{\lambda}{\rho \cdot C_p} \frac{d^2\theta}{dx^2} = D_q \cdot \frac{d^2\theta}{dx^2} \qquad [57]$$

avec

$$D_q = \frac{\lambda}{\rho \cdot C_p} \qquad [58]$$

D_q est la diffusivité thermique ($m^2 \cdot s^{-1}$).

Cette équation trouve des solutions analytiques pour des formes géométriques simples telles que plaque infinie, cylindre infini ou sphère, qui sont traduites par des abaques permettant de calculer les transferts de chaleur et les évolutions de température qui en découlent. Ces abaques (figures 89, 90, 91) donnent l'évolution de la température réduite θ_r en fonction du nombre de Fourier Fo à une position donnée de la forme considérée. θ_r et Fo sont des fonctions de la température et du temps, exprimées sous forme adimensionnelle :

$$\theta_r = \frac{\theta_1 - \theta}{\theta_1 - \theta_0} \qquad [59]$$

$$Fo = D_q \cdot \frac{t}{l^2} \qquad [60]$$

où l est une longueur caractéristique de la forme géométrique considérée. Elle correspond à la demi-épaisseur d'une plaque infinie ou au rayon d'un cylindre infini ou d'une sphère, conventionnellement notés Δx et R_{max}, respectivement.

À partir de ces abaques, il est également possible de donner l'évolution de la température dans des solides finis constitués par l'intersection de ces formes infinies (loi de Newman). Par exemple, une boîte de conserve est considérée comme l'intersection d'une plaque infinie et d'un cylindre infini. Dans ce cas, la température réduite en un point du solide fini est égale au produit des températures réduites au même point dans les solides infinis qui le constituent.

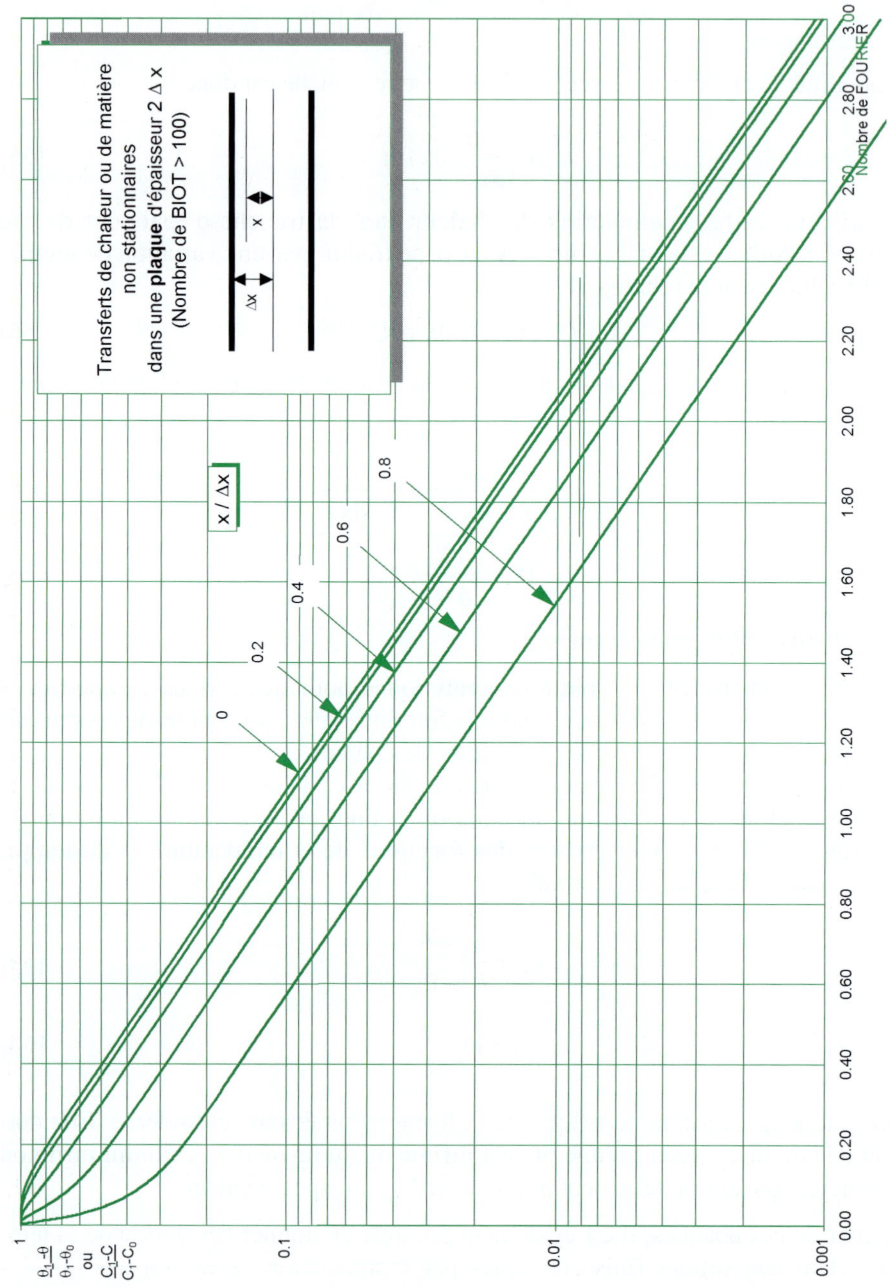

Figure 89 ■ Transferts de chaleur ou de matière non stationnaires dans une plaque infinie.

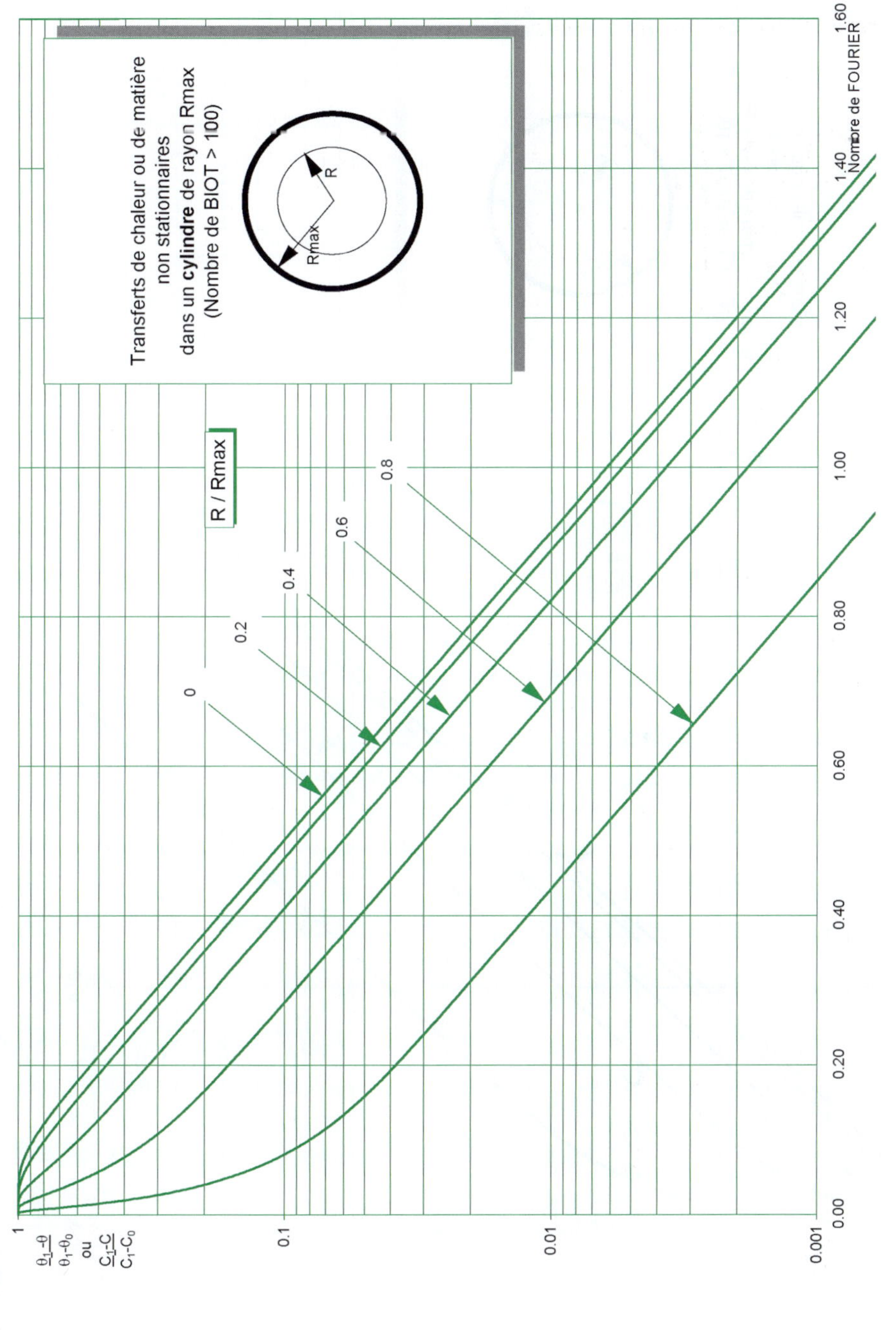

Figure 90 ■ Transferts de chaleur ou de matière non stationnaires dans un cylindre infini.

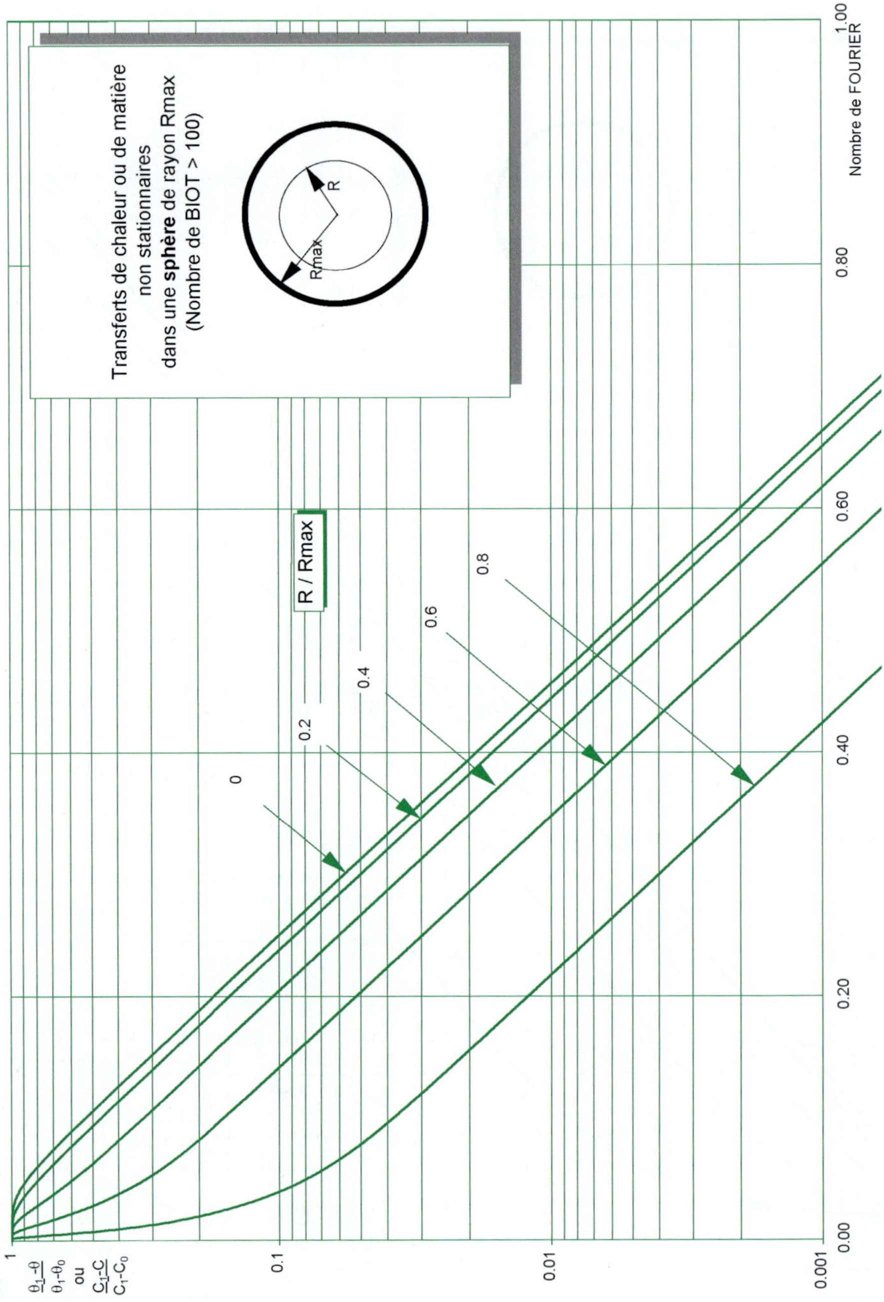

Figure 91 ■ Transferts de chaleur ou de matière non stationnaires dans une sphère.

Les méthodes de discrétisation du temps et de l'espace offrent des solutions plus générales à la résolution de cette équation. Bimbenet et Loncin (1995) donnent un très bon aperçu de ces méthodes.

1.2. Transferts de matière : loi de Fick

La loi de Fick s'exprime par la relation vectorielle :

$$\overrightarrow{\phi_m} = -D_m \cdot \overrightarrow{grad(C)} \quad [61]$$

$\overrightarrow{\phi_m}$ est le vecteur de densité de flux de matière ($kg \cdot s^{-1} \cdot m^{-2}$), c'est-à-dire la valeur scalaire $\frac{1}{dA}\frac{dm}{dt}$ (dA : surface d'échange élémentaire ; m^2) multipliée par le vecteur unitaire normal à la surface isoconcentration :

$$\phi_m = \frac{1}{dA}\frac{dm}{dt} = -D_m \cdot \frac{dC}{dx} \quad [62]$$

Le facteur de proportionnalité D_m entre densité de flux de matière et gradient de concentration ($kg \cdot m^{-3}$) est la diffusivité de la matière ($m^2 \cdot s^{-1}$), caractéristique du système considéré.

On remarquera l'analogie existant entre les équations [61] et [62] et les équations [46] et [47] : la loi de Fourier décrit l'échange de quantité de chaleur sous l'action d'un gradient de température, et la loi de Fick l'échange de quantité de matière sous l'action d'un gradient de concentration. En d'autres termes, il suffit de remplacer Q par m, λ par D_m et θ par C pour passer de l'équation de Fourier à celle de Fick.

Il en découle une totale similitude dans l'intégration des lois de Fourier et de Fick en régime transitoire et stationnaire pour une géométrie donnée. Dans le cas de la plaque infinie, celle–ci conduit aux relations suivantes.

En régime non stationnaire, la variation de concentration en un point donné en fonction du temps est :

$$\frac{dC}{dt} = D_m \cdot \frac{d^2C}{dx^2} \quad [63]$$

Une démarche identique à celle proposée pour les transferts de chaleur permet de donner des solutions à cette équation (cf. § 1.1.4.) : les figures 89, 90 et 91 permettent ainsi d'accéder à la concentration réduite à un temps (valeur de Fo calculée selon [60] en remplaçant D_q par D_m) et une position donnés pour chacune des formes géométriques considérées.

En régime stationnaire, l'intégration de [62] conduit à :

$$\dot{m} = A \cdot \beta \cdot \Delta C \quad [64]$$

avec $\Delta C > 0$ et :

$$\beta = \frac{D_m}{e} \quad [65]$$

β est appelé coefficient de transfert de masse ($m \cdot s^{-1}$).

1.3. Transferts de quantité de mouvement

Dans ce cas, la notion de mode conductif s'assimile à un transport de quantité de mouvement par frottement de couche en couche perpendiculairement à celles-ci, à l'exclusion de transferts d'éléments liquides dans ce sens. Ce type d'écoulement, qualifié de laminaire, peut s'illustrer dans le cas d'une conduite cylindrique par le déploiement des différents segments d'une antenne de radio, chaque segment figurant une couche de liquide en frottement sur les deux couches adjacentes.

Le régime d'écoulement laminaire est donc fondamentalement différent du régime d'écoulement turbulent qui se caractérise par un déplacement chaotique des éléments de liquide. Il relève de transferts de quantité de mouvement en mode convectif.

1.3.1. Loi de Newton

Le modèle sur lequel se fonde cette loi consiste en deux plaques parallèles, l'une fixe et l'autre d'aire A animée d'une vitesse constante sous l'action d'une force tangentielle F (figure 92). Entre ces plaques, distantes de dx, se trouve un fluide en écoulement laminaire.

Par analogie avec ce qui a été vu précédemment sur les transferts de chaleur et de matière, ce modèle peut également se représenter en régime stationnaire par un gradient de vitesse constant entre les deux plaques (figure 92 ; ❷).

La loi de Newton s'exprime par la relation vectorielle :

$$\overrightarrow{\phi_{mv}} = -\eta \cdot \overrightarrow{grad(v)} \qquad [66]$$

$\overrightarrow{\phi_{mv}}$ est le vecteur de densité de flux de quantité de mouvement ($kg \cdot m^{-1} \cdot s^{-2}$), c'est-à-dire la valeur scalaire $\frac{1}{dA}\frac{d(m \cdot v)}{dt}$ (dA : surface d'échange élémentaire) multipliée par le vecteur unitaire normal à la surface iso-vitesse :

$$\phi_{mv} = \frac{1}{dA}\frac{d(m \cdot v)}{dt} = -\eta \frac{dv}{dx} \qquad [67]$$

Le facteur de proportionnalité η (Pa.s) est par définition la viscosité dynamique. Sachant que :

$$\frac{d(m \cdot v)}{dt} = m \cdot \frac{dv}{dt} = m \cdot a = F$$

L'équation [67] permet donc d'expliciter la force impliquée dans l'écoulement d'un liquide en régime laminaire. Cette force est proportionnelle à la surface A et au module de la composante du gradient de vitesse $\frac{dv}{dx}$ (s^{-1}) :

$$F = -A \cdot \eta \cdot \frac{dv}{dx} \qquad [68]$$

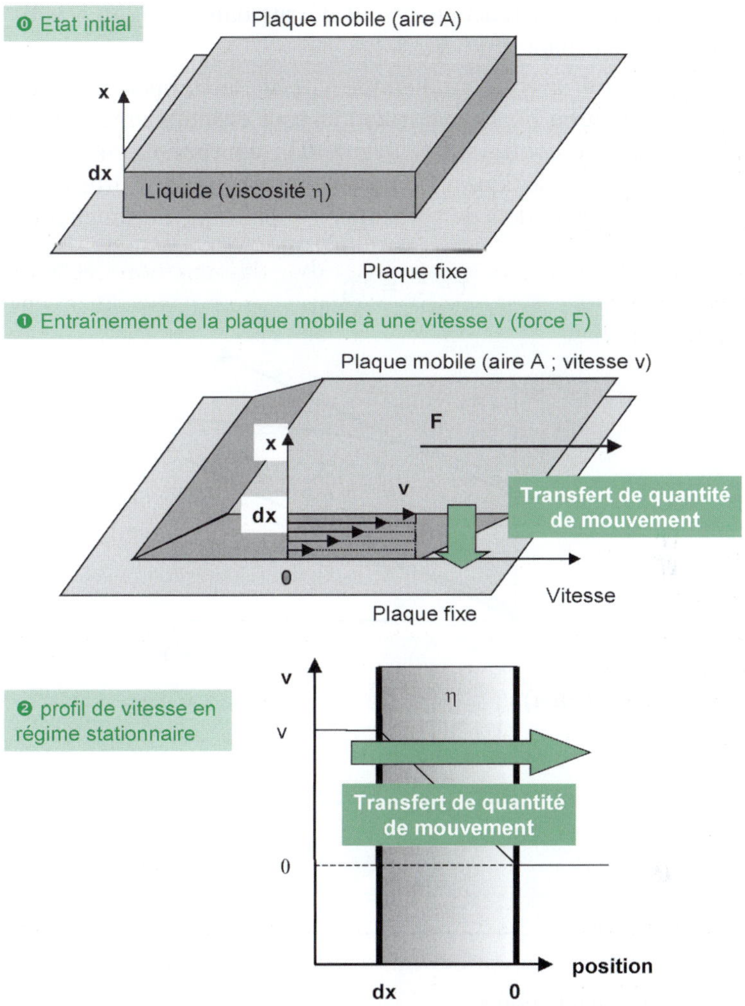

Figure 92 ■ Modèle de Newton et profil de vitesse dans une plaque infinie en régime stationnaire.

La force par unité de surface $\frac{F}{A}$ est la contrainte tangentielle τ (Pa) et le gradient de vitesse se note classiquement $\dot{\gamma}$ (s^{-1}) :

$$\tau = -\,\eta \cdot \dot{\gamma} \qquad [69]$$

Le modèle de Newton suppose que η est constant quel que soit le gradient de vitesse, ce qui caractérise un liquide dit newtonien (figure 93 ; courbe 1) : dans ce cas, la contrainte est proportionnelle au gradient de vitesse. Cependant, dans le secteur alimentaire, beaucoup de liquides ont des comportements non newtoniens. L'étude de ces comportements relève de la rhéologie, science qui étudie les déformations d'un corps en fonction des contraintes qui lui sont appliquées. Quelques modèles de fluides classiquement rencontrés sont décrits dans la figure 93. Ils sont plus largement explicités au chapitre 13, § 2.1.2.

Si la viscosité décroît avec le gradient de vitesse, le comportement est rhéofluidifiant (figure 93 ; courbe 2). La déformation peut éventuellement ne se produire qu'au-delà d'un seuil de contrainte τ_o (figure 93 ; courbes 3 et 4). Ces comportements sont appelés viscoplastiques. Le modèle décrit par la courbe 4 dont le comportement est newtonien au-delà de τ_o est appelé « plastique de Bingham » :

$$\tau - \tau_o = -\eta \cdot \frac{dv}{dx} \quad [70]$$

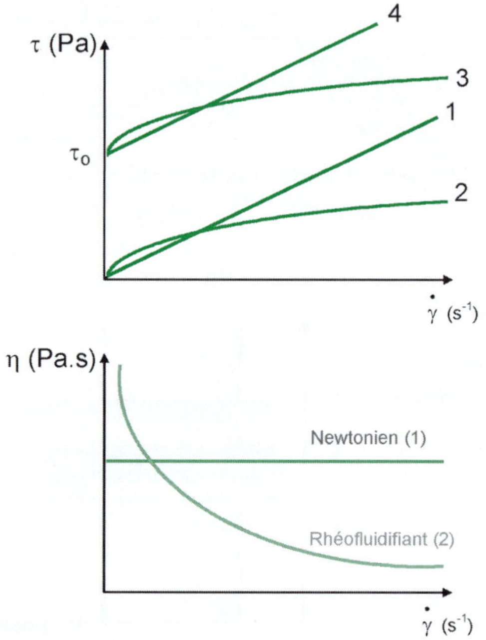

Figure 93 ■ Modèles rhéologiques.

1.3.2. Application au calcul des écoulements dans les conduites en régime laminaire : loi de Poiseuille

La connaissance des relations décrivant les écoulements de liquides dans différents types de conduites est nécessaire pour dimensionner correctement les installations (section des conduites, pompes, etc.). Par ailleurs, ces relations permettent d'atteindre des grandeurs de contrôle fondamentales pour l'optimisation des procédés mettant en œuvre des écoulements.

Considérons par exemple le cas d'un écoulement dans une conduite cylindrique en régime laminaire. Si on isole un élément de liquide cylindrique coaxial se déplaçant à la cote x dans cette canalisation, le bilan des forces qui s'applique sur cet élément conduit aux résultats suivants :

$$\tau_x = \frac{\Delta P}{L} \cdot \frac{x}{2}$$
$$\tau_0 = 0 \qquad [71]$$
$$\tau_w = \frac{\Delta P}{L} \cdot \frac{R}{2}$$

Ces relations s'appliquent pour peu que le régime d'écoulement soit laminaire dans l'intervalle compris entre la paroi de la canalisation et l'élément de liquide cylindrique considéré, même si l'écoulement à l'intérieur de celui-ci est turbulent.

De même que précédemment, en combinant les équations [69] et [71], on obtient :

$$dv = -\frac{\Delta P}{2\eta L} x \cdot dx$$

Cette expression s'intègre de 0 à R, la vitesse étant maximale pour x = 0 (v_{max}), égale à v_x en x et nulle à la paroi ($v_R = 0$) :

$$v_x = \frac{\Delta P}{4\eta L}(R^2 - x^2) \qquad [72]$$
$$v_{max} = \frac{\Delta P}{4\eta L} R^2$$

La figure 94 donne l'allure de v et τ en fonction de la position x. Conformément à [71], τ est maximale à la paroi (x = ± R ; τ_w) et nulle pour x = 0.

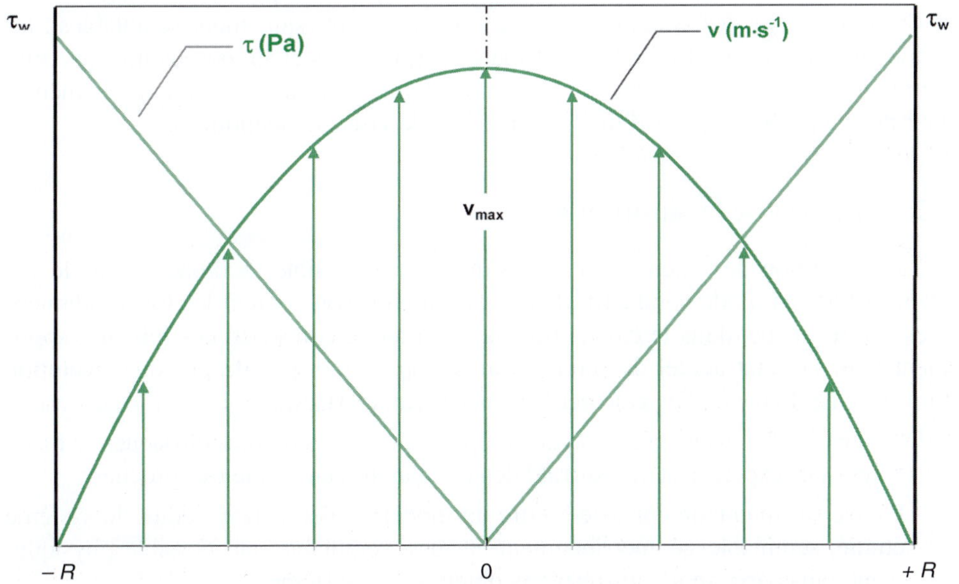

Figure 94 ■ Profils de vitesse v et de contrainte τ dans une conduite cylindrique en régime laminaire.

À partir de l'expression de la vitesse locale v_x, il est possible de déterminer celles du débit volumique $\dot{V}$ et de la vitesse moyenne $\overline{v}$ du liquide s'écoulant dans la conduite :

$$\dot{V} = \overline{v} \cdot \pi R^2 = \frac{\Delta P}{8\eta L} \pi R^4 \qquad [73]$$

$$\overline{v} = \frac{\Delta P}{8\eta L} R^2 = \frac{v_{max}}{2} \qquad [74]$$

2. *Transferts en mode convectif*

2.1. Introduction à la similitude géométrique et physique : l'expérience de Reynolds

Les travaux d'Osborne Reynolds, physicien anglais (1842-1912), se sont en particulier attachés à l'étude et à la caractérisation des écoulements de liquides dans des conduites cylindriques. En 1883, il visualise par un colorant le régime d'écoulement de l'eau dans des tubes en verre de section cylindrique (figure 95). Il constate que la transition entre écoulement laminaire et turbulent sous diverses conditions expérimentales (vitesse du fluide v, diamètre de la conduite D, caractéristiques du fluide η et ρ) se produit systématiquement pour la même valeur du rapport $\frac{D \cdot \rho \cdot v}{\eta}$, aujourd'hui appelé nombre de Reynolds (Re) ; la valeur de transition de ce rapport est d'environ 2 000 dans le cas d'une conduite cylindrique. Son inventeur remarque qu'il est le rapport des forces d'inertie sur les forces de viscosité (donc sans dimensions), et qu'il permet de caractériser l'écoulement. Cette expérience pose les fondements des études portant sur des systèmes géométriquement et physiquement semblables : les conduites étudiées par Reynolds sont toutes cylindriques et supposées infinies (diamètre petit devant la longueur), et les comportements d'écoulement sont les mêmes pour des rapports de forces d'inertie sur forces de viscosité identiques.

2.2. Intérêt de la similitude

La description des phénomènes physiques est accessible facilement dans le cas des transferts en mode conductif, dans la mesure où l'on connaît les lois fondamentales. En revanche, dans le cas de transferts en mode convectif, ces lois ne s'appliquent plus, et l'état actuel des connaissances ne permet pas de prévoir l'évolution d'un système donné et d'en calculer les valeurs caractéristiques.

Dans ces conditions, la prévision du comportement des systèmes physiques se fonde sur les résultats expérimentaux, suivant deux démarches en réalité très proches :

- l'étude sur maquette consiste à faire un modèle généralement réduit du système étudié, semblable géométriquement et aussi semblable que possible physiquement, puis d'extrapoler les résultats obtenus à ce système ;
- l'étude de systèmes géométriquement définis, en général assez simples (conduite cylindrique infinie, paroi plane infinie, sphère, etc.) et couramment ren-

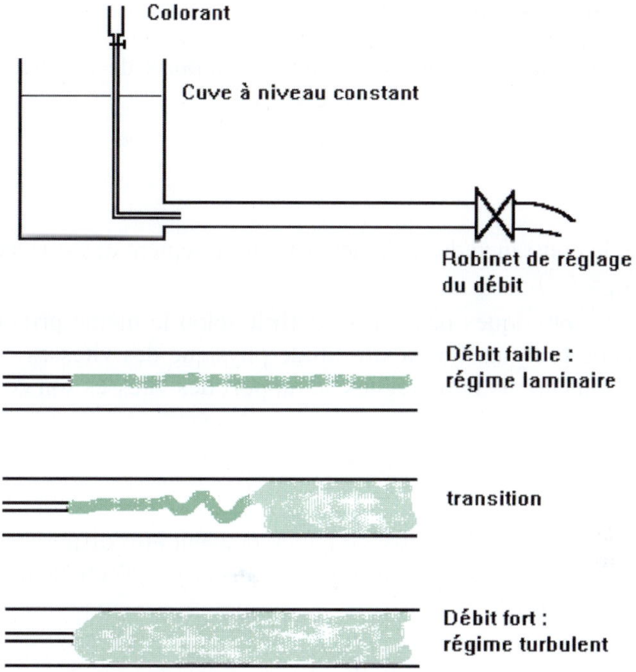

Figure 95 ■ Expérience de Reynolds.

contrés, permet d'étendre les relations obtenues entre grandeurs physiques à tout système géométriquement semblable.

Il découle de ceci que la similitude géométrique est une base indispensable pour l'étude de phénomènes physiques. Il convient en particulier de caractériser l'échelle d'agrandissement géométrique de deux systèmes semblables par le rapport de deux longueurs homologues choisies de façon conventionnelle.

À titre d'exemple, une longueur caractéristique classiquement utilisée pour les conduites de fluides est le diamètre hydraulique (D_h) défini par la relation :

$$D_h = \frac{4 \cdot \text{section droite}}{\text{périmètre mouillé}} \qquad [75]$$

où le périmètre mouillé désigne le périmètre de la section de la conduite en contact avec le fluide. L'expression de D_h dépend par conséquent de la géométrie de l'élément d'écoulement considéré :

– dans le cas d'une conduite cylindrique de rayon R, $D_h = 2\,R$;

– pour une conduite à section rectangulaire (plaques de largeur l séparées d'une distance e négligeable devant l), $D_h = 2\,e$.

Notons que la valeur critique de 2 000 du nombre de Reynolds est valable dans le cas des conduites cylindriques, mais est entièrement dépendante de la géométrie considérée. Par exemple, dans le cas de conduites à section rectangulaire, cette valeur est généralement beaucoup plus faible, de l'ordre de 200 environ.

2.3. Similitude totale

La similitude géométrique implique que les rapports de longueurs homologues des deux systèmes soient constants (figure 96) :

$$\frac{l'_a}{l_a} = \frac{l'_b}{l_b} = l_+ \qquad [76]$$

Elle entraîne la constance des échelles d'agrandissement des surfaces ($A_+ = l_+^2$) et des volumes ($V_+ = l_+^3$).

Des similitudes physiques peuvent se définir selon le même principe. Par exemple, dans le cas de la figure 96, la similitude physique des vitesses est obtenue à la condition qu'en tous points homologues, le rapport des vitesses soit constant :

$$\frac{v'_a}{v_a} = \frac{v'_b}{v_b} = v_+ \qquad [77]$$

Les fluides utilisés dans les deux systèmes peuvent être différents, en particulier en ce qui concerne leurs masses volumiques. Dans ce cas, l'échelle d'agrandissement des masses volumiques est :

$$\frac{\rho'}{\rho} = \rho_+ \qquad [78]$$

Ce qui implique une échelle d'agrandissement des masses :

$$m_+ = V_+ \cdot \rho_+ \qquad [79]$$

Tableau 17 ■ Exemples d'échelles d'agrandissement de quelques grandeurs physiques dans deux systèmes semblables (Bimbenet et Loncin, 1995).

Grandeurs physiques	Échelle d'agrandissement	Exemple numérique
Longueurs	l_+	10
Vitesses	v_+	5
Masses volumiques	ρ_+	1
Surfaces	$A_+ = l_+^2$	100
Volumes	$V_+ = l_+^3$	1 000
Accélérations	$a_+ = v_+^2/l_+$	2,5
Masses	$m_+ = V_+ \cdot \rho_+$	1 000
Forces d'inertie	$F_+ = m_+ \cdot a_+$	2 500
Viscosités	$\eta_+ = l_+ \cdot v_+ \cdot \rho_+$	50
Tensions interfaciales	$\sigma_+ = l_+ \cdot v_+^2 \cdot \rho_+$	250

Bimbenet et Loncin font remarquer qu'avec des échelles d'agrandissement des longueurs l_+, des vitesses v_+, et des masses volumiques ρ_+ respectivement égales à 10, 5 et 1, l'échelle d'agrandissement des viscosités dynamiques qui en découle est $\eta_+ = 50$, et celle des tensions interfaciales $\sigma_+ = 250$. S'il est éventuellement possible de multiplier la viscosité par 50 par emploi d'un épaississant, il n'existe pas de fluide ayant une tension interfaciale 250 fois supérieure à un autre.

Il en résulte qu'il est pratiquement impossible de réaliser des systèmes totalement semblables, et qu'il faudra donc se contenter de similitudes partielles relatives au phénomène étudié en s'assurant que l'on peut négliger les autres. Par exemple, l'étude des relations entre forces d'inertie et forces de viscosité réalisée par Reynolds n'aurait pas de sens dans un tube capillaire où les forces de tension superficielle sont prépondérantes.

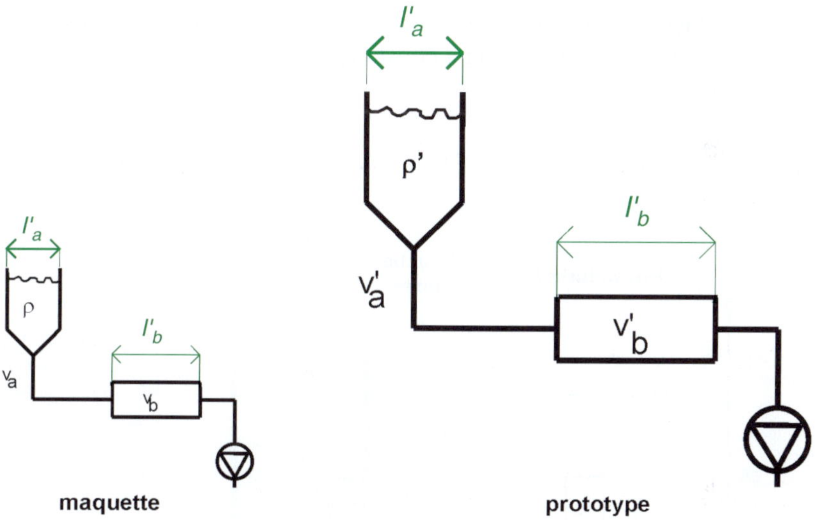

Figure 96 ■ Systèmes semblables.

2.4. Similitude partielle

2.4.1. Invariants de similitude dans le domaine de la dynamique

Dans le domaine de la dynamique, les systèmes étudiés sont supposés semblables sur le plan des forces d'inertie, celles-ci servant de référence pour les autres forces.

Le rapport de forces de différentes natures permet de faire apparaître des nombres sans dimension encore appelés invariants de similitude. La valeur d'un invariant de similitude fixe l'importance relative des deux types de forces qui entrent dans son calcul.

L'expression de l'identité des forces de pression ($F_p = P \cdot l^2$) et des forces d'inertie ($F_i = l^2 \cdot v^2 \cdot \rho$) conduit à un invariant de similitude appelé nombre d'Euler (Eu) :

$$\mathrm{Eu} = \frac{P}{v^2 \cdot \rho} \qquad [80]$$

Si les systèmes sont semblables quant aux forces de gravité ($F_g = l^3 \cdot \rho \cdot g$) et aux forces d'inertie, on a constance du nombre sans dimension appelé nombre de Froude (Fr) :

$$\mathrm{Fr} = \frac{v^2}{l \cdot g} \qquad [81]$$

Comme vu précédemment, le nombre de Reynolds est le rapport des forces d'inertie et de viscosité ($F_v = A \cdot \eta \cdot \frac{v}{l} = l \cdot \eta \cdot v$) :

$$\mathrm{Re} = \frac{l \cdot \rho \cdot v}{\eta} \qquad [82]$$

De la même façon, si les systèmes sont semblables quant aux forces de tension interfaciale et aux forces d'inertie, on a constance du nombre sans dimension appelé nombre de Weber (We) :

$$\mathrm{We} = \frac{l \cdot \rho \cdot v^2}{\sigma} \qquad [83]$$

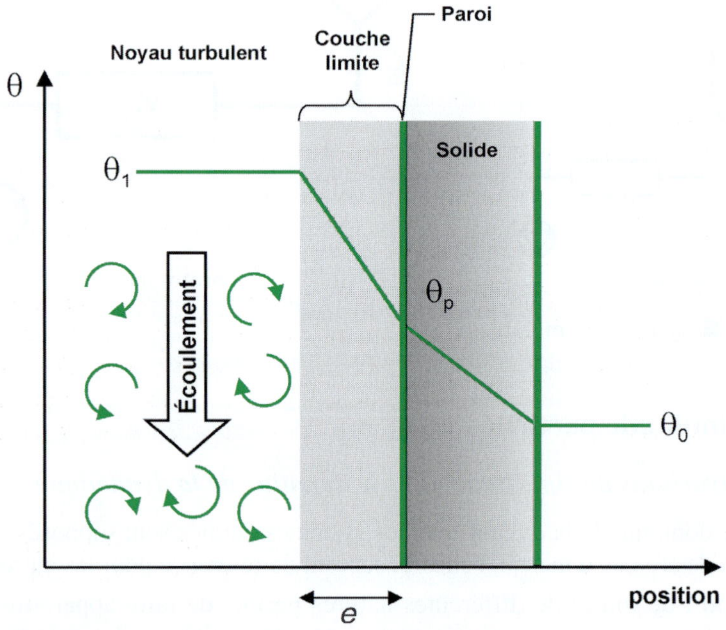

Figure 97 ■ Transferts de chaleur dans une couche limite.

2.4.2. Invariants de similitude dans le domaine énergétique

Comme pour les phénomènes dynamiques, il est possible de définir des invariants de similitude dans le domaine énergétique. On admet généralement que les transferts de chaleur en mode convectif peuvent être décrits par le modèle suivant (figure 97) :

– au sein du liquide (dit encore « noyau turbulent »), la convection est telle que l'on peut considérer que la température est constante en tous points ;

– à la paroi et en raison des frottements sur celle-ci, on admet la présence d'une couche de liquide appelée « couche limite » dans laquelle l'écoulement du fluide est laminaire. L'épaisseur de cette couche, qui dépend de la géométrie du système, des caractéristiques du fluide et de sa vitesse, est statistiquement égale à e, cette statistique étant malheureusement très mal connue. C'est pourquoi on regroupe en général λ et e dans l'expression du coefficient local de chaleur α selon l'expression [50].

Parmi les différents nombres sans dimension couramment utilisés dans le domaine énergétique, les nombres de Nusselt (Nu) et Prandtl (Pr) décrivent le transfert de chaleur entre la masse d'un fluide et une paroi au travers d'une couche limite :

$$\mathrm{Nu} = \frac{\alpha \cdot l}{\lambda} \qquad [84]$$

$$\mathrm{Pr} = \frac{\eta \cdot C_p}{\lambda} \qquad [85]$$

2.5. Analyse dimensionnelle

2.5.1. Théorème π

De nombreux phénomènes physiques ne peuvent être décrits par des équations, faute de connaissances des éléments fondamentaux les régissant. Cependant, il est souvent possible d'identifier les facteurs qui interviennent sur ces phénomènes. On a alors recours à l'expérimentation pour établir les liaisons entre ces facteurs.

L'analyse dimensionnelle permet de réduire l'expérimentation en regroupant l'ensemble des variables dans un nombre plus restreint d'invariants de similitude, les liaisons s'exprimant alors par des relations entre ces invariants. Cette analyse est basée sur le postulat suivant : les relations qui lient les phénomènes physiques sont dimensionnellement homogènes et sont identiques quel que soit le système cohérent d'unités utilisé.

Ce postulat conduit au théorème π :

« Toute grandeur physique G fonction de p variables indépendantes mesurées par q unités fondamentales peut être décrite par une fonction implicite de $[p - q + 1]$ nombres sans dimension ».

Dans les paragraphes suivants seront développés quelques exemples d'applications de ce théorème dans les domaines de la dynamique et de la thermique.

2.5.2. Déplacement d'une sphère dans un fluide sous l'action d'une force

Une sphère de diamètre D se déplace à une vitesse constante v dans un fluide de masse volumique ρ et de viscosité η (figure 98). Dans ces conditions, la force motrice F est égale à la force résistante (traînée), F étant une fonction de D, ρ, v et η.

Loncin (1976) fait remarquer qu'une étude expérimentale de F par détermination de l'action réciproque des quatre variables D, ρ, v et η conduit, pour dix valeurs de chacune de ces variables, à la réalisation de 10^4 essais : une telle étude est bien évidemment irréaliste.

Le théorème π permet de représenter l'ensemble du phénomène par une relation entre deux invariants de similitude. En effet, F est fonction de quatre grandeurs indépendantes mesurées par trois unités fondamentales (longueur, masse et temps), et peut donc être décrite par une fonction de [4 – 3 + 1 = 2] nombres sans dimension.

Ces nombres sont le nombre de Reynolds Re et le nombre de Newton (Ne), dont le nombre d'Euler est issu :

$$\mathrm{Ne} = \frac{\mathrm{F}}{l^2 \cdot \mathrm{v}^2 \cdot \rho} \qquad [86]$$

Ne exprime la similitude de deux systèmes quant aux forces d'inertie. l, longueur caractéristique des systèmes étudiés tant pour Ne que pour Re, sera dans ce cas logiquement le diamètre de la sphère D, et conventionnellement on adapte Ne en faisant apparaître en lieu et place de l^2 et v^2 la surface du maître couple $\pi \cdot \frac{D^2}{4}$ et $\frac{\mathrm{v}^2}{2}$. On obtient alors un nombre de Newton modifié, Ne' :

$$\mathrm{Ne}' = \frac{\mathrm{F}}{\pi \cdot \frac{D^2}{4} \cdot \frac{\mathrm{v}^2}{2} \cdot \rho}$$

L'expérimentation permet d'établir les relations suivantes :

$10^{-3} < \mathrm{Re} < 2$ $\qquad$ $\mathrm{Ne}' = 24 \cdot \mathrm{Re}^{-1}$ $\qquad$ [87]

$2 < \mathrm{Re} < 5 \cdot 10^2$ $\qquad$ $\mathrm{Ne}' = 18{,}5 \cdot \mathrm{Re}^{-0{,}6}$ $\qquad$ [88]

$5 \cdot 10^2 < \mathrm{Re} < 2 \cdot 10^5$ $\qquad$ $\mathrm{Ne}' = 0{,}45$ $\qquad$ [89]

Il est essentiel de remarquer que les relations qui lient Ne' et Re sont indépendantes de la cause du déplacement, et ne traduisent que les relations qui lient F et v en fonction des caractéristiques du fluide et du diamètre de la sphère.

Si la force motrice F est uniquement liée à la pesanteur, et qu'on l'explicite en fonction du poids de la sphère et de la poussée d'Archimède, on aboutit pour Re < 2 à l'équation de Stockes [45].

2.5.3. Perte de charge dans une conduite cylindrique

La perte de charge $\Delta P = P_1 - P_2$ (figure 99) dans une conduite de section circulaire ayant un diamètre D et une longueur L, dépend de la vitesse moyenne $\overline{\mathrm{v}}$ du fluide, de sa viscosité η et de sa masse volumique ρ. ΔP est donc fonction de cinq grandeurs indépendantes (L, D, $\overline{\mathrm{v}}$, η et ρ) mesurées par trois unités fondamentales (longueur, masse et temps), et peut être décrite par une fonction de [5 – 3 + 1 = 3] invariants de similitude.

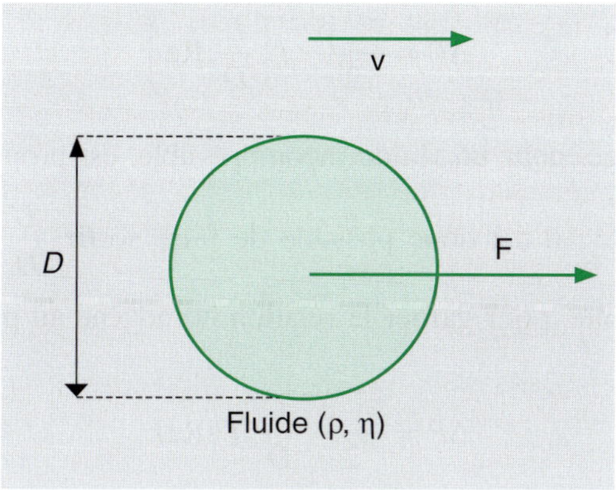

Figure 98 ■ Déplacement d'une sphère dans un fluide.

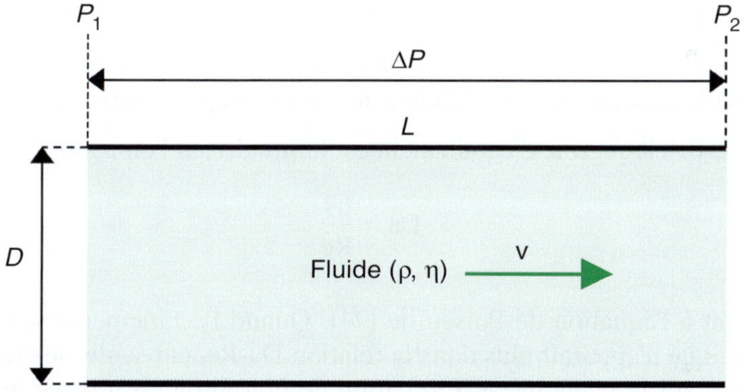

Figure 99 ■ Perte de charge dans une conduite cylindrique.

Ces trois invariants sont généralement choisis comme étant les nombres de Reynolds (Re), d'Euler (Eu) et $\dfrac{L}{D}$, nombre sans dimension relatif à la géométrie de la conduite. Re et Eu sont adaptés au cas considéré de la manière suivante :

$$\mathrm{Re} = \frac{D \cdot \rho \cdot \overline{v}}{\eta}$$

$$\mathrm{Eu} = \frac{2 \cdot \Delta P}{\overline{v}^2 \cdot \rho}$$

La relation liant ces 3 invariants de similitude peut s'écrire :

$$\mathrm{Eu} = f\left(\frac{L}{D}, \mathrm{Re}\right)$$

ou encore, en remplaçant Eu par sa valeur et en faisant apparaître ΔP :

$$\Delta P = \frac{\overline{v}^2 \cdot \rho}{2} \cdot f\left(\frac{L}{D}, \text{Re}\right)$$

La perte de charge, pour un fluide incompressible, est proportionnelle à la longueur de la conduite : il est donc possible de faire sortir $\frac{L}{D}$ de $f\left(\frac{L}{D}, \text{Re}\right)$ dans l'expression précédente, pour garder la relation homogène au plan dimensionnel. Il vient :

$$\Delta P = \frac{\overline{v}^2 \cdot \rho}{2} \cdot \frac{L}{D} \cdot f'(\text{Re}) \qquad [90]$$

f'(Re), qui n'a pas de dimension, est le nombre de Darcy (Da) :

$$\text{Da} = \frac{2 \cdot D}{\overline{v}^2 \cdot \rho} \cdot \frac{\Delta P}{L} \qquad [91]$$

L'étude de ΔP se ramène donc à l'établissement de relations entre 2 invariants, Da et Re. L'expérimentation permet d'aboutir aux relations suivantes :

• Si Re < $2 \cdot 10^3$, le régime d'écoulement est laminaire, et l'on a alors :

$$\text{Da} = \frac{64}{\text{Re}} \qquad [92]$$

ce qui conduit à l'équation de Poiseuille [74]. Quand l'écoulement est laminaire, la masse volumique n'apparaît plus dans la relation Da-Re, car seules les forces de viscosité influent sur le phénomène. L'équation de Poiseuille est utilisée, par exemple, pour décrire les phénomènes de filtration. En effet, dans ce cas, le régime d'écoulement est laminaire car le diamètre des pores des membranes et la vitesse de passage du fluide dans ceux-ci sont faibles.

• Si $2 \cdot 10^3 < \text{Re} < 10^5$, le régime d'écoulement est turbulent et pour les conduites lisses on utilise classiquement la relation de Blasius :

$$\text{Da} = 0{,}316 \cdot \text{Re}^{-0{,}25} \qquad [93]$$

Pour les conduites rugueuses, on prend en compte l_a, hauteur moyenne des aspérités, et on fait apparaître un invariant supplémentaire : $\frac{l_a}{D}$ (rugosité relative). Des graphiques donnent les relations liant Re, Da et $\frac{l_a}{D}$. Le graphique de la figure 100 représente Da en fonction de Re dans le cas de l'écoulement d'un fluide dans une conduite cylindrique lisse.

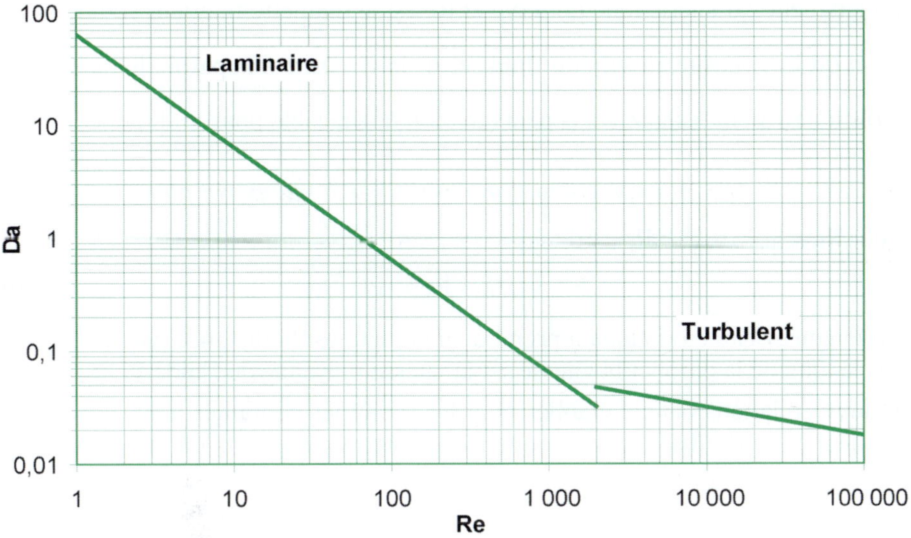

Figure 100 ■ Relation Da-Re pour l'écoulement d'un fluide dans une conduite cylindrique lisse.

2.5.4. Détermination des coefficients de transfert de chaleur

Le coefficient local d'échange de chaleur α dépend :

– de facteurs liés à la géométrie du système considéré (géométrie caractérisée conventionnellement par une de ses dimensions L) ;

– des conditions d'écoulement du fluide (caractérisées par la vitesse moyenne $\overline{v}$) ;

– des caractéristiques physiques du fluide (masse volumique ρ, chaleur spécifique C_p, conductibilité thermique λ, viscosité η).

α, fonction de ces six grandeurs indépendantes s'exprimant par quatre unités fondamentales (longueur, masse, temps et température), peut être décrit par une fonction de [6 – 4 + 1 = 3] invariants de similitude. Les invariants classiquement choisis sont les nombres de Reynolds (Re), Nusselt (Nu) et Prandtl (Pr). La relation entre les sept grandeurs précédentes peut se ramener à une relation Nu = f (Re, Pr) et les données expérimentales relatives à une géométrie et à un type d'écoulement donnés peuvent être ajustées à une équation du type :

$$\mathrm{Nu} = \mathrm{C} \cdot \mathrm{Re}^{\mathrm{m}} \cdot \mathrm{Pr}^{\mathrm{n}}$$

où C, m et n sont des constantes. Quelques exemples relatifs à des situations particulières sont donnés ci-après.

2.5.4.1. Fluide en mouvement forcé dans une conduite cylindrique

Pour $8 \cdot 10^3 < \mathrm{Re} < 10^6$, $6 \cdot 10^{-1} < \mathrm{Pr} < 5 \cdot 10^2$ et $\dfrac{L}{D} > 50$:

$$\mathrm{Nu} = 0{,}023 \cdot \mathrm{Re}^{0,8} \cdot \mathrm{Pr}^{0,33} \cdot \left(\frac{\eta}{\eta_p}\right)^{0,14} \qquad [94]$$

La longueur caractéristique pour Nu et Re est le diamètre intérieur (D) de la conduite. η est la viscosité au sein du fluide et η_p la viscosité à la paroi : le rapport $\frac{\eta}{\eta_p}$ est voisin de 1 pour les gaz, mais peut être non négligeable pour les liquides.

2.5.4.2. Fluide en mouvement forcé parallèle à une paroi plane

Pour $Re < 10^5$, $10^{-1} < Pr < 10^3$

$$Nu = 0{,}664 \cdot Re^{0,5} \cdot Pr^{0,33} \qquad [95]$$

La longueur caractéristique à prendre en compte est la distance parcourue par le fluide le long de la paroi et la vitesse est la vitesse moyenne du fluide $\overline{v}$.

D'autres relations ont été établies pour les situations courantes dans les transferts de chaleur : lits fluidisés, cuves munies d'agitateurs, transferts en convection libre, transferts avec changement d'état (condensation, ébullition), etc.

10

Opérations de stabilisation biologique

1. Réfrigération et congélation

1.1. Définitions et principes d'action

1.1.1. Définitions

L'abaissement de la température d'un produit permet de prolonger dans le temps sa conservation et de différer sa consommation. La conservation par le froid est divisée en deux groupes principaux :

• La *réfrigération* : terme utilisé pour des températures de stockage basses mais supérieures à 0 °C (« froid positif »). La réfrigération a pour effet de ralentir les réactions enzymatiques et chimiques, et par conséquent la multiplication et le métabolisme des micro-organismes, mais elle ne permet qu'une conservation relativement courte (quelques jours). En effet, le développement de certains micro-organismes pathogènes (*Listeria monocytogenes*, *Yersina enterolytica* et les salmonelles) et germes d'altération (*Pseudomonas*, certaines levures et moisissures) reste possible à 6 °C, mais seul le type E de *Clostridium botulinum* est encore capable de produire sa neurotoxine au-dessous de 10 °C (cf. chapitre 3, § 3.2.1.1). Parmi les autres sources d'altération subsistant au froid positif, on peut également citer le rancissement et l'hydrolyse des matières grasses.

• La *congélation* : terme général désignant le changement d'état d'eau liquide en glace, et le maintien du produit à une température négative. La congélation combine donc les effets de la diminution de la température et de celle de l'a_w (tableau 4), puisqu'une partie de l'eau est sous forme cristallisée. La combinaison de ces deux effets permet de conserver les aliments plusieurs mois à température négative. Néanmoins le rancissement des acides gras insaturés reste un problème même à – 20 °C.

Le terme « *surgélation* » est défini par le décret du 9 septembre 1964 : il garantit que le produit est congelé le plus rapidement possible à une température égale ou inférieure à – 18 °C, puis maintenu à cette température pendant toute la durée de stockage.

1.1.2. *Influence de la température sur les réactions biochimiques et biologiques*

La constante de réaction k_θ pour une réaction chimique, biochimique ou enzymatique dépend de nombreux paramètres tels que le pH, la teneur en eau, mais surtout de la température. Dans la majorité des cas, l'effet de la température sur la constante de vitesse de réaction peut être décrit par la loi d'Arrhénius :

$$k_\theta = a \cdot e^{\frac{-E}{R \cdot T}} \qquad [96]$$

où a est une constante (s^{-1}), E l'énergie d'activation de la réaction ($J{\cdot}mol^{-1}$), R la constante des gaz parfaits (8,314 $J{\cdot}mol^{-1}{\cdot}K^{-1}$) et T la température absolue (K). L'équation [96] montre qu'une diminution de la température entraîne une diminution de la constante de vitesse k_θ, donc le ralentissement de l'ensemble des processus d'altération biochimiques, enzymatiques et chimiques ayant lieu dans l'aliment.

Des micro-organismes peuvent également mourir progressivement lorsqu'ils sont placés à faible température, selon une allure généralement logarithmique. Cette mortalité reste cependant très marginale ; il est essentiel de garder à l'esprit que la stabilisation obtenue par congélation se fonde pour l'essentiel sur une inhibition des flores et non sur leur destruction. En conséquence, la qualité du produit final dépend de celle du produit avant congélation, de la vitesse du refroidissement et de la congélation et du maintien du froid négatif au cours de son stockage. Après un stockage à basse température, les micro-organismes doivent être exposés à une température favorable pendant un temps suffisamment long avant de pouvoir recommencer à se reproduire et à se développer du fait du stress subi.

Les micro-organismes psychrotrophes peuvent se multiplier de manière active aux températures de réfrigération couramment utilisées (6 °C). Les micro-organismes psychrophiles, peuvent continuer à se développer en dessous de – 5 °C, voire même jusqu'à des températures aussi basses que – 10 °C. La plupart des moisissures et des levures appartiennent au groupe des micro-organismes psychrotrophes, et peuvent donc se développer aux températures habituelles de réfrigération. Les coliformes peuvent également se développer dans la plage de température de 5 à 0 °C. En revanche, la plupart des bactéries pathogènes sont dans l'incapacité de se reproduire en dessous de 5 °C, et ont besoin de conditions de température supérieures ou égales à cette valeur pour être en mesure de produire leur toxine.

1.1.3. *Immobilisation de l'eau*

La transition de phase eau-glace qui a lieu au cours du procédé de congélation a l'avantage de figer la structure du tissu, et d'isoler l'eau sous la forme de cristaux de glace. Cette eau n'est alors plus disponible ni comme solvant, ni comme réactif. La diffusion des solutés au sein du tissu est de ce fait très lente, ce qui contribue, en même temps que l'abaissement de la température, à diminuer la vitesse de la plupart des réactions.

La formation des cristaux de glace a en revanche l'inconvénient d'entraîner souvent une détérioration mécanique de la texture. En effet, lorsque l'eau se transforme en glace, le volume augmente d'environ 9 %. Par la suite, en se refroidissant, la glace subit une légère contraction. Les constituants autres que l'eau, notamment les lipides, se contractent lors de la congélation. Ces variations de volume, souvent non homogènes, provoquent des tensions internes pouvant atteindre plusieurs dizaines de MPa et sont à l'origine de déchirures et d'une perte du contenu cellulaire (exsudation) lors de la décongélation du produit (cas des fruits, légumes, viandes).

1.2. Formation de la glace

1.2.1. Nucléation et croissance des cristaux

Bien que la température de fusion de la glace soit égale à 0 °C à la pression atmosphérique, la cristallisation de l'eau pure débute à une température inférieure ou égale à cette valeur : la formation de cristaux de glace, encore appelée nucléation, est en effet précédée d'un phénomène de « surfusion », d'autant plus marqué que le refroidissement est rapide. Autrement dit, l'eau reste pendant un certain temps à l'état liquide à une température inférieure à celle du point de fusion. Ce phénomène de surfusion s'observe également avec diverses solutions aqueuses. La nucléation est favorisée par la présence de cristaux de sels insolubles ou de particules solides de nature variée comme les poussières par exemple. Lors de la congélation de produits alimentaires, la nucléation est hétérogène du fait de la présence de nombreux solutés, et le phénomène de surfusion est peu marqué.

La croissance des cristaux de glace est contrôlée par deux processus physiques, à savoir un transfert de masse lors de la diffusion des molécules d'eau vers les cristaux de glace, et un transfert de chaleur par diffusion de la chaleur latente de cristallisation de la surface du cristal vers le liquide. La croissance des cristaux de glace résulte de la migration des molécules d'eau du milieu et de leur agrégation aux germes de nucléation existants. Elle peut donc avoir lieu même à une température proche du point de congélation ; en pratique, la vitesse de croissance des cristaux de glace dépend de la vitesse de refroidissement du produit.

La dimension des cristaux de glace en fin de congélation dépend du nombre de germes cristallins formés à l'origine dans le milieu liquide. Par conséquent, la régulation du phénomène de nucléation par la température est essentielle pour obtenir des cristaux de taille souhaitée. Ainsi, à basse température, la nucléation est rapide et les nombreux germes donnent naissance à une multitude de cristaux de petite taille, alors qu'à une température proche du point de fusion, la nucléation est lente, les noyaux cristallins sont peu nombreux et conduisent à des cristaux de taille supérieure. La forme des cristaux de glace dépend fortement de la vitesse de croissance des cristaux, donc de la température de congélation. Une congélation rapide produit des cristaux plus ou moins arrondis, une congélation lente des cristaux allongés, en forme d'aiguille.

Dans la plupart des milieux soumis à la congélation, c'est le transfert de chaleur qui est le facteur limitant. Dans le cas d'une congélation très rapide avec des fluides à températures très basses, c'est le transfert de masse qui constitue le facteur limitant car la viscosité accrue du milieu ralentit le déplacement des molécules d'eau. Au dessous de la température de transition vitreuse (cf. chapitre 1, § 2.2), il n'y pas de changement d'état du fait de la non-diffusion des molécules : le produit se fige dans un état amorphe. Ce type de congélation est très recherché dans la cryoconservation de cellules vivantes (sperme, tissus, etc.) où la formation de cristaux de glace est à proscrire, au risque d'altérer la structure cellulaire. Dans ce cas, des produits organiques (cryoprotecteurs) limitant la cristallisation par augmentation de la viscosité et réduction de la quantité d'eau congelable sont également ajoutés.

1.2.2. Température de congélation des aliments

Les évolutions de la température de l'eau pure et d'une solution aqueuse au cours de leur congélation sont représentées sur la figure 101.

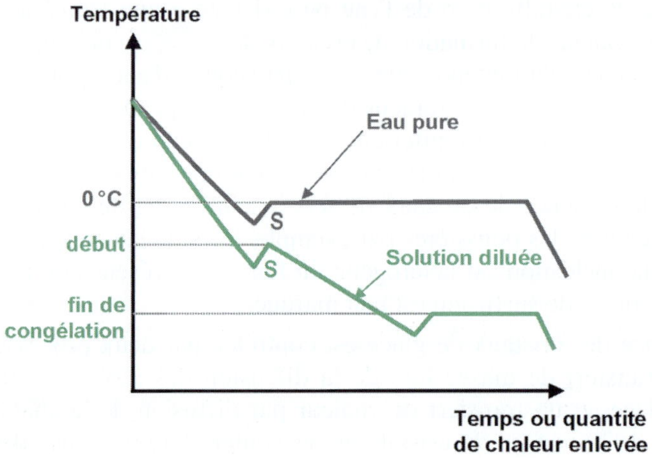

Figure 101 ■ Courbes de congélation de l'eau et d'une solution aqueuse.

Dans le cas de l'eau pure, après surfusion (figure 101, point S), la formation de cristaux de glace intervient et libère de la chaleur. La température remonte à 0 °C et reste constante pendant toute la durée de la cristallisation. Lorsque toute l'eau est transformée en glace, l'abaissement de la température reprend à une allure plus rapide qu'au début car la chaleur spécifique de la glace est inférieure à celle de l'eau.

Dans le cas d'une solution diluée, la température de début de congélation (encore appelée température de congélation commençante) est inférieure à 0 °C. Cet abaissement cryoscopique est inversement proportionnel à la fraction molaire des solutés en solution suivant la loi de Raoult :

$$\Delta\theta = k \cdot \frac{m}{M} \quad [97]$$

avec m concentration des solutés en solution ($kg{\cdot}kg^{-1}$), M leur masse molaire ($kg{\cdot}mol^{-1}$) et k constante cryogénique de l'eau (1,86 $°C{\cdot}kg{\cdot}mol^{-1}$). Au cours de la cristallisation de l'eau, la température de congélation décroît progressivement du fait de l'augmentation de concentration des solutés dans la phase aqueuse résiduelle.

Lorsque la substance en solution dans la phase liquide atteint le point de saturation, il se produit une cristallisation simultanée de glace et de la substance en cause. Le mélange qui cristallise alors présente une composition constante correspondant à la concentration saturante et s'appelle mélange eutectique (figure 102).

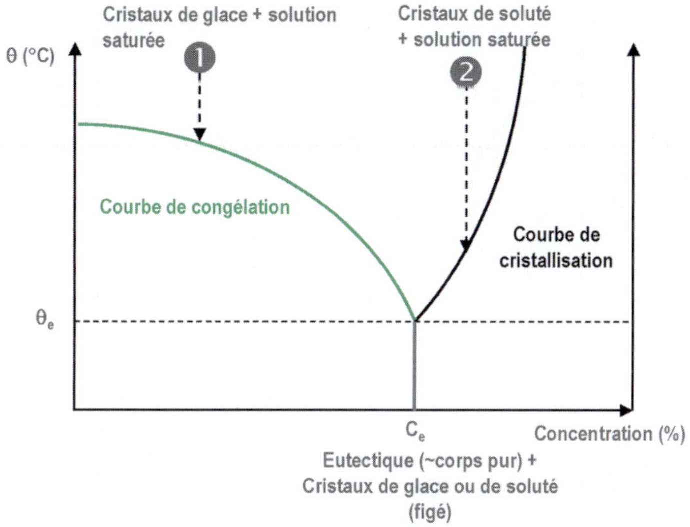

Figure 102 ■ Diagramme de phases d'un mélange binaire simple.

La température de fin de congélation, dite température eutectique ou cryohydrique, est une caractéristique invariable pour un soluté donné, et demeure constante pendant toute la durée de cristallisation du mélange eutectique (figure 102).

Dans le cas des aliments, on observe rarement une transformation eutectique franche : la température de fin de congélation (congélation totale de l'eau congelable, ou solidification maximale) d'un aliment est en général inférieure à la température de l'eutectique (tableau 18).

Tableau 18 ■ Températures de début et de fin de congélation (eutectique) de solutions simples et de quelques aliments.

Solution ou aliment	Température de	
	début de congélation (°C)	**fin de congélation (°C)**
NaCl 1 M	– 3,84	– 21,13 (eutectique : 22,4 % p/p)
Saccharose 1 M	– 2,82	– 9,50 (eutectique : 56,2 % p/p)
Poisson, viande (muscle), blanc d'œuf	– 0,60 à – 2,20	
Fruits, légumes	– 0,90 à – 2,70	
Lait	– 0,52	
Pain	≈ – 0,50	

Le suivi de la température à cœur d'un aliment en fonction du temps lors de sa congélation donne des courbes d'allure assez régulières, où le début de congélation et les divers eutectiques n'apparaissent généralement pas (figure 103). Nous verrons dans la suite que l'allure des courbes dépend non seulement des caractéristiques du produit, mais aussi de la vitesse du transfert de chaleur.

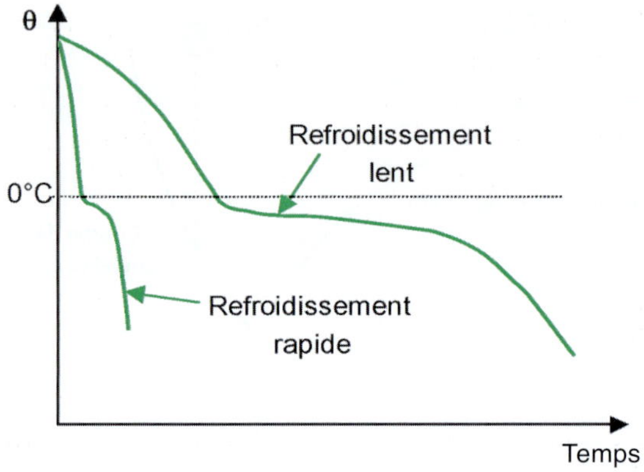

Figure 103 ■ Allure de courbes de congélation d'un aliment. Comparaison entre refroidissement lent et refroidissement rapide.

À la température habituelle d'entreposage des aliments congelés (– 18 °C), une partie non négligeable de l'eau congelable est encore à l'état liquide (2 à 15 %) et possède des propriétés de solvant et de réactif (figure 104). Certaines réactions de détérioration peuvent donc se poursuivre dans les produits congelés, du fait de la présence d'espaces liquides résiduels à concentration élevée en solutés. Il est par conséquent recommandé de stocker les produits congelés à des températures d'entreposage inférieures à – 18 °C. En outre, une congélation lente conduit à la formation de cristaux de glace très purs, ce qui induit une cryoconcentration des solutés dans les espaces liquides résiduels plus élevée que lors de la congélation rapide.

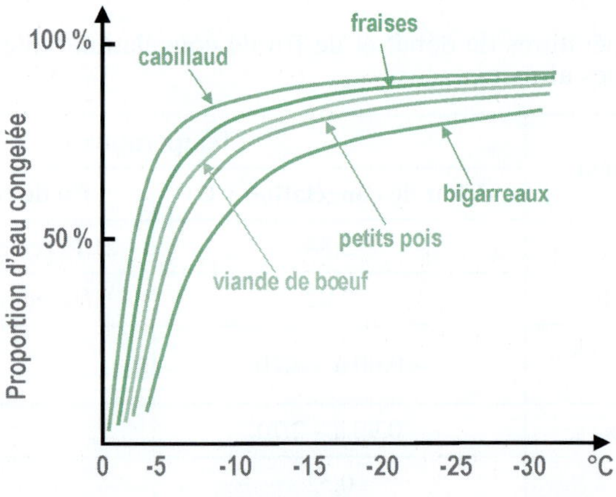

Figure 104 ■ Proportion d'eau congelée dans différents aliments en fonction de la température de stockage.

1.3. Mise en œuvre

1.3.1. Bilan énergétique de congélation et cinétique de refroidissement

Du point de vue thermodynamique, la congélation d'un aliment consiste à lui enlever une certaine quantité de chaleur, de manière à faire passer sa température d'un niveau initial donné jusqu'à un niveau inférieur convenant au résultat recherché (figure 103). La puissance frigorifique nécessaire ($\dot{Q}$) est définie par la quantité de chaleur à enlever du produit alimentaire Q_T par unité de temps. Cette valeur est notamment prise en compte dans le dimensionnement d'un congélateur. Le calcul de Q_T peut être décomposé comme suit ; la première étape consiste à amener l'aliment de la température initiale θ_i (°C) à la température de congélation commençante de l'eau θ_c (°C) :

$$Q_1 = m \cdot C_p \cdot (\theta_i - \theta_c) \quad [98]$$

avec m (kg) masse et C_p ($J \cdot kg^{-1} \cdot °C^{-1}$) chaleur spécifique du produit. L'énergie mise en jeu lors de la cristallisation s'écrit :

$$Q_2 = m_e \cdot L \quad [99]$$

avec m_e (kg) masse d'eau congelable du produit et L ($J \cdot kg^{-1}$) chaleur latente de fusion ou de congélation. L'eau congelable correspond à l'eau totale du produit à laquelle on retranche l'eau fortement adsorbée. Après cristallisation, le produit congelé est refroidi jusqu'à la température finale de congélation θ_f (°C) :

$$Q_3 = m \cdot C_{pg} \cdot (\theta_c - \theta_f) \quad [100]$$

avec C_{pg} ($J \cdot kg^{-1} \cdot °C^{-1}$) chaleur spécifique du produit congelé. Q_T s'obtient en sommant l'ensemble de ces quantités d'énergie :

$$Q_T = Q_1 + Q_2 + Q_3 \quad [101]$$

D'une façon générale, les aliments contenant peu d'eau requièrent moins de puissance frigorifique, car la chaleur spécifique des constituants non aqueux est plus faible que celle de l'eau et que la quantité d'eau congelable est moindre.

À puissance frigorifique fixée, il est essentiel d'avoir une cinétique de refroidissement rapide du produit non congelé (première phase, quantité d'énergie Q_1) pour éviter le développement des micro-organismes. Si l'on considère un aliment (température θ, masse m, surface A et chaleur spécifique C_p) placé dans une enceinte frigorifique (température θ_e), la puissance frigorifique s'exprime selon la loi de Fourier :

$$\dot{Q} = \frac{dQ}{dt} = A \cdot \alpha_{CL} \cdot (\theta - \theta_e) \quad [102]$$

où α_{CL} représente le coefficient de transfert de chaleur de la couche limite autour du produit. À chaque intervalle de temps dt, une quantité de chaleur élémentaire dQ est extraite, telle que le produit se refroidit de dθ :

$$dQ = m \cdot C_p \cdot d\theta \quad [103]$$

La combinaison de [102] et [103] permet d'obtenir l'expression de la vitesse de refroidissement $\frac{d\theta}{dt}$:

$$\frac{d\theta}{dt} = \frac{A}{m} \cdot \frac{1}{C_p} \cdot \alpha_{CL} \cdot (\theta - \theta_e) \qquad [104]$$

En conséquences, la vitesse de refroidissement peut être accrue en :
- diminuant la valeur de θ_e, ce qui permet d'augmenter la valeur du terme $(\theta - \theta_e)$;
- portionnant l'aliment, ce qui permet d'augmenter la valeur du terme $\frac{A}{m}$;
- réduisant les couches limites (agitation du milieu frigorigène) de manière à augmenter la valeur de α.

En pratique, le portionnage de l'aliment et l'agitation du milieu frigorigène sont les moyens les plus efficaces.

1.3.2. Cinétique de congélation et influence sur les produits

La cinétique de congélation est un paramètre de contrôle du procédé car elle détermine la taille des cristaux et leur distribution dans les tissus (figure 105). En effet, la vitesse de croissance des cristaux de glace dépend de la vitesse d'extraction de la chaleur, c'est-à-dire de la différence de température entre le cristal et le milieu qui l'entoure.

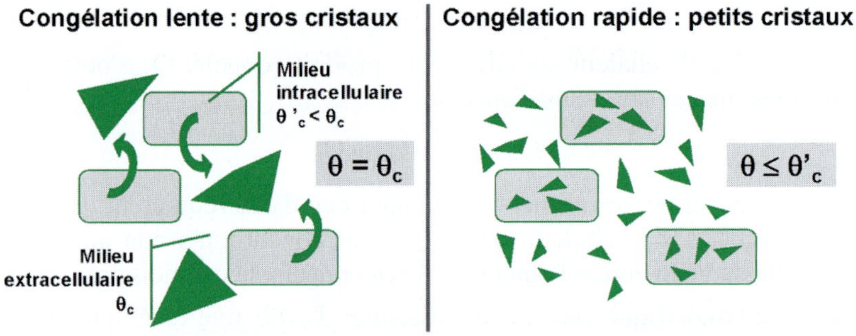

Figure 105 ■ Vitesse de congélation et influence sur la structure des produits.

Si la congélation est lente (< 1 °C·min^{-1}), la cristallisation extracellulaire, qui accroît la concentration locale en solutés, provoque une déshydratation progressive des cellules par osmose : l'effet de cryoconcentration qui se produit à l'extérieur des cellules se traduit par un déséquilibre osmotique (la force ionique et la pression osmotique du milieu extérieur sont plus élevées qu'à l'intérieur des cellules) conduisant à une migration d'eau vers l'extérieur. Ce transfert, qui peut avoir des effets irréversibles s'il dépasse un certain niveau, explique en grande partie la baisse de turgescence, le décollement des tissus et l'exsudation d'eau que l'on observe lors de la décongélation de nombreux aliments (plasmolyse) ; il est la cause principale de l'amollissement des tissus végétaux. De gros cristaux de glace se forment et élargissent les espaces extracellulaires, tandis que les cellules plasmolysées diminuent considérablement de volume. Ces gros cristaux entraînent une compression mécanique tendant à écraser les cellules.

Au contraire, lorsque la congélation est rapide, la cristallisation se produit simultanément dans les espaces extra et intracellulaires. Le déplacement d'eau est faible, et un très grand nombre de petits cristaux est formé. L'altération de l'intégrité cellulaire et tissulaire est alors beaucoup moins marquée. En outre, les modifications de texture liées à la sortie d'eau des cellules par osmose sont nettement moindres que lors de la congélation lente. Lors de la décongélation, les produits congelés rapidement exsudent beaucoup moins que des produits congelés lentement.

La durée de la congélation (correspondant au palier de congélation, c'est-à-dire à la formation de glace) est donc une phase critique pour la qualité finale du produit qui sera d'autant meilleure que le palier sera court. Sa prédiction peut être obtenue à partir de l'équation de Planck. À des fins de simplifications, on supposera que le produit se présente sous la forme de plaques d'épaisseur $2e$ faibles devant les autres dimensions (longueur et largeur), qui peuvent donc être assimilées à des plaques infinies de surface A. La température initiale de la plaque est supposée uniforme et égale à la température de congélation commençante du produit (θ_c). En d'autres termes, on ne s'intéressera pas à la phase de refroidissement, correspondant à l'extraction de chaleur sensible du produit. On supposera connues les caractéristiques du produit (masse volumique ρ, chaleur latente de congélation L, conductibilité thermique à l'état congelé λ_g) et les conditions de congélation (coefficient de transfert de chaleur α_{CL} de la couche limite autour de la plaque et température de l'enceinte θ_e).

La figure 106 schématise la plaque considérée en cours de congélation. La durée du palier est le temps nécessaire pour que le front de congélation aille de x = 0 au temps 0 à x = e (demi-épaisseur) au temps t. C'est la raison pour laquelle il suffit de considérer une demi-plaque.

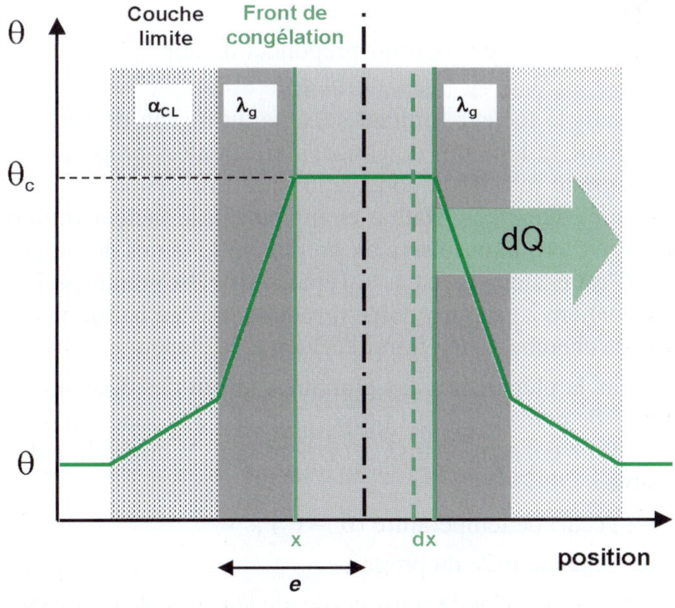

Figure 106 ■ Calcul du temps de congélation pour une plaque infinie.

L'énergie dQ extraite au niveau du front de congélation en un temps dt permet de faire avancer le front de congélation de dx. Ceci se traduit par la congélation d'une fraction massique dm telle que :

$$dQ = dm \cdot L = \rho \cdot A \cdot dx \cdot L \qquad [105]$$

Par ailleurs, la puissance échangée peut être exprimée comme en [53] selon la loi de Fourier appliquée à la plaque composite :

$$\dot{Q} = \frac{dQ}{dt} = A \cdot \alpha_g \cdot (\theta_c - \theta_e)$$

avec :

$$\frac{1}{\alpha_g} = \frac{1}{\alpha_{CL}} + \frac{x}{\lambda_g}$$

L'intégration de dt, obtenu en combinant ces trois équations, permet d'obtenir finalement l'expression du temps de congélation t, connue sous le nom de formule de Planck :

$$t = \frac{\rho \cdot L}{\theta_c - \theta_e} \cdot \left(\frac{e}{\alpha_{CL}} + \frac{e^2}{2\lambda_g} \right) = \frac{\rho \cdot L}{\theta_c - \theta_e} \cdot e \cdot \left(\frac{1}{\alpha_{CL}} + \frac{e}{2\lambda_g} \right) \qquad [106]$$

Suivant les caractéristiques du produit et le mode de congélation utilisés, l'importance relative des deux termes $\frac{1}{\alpha_{CL}}$ et $\frac{e}{2\lambda_g}$ est variable. Dans le cas d'une congélation en mode statique, α_{CL} est petit (généralement de l'ordre de 10 $w \cdot m^{-2} \cdot K^{-1}$) et par conséquent le terme $\frac{1}{\alpha_{CL}}$ peut devenir prépondérant sur $\frac{e}{2\lambda_g}$. Ceci traduit bien le fait que dans ce cas, le facteur limitant se situe au niveau de l'échange thermique en surface du produit, et le temps de congélation est alors proportionnel à *e*. À l'inverse, si α_{CL} est grand (cas de la congélation par immersion en saumure, ou dans une moindre mesure d'une congélation en air pulsé), le facteur limitant se situe au niveau de l'échange thermique au sein du produit, et le temps de congélation est proportionnel à e^2. C'est également le cas si l'épaisseur *e* est grande ou la conductibilité thermique de la matière λ_g est très faible (produits gras en particulier), et il ne sert à rien dans ce cas de chercher à améliorer l'échange de chaleur en surface.

Cependant, dans la plupart des cas pratiques, aucun des deux termes n'est négligeable et le temps de congélation est proportionnel à une fonction polynomiale de *e* de degré 2 sans terme constant. Ainsi, afin de réduire la durée du palier de congélation, il est possible :

– d'augmenter l'écart de température $(\theta_c - \theta_e)$;
– de diminuer l'épaisseur 2*e* du produit ;
– d'augmenter le coefficient de transfert de chaleur α_{CL} de la couche limite autour du produit.

On subit en revanche l'influence des facteurs intrinsèques du produit (ρ, λ_g, L).

La démarche présentée ici pour une plaque plane est généralisable à d'autres modèles géométriques, et on démontre de la même manière que la durée du palier de congélation est égale à :

$$t = \frac{\rho \cdot L}{\theta_c - \theta_e} \cdot \frac{R}{2} \cdot \left(\frac{1}{\alpha_{CL}} + \frac{R}{2\lambda_g} \right) \quad [107]$$

dans le cas d'un cylindre infini de rayon *R*, et à :

$$t = \frac{\rho \cdot L}{\theta_c - \theta_e} \cdot \frac{R}{3} \cdot \left(\frac{1}{\alpha_{CL}} + \frac{R}{2\lambda_g} \right) \quad [108]$$

dans le cas d'une sphère de rayon *R*.

Pour un produit emballé, il faut également inclure la résistance thermique de l'emballage et tenir compte des volumes non remplis à l'intérieur de celui-ci.

1.3.3. Modifications des aliments pendant la congélation et au cours du stockage

1.3.3.1. Modifications survenant dans les espaces liquides résiduels

Une des conséquences de la congélation est d'accroître la concentration, dans les espaces liquides des aliments, des solutés présents. Une des principales modifications physico-chimiques consécutives à ce phénomène de cryoconcentration est donc principalement :

- une augmentation de la concentration des sels et une baisse de pH due à l'augmentation de la force ionique ;
- des modifications de la pression osmotique, du potentiel d'oxydoréduction, de la tension superficielle, de la pression de vapeur ou encore du point de congélation.

Ces évolutions, associées à l'élimination d'une partie de l'eau liquide, provoquent des changements le plus souvent défavorables sur le plan de la qualité de l'aliment : diminution de la solubilité des macromolécules protéiques (caséines du lait et lipoprotéines du jaune d'œuf par exemple) et de la stabilité des éléments dispersés à l'état colloïdal ou globulaire (agrégation des globules gras dans les produits laitiers congelés). L'agrégation des protéines musculaires du poisson, et dans une moindre mesure de la viande, favorisée par un entreposage prolongé à une température insuffisamment basse, provoque une exsudation accrue à la décongélation et un durcissement du produit. On attribue ainsi en partie à l'agrégation de l'actomyosine la baisse du pouvoir de rétention d'eau et le durcissement du muscle de poisson conservé à l'état congelé qui en découle. Les gels glucidiques hydratés, de pectine par exemple, peuvent également subir une déstabilisation du fait de l'entreposage à l'état congelé (floculation des matières en suspension de certains jus de fruits). L'accroissement de la concentration en colloïdes hydrophiles (amidon, pectines, gélatine) peut entraîner une augmentation considérable de la viscosité du produit. Des sels et des sucres peuvent également être précipités. Il résulte de toutes ces modifications une déstabilisation à la décongélation.

Il est possible de limiter ces conséquences en congelant rapidement les produits et en les entreposant ensuite à une température très basse (inférieure à T_g). L'avantage de la congélation rapide résulte sans doute en partie de ce que certains constituants baignent moins longtemps dans des solutions hypertoniques. Cependant, les températures d'entreposage inférieures à – 20 °C entraînent une augmentation des coûts énergétiques.

1.3.3.2. Modification des aliments pendant l'entreposage à l'état congelé

Les aliments congelés ne sont pas inertes. Leur qualité baisse progressivement au cours de l'entreposage en raison de modifications chimiques et physiques. Les durées maximales de conservation que l'on peut atteindre pour divers aliments, tout en maintenant leur qualité à un niveau satisfaisant (dans des conditions adéquates d'emballage) dépendent de façon considérable de la température ; elles varient globalement de façon log linéaire avec la température de stockage, de moins d'un mois à – 7 °C jusqu'à presque deux ans à – 30 °C. En principe, la température d'entreposage devrait être choisie pour chaque produit en fonction de ses caractéristiques et de la durée de conservation prévue (délais de transport, de renouvellement des stocks, etc.). Ainsi, une température de – 30 °C doit parfois être adoptée pour arriver à conserver certains poissons pendant 6 à 8 mois. On fait de même pour les crèmes glacées, afin d'éviter la formation de trop gros cristaux de glace. Ces températures très basses sont toutefois coûteuses au plan énergétique, et difficile à maintenir lors du transport et sur les points de vente. En pratique, la température de – 18 °C a été retenue pour la plupart des aliments, et permet d'assurer une durée moyenne de conservation de l'ordre d'un an.

Même congelé et entreposé dans de bonnes conditions, un produit ne peut se conserver indéfiniment, et sa qualité se dégrade au fil des semaines en raison d'un certain nombre de processus limitants (apparition d'un goût de rance, altération de la couleur, perte de valeur nutritionnelle, etc.). Certaines des réactions de détérioration intervenant lors de l'entreposage des aliments sont catalysées par des enzymes, qui peuvent garder une activité même à très basse température. C'est le cas principalement du brunissement enzymatique des fruits et légumes que l'on congèle à l'état cru. L'addition d'acide ascorbique, de sucre ou d'anhydride sulfureux et le blanchiment avant congélation permettent d'inhiber ce brunissement tant au cours de la congélation que du stockage.

Parmi les réactions non enzymatiques dont les aliments congelés peuvent être le siège, on doit mentionner tout particulièrement l'oxydation des lipides (poissons gras, petits pois), de la vitamine C (fraise), de pigments caroténoïdes et d'arômes. La dégradation de pigments anthocyaniques (fraise) ou de la chlorophylle (épinards, haricots verts, choux de Bruxelles) constitue aussi un facteur limitant la durée d'entreposage.

1.3.3.3. Effet de la régulation de la température d'entreposage sur la qualité des aliments

Au cours de son stockage à froid, le produit congelé subit des fluctuations de températures qui vont également contribuer à la dégradation de sa qualité. En effet, même entreposé dans un congélateur à une température très basse, la production de froid est un mécanisme « tout ou rien », et le produit est soumis à des cycles de production de froid d'amplitude plus ou moins grande. À chaque cycle, l'augmentation de la température se traduit par la décongélation d'une certaine proportion d'eau dans le produit. Cette eau recongèle au cycle suivant lorsque le compresseur se remet en marche.

Ces cycles répétés de démobilisation/mobilisation de l'eau engendrent un appauvrissement du milieu en petits cristaux de glace au profit des gros cristaux de glace (maturation d'Oswald ou recristallisation migrante), avec pour conséquence une sérieuse dégradation de la qualité du produit congelé. En effet, la recristallisation progressive des cristaux de glace, accompagnée de l'augmentation de leur taille, modifie défavorablement la texture (crèmes glacées à texture « sableuse ») et l'aspect (poulet congelé prenant une apparence vitreuse) des aliments. On peut éviter ce phénomène en formulant le produit de telle manière que sa température de transition vitreuse soit supérieure à la température maximale de stockage.

Les fluctuations de température contribuent également à accroître le risque de dessiccation superficielle, par piégeage de l'eau du produit sur les parois ou batteries froides de la chambre de congélation. Cette dessiccation entraîne une perte de masse (pouvant atteindre 3 à 5 %) et favorise l'oxydation des lipides (poissons), le durcissement (poissons, viandes) et l'apparition de taches (brunes ou vertes avec les volailles, noires avec la viande de bœuf, dénommées « *freeze burn* ») correspondant aux échaudures par le gel.

Ces phénomènes de dessiccation et d'oxydation justifient l'intérêt des emballages imperméables non seulement à la vapeur d'eau mais aussi à l'oxygène et à la lumière, ainsi que du conditionnement adhérant au produit (emballage sous vide ou rétractable). Le glaçage, obtenu par aspersion d'eau sur le produit congelé, constitue également une bonne protection. D'autres conditionnements sont de plus en plus employés pour des produits congelés : emballages résistant à la chaleur qui permettent la décongélation dans l'eau bouillante ou dans des fours à micro-ondes, plateaux d'aluminium pour plats préparés congelés prêts à l'emploi, etc.

1.3.4. Décongélation

Un raisonnement analogue à celui conduit précédemment permet d'approcher la durée du palier de décongélation par la formule de Planck :

$$t = \frac{\rho \cdot L}{\theta_e - \theta_c} \cdot e \cdot \left(\frac{1}{\alpha_{CL}} + \frac{e}{2\lambda} \right) \qquad [109]$$

avec dans ce cas θ_e (température de l'enceinte) supérieure à θ_c (température de palier de décongélation), et λ conductibilité thermique du produit non congelé. Cette dernière étant de l'ordre de 4 fois plus faible que celle du produit congelé, la chaleur latente de fusion est transférée plus lentement à travers la couche externe (aqueuse) qu'au cours de la congélation.

Le maintien prolongé du produit à une température légèrement inférieure à 0 °C est très défavorable. En effet, le produit est alors exposé à des concentrations relativement élevées de solutés, les cristaux de glace s'agrandissent et le développement de micro-organismes psychrophiles est facilité par la richesse de l'exsudat en composés nutritifs. C'est d'ailleurs un inconvénient fréquent des étalages de vente au détail.

Il est donc préférable de décongeler rapidement. Cela ne présente pas de difficulté avec les légumes, que l'on plonge dans l'eau bouillante, ou avec des morceaux de petite taille de viande ou de poisson, que l'on peut cuire sans les décongeler au préalable. L'opération est toutefois moins facile dans le cas des fruits ou de produits en gros morceaux (muscles de viande, longes ou poisson entier). Les fruits sont généralement décongelés à la température ambiante ; pour la viande ou le poisson, on a recours de préférence à la décongélation dans un réfrigérateur ($\theta < 10$ °C) ou en bain d'eau tempérée agitée, afin de réduire l'exsudation et d'éviter une prolifération trop rapide de micro-organismes.

La décongélation par chauffage diélectrique présenterait de grands avantages si le manque d'homogénéité de structure de la plupart des aliments n'avait pour conséquence de laisser certaines parties à l'état congelé tandis que des compartiments liquides sont surchauffés. Dans le cas du poisson, elle permet un gain de temps très important. Pour une remontée en température rapide, on peut également utiliser les micro-ondes, mais celles-ci conduisent généralement à des variations de vitesse de décongélation locales en raison de l'hétérogénéité du produit et de l'absorption de la puissance imposée par les parties décongelées. C'est pourquoi on impose généralement de faibles puissances pendant des durées limitées, afin de permettre à la chaleur générée dans la masse du produit de diffuser vers les zones froides et encore congelées.

2. *Concentration par évaporation*

La concentration par évaporation consiste à placer un liquide dans des conditions de température et de pression qui permettent la vaporisation du solvant. Ce procédé permet par conséquent de réaliser une concentration des éléments non volatils du produit traité. Dans le domaine alimentaire, il est essentiellement utilisé pour éliminer de l'eau de solutions vraies, d'émulsions et/ou de solutions colloïdales.

Un aspect essentiel de cette technique est le coût énergétique qu'elle engendre, l'élimination d'eau étant obtenue dans ce cas par changement d'état (liquide-vapeur), contrairement aux techniques séparatives. À ce titre, la concentration à pression atmosphérique d'1 kg d'une solution à 10 % de saccharose initialement à 20 °C pour l'amener à 20 % de saccharose (élimination de 0,5 kg d'eau) nécessite au total 1 439 kJ. Cette énergie se décompose de la manière suivante : apport de chaleur sensible permettant de passer de 20 à 100 °C (311 kJ) et apport de chaleur latente pour vaporiser 0,5 kg d'eau à 100 °C (1 128 kJ). Loncin (1961) fait remarquer que la différence énergétique entre les systèmes initiaux et finaux ramenés à 20 °C n'est que de

Tableau 19 ■ Pression de vapeur saturante P^0_e (Pa), enthalpie h_v (kJ·kg^{-1}), chaleur latente de vaporisation L_v (kJ·kg^{-1}) et masse volumique ρ_v (kg·m^{-3}) de la vapeur en fonction de la température (Kessler, 1981).

θ	P^0_e	h_v	L_v	ρ_v	θ	P^0_e	h_v	L_v	ρ_v
(°C)	(Pa)	(kJ·kg^{-1})	(kJ·kg^{-1})	(kg·m^{-3})	(°C)	(Pa)	(kJ·kg^{-1})	(kJ·kg^{-1})	(kg·m^{-3})
0	610,8	2 500,4	2 500,4	0,005	72	33 960	2 629,7	2 328,7	0,215
20	2 337	2 537,2	2 453,5	0,017	74	36 961	2 633,1	2 323,7	0,232
30	4 241	2 555,6	2 430,0	0,030	76	40 188	2 636,4	2 318,6	0,251
36	5 940	2 566,5	2 415,8	0,042	78	43 649	2 639,8	2 313,2	0,272
38	6 624	2 570,3	2 411,2	0,046	80	47 356	2 643,1	2 308,2	0,293
40	7 375	2 573,6	2 406,2	0,051	82	51 328	2 646,5	2 303,2	0,316
42	8 198	2 577,4	2 401,5	0,056	84	55 574	2 649,4	2 297,7	0,341
44	9 100	2 580,7	2 396,5	0,062	86	60 105	2 652,8	2 292,7	0,367
46	10 085	2 584,1	2 391,5	0,069	88	64 949	2 656,1	2 287,6	0,394
48	11 162	2 587,9	2 386,9	0,076	90	70 108	2 659,0	2 282,2	0,424
50	12 335	2 591,6	2 382,3	0,083	92	75 609	2 662,4	2 277,2	0,455
52	13 613	2 595,0	2 377,3	0,091	94	81 464	2 665,7	2 272,2	0,488
54	15 002	2 598,3	2 372,7	0,100	96	87 691	2 668,7	2 266,7	0,522
56	16 509	2 602,1	2 368,1	0,109	98	94 301	2 672,0	2 261,7	0,559
58	18 146	2 605,4	2 363,0	0,119	100	101 325	2 674,9	2 256,3	0,598
60	19 917	2 609,2	2 358,4	0,130	105	120 800	2 682,5	2 242,5	0,705
62	21 389	2 612,6	2 353,4	0,142	110	143 270	2 690,0	2 229,1	0,826
64	23 909	2 615,9	2 348,4	0,154	115	169 060	2 697,6	2 215,2	0,965
66	26 145	2 619,3	2 343,4	0,168	120	198 540	2 704,7	2 201,0	1,122
68	28 557	2 622,6	2 338,3	0,183	125	232 080	2 711,8	2 187,2	1,299
70	31 156	2 626,4	2 333,7	0,198	130	270 110	2 718,5	2 172,5	1,497

0,5 kJ, correspondant à la compression isothermique des molécules de saccharose. Le rendement énergétique de l'opération de concentration par évaporation est donc dans ce cas, en l'absence de toute récupération d'énergie, très faible. Aussi, l'essentiel des efforts effectués au plan technique a eu pour objet d'améliorer ce rendement.

Par ailleurs, les liquides transformés dans le domaine alimentaire sont souvent thermosensibles. Pour réduire l'altération biochimique des constituants, la concentration par évaporation des produits est généralement réalisée sous un vide partiel permettant de diminuer la température de traitement dans une plage de 45 à 80 °C (tableau 19). Si le gain qualitatif de cette pratique est évident, le gain énergétique est en réalité faible. L'altération des constituants, fonction d'un couple temps température, peut également être réduite par une diminution des temps de séjour dans les installations.

Dans un premier temps, le principe de l'évaporation sous vide sera abordé. Puis, les différentes techniques permettant de réduire la consommation d'énergie seront développées.

2.1. Évaporation simple effet

2.1.1. Principe

L'évaporation simple effet consiste à introduire le liquide à concentrer préalablement porté à sa température d'ébullition dans une enceinte sous vide (corps d'évaporation ; figure 107). Le niveau de vide correspond à la pression de vapeur saturante à la température fixée pour l'ébullition du produit : par exemple, si celle ci est de 70 °C, le tableau 19 indique que la pression régnant dans le corps d'évaporation est de 31 156 Pa.

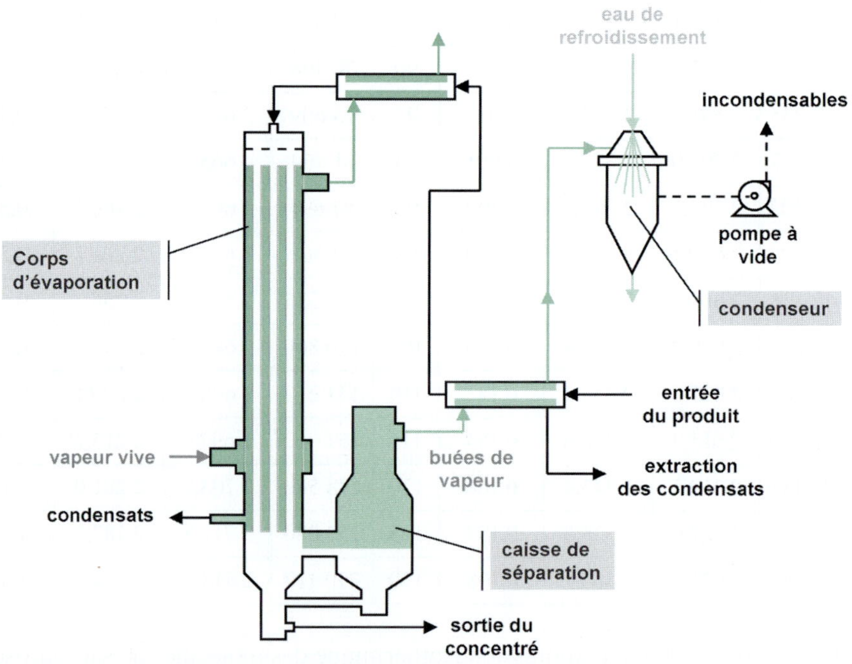

Figure 107 ■ Principe d'un évaporateur simple effet.

Dans ce contexte, toute chaleur fournie au produit se traduira par la vaporisation d'une partie de liquide. Le corps d'évaporation constitue donc un échangeur de chaleur latente de vaporisation. Dans la pratique, l'énergie fournie à cet échangeur (faisceau tubulaire en général) provient de vapeur à une température de 5 à 10 °C supérieure à celle du produit, qui se condense sur la paroi.

Dans l'industrie laitière, les évaporateurs sont « à flot tombant », ce qui signifie que le liquide, introduit au sommet de l'appareil, ruisselle sous forme de film de faible épaisseur (ordre de grandeur du mm) à l'intérieur des tubes. D'autres types d'évaporateurs existent, différents par le mode de circulation des fluides (« flot grimpant » en sucrerie, etc.) ou par la géométrie des surfaces de chauffe (à plaques par exemple).

Le mélange liquide-vapeur est séparé dans une caisse de séparation attenante au corps d'évaporation. On collecte ainsi d'une part la vapeur secondaire (encore appelée buées de vapeur) et d'autre part le liquide concentré. On récupère généralement l'énergie contenue dans les buées de vapeur, soit pour réchauffer le produit entrant, soit pour chauffer un deuxième corps d'évaporation. C'est le principe de l'évaporation multiple effet, qui sera présentée ultérieurement.

La figure 108 illustre les énergies mises en jeu lors de la concentration simple effet, qui se répartissent entre la chaleur sensible pour amener le produit à sa température d'ébullition (70 °C en l'occurrence) et la chaleur latente permettant d'évaporer une fraction d'eau. On remarquera que 1 kg de vapeur primaire à 80 °C permet l'évaporation de pratiquement 1 kg d'eau à 70 °C, correspondant à une énergie d'environ 2 300 kJ.

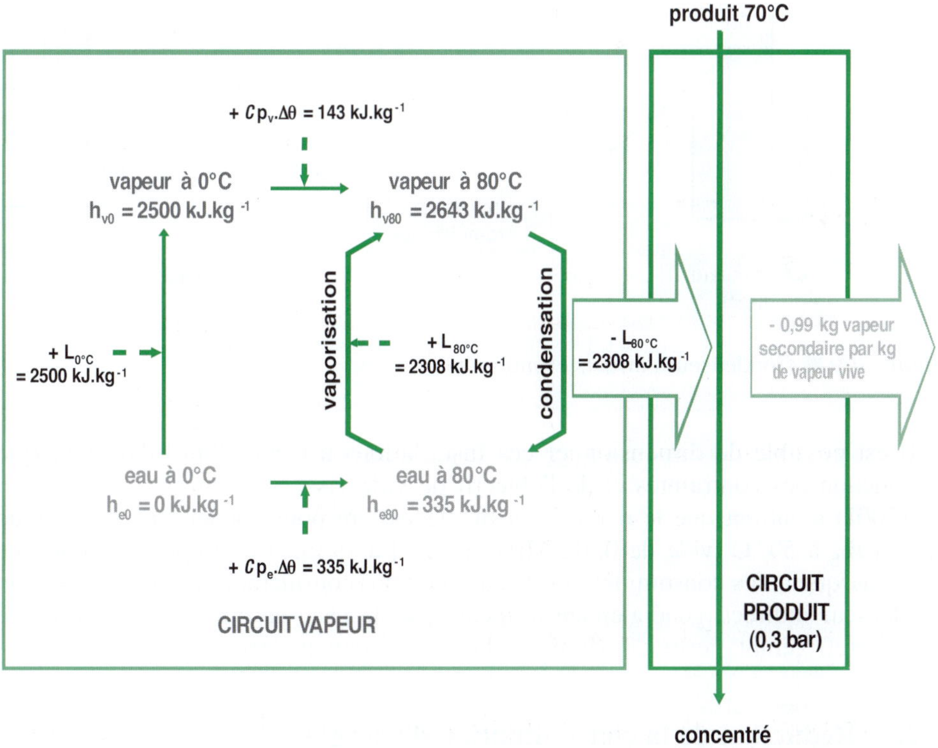

Figure 108 ■ Bilan des énergies mises en jeu en évaporation sous vide simple effet. $Cp_v = 1{,}8$ kJ·kg^{-1}·K^{-1} ; $Cp_e = 4{,}2$ kJ·kg^{-1}·K^{-1}.

2.1.2. Production de vide

La production de vide dans les évaporateurs est en partie assurée par la condensation des buées de vapeur. La condensation peut se faire par introduction d'eau dans la vapeur (condenseur direct) ou à la surface d'un échangeur de chaleur alimenté en eau froide (condenseur indirect) (figure 109).

Il est nécessaire, afin de limiter leur accumulation dans le système, d'extraire les gaz incondensables (oxygène et azote pour l'essentiel) issus des produits traités et des prises d'air de l'installation. Cette opération est réalisée par une pompe à vide.

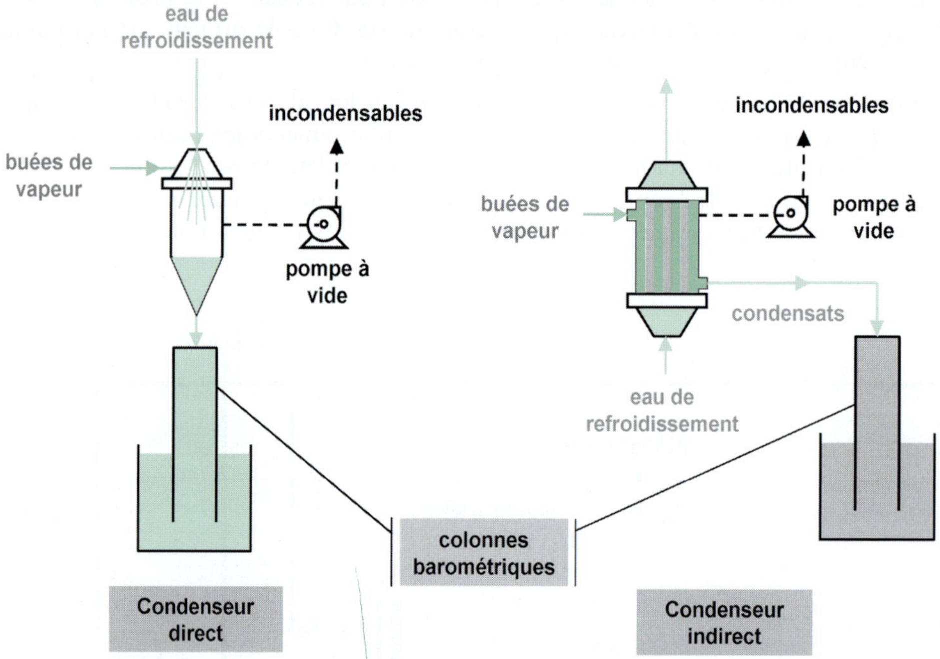

Figure 109 ■ Condenseurs directs et indirects.

Il est possible de dimensionner ces installations à partir d'un bilan d'énergie en fonction des contraintes et de l'objectif de vide visé. Sur cette base, Jeantet *et al.* (2001) montrent que le débit d'eau $\dot{m}_e$ nécessaire pour condenser les buées de vapeur $\dot{m}_b$ à 50 °C (vide de 0,012 MPa) est égal à 19 $\dot{m}_b$. Cette opération entraîne par conséquent des consommations d'eau tout à fait considérables. L'utilisation d'un condenseur indirect, généralement alimenté par de l'eau en circuit fermé refroidie par aéroréfrigérant, permet de diminuer la consommation d'eau.

2.2. Réduction de la consommation d'énergie

L'élimination de l'eau est souvent une opération coûteuse dans la transformation de liquides alimentaires. Plusieurs solutions permettent de réduire ce coût dans le cadre de la concentration par évaporation sous vide.

2.2.1. Évaporation multiple effet

L'évaporateur multiple effet est constitué d'un ensemble d'unités d'évaporation simple effet montées en série (figure 110). Le liquide alimentaire en cours de concentration passe d'un effet à l'autre. Le premier corps est chauffé avec de la vapeur vive alors que les suivants le sont avec les buées de vapeur générées dans le corps précédent. Le dernier corps est relié à un condenseur, assurant le vide dans l'ensemble de l'installation. Le coût énergétique de l'élimination d'eau dans un évaporateur comportant *n* effets est donc de l'ordre de $\frac{2\,300}{n}$ $kJ \cdot kg^{-1}$ d'eau éliminée (en ne tenant pas compte des chaleurs sensibles).

Dans la mesure où un écart de température est nécessaire entre la vapeur de chauffe et le produit à concentrer, la température d'évaporation, donc la pression, diminuent d'un corps à l'autre.

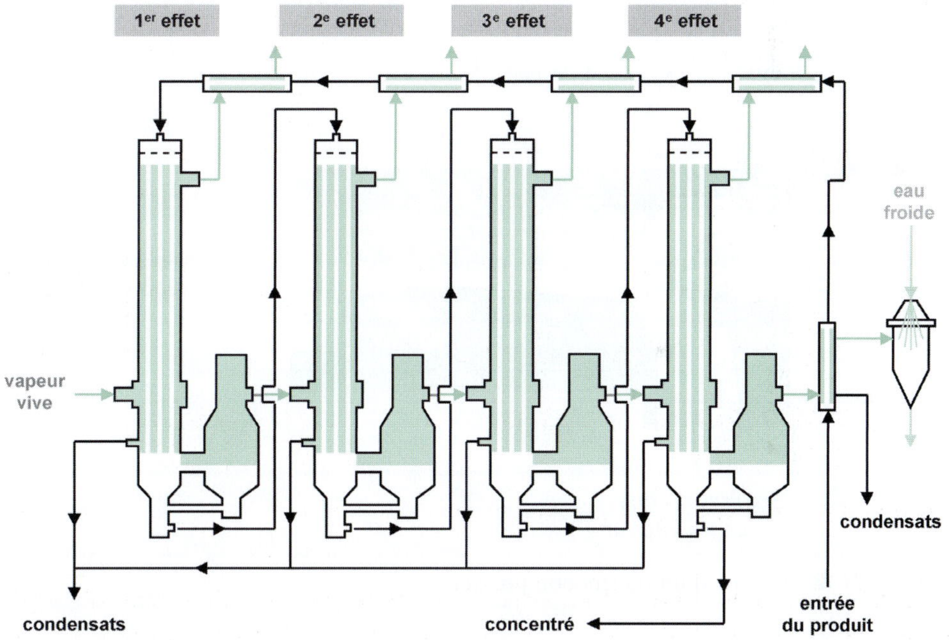

Figure 110 ■ Principe d'un évaporateur multiple effet.

Les limites à la multiplication du nombre d'effets sont :

– la température maximale que peut supporter le produit dans le premier effet, du fait de sa thermosensibilité. En pratique, cette température est de l'ordre de 70 à 90 °C dans le domaine alimentaire ;

– la température dans le dernier effet, qui est limitée par la température de l'eau de condensation et/ou l'augmentation de viscosité due à la diminution de la température et à l'augmentation de la matière sèche du concentré. En pratique, cette température est supérieure ou égale à 40 °C ;

– l'écart de température d'un effet à l'autre. Cet écart est généralement supérieur ou égal à 5 °C.

Le compromis à trouver entre les réductions de coût énergétique et l'investissement en effets supplémentaires conduit à des installations de concentration comprenant de 3 à 6 effets.

2.2.2. Compression des buées : thermocompression et recompression mécanique

Les buées de vapeur générées peuvent être recomprimées afin d'augmenter leur niveau enthalpique puis réutilisées dans le procédé technologique. Cette recompression peut s'opérer par voie thermique (thermocompression ; TC) ou mécanique (recompression mécanique des vapeurs ; RMV).

Le principe de la thermocompression (figure 111) consiste à accroître l'énergie des buées de vapeur en les mélangeant avec de la vapeur vive.

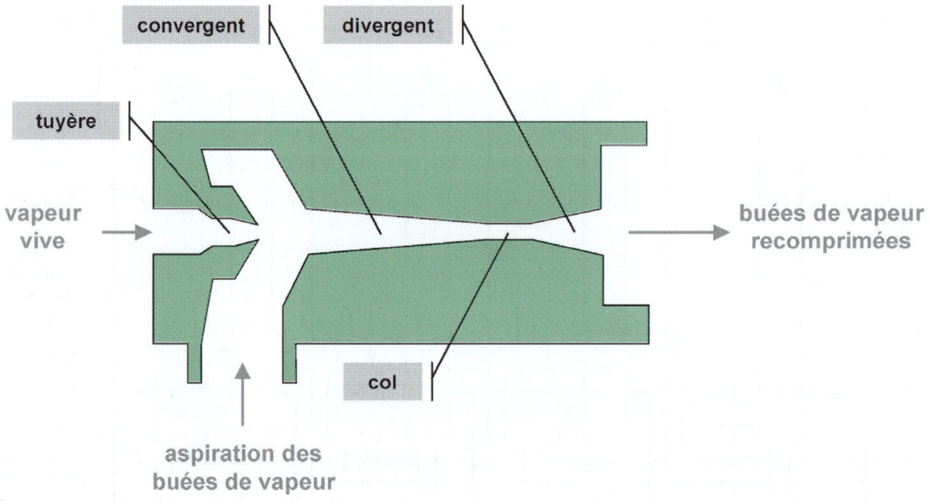

Figure 111 ■ Principe d'un thermocompresseur.

En mélangeant 1 kg de vapeur vive (1 MPa et 180 °C : h_v = 2 777 kJ·kg^{-1}) avec 1 kg de buée de vapeur (0,02 MPa et 60 °C : h_b = 2 609 kJ·kg^{-1}), on obtient 2 kg de vapeur (h_m = 2 694 kJ·kg^{-1}). Cette vapeur recomprimée peut être amenée à saturation par introduction de condensats (≅ 0,04 MPa et 78 °C).

Un thermocompresseur représente l'équivalent d'un effet au point de vue de la réduction du coût énergétique mais avec un investissement et un encombrement moindres.

Les buées de vapeur générées sur un corps d'évaporation peuvent être renvoyées sur celui-ci après thermocompression ou recyclées sur un corps d'évaporation en amont (figure 112).

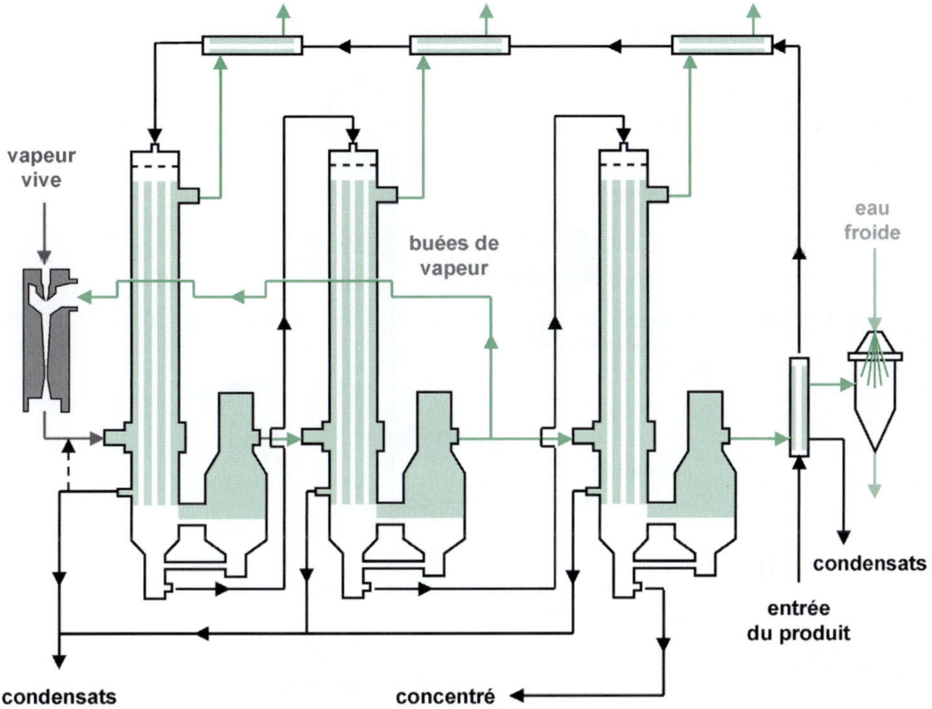

Figure 112 ■ Mise en œuvre d'un thermocompresseur sur plusieurs corps d'évaporation.

La recompression mécanique des buées de vapeur (figure 113) permet également de réduire les coûts énergétiques. Les buées ($P_1 \cong 0{,}02$ MPa, enthalpie $h_1 = 2\,609$ kJ·kg^{-1} et température $\theta_1 = 60$ °C) sont comprimées mécaniquement par une soufflante à une pression $P_2 \cong 0{,}03$ MPa (enthalpie $h_2 = 2\,675$ kJ·kg^{-1}).

La vapeur surchauffée est alors amenée à saturation par introduction de condensats pour faciliter ultérieurement sa condensation et la libération d'énergie latente. La vapeur ainsi obtenue est à $P_3 \cong 0{,}03$ MPa, $h_3 = 2\,625$ kJ·kg^{-1} et $\theta_3 = 69$ °C.

Comme pour la thermocompression, la compression mécanique peut être mise en œuvre sur un effet, sur plusieurs corps d'évaporation en parallèle ou sur un multiple effet.

Le coût énergétique de la compression mécanique, en prenant en compte le rendement du moteur, est de l'ordre de $\frac{75}{0,9} \cong 85$ kJ·kg^{-1} d'eau éliminée dans un simple effet et de l'ordre de 30 kJ·kg^{-1} d'eau éliminée dans un triple effet. Toutefois, l'énergie étant dans ce cas d'origine électrique, le coût en énergie primaire est de l'ordre de $30 \times 3 \cong 90$ kJ·kg^{-1} d'eau éliminée. Ces coûts énergétiques sont à comparer à ceux d'un 3 effets ou d'un 6 effets, respectivement de l'ordre de 800 et de 400 kJ·kg^{-1} d'eau éliminée.

Aujourd'hui, le choix entre la TC et la RMV est un compromis économique entre le gain énergétique et l'investissement. Ce gain peut être évalué à l'équivalent

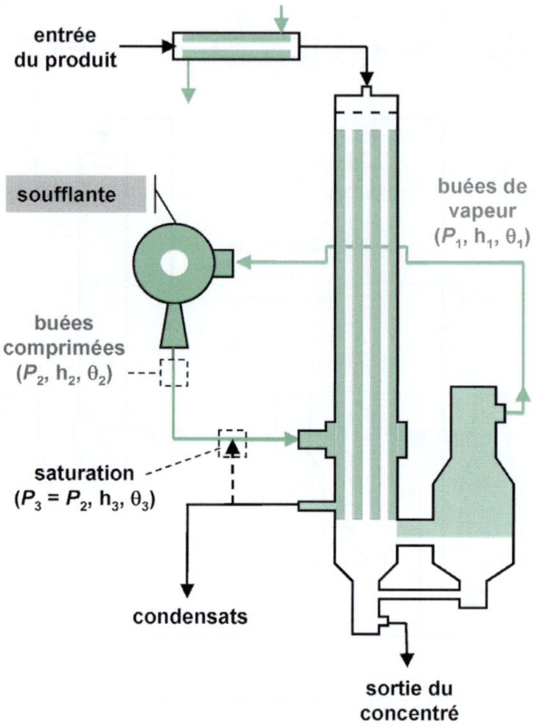

Figure 113 ■ Principe de la recompression mécanique des vapeurs.

d'un ou deux effets supplémentaires. Pour illustrer ce propos, le tableau 20 donne des indications de consommation énergétique des procédés de concentration par évaporation sous vide en fonction du nombre d'effets et de l'utilisation ou non de la TC et de la RMV. Même si les données ne sont pas tout à fait comparables (prise en compte ou non des pompes centrifuges, pompe à vide, eau de condensation, vapeur, rendement chaudière, etc.), ce tableau montre que l'augmentation du nombre d'effets et l'utilisation de la TC et de la RMV sont des facteurs favorables à la diminution de cette consommation énergétique.

Pour résumer, les différents points importants pour l'amélioration des bilans énergétiques sont :

– préchauffage des solutions ;
– récupération de la chaleur des condensats et des concentrés ;
– utilisation du vide ;
– multiple effet ;
– utilisation de la thermocompression ou de la recompression mécanique de vapeurs.

Tableau 20 ■ Consommation énergétique des évaporateurs sous vide en fonction du nombre d'effets et de l'utilisation ou non de la thermocompression (TC) et/ou de la recompression mécanique des vapeurs (RMV) (Kessler, 1986 ; Hartel, 1992 ; Leleu, 1992 ; Westergaard, 1994 ; Mafart, 1996).

Nombre d'effets	TC	RMV	Consommation énergétique ($kWh \cdot t^{-1}$ d'eau éliminée)
1	non	non	861
	non	non	731-772
2	non	non	476
	non	non	365-408
3	non	non	343
	non	non	248-289
	oui	non	140
	oui	non	164-185
	oui	non	278
	non	oui	55
	oui	oui	71
4	non	non	193-217
	oui	non	116-145
5	oui	non	101
	oui	non	111
	oui	non	93-116
6	oui	non	73-93
7	oui	non	70

3. Déshydratation

La déshydratation des produits alimentaires permet d'en assurer une bonne stabilité par abaissement de l'a_w et permet de réduire les coûts de transport et de stockage (Bimbenet et Loncin, 1995). Elle peut se faire :

– par évaporation à la température d'ébullition à pression atmosphérique ou sous vide partiel (séchage sur cylindres chauffants par exemple) ;

– par sublimation de la glace à des pressions partielles d'eau inférieures à celle du point triple (610,8 Pa), correspondant au passage direct de l'état solide à l'état gazeux (❶ ; figure 114). C'est le cas lors de la lyophilisation de produits alimentaires (café, champignon, etc.) ;

– par entraînement (❷ ; figure 114) sous l'action couplée d'un transfert de chaleur de l'air chaud vers le produit et d'un transfert d'eau du produit vers l'air chaud et sec (séchage par atomisation par exemple).

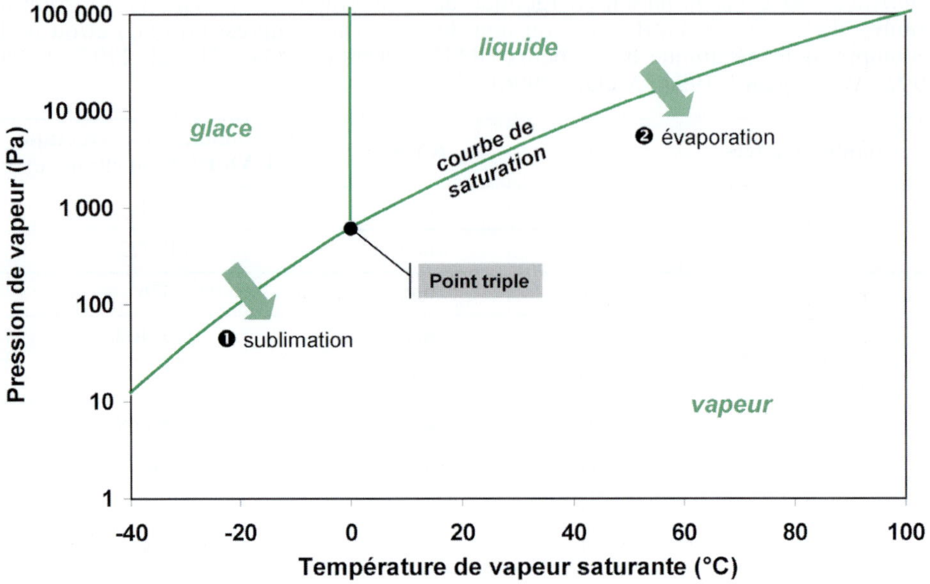

Figure 114 ■ Diagramme de phases de l'eau.

3.1. Séchage par ébullition

3.1.1. Principe

Le séchage par ébullition consiste à transmettre au produit amené à sa température d'ébullition un flux thermique au travers d'une surface d'échange de chaleur latente. De la même manière que pour l'évaporation sous vide, l'évaporation de l'eau est dans ces conditions directement proportionnelle à l'apport d'énergie (chaleur latente de vaporisation) réalisé. En pratique, cet apport est effectué par conduction à travers la surface d'échange au contact du produit par de la vapeur dont la température est comprise entre 130 et 150 °C. Selon la loi de Fourier, le transfert de chaleur s'effectue de façon proportionnelle à la différence de température entre le fluide caloporteur (dont la température est en principe constante) et le liquide en ébullition à la pression considérée (Loncin, 1961).

3.1.2. Énergie

Certains auteurs ont cherché à modéliser le fonctionnement des séchoirs sur cylindres. Quelques indications qualitatives empruntées à Vasseur *et al.* (1984) sont présentées sur la figure 115.

La surface de chauffe étant une caractéristique définie de l'appareil, l'utilisateur peut intervenir sur deux facteurs pour moduler la capacité évaporatoire de son installation : la température de la vapeur de chauffe et le coefficient global de transfert de chaleur (en diminuant l'épaisseur de la couche).

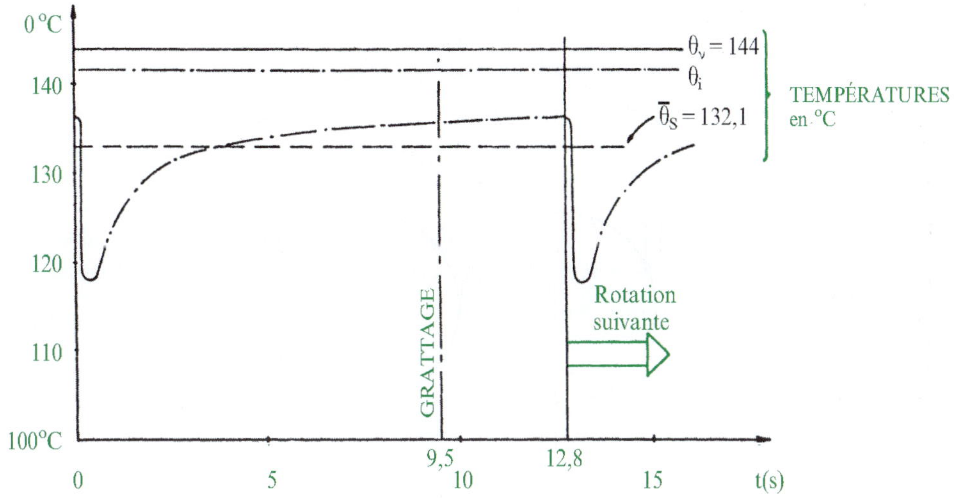

Figure 115 ■ Évolution des températures lors d'un cycle de séchage sur cylindre (Vasseur *et al.*, 1984 ; Mafart, 1996).

θ_v : Température de la vapeur de chauffage ; θ_i : Température à la surface interne du cylindre ; θ_s : Température à la surface externe du cylindre.

La consommation de vapeur est de l'ordre de 1,3 kg de vapeur·kg^{-1} d'eau évaporée, ce qui correspond à une consommation spécifique d'énergie d'environ 900 kWh·t^{-1} d'eau éliminée. Des pilotes de séchage sur cylindres dans une enceinte sous vide partiel avec recompression mécanique de la vapeur (RMV) permettent d'abaisser la consommation énergétique jusqu'à 250 kWh·t^{-1} d'eau éliminée.

Le séchage sur cylindres est donc une technique intéressante au plan énergétique. De plus, il est possible de traiter des produits à des concentrations initiales élevées. Par exemple, un caséinate de sodium avec un extrait sec de 400 g·kg^{-1} se sèche sans difficulté sur cylindres, bien que sa viscosité soit élevée.

3.1.3. Matériel

L'appareil est constitué de deux cylindres rapprochés, à axes horizontaux, et chauffés intérieurement avec de la vapeur d'eau (figure 116). Le produit liquide, plus ou moins pâteux, est versé entre les deux cylindres tournant lentement et en sens inverse. Il se forme alors une pellicule à la surface des cylindres qui se dessèche rapidement et qui est détachée par un couteau racleur. La vapeur d'eau éliminée est aspirée par une hotte au-dessus des cylindres.

Ce procédé est utilisé en féculerie, dans la préparation de flocons de fruits et légumes (pomme de terre, manioc, etc.), et dans une moindre mesure en industrie laitière. Il ne permet pas toujours de répondre aux exigences qualitatives (solubilité > 99 %, dispersibilité > 95 %, faible dénaturation protéique et teneur réduite en matières grasses libres, etc.) du fait des contraintes thermiques (température de chauffe comprise entre 120 et 130 °C) et des temps de séjour (compris entre 2 et

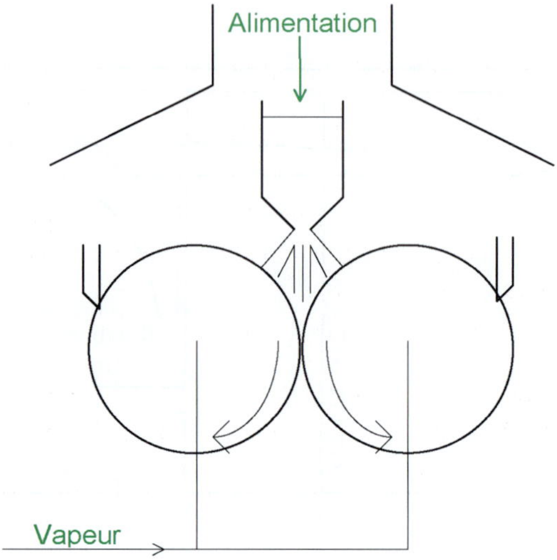

Figure 116 ■ Installation de séchage sur double cylindres (Mafart, 1996).

20 s) mis en œuvre. Parfois, les modifications physico-chimiques induites par le choc thermique sont recherchées : c'est le cas notamment des poudres destinées à la chocolaterie et à la biscuiterie.

3.2. Séchage par entraînement

Le séchage par entraînement consiste à placer un corps humide dans un courant d'air (ou un autre gaz) suffisamment chaud et sec. Dans ces conditions, il s'établit spontanément entre ce corps et le gaz un écart de température et de pression partielle d'eau tel :

- qu'un transfert de chaleur s'effectue de l'air vers le produit sous l'effet de l'écart de température ;
- qu'un transfert d'eau s'effectue en sens inverse du fait de l'écart de pression partielle d'eau entre l'air et la surface du produit (figure 119).

C'est sans conteste le moyen de séchage le plus universel, tous produits et secteurs alimentaires confondus (charcuterie, saurisserie, fourrages, céréales et produits végétaux, fruits, lait, œuf, sang, etc.). Il conduit à de très nombreuses techniques dans sa mise en œuvre.

3.2.1. Thermodynamique de l'air humide

L'air contenant de l'eau sous forme de vapeur peut se définir d'un point de vue thermodynamique par trois paramètres : l'humidité absolue (H_A) et relative (H_R), la température (θ) et l'enthalpie (h_m).

3.2.1.1. Humidité absolue et relative

L'humidité absolue est définie par le rapport :

$$H_A = \frac{m_e}{m_a} \qquad [110]$$

où m_e est la quantité d'eau et m_a la quantité d'air sec. H_A est généralement exprimée en kg d'eau par kg d'air sec. Si on considère la vapeur d'eau comme un gaz parfait, on peut appliquer l'équation de Clapeyron :

$$P \cdot V = n \cdot R \cdot T \qquad [111]$$

avec P pression du gaz (Pa), V volume du gaz (m^3), n nombre de moles (mol), R constante des gaz parfaits ($J \cdot mol^{-1} \cdot K^{-1}$) et T température absolue (K).

À V et T constants, si m est la masse de gaz et M sa masse molaire, on peut écrire à partir de [111] :

$$n = \frac{m}{M} = \frac{P \cdot V}{R \cdot T} = k \cdot P$$

avec k égal à $\frac{V}{R \cdot T}$; on en déduit :

$$m = k \cdot P \cdot M \qquad [112]$$

Si P_e est la pression partielle de vapeur d'eau ($M = 18\ g \cdot mol^{-1}$) pour une pression totale du mélange P_t, la pression partielle de l'air ($M = 28{,}9\ g \cdot mol^{-1}$) est $P_t - P_e$. L'équation [112] s'écrit alors :

$$H_A = \frac{18 \cdot P_e}{28{,}9 \cdot (P_t - P_e)} \qquad [113]$$

L'humidité relative H_R se définit par :

$$H_R = \frac{P_e}{P_e^0} \qquad [114]$$

avec P_e^0 pression de vapeur saturante (Pa) à la température θ de l'air. Cette valeur est souvent exprimée en % de la saturation. En combinant [113] et [114], on obtient :

$$H_A = \frac{18 \cdot H_R \cdot P_e^0}{28{,}9 \cdot (P_t - H_R \cdot P_e^0)} \qquad [115]$$

3.2.1.2. Température

La température θ de l'air est encore appelée température sèche, par opposition à sa température humide θ_h : celle-ci se définit comme la température à l'équilibre de l'air humide amené à saturation (formation des premières gouttes d'eau liquide) par augmentation de H_A. C'est en pratique la température donnée par le thermomètre humide (thermomètre dont le bulbe est enveloppé dans un matériau poreux imprégné d'eau ; l'air humide est amené à une vitesse suffisante autour de celui-ci pour atteindre un équilibre définissant θ_h). θ_r est la température de rosée à laquelle il faut refroidir l'air humide (à H_A constante) pour atteindre la saturation. θ_r et θ_h sont inférieures ou égales à θ.

3.2.1.3. Enthalpie

Les caractéristiques thermodynamiques de l'air humide à pression atmosphérique sont établies en considérant 1 kg d'air sec contenant H_A kg d'eau. Le système [air sec + eau] est à une température θ. L'enthalpie de l'air humide h_m est la somme de l'enthalpie de l'air h_a et de l'enthalpie de la vapeur d'eau h_v, comptées à partir de 0 °C.

L'enthalpie de l'air h_a correspond à l'énergie nécessaire pour amener 1 kg d'air sec de 0 °C à θ :

$$h_a = C_a \cdot \theta \qquad [116]$$

où C_a désigne la chaleur spécifique de l'air, égale à 1,01 $kJ \cdot kg^{-1} \cdot {}^{\circ}C^{-1}$. L'enthalpie de la vapeur d'eau h_v correspond à l'énergie nécessaire pour évaporer H_A kg d'eau à 0 °C, puis pour chauffer H_A kg de vapeur de 0 °C à θ :

$$h_v = H_A \cdot (L_0 + C_v \cdot \theta) \qquad [117]$$

où C_v et L_0 désignent respectivement la chaleur spécifique de la vapeur d'eau et la chaleur latente de vaporisation à 0 °C, égales à 1,93 $kJ \cdot kg^{-1} \cdot {}^{\circ}C^{-1}$ et 2 500,4 $kJ \cdot kg^{-1}$.

L'enthalpie h_m du système est donc égale à :

$$h_m = C_a \cdot \theta + H_A (L_0 + C_v \cdot \theta) = 1{,}01 \cdot \theta + H_A (2\,500{,}4 + 1{,}93 \cdot \theta) \qquad [118]$$

3.2.2. Construction du diagramme enthalpique de l'air humide

L'enthalpie de l'air humide définie en [118] peut être remaniée en procédant à un changement de variable, de manière à faire apparaître deux membres, l'un fonction de h_m et de H_A, l'autre de H_A et de θ :

$$Y = h_m - 2\,500{,}4 \cdot H_A = 1{,}01 \cdot \theta + 1{,}93 \cdot \theta \cdot H_A \qquad [119]$$

À partir du premier membre de [119], il est possible de tracer les courbes à enthalpie h_m constante (isenthalpes) en fonction de H_A. Pour une enthalpie h_m fixée, on remarquera que ces courbes sont en réalité des droites de pente négative égale à – 2 500,4 et qui coupent l'axe des ordonnées ($H_A = 0$) à la valeur de h_m. De ce fait les isenthalpes sont des droites parallèles.

Les courbes à θ constante (isothermes) sont obtenues à partir du second membre de [119] en fonction de H_A. Les isothermes, comme les isenthalpes, sont des droites. La pente de ces droites, nulle pour θ = 0 °C, croît avec θ. À la différence des isenthalpes, les isothermes coupent l'axe des ordonnées ($H_A = 0$) à une valeur légèrement supérieure à θ.

Par ailleurs, il est possible de représenter θ en fonction de H_A pour différentes valeurs de H_R, connaissant la relation entre H_A, P_e^0 et H_R (équation [115]) et la relation entre P_e^0 et θ (tableau 19). Le diagramme enthalpique de l'air humide

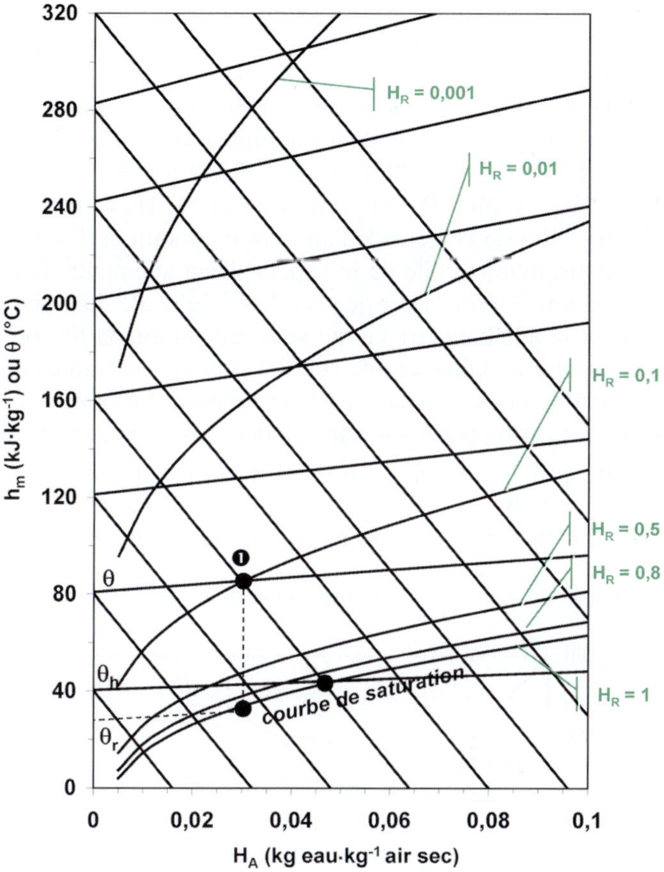

Figure 117 ■ Diagramme enthalpique de l'air humide.

(figure 117), encore appelé diagramme de Mollier, s'obtient en superposant isenthalpes, isothermes et courbes à H_R constante.

À titre d'exemple, on peut donner les caractéristiques du point ❶ de la figure 117 :

- humidité absolue $H_A = 0{,}03$ kg·kg^{-1} : cette valeur se lit sur l'axe des abscisses à la verticale du point ❶ ;
- enthalpie $h_m = 160$ kJ·kg^{-1}, lue directement sur l'isenthalpe ;
- une humidité relative $H_R = 10$ %, lue directement sur la courbe à H_R constante ;
- une température sèche θ = 80 °C, lue directement sur l'isotherme ;
- une température humide $θ_h = 39{,}2$ °C, obtenue à l'intersection de l'isenthalpe $h_m = 160$ kJ·kg^{-1} et de la courbe de saturation $H_R = 100$ % ;
- une température de rosée $θ_r = 31{,}6$ °C : cette valeur se lit sur l'isotherme à l'intersection de la courbe de saturation $H_R = 100$ % et de la verticale du point ❶.

La zone sous la courbe de saturation représente le domaine des brouillards, mélange d'air saturé et de gouttelettes d'eau ou de particules de glace suivant la température.

3.2.3. *Propriétés du diagramme enthalpique*

3.2.3.1. Séchage par entraînement

La figure 118 décrit un exemple de cycle de l'air au cours du séchage par entraînement d'un liquide. De l'air à 20 °C dont l'humidité absolue est $H_A = 0{,}01$ kg·kg^{-1} (point ❶ ; $h_m = 46$ kJ·kg^{-1} ; $H_R = 70$ %) est réchauffé à $\theta = 150$ °C. Son enthalpie est alors de 180 kJ·kg^{-1} (point ❷ ; $H_A = 0{,}01$ kg·kg^{-1} ; $H_R = 0{,}35$ %). Au contact du liquide, il y a transfert de chaleur de l'air vers le produit et d'eau vers l'air. L'enthalpie de l'air sec diminue et celle de la vapeur d'eau augmente. Il est possible en première approximation de considérer que l'enthalpie globale du système reste constante (séchage supposé adiabatique), ce qui sous-entend que la liaison de l'eau avec les autres constituants reste faible et que celle-ci peut être entraînée à un coût énergétique peu différent de la chaleur latente d'évaporation. En pratique, le séchage de très nombreux produits alimentaires se situe en dehors de ce cadre idéal.

Si la température de l'air sortant est $\theta_s = 70$ °C, l'humidité absolue de cet air est de 0,042 kg·kg^{-1} (point ❸ ; $H_R = 20$ %). La quantité d'eau évaporée par kg d'air sec est donc de 42 – 10 = 32 g. L'élimination d'1 kg d'eau nécessite dans ce cas $\frac{1}{0{,}032} = 31{,}2$ kg d'air sec, soit un coût énergétique de (180 – 46)·31,2 = 4 181 kJ·kg^{-1}.

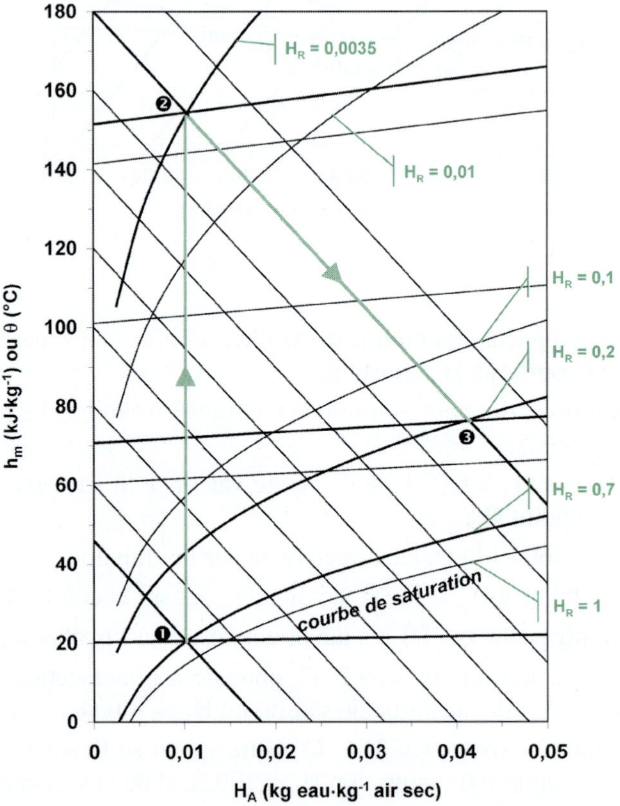

Figure 118 ■ Application du diagramme enthalpique de l'air humide au séchage par entraînement.

3.2.3.2. Mélange d'airs

À l'aide du diagramme enthalpique de l'air humide, il est possible de déterminer les caractéristiques d'un mélange de deux airs de caractéristiques connues (tableau 21).

Tableau 21 ■ Caractéristiques des airs 1 et 2 et de leur mélange M.

	Masse (kg air sec)	**Enthalpie ($kJ \cdot kg^{-1}$)**	**Humidité absolue (kg eau·kg^{-1} air sec)**
Air 1	m_1	h_1	H_{A1}
Air 2	m_2	h_2	H_{A2}
Mélange M	$m_1 + m_2$	h_m	H_{Am}

L'humidité absolue H_{Am} et l'enthalpie h_m du mélange M sont telles que :

$$\begin{cases} m_1 \cdot H_{A1} + m_2 \cdot H_{A2} = (m_1 + m_2) \cdot H_{Am} \\ m_1 \cdot h_1 + m_2 \cdot h_2 = (m_1 + m_2) \cdot h_m \end{cases} \quad [120]$$

qui conduit finalement à :

$$\frac{m_1}{m_2} = \frac{H_{A2} - H_{Am}}{H_{Am} - H_{A1}} = \frac{h_2 - h_m}{h_m - h_1} \quad [121]$$

Géométriquement, l'égalité des rapports de la relation [121] se traduit par l'alignement des points 1, 2 et M sur le diagramme enthalpique de l'air humide : le point M est le barycentre des points 1 et 2. Le mélange de deux airs non saturés peut se situer dans la zone des brouillards, compte tenu de la concavité de la courbe de saturation.

3.2.4. *Cinétiques de séchage*

La figure 119 représente une gouttelette d'eau en suspension dans l'air : P_e est la pression partielle en eau à θ, et P_e^0 la pression de vapeur saturante à θ_h.

En régime stationnaire, le transfert d'eau dans l'air peut s'écrire, selon la loi de Fick :

$$\frac{d(H_2O)}{dt} = A \cdot \beta \cdot (P_e^0 - P_e) \quad [122]$$

avec A surface d'échange (m^2) et β coefficient de transfert de l'eau de la gouttelette vers l'air ($kg{\cdot}m^{-2}{\cdot}s^{-1}{\cdot}Pa^{-1}$, ou encore $s{\cdot}m^{-1}$). La température humide θ_h étant inférieure à θ, le transfert de chaleur de l'air vers la gouttelette s'écrit selon la loi de Fourier en régime stationnaire :

$$\frac{dQ}{dt} = A \cdot \alpha \cdot (\theta - \theta_h) \quad [123]$$

avec α coefficient de transfert de chaleur entre la gouttelette et l'air ($W{\cdot}m^{-2}{\cdot}°C^{-1}$). Dans la mesure où ce transfert croisé est adiabatique (enthalpie du système cons-

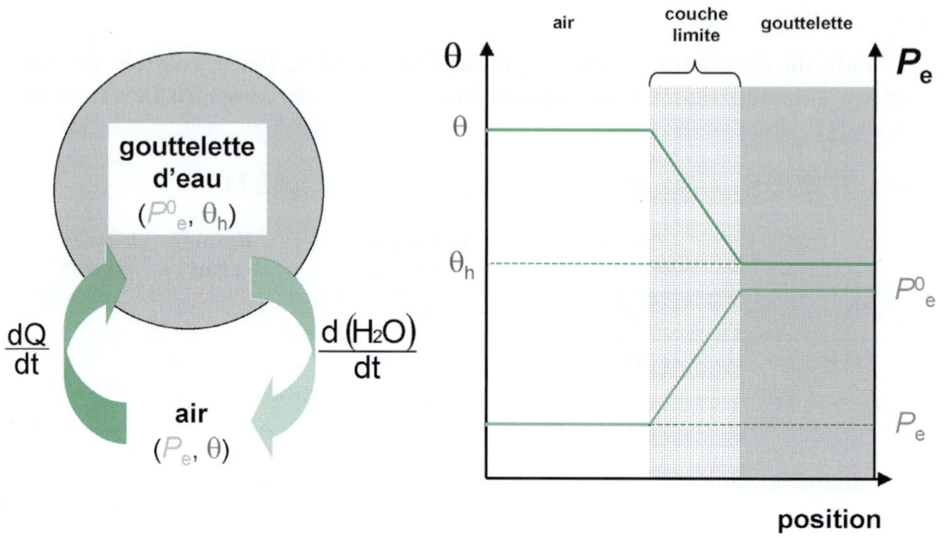

Figure 119 ■ Transferts couplés de chaleur et d'eau entre une gouttelette d'eau et l'air ambiant.

tante), c'est-à-dire que l'air se refroidit en se chargeant d'humidité, on peut également écrire :

$$dQ = L_v \cdot d(H_2O) \qquad [124]$$

avec L_v chaleur latente de vaporisation de l'eau ($J \cdot kg^{-1}$). En combinant [122], [123] et [124], on obtient :

$$P_e^0 - P_e = \frac{\alpha}{L_v \cdot \beta} \cdot (\theta - \theta_h) \qquad [125]$$

Si α et β sont très dépendants de la vitesse de l'air, qui détermine les caractéristiques d'échange de chaleur et de matière de la couche limite périphérique à la gouttelette (figure 119), $\frac{\alpha}{L_v \cdot \beta}$ est remarquablement stable pour des vitesses d'air comprises entre 2 et 10 $m \cdot s^{-1}$, plage dans laquelle sa valeur est de 64,7 unités SI.

La cinétique de séchage peut donc se formaliser en régime stationnaire par l'écriture des équations [122] et [125]. Le séchage est un phénomène d'évaporation de l'eau superficielle entretenue par la montée capillaire de l'eau de l'intérieur du produit vers sa surface. En début de séchage et tant que l'humidité moyenne est suffisante pour alimenter régulièrement la surface en eau, la vitesse d'évaporation est constante. La pression partielle de vapeur d'eau du produit est alors égale à P_e^0 et sa température est égale à θ_h, température humide. En fin de séchage, la cinétique décroît car la pression partielle de vapeur d'eau du produit diminue en tendant vers P_e et sa température augmente en tendant vers θ, température sèche.

Dans le cas d'un séchage en continu, les cinétiques différent selon que l'on travaille à co- ou à contre-courant (figure 120).

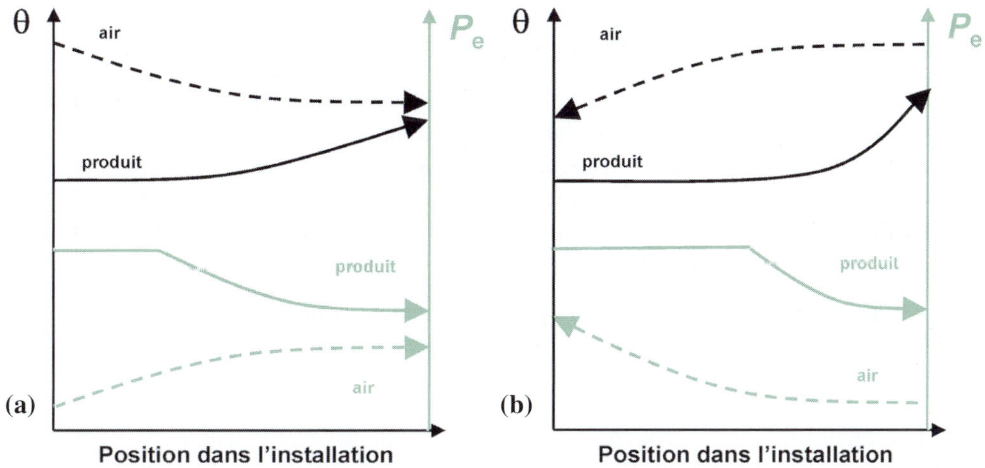

Figure 120 ■ Température et pression partielle d'eau lors de séchage à co-courant (a) et contre-courant (b).

Le séchage à contre-courant permet d'atteindre des niveaux de déshydratation plus importants mais n'est pas recommandé pour des produits thermosensibles car le produit sortant est porté à des températures proches de celles de l'air entrant. De plus, l'écart entre la température du produit et sa température de transition vitreuse est maximal dans ce cas, avec les conséquences que l'on sait sur les réactions biochimiques et physico-chimiques (cf. chapitre 1, § 2.2.1. et chapitre 7, § 1.4.). Le séchage à co-courant, moins défavorable au plan de la qualité du produit, est en outre généralement plus rapide.

3.2.5. Matériel

Il existe un très grand nombre de procédés et d'appareils de séchage par entraînement. Les variantes portent sur les caractéristiques du produit, les équipements et la conduite du séchage :

• *état de dispersion du produit* : un produit finement dispersé sèche en effet plus rapidement (aérosol : séchage par pulvérisation ou atomisation) par augmentation de la surface d'échange ;

• *dynamique du produit (sécheur rotatif) et/ou du fluide chauffant* : le but est d'augmenter les coefficients α et β en réduisant les facteurs limitants, ce qui conduit à un séchage plus rapide et plus uniforme. Toutefois, un état trop turbulent peut aboutir à une fragmentation excessive du produit. Dans le cas de chauffage par l'air, le produit est souvent en déplacement dans un flux d'air lui-même en mouvement (sécheur tunnel, à lit fluidisé ou par atomisation, etc.) ;

• *caractère continu ou discontinu de l'opération de séchage* : l'opération continue s'impose dans le cas d'une production importante. Elle exige des équipements plus coûteux, mais réduit généralement les frais de main d'œuvre. Elle permet surtout de maintenir plus constantes les caractéristiques de séchage en fonction du temps et de la position dans le séchoir : température de l'air et du produit, teneur en eau finale du produit, rendement énergétique du sécheur ;

• *recyclage partiel de l'air* : il améliore le rendement énergétique, assure un séchage plus uniforme et facilite le maintien de conditions constantes de séchage ;

• *mode de chauffage de l'air* : il peut être direct par mélange avec des gaz de combustion (gaz) ou indirect à l'aide de batteries de chauffe (électriques ou alimentée par un fluide chaud – vapeur, gaz, huile). Le choix d'un mode de chauffage dépend également des caractéristiques physiques (solide de taille plus ou moins grande, liquide plus ou moins visqueux) et physico-chimiques (sensibilité à la chaleur ou à l'oxydation) du produit.

Les principaux types de séchoirs par entraînement sont décrits ci-après.

3.2.5.1. Séchoirs à plateaux

L'aliment est étalé en couche mince sur des plateaux et chauffé, le plus fréquemment par de l'air chaud circulant entre les plateaux (2 à 8 $m \cdot s^{-1}$). L'air est en général recyclé, surtout en fin de séchage, et son sens de circulation peut être inversé de temps à autre afin d'obtenir un séchage plus uniforme. Ce type d'appareil polyvalent et discontinu est peu coûteux.

3.2.5.2. Tunnel de séchage

Il correspond à un séchoir à plateaux fonctionnant de manière continue. Le produit parcourt un tunnel où circule de l'air chaud, qui comprend fréquemment deux sections (une première où l'air et le produit circulent à co-courant et une seconde à contre-courant) de manière à associer les avantages d'un séchage initial rapide à ceux d'une faible teneur en eau finale. Chaque position dans le tunnel est caractérisée par une température et une humidité du produit (et de l'air) constantes. Ces appareils sont notamment utilisés pour le séchage de fruits et de légumes. Il existe différentes variantes de ce type de séchoir :

• *séchoirs rotatifs* : le produit progresse par écoulement à l'intérieur d'un cylindre rotatif légèrement incliné (figure 121). La vitesse de circulation de l'air doit être limitée afin de ne pas entraîner les particules de produit. Ce type de séchoir, qui permet un séchage rapide et uniforme, est utilisé dans le cas du sucre, des fèves de cacao ou de marquants de viande ;

• *séchoirs à bande perforée mobile* : le produit, à l'état divisé et en couche plus ou moins épaisse, est entraîné par une bande métallique perforée. L'air chaud peut circuler parallèlement au produit, mais le plus souvent, il est envoyé perpendiculairement à la bande perforée et traverse la couche de produit. Le séchage est alors uniforme, d'autant plus que le mouvement du produit est souvent accentué par un parcours sur plusieurs bandes disposées l'une au dessous de l'autre (figure 122).

3.2.5.3. Séchoirs à lit fluidisé

Une couche de produit solide, en fragments de dimensions appropriées, est disposée sur une plaque poreuse ou sur une grille et traversée de bas en haut par un flux d'air ayant une vitesse suffisante pour maintenir en agitation et en suspension

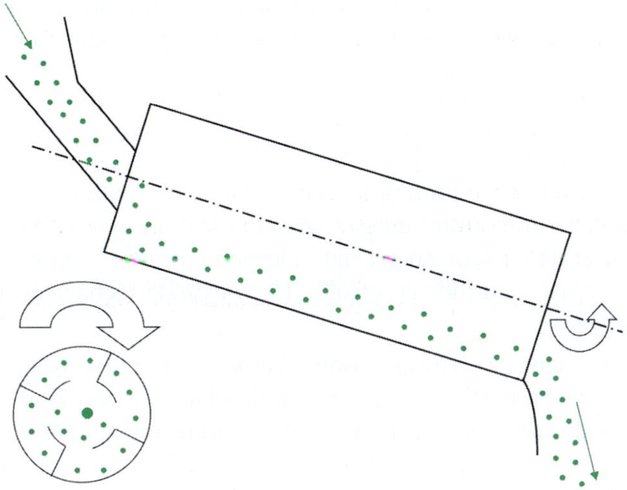

Figure 121 ■ Séchoir rotatif. Sections longitudinale et transversale.

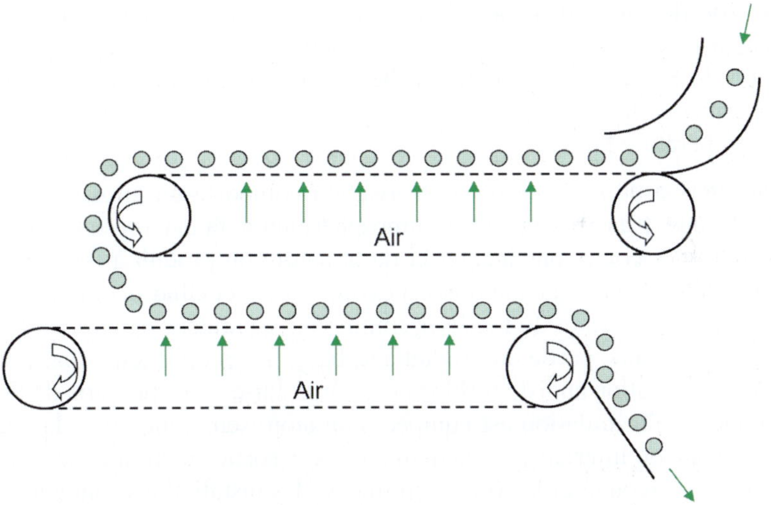

Figure 122 ■ Séchoir à bande perforée mobile.

les particules de produit. Le séchage se fait généralement de manière continue, la couche de produit progressant de l'entrée vers la sortie. La dispersion des temps de séjour peut cependant poser problème, certaines particules étant surchauffées, et d'autres insuffisamment séchées. Le séchage est rapide du fait de la grande surface de contact air-produit. Sa durée diminue avec la taille des particules car le transfert de l'eau est facilitée ; cependant, les particules de dimensions les plus faibles peuvent être entraînées par le flux d'air, ce qui nécessite de filtrer ou de cycloner l'air de sortie.

Ce type de séchoir est utilisé dans le cas des légumes, des céréales, du café, du sucre et des poudres laitières. Certains aliments ne se laissent fluidiser que si leur teneur en eau est déjà assez basse.

3.2.5.4. Séchage par pulvérisation (atomisation)

Il consiste à pulvériser le produit à sécher (qui se présente sous forme liquide ou en suspension) dans un courant de gaz chaud et sec. Le gaz sert donc à la fois de fluide chauffant et de vecteur pour l'eau enlevée : entrant chaud et sec dans la tour de séchage, il en ressort humide et refroidi. La vitesse de séchage est proportionnelle à trois facteurs :

- la surface d'échange et d'évaporation, accrue par la pulvérisation : en effet, 1 L de liquide pulvérisé en particules de 100 µm de diamètre développe une surface de 60 m^2, alors qu'elle n'est que de 5 dm^2 environ pour une sphère unitaire de même volume ;
- la différence entre les pressions partielles d'eau de la particule et de l'air de séchage : un assèchement de l'air et/ou une augmentation de sa température permet d'en augmenter la valeur ;
- la vitesse de migration de l'eau de l'intérieur de la particule vers sa surface, qui dépend du coefficient de diffusion de l'eau et varie selon la composition biochimique, la teneur en eau et la température du produit. Ce facteur est essentiel pour la préservation de la qualité du produit séché, car la présence d'eau en surface de la particule permet de limiter le plus longtemps possible la température de celle-ci à la valeur de température humide.

Une installation de séchage par pulvérisation comporte un circuit liquide et un circuit d'air chaud. L'aspiration de l'air atmosphérique se fait au travers de filtres dont le type dépend des conditions locales et de la nature du produit à traiter. La forme de l'enceinte de séchage (ou chambre) est cylindrique ou cylindroconique suivant les installations, ce qui permet de l'utiliser comme un séparateur et autorise la récupération de la plus grande partie du produit à sa base. Ses proportions sont fonction du système de pulvérisation choisi : turbine centrifuge, buses sous pression de liquide ou buse bi-fluide. Si l'installation est équipée d'un atomiseur centrifuge, la chambre a une hauteur égale ou inférieure à son diamètre. À la sortie du circuit d'air, un séparateur a pour but de récupérer les fines entraînées : les installations sont généralement équipées de cyclones, de laveurs d'air ou de filtres à manches.

La conception d'une unité d'atomisation « simple effet » ou « un temps » est telle que le temps de séjour dans la tour de séchage est très court (20 à 60 s en moyenne), et ne permet pas de réel équilibre entre l'humidité de l'air et celle du produit. De ce fait, la température de sortie de l'air de séchage doit être plus élevée, et l'humidité relative et le rendement énergétique de l'opération inférieurs.

Le séchage « deux effets » ou « deux temps » consiste à limiter le séchage par atomisation au profit d'un procédé à temps de séjour plus long (plusieurs minutes), et donc plus proche de l'équilibre thermodynamique. Le produit à la sortie de l'unité de séchage par atomisation devra respecter une humidité maximale permettant une évacuation continue et le maintien de bonnes conditions d'exploitation. Ceci entraîne une sensible diminution de la température de l'air de sortie, et également une augmentation de la température de l'air d'entrée. Le séchage final, pour obtenir l'humidité résiduelle requise, a lieu dans un lit fluidisé externe vibrant ou vibro-fluidiseur dont les débits d'air et les températures de traitement sont plus faibles que dans la chambre et donc mieux adaptées à la préservation qualitative de la poudre. Ainsi, la voie à suivre pour réduire les coûts et améliorer les performances consiste à transférer la plus grande partie possible du séchage de la phase « atomisation » à la phase « fluidisation ». Le facteur limitant est le début de collage entre le produit humide et les parois ($T > T_g$; figure 82), ce contact étant inévitable compte tenu de la turbulence interne dans la chambre.

Ce facteur limitant a été levé dans les unités de séchage « trois temps » (MSD : *multi spray/system/stage drying*). La conception de la phase atomisation et le positionnement d'un lit fluidisé interne à la base de la chambre d'atomisation ont permis de limiter le contact entre les parois de l'unité et le produit humide. Le séchage se poursuit sur le lit fluidisé externe (figure 123).

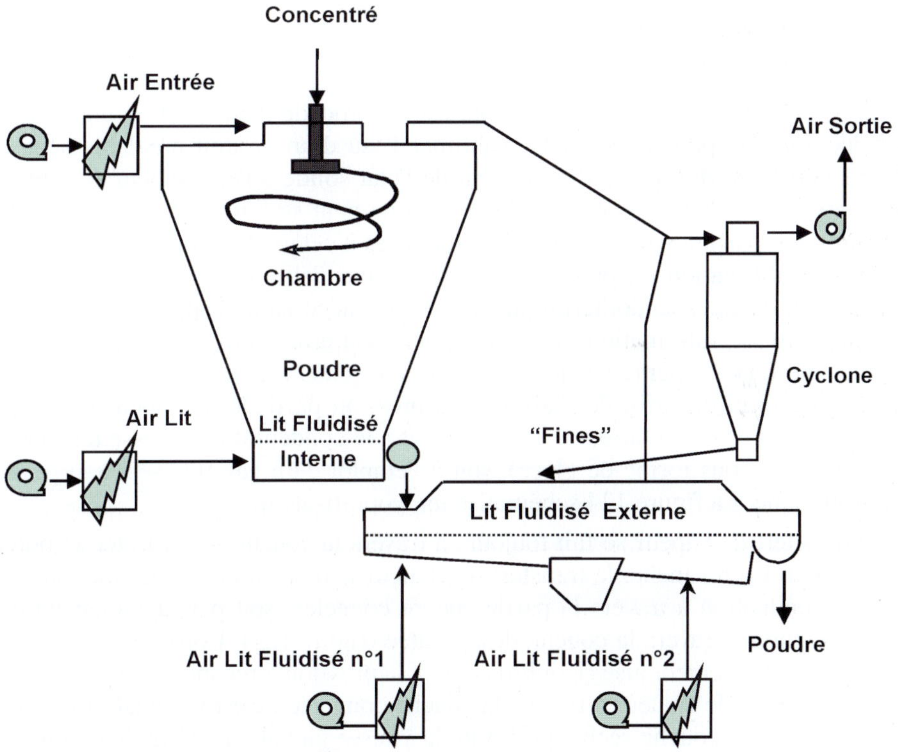

Figure 123 ■ Séchoir atomiseur.

L'optimisation du procédé, libéré de ses contraintes initiales, a permis une remarquable amélioration des performances et de la qualité du produit obtenu :

- amélioration du rendement énergétique : diminution sensible de la température et augmentation de l'H_R d'air de sortie, autorisant une nette augmentation de la température d'air d'entrée ;

– réduction de l'encombrement du matériel : dans un volume donné, la capacité est 2 à 3 fois supérieure à celle d'une unité classique ;
– diminution sensible des rejets atmosphériques : la réduction du débit d'air de séchage et l'augmentation de l'humidité du produit diminuent les pertes par entraînement ;
– amélioration de la qualité du produit au niveau de l'agglomération, de la solubilité, de la dispersibilité, de la mouillabilité, de la granulométrie, de la masse volumique, etc.

Il existe d'autres installations de séchage telles que les tours compacts (tour W), les tours à fond plat, les « Tall Form », Filtermat®, Paraflash® ou le procédé Tixotherm®. Toutes ces tours ont des caractéristiques liées essentiellement aux propriétés spécifiques du produit à sécher (haute teneur en matières grasses, amidons, maltodextrines, ovoproduits ou produits hygroscopiques).

3.3. Lyophilisation

3.3.1. Principe

La lyophilisation, ou cryodessication, est un procédé d'élimination d'eau dont le principe consiste pour l'essentiel à sublimer l'eau d'un produit préalablement congelé : l'eau du produit passe directement de l'état solide à l'état vapeur (figure 114), sans passer par l'état liquide. La sublimation ne peut se faire que si la température et la pression partielle de vapeur sont inférieures à celles du point triple. La chaleur latente de sublimation est proche de 2 800 kJ pour l'élimination d'1 kg d'eau, et ce changement d'état est endothermique : il est donc nécessaire d'apporter de la chaleur jusqu'au front de sublimation, mais cet apport doit être contrôlé avec précision afin d'éviter une fusion, même partielle, de l'eau congelée. La vapeur d'eau formée doit ensuite être éliminée afin de maintenir la pression partielle de vapeur d'eau à des valeurs faibles. Pour se faire, on a recourt soit à la condensation à basse température (généralement sous forme de glace), soit à l'emploi d'un gaz très sec, à la pression atmosphérique. La figure 124 schématise un lyophilisateur.

Le transfert de vapeur se fait toujours à travers la couche déshydratée et poreuse de l'aliment. En revanche, le transfert de chaleur vers le front de sublimation se fait soit par conduction à travers la partie encore congelée, soit par rayonnement et/ou par conduction à travers la couche déshydratée (figure 125). Lorsque le transfert de chaleur est relativement aisé (lyophilisation à la pression atmosphérique, avec un gaz très sec ; apport de chaleur à travers la couche congelée), c'est le transfert de vapeur d'eau à travers la couche sèche qui limite la vitesse globale de déshydratation. Dans les autres cas (lyophilisation sous vide), c'est le transfert de chaleur à travers la couche sèche et poreuse qui constitue le facteur limitant.

La lyophilisation est un procédé de choix pour les produits thermosensibles car il permet une excellente restitution des qualités organoleptiques des produits traités. Cependant, son caractère cyclique et son coût énergétique élevé sont des facteurs limitants au développement de son utilisation.

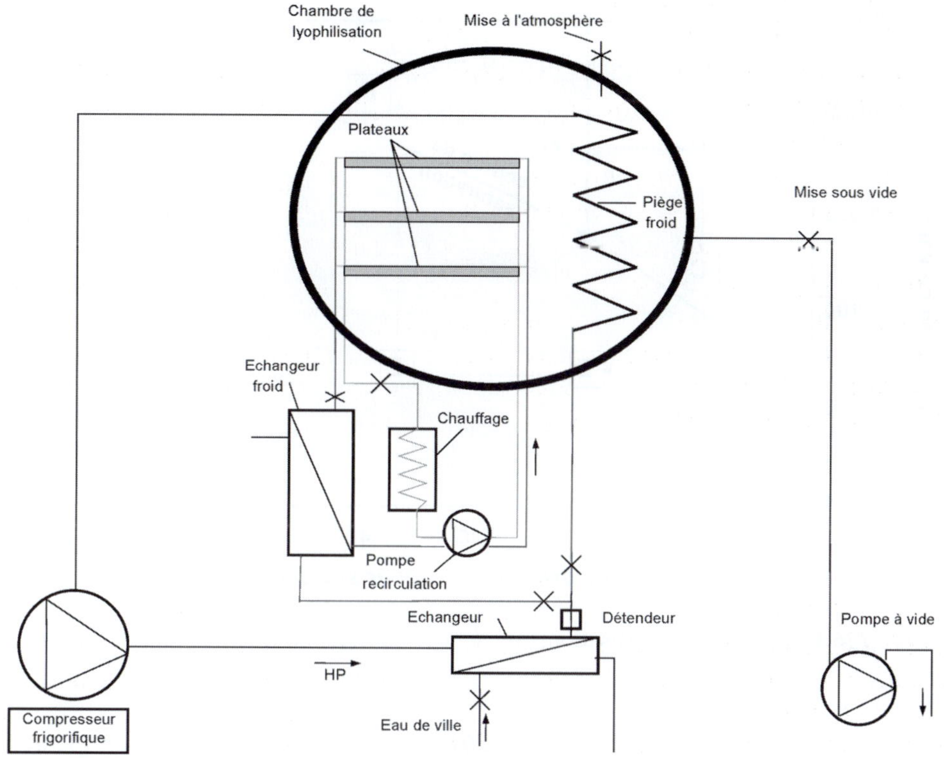

Figure 124 ■ Lyophilisateur.

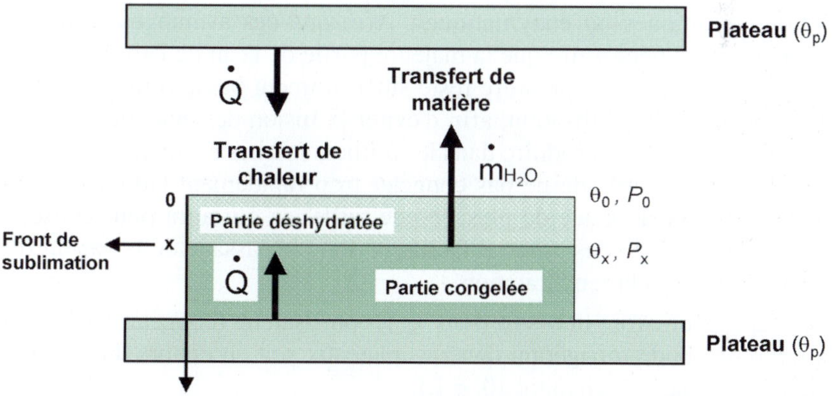

Figure 125 ■ Représentation schématique des transferts de chaleur et de matière en lyophilisation.

3.3.2. Étapes

La lyophilisation comporte 5 phases (figure 126) : congélation (A → B), mise sous vide (B → C), sublimation (C → D), désorption (D → E) et cassage du vide (E → F).

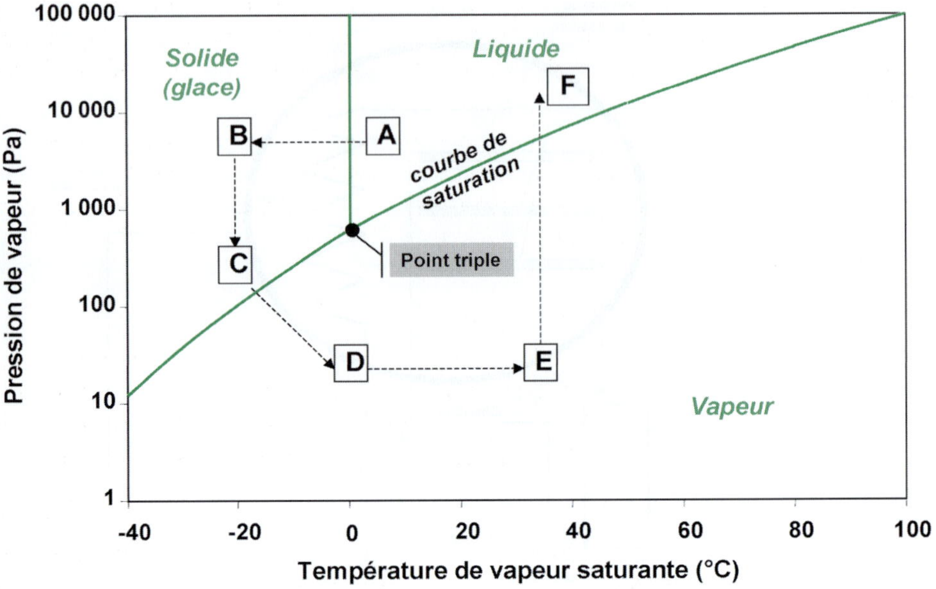

Figure 126 ■ Cycle de lyophilisation.

3.3.1.1. Congélation (*A* → *B ; figure 126)*

Le principal avantage de la lyophilisation tient au fait que la déshydratation se fait en milieu totalement solide, et à basse température. Il n'y a donc pas de mouvement de liquides et de solutés, pas de contraction de volume et pratiquement pas de réactions chimiques ou enzymatiques. Afin que ces avantages se manifestent effectivement, il est nécessaire que la majeure partie de l'eau de l'aliment soit congelée ; il faut aussi que la température reste suffisamment basse (inférieure à environ – 20 °C) pendant la lyophilisation, afin d'éviter la fusion des eutectiques (ce phénomène risque surtout de se produire dans les aliments riches en sucres). Avec certains produits, il peut être utile de ne pas congeler trop rapidement l'aliment de façon à obtenir des cristaux de glace de plus grande taille, ce qui aura pour conséquences d'augmenter le diamètre des pores et facilitera donc le passage de la vapeur d'eau, et dans un second temps la réhydratation.

Cette étape peut avoir lieu soit dans le lyophilisateur (congélation interne) par circulation d'un fluide réfrigérant dans les plateaux soit en dehors du lyophilisateur (congélation externe ; cf. chapitre 10, § 1.).

3.3.1.2. Mise sous vide (*B* → *C ; figure 126)*

La mise sous vide n'est pas rigoureusement obligatoire. On peut lyophiliser à pression atmosphérique avec un courant d'air ou d'azote froid, à la condition que la pression partielle de l'eau dans le gaz soit inférieure à la pression de la vapeur de la glace. Le vide a toutefois l'intérêt de réduire les risques de fusion de la glace et d'accélérer le séchage si le facteur limitant est la diffusion de la vapeur au travers de la masse de produit. Si le transfert de chaleur interne est limitant, comme c'est souvent le cas en début de lyophilisation, il est intéressant de travailler à des températures de sublimation basses, correspondant à des pressions comprises entre 40 et 140 Pa, voire plus basses.

Le vide est souvent assuré par une première pompe à débit élevé mais vide limité ; cette pompe est alors relayée par une seconde pompe à débit limité mais permettant d'atteindre des pressions très basses. La durée totale de mise sous vide est généralement d'au moins 15 min.

3.3.1.3. Sublimation (C → D ; figure 126)

La sublimation correspond à la dessiccation primaire de toute l'eau congelée de l'aliment. Sa vitesse est proportionnelle à la différence entre les pressions partielles de vapeur d'eau au niveau du front de sublimation et de la glace se trouvant sur le condenseur. Cette différence dépend directement de l'écart de température entre le produit encore congelé et le condenseur. Avec un produit à – 20 °C (P_e glace ≅ 103 Pa) et un condenseur à – 40 °C (P_e ≅ 13 Pa), la différence de pression est de l'ordre de 90 Pa ; elle serait de 222 Pa pour un condenseur à – 30 °C et un produit à – 10 °C, mais une telle température du produit risquerait d'entraîner la fusion de certains eutectiques. Les très faibles différences de pression de vapeur mises en œuvre expliquent donc le faible niveau des vitesses de lyophilisation. La vitesse de la déshydratation diminue lorsque la pression dans l'enceinte du lyophilisateur s'élève. C'est pourquoi, on opère le plus souvent sous vide à une pression absolue comprise entre 10 et 270 Pa. Même dans ces conditions, la vitesse de déshydratation dépasse rarement 1,5 $kg \cdot m^{-2} \cdot h^{-1}$. Cette valeur correspond à un déplacement du front de sublimation de 2 à 3 cm en 10 h. En pratique, les produits à lyophiliser ont une épaisseur inférieure. En effet, l'épaisseur totale du produit joue un rôle primordial sur la vitesse de déshydratation, qu'elle soit limitée par le transfert de vapeur ou de chaleur : la durée de déshydratation est en effet approximativement proportionnelle au carré de l'épaisseur, comme dans le cas de la congélation selon Planck (équation [106]) lorsque le facteur limitant se situe au niveau des échanges au sein du produit.

3.3.1.4. Désorption (D → E ; figure 126)

La désorption correspond à la dessiccation secondaire de l'eau liée. À la fin de la dessiccation primaire, il n'y a plus de glace, et par conséquent pas de risque de fonte si la température s'élève. La température du produit « sec » s'élève d'ailleurs spontanément, puisqu'il n'y a plus de sublimation. Cette élévation de température est indispensable afin que l'humidité résiduelle, correspondant à de l'eau liée, soit désorbée et puisse s'évaporer. En pratique, le produit est maintenu à une température comprise entre 20° et 70 °C, toujours sous vide, durant 2 à 6 h. Il est souhaitable d'amener le produit à une teneur en eau correspondant à la couche monomoléculaire, qui permet d'assurer une stabilité maximale pendant le stockage (cf. chapitre 1, § 2.1.3.). Le contrôle de la teneur en eau au cours de la lyophilisation reste cependant difficile, sauf lors d'opérations pilotes.

La figure 127 montre que l'élévation de la température de la couche sèche se produit bien avant la fin de la sublimation. Ainsi, la teneur en eau et la température varient à divers niveaux d'épaisseur du produit. La température du front de sublimation reste constante au cours de la lyophilisation. Lorsque le transfert de chaleur se fait à travers la couche sèche, le risque de surchauffe est plus grand que le risque de fusion de la partie congelée.

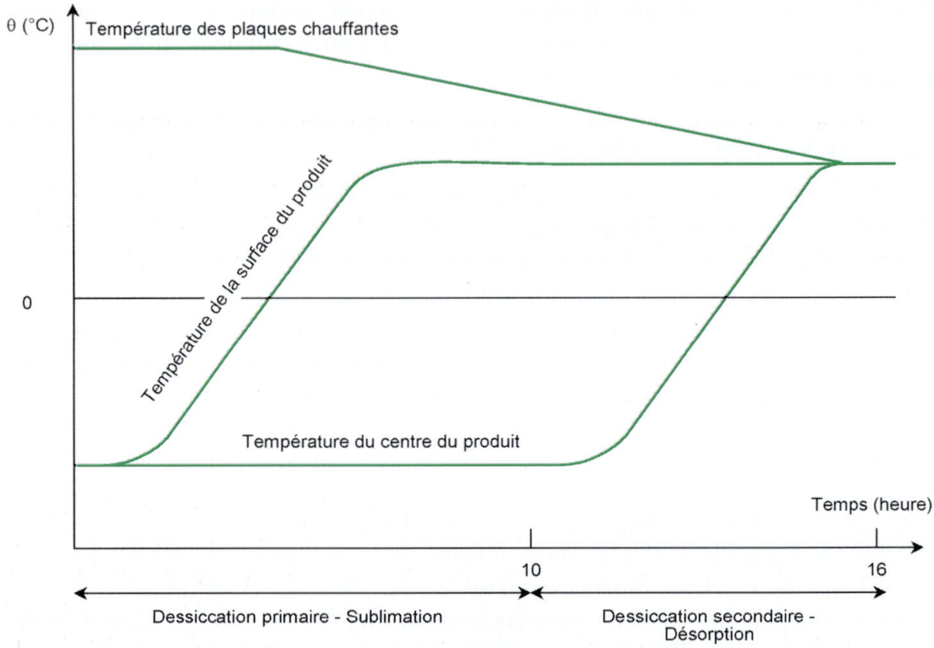

Figure 127 ■ Température du produit et des plaques chauffantes au cours de la lyophilisation (transfert de chaleur à travers la couche sèche).

3.3.1.5. Cassage du vide (E → F ; figure 126)

En fin de lyophilisation, le vide est généralement cassé par introduction d'air ou d'azote, ce qui associé à un emballage adéquat permet de protéger de l'oxydation les produits lyophilisés.

4. *Stabilisation par inhibition chimique*

4.1. Additifs conservateurs (antibactériens, antifongiques)

L'usage des conservateurs fait partie de la panoplie des techniques et des moyens qui permettent d'assurer la sécurité du consommateur, d'allonger la durée de vie des produits alimentaires et de limiter leurs altérations par les micro-organismes. La découverte de procédés ancestraux de conservation des aliments, tels que le feu (qui a permis la cuisson et le fumage), le salage ou la bioacidification ont représenté les étapes clés de l'histoire de l'humanité. Les conservateurs, tels que le sel et les constituants de la fumée, font partie des premiers moyens de préservation utilisés. Aujourd'hui, les méthodes physiques (thermiques en particulier) sont les plus employées en raison de leur efficacité et de leur facilité de mise en œuvre, mais l'utilisation des conservateurs chimiques, dont la gamme s'est étoffée et affinée, est complémentaire de ces traitements. Ils permettent en effet de diminuer l'intensité des traitements physiques et de limiter les modifications organoleptiques et nutritionnelles (Mescle, 2002).

4.1.1. Généralités

Un additif conservateur peut être défini comme toute substance incorporée à un aliment en vue d'accroître sa stabilité chimique, sa stabilité microbiologique et sa sécurité. Les produits utilisés traditionnellement en tant qu'ingrédients alimentaires et possédant en outre des propriétés conservatrices (vinaigre, chlorure de sodium, alcool éthylique, huiles alimentaires et sucres) sont exclus de cette catégorie.

Les conservateurs chimiques doivent assurer :

- la sécurité du consommateur, en inhibant le développement des micro-organismes pathogènes éventuellement présents (salmonelles, *Clostridium*, staphylocoques, moisissures diverses) et en limitant la production des toxines microbiennes ;
- la stabilité organoleptique de l'aliment, par l'inhibition des micro-organismes d'altération.

Les additifs conservateurs présentent un intérêt quand ils sont substitués à des traitements physiques coûteux et difficiles à mettre en œuvre. Ceci est vrai dans des régions où la diffusion du progrès technique est limitée par un manque de formation ou de moyens financiers. Les additifs peuvent être par exemple une alternative à la chaîne du froid. Ils ont également l'avantage parfois de ne pas ou peu modifier les qualités organoleptiques des aliments dans lesquels on les incorpore et de les conserver à l'état frais. Les aliments ainsi traités gardent donc mieux et plus longtemps leurs caractéristiques originelles, ce qui est recherché par le consommateur.

Les conservateurs ont essentiellement un effet bactériostatique, leur effet létal est lent et limité. De plus, ils peuvent s'altérer au cours du temps par oxydation ou sous l'action des enzymes microbiennes et perdre ainsi toute efficacité. Ils souffrent enfin d'une mauvaise image auprès des consommateurs, qui remettent en cause leur utilisation. En effet, certaines de ces substances peuvent être toxiques lorsqu'elles sont consommées à forte dose ou sont soupçonnées d'être cancérigènes sur le long terme. Cependant la plupart est inoffensive et rencontrée naturellement dans les aliments frais ou fermentés. Des études toxicologiques sont cependant nécessaires, et la réglementation est constamment mise à jour afin d'assurer la sécurité alimentaire.

Les deux premières conditions pour obtenir une bonne efficacité d'un traitement par conservateurs sont :

- l'application à un produit de bonne qualité hygiénique : aucun agent conservateur licite n'a la capacité de rendre consommable un aliment avarié ;
- une répartition homogène dans l'aliment : les conservateurs sont utilisés en quantités souvent faibles et une mauvaise dispersion ne permet pas de protéger la totalité du produit et risque d'induire un surdosage local.

Les conservateurs sont le plus souvent utilisés en mélange ou associés avec d'autres substances comme les antioxydants, ce qui renforce leur action. Cela permet des effets synergiques, car chaque famille d'additifs agit préférentiellement sur un groupe de micro-organismes ou sur certaines voies métaboliques. Les conditions de milieu, et en particulier le pH, sont très importantes pour l'efficacité des traitements. Il est donc indispensable de bien connaître la composition et les caractéristiques physico-chimiques du produit, ainsi que sa microflore avant de formuler un mélange d'additifs. Par ailleurs, l'utilisation de conservateurs ne peut s'envisager sans tenir compte des autres traitements, notamment physiques, opérés sur un produit.

L'utilisation des conservateurs dans les aliments est réglementée. Les textes réglementaires actuels (Lamy-Dehove, 1997) prennent en compte la directive CE 95.2 du 20 février 1995. Le principe des listes positives est respecté et les conservateurs y sont classés en deux catégories :

- les additifs généralement autorisés : on y trouve les acides acétique, lactique, citrique, malique, tartrique, ascorbique, et leurs dérivés salins sodique, potassique et calcique, ainsi que la glucono-δ-lactone et le dioxyde de carbone. Ces substances considérées comme des additifs sont cependant autorisées sur la base des usages et pratiques professionnelles. Cette autorisation générale a cependant une portée limitée par une liste restrictive d'aliments dans lesquels les additifs généralement autorisés ne peuvent pas être utilisés. Cette liste concerne les matières premières et produits intermédiaires comme le lait ou la crème pasteurisés, le café ou ses extraits, les sucres ou les pâtes sèches. Ces précisions montrent combien il est nécessaire de se référer régulièrement à la réglementation, qui est complexe et évolutive ;
- les additifs autorisés sous certaines conditions : il s'agit notamment des acides sorbique, benzoïque, propionique, phosphorique et leurs dérivés salins, des acides fumarique et succinique, des parabens ou esters de l'acide para-hydroxybenzoïque, de l'anhydride sulfureux (SO_2), des sulfites et des nitrites.

4.1.2. Salage

4.1.2.1. Chlorure de sodium

Le chlorure de sodium (NaCl), bien que considéré plutôt comme un ingrédient alimentaire que comme un additif, est sans doute le premier ou l'un des premiers conservateurs chimiques qui ait été utilisé en alimentation. Contrairement à une opinion autrefois fort courante, le chlorure de sodium n'agit pas comme antiseptique. Son pouvoir bactéricide est faible. Son action antimicrobienne s'exerce uniquement par son effet dépresseur sur l'a_w. Le sel sélectionne les flores en fonction de l'activité de l'eau, inhibe la multiplication de la plupart des bactéries intervenant dans l'altération, mais favorise la croissance des halophiles. Il est surtout utilisé pour la conservation des viandes, des poissons et des légumes.

Pour une protection efficace, il faut abaisser l'a_w à des valeurs inférieures à 0,95 pour des produits frais réfrigérés à durée de vie limitée ou même inférieures à 0,91 pour une stabilité en dehors de la chaîne du froid. Dans le premier cas 2 à 3 % de sel sont nécessaires. Dans le second, il faut 5 à 6 % après séchage partiel. En effet, à partir d'une concentration de 5 %, le sel inhibe la plupart des bactéries anaérobies et *Pseudomonas* et ralentit la croissance des bactéries aérobies.

En ce qui concerne les produits de charcuterie, l'amélioration de la chaîne du froid et des conditions hygiéniques de production, le développement des technologies de mise sous vide et une meilleure connaissance de l'action des additifs ont permis de réduire les teneurs en sel mises en œuvre par rapport au salage traditionnel. Actuellement, à titre de comparaison, la teneur en sel du pain est de 1,5 % ; pour les charcuteries, les valeurs moyennes se situent aux alentours de 2 % pour les produits cuits ou à cuire, et 5 à 6 % pour les produits secs.

Les principales applications sont les charcuteries fraîches, cuites et sèches, les produits de saurisserie et les légumes type cornichons, oignons ou champignons à la Grecque. Dans le cas du poisson, le produit salé est tantôt un produit fini, tantôt une matière première destinée à un traitement complémentaire : séchage, fumage, semi-conserve (Sainclivier, 1985).

Les deux techniques existantes sont le salage à sec et le salage en saumure. Dans le premier cas, les filets de poisson ou de viande sont posés à plat sur un lit de sel fin et recouverts d'une fine couche sur l'autre face. Dans le second cas, les produits sont immergés dans des solutions plus ou moins concentrées en sel. L'emploi d'une saumure sursaturée permet de maintenir la saturation en sel de la solution, en fonction de sa température, au cours du procédé.

Le salage vise à atteindre un équilibre salin entre le produit et la solution saline en un temps suffisamment court pour empêcher la prolifération bactérienne et prolonger la durée de conservation. La vitesse de migration des ions Na^+ et Cl^- dans le produit (« pénétration du sel ») suit la loi de Fick (équation [62]), et dépend par conséquent d'un coefficient de diffusion D_m spécifique à la matrice considérée qu'il est possible d'estimer à partir de différentes méthodes expérimentales.

Au cours de la pénétration du sel, on distingue deux phases :

- une première phase à coefficient de diffusion élevé, en relation directe avec la teneur en eau et l'a_w du produit ;
- une deuxième phase à coefficient de diffusion faible, qui diminue en fonction de l'évolution des caractéristiques de la phase solvante du produit (viscosité).

La pénétration du sel est donc rapide au début de l'opération puis est ralentie au fur et à mesure du salage. Elle dépend essentiellement de :

- la qualité et la granulométrie du sel ;
- la qualité de la matière première (fraîcheur, calibre, taux de matière grasse) ;
- la température.

Le salage présente un double inconvénient nutritionnel et sensoriel ; il est donc indispensable de procéder à un dessalage avant consommation.

4.1.2.2. Sels nitrités

L'utilisation de sels nitrités dans les charcuteries est une pratique courante. En revanche, en France, la réglementation en interdit l'usage dans la transformation des produits de la pêche. Le salpêtre (nitrate de potassium) était traditionnellement utilisé comme conservateur. Il est souvent remplacé aujourd'hui par des nitrites, formes effectivement actives contre les micro-organismes. Les nitrates agissent comme précurseurs de nitrites, car ils sont réduits par les bactéries présentes dans les saumures.

L'usage des nitrates et nitrites est sujet à controverses. Les nitrites inhibent un certain nombre de pathogènes, notamment *Clostridium botulinum* susceptible d'être présent dans les produits crus. Le nitrite a également un rôle organoleptique au niveau de la saveur et de la couleur : par interaction avec la myoglobine, il forme un complexe nitrosomyoglobine qui confère à la viande une couleur rouge et stable.

Compte tenu de leur toxicité, les nitrites sont commercialisés en mélange avec du chlorure de sodium pour éviter les erreurs de dosage (sels nitrités). Au-delà de leur toxicité propre, ils présentent l'inconvénient d'être très réactifs vis-à-vis des amines, pour former des nitrosamines reconnues comme étant fortement cancérigènes. De ce fait, les sels nitrités ne sont pas autorisés dans le cas du poisson, en raison des fortes teneurs en amines endogènes.

Les doses d'utilisation et les conditions d'emploi sont réglementées après avis du Conseil supérieur d'hygiène publique de France et de l'Académie de médecine. Les quantités résiduelles de nitrites et de nitrates dans les produits finis ont été réduit par rapport aux taux initialement incorporés. Dans 90 % des cas, les produits cuits (pâtés, jambons, saucisses) et les produits secs (saucissons, jambons) présentent respectivement moins de 40 $mg \cdot kg^{-1}$ de nitrites et 225 $mg \cdot kg^{-1}$ de nitrates, et moins de 30 $mg \cdot kg^{-1}$ de nitrites et 300 $mg \cdot kg^{-1}$ de nitrates.

4.1.3. Sucrage

Les consommateurs associent principalement les sucres à la saveur sucrée. Mais les sucres ont une multitude d'autres fonctions qui en font des ingrédients importants dans de nombreux aliments. Dans bien des produits, les sucres jouent un rôle de par leur effet dépresseur de l'a_w au niveau de la conservation. L'ajout de glucides, comme le glucose, fructose ou le saccharose, aux confitures et gelées empêche la croissance microbienne et permet la conservation hors de la chaîne du froid.

La déshydratation osmotique des fruits par immersion dans des sirops est couramment utilisée. Cette technique se traduit par une réduction de la teneur en eau et une augmentation de la teneur en sucre.

On peut également ajouter des sucres aux légumes en boîte pour conserver leur texture (fermeté) et minimiser l'oxydation responsable d'une altération de leur qualités organoleptiques (saveur, couleur). De nombreux glucides (glucose, fructose, sorbitol et mannitol) sont d'excellents capteurs d'ions métalliques (cuivre, fer, et dans une moindre mesure cobalt). Cette caractéristique permet de retarder les réactions d'oxydation catalytique. De plus, certains sucres participent à la réaction de Maillard et conduisent à des produits possédant des propriétés antioxydantes ; ceux-ci peuvent être utilisés en industrie alimentaire comme additifs (biscuits et saucissons).

4.1.4. Fumage

Le fumage est avec le salage une des plus anciennes façons de conserver des aliments. La combustion de certaines essences de bois permet de former des composés aux propriétés bactériostatiques, organoleptiques (couleur, saveur) et antioxydantes.

Le principe du fumage est toujours resté le même ; la méthode consiste, après un salage préalable dans la plupart des cas, et un léger séchage, à imprégner la chair du produit (viande ou poisson) des composés de la fumée issue de la combustion lente de bois en copeaux ou en sciure. Pendant la phase du fumage, la déshydratation du produit se poursuit en parallèle de son imprégnation en composés volatils de la fumée et d'hydrocarbures condensés indésirables (benzopyrène).

Aujourd'hui, le fumage est essentiellement utilisé à des fins organoleptiques, tout au moins dans les pays industrialisés. L'opération consiste avant tout à conférer au produit un goût et une couleur recherchés, sa conservation étant assurée principalement par les opérations de salage, séchage et maintien du produit fini à + 2 °C (saumon fumé).

Selon l'essence du bois choisi, les caractéristiques organoleptiques du poisson ou de la viande fumés varient. Les bois durs sont les plus couramment utilisés (hêtre, chêne, noyer, orme, bouleau). L'usage des résineux est à proscrire en raison de la saveur acide qu'ils confèrent aux produits et de la contamination importante en 3-4 benzopyrène qu'ils génèrent.

Chimiquement, le bois se compose de deux fractions :

- les polyoses : essentiellement de la cellulose et de l'hémicellulose (partie tendre du bois) ;
- la lignine : partie dure du bois.

En général, le mélange comporte 50 % de cellulose et 25 % d'hémicellulose et de lignine. À cela, il faut ajouter une quantité mineure de complexes chimiques de bas poids moléculaires et une teneur variable en eau.

La production de fumée s'effectue soit par la combustion du bois par pyrogénation (réactions produites sous l'action du feu) de ses constituants, soit par une friction du bois provoquant une chaleur suffisante pour le décomposer par pyrolyse des principaux éléments (décomposition chimique sous l'action de la chaleur seule). La combustion complète du bois produit du gaz carbonique, de l'eau et un résidu minéral. Pour produire de la fumée, la réaction doit être incomplète.

La pyrolyse de la cellulose aboutit à la formation d'acide acétique, d'eau et de phénols. La pyrolyse de l'hémicellulose donne des acides carboxyliques aliphatiques. La pyrolyse de la lignine conduit à des composés phénoliques.

La composition de la fumée est extrêmement complexe et variable suivant le combustible (essence du bois, humidité, taille des particules) et les conditions de la pyrolyse (température du foyer, quantité et vitesse de l'air). On estime à au moins 200 le nombre de constituants de la fumée, complexité encore légèrement augmentée par l'oxydation consécutive à l'introduction de l'air pendant le fumage. Ces constituants, pour la plupart identifiés, sont des phénols (les plus importants au plan technologique), acides organiques, alcools, composés carbonylés (les plus nombreux), etc. Les phénols sont représentés essentiellement par le gaïacol (2-méthoxyphénol), l'eugénol (4-allylguaïacol), la vanilline, etc. La quantité de phénols et d'acides augmente avec la quantité d'oxygène. Le dosage du gaïacol est souvent pris comme standard d'estimation de l'intensité du fumage.

Les fumées contiennent des hydrocarbures aromatiques polycycliques (goudrons), dont certains sont cancérigènes (principalement le 3-4 benzopyrène). Ces produits se situeraient plus dans la phase particulaire que dans la phase gazeuse. La teneur en 3-4 benzopyrène peut être limitée avec une température de pyrolyse de 450 °C ; le dépôt sur un poisson est huit fois plus élevé dans le cas d'un fumage à froid par rapport à un fumage à chaud. L'organisation mondiale de la santé (OMS) recommande une teneur maximale de 3-4 benzopyrène de 1 $\mu g \cdot kg^{-1}$ de produit, seuil rarement dépassé en France.

La pyrogénation ou la pyrolyse du bois produisent un ensemble de gaz et de vapeurs qui se condensent en un aérosol stable dans la partie la plus froide de l'installation. Cet aérosol est composé d'une phase gaz et d'une phase particulaire (fines gouttelettes) constituant la partie visible de la fumée ; les substances contenues dans ces phases sont les mêmes, mais en concentration différente. Le dépôt des différents constituants de la fumée et leur pénétration dans le produit dépend de nombreux facteurs. Les résultats sont différents selon les techniques employées et les objectifs du traitement technologique.

Le fumage est un processus physique fondé sur trois phénomènes :

– l'adsorption (et désorption concomitante de vapeur d'eau) ;

– la dissolution ;

– la diffusion.

L'adsorption des constituants de la fumée est considérablement plus importante sur une surface humide que sur une surface asséchée. Elle est donc favorisée en début du fumage, le dépôt de la phase particulaire étant alors négligeable (favorisé sur une surface sèche). La vitesse de pénétration des composés phénoliques est une fonction complexe de la concentration et de la composition de la fumée, des conditions de l'environnement (température et humidité relative) et de la nature de la surface du produit.

Les constituants de la fumée adsorbée à la surface diffusent ensuite vers l'intérieur de la chair, c'est ce qu'on appelle la « pénétration de la fumée ». Dans le cas du fumage, la concentration dans la couche limite à la surface du produit varie constamment avec le temps, et certains constituants lipophiles se répartissent alors dans les inclusions lipidiques. Pour ces raisons, l'équation de diffusion de la matière (loi de Fick) n'est pas applicable.

La pénétration des constituants de la fumée se poursuit pendant la conservation selon la température de stockage du produit fumé.

Les principaux paramètres qui permettent de modifier la dynamique du fumage sont la densité de la fumée, la température, l'humidité du produit, l'humidité relative et la vitesse de l'air.

4.1.4.1. Rôle organoleptique (saveur, couleur, texture)

Les responsables de la saveur sont encore mal connus. Les arômes typiques semblent être dus aux phénols (odeur de fumé), mais les composés carbonylés et les acides sont à l'origine de différence dans les flaveurs. Ainsi, le syringol est typiquement à l'origine de l'odeur de fumé, alors que le gaïacol et l'eugénol sont surtout responsables du goût de fumé. L'essence de bois utilisée a une importance notoire sur la flaveur. Enfin, celle-ci ne dépend pas exclusivement des seuls constituants de la fumée, en raison de leurs interactions avec ceux du produit.

La couleur du poisson ou de la viande fumés est essentiellement due à des produits issus de la réaction de Maillard. La coloration varie avec les bois utilisés, ce qui peut s'expliquer par la couleur des différents composés carbonylés et phénoliques.

Les modifications de texture sont quant à elles surtout dues à l'action combinée du sel (qui augmente la pression de vapeur des constituants volatils), de la chaleur et de certains constituants de la fumée sur la coagulation des protéines (constitution d'une pellicule brillante lustrée en surface : gélatinisation de la couche sous-cutanée). C'est pourquoi on observe des différences entre les produits fumés à froid et fumés à chaud. Le fumage à froid conduit à une texture de chair molle et tendre, tandis que le fumage à chaud donne des produits de texture plus dure et sèche.

4.1.4.2. Rôle antioxydant

La fumée a un effet antioxydant dû aux phénols (syringol, gaïacol, eugénol, vaniline, etc.), de par leur capacité à former des radicaux libres stables, ce qui limite l'apparition du goût de rance.

4.1.4.3. Rôle bactériologique

Dans le fumage à chaud, c'est surtout la chaleur qui a un rôle déterminant dans la destruction des micro-organismes alors que dans le fumage à froid c'est la fumée qui joue le rôle essentiel. La fumée peut en effet avoir un rôle antiseptique grâce aux composés phénoliques à bas point d'ébullition, mais cette action est toutefois limitée. La bonne stabilité microbiologique des produits fumés est due à l'action combinée de la fumée, de la chaleur et du sel, qui permettent d'abaisser l'a_w.

4.1.5. Autres molécules antiseptiques

4.1.5.1. Molécules à fonction acide faible

C'est un groupe de conservateurs très important qui inhibent la croissance des micro-organismes et peuvent limiter la germination des spores bactériennes. Cet effet bactériostatique est lié à certaines propriétés spécifiques et/ou à des fonctions acide faible. On distingue trois types d'effets :

• *Diminution du pH* : les acides participent en effet à l'acidification du milieu (acide lactique par exemple).

• *Régression d'ionisation des acides faibles consécutive à la baisse de pH* : c'est la forme non dissociée de ces acides qui est active contre les micro-organismes.

Contrairement aux ions H^+, les molécules non dissociées diffusent passivement dans le milieu intracellulaire dont elles modifient ensuite le pH en se dissociant et en libérant des ions H^+. La proportion d'acide non dissocié augmente avec la baisse du pH : l'activité de la plupart de ces conservateurs se situe à pH acide, au dessous de pH 5 à 6 suivant le pK des acides. La modification de l'équilibre homéostatique du cytoplasme par la pénétration des acides faibles peut entraîner des altérations et même des ruptures de la membrane plasmique, qui conduit à une altération de la viabilité des cellules. Par ailleurs, les réactions enzymatiques ont un pH optimum en deçà et au-delà duquel la cinétique est perturbée. Toute variation du pH cytoplasmique va donc entraîner un ralentissement de l'activité enzymatique et de la croissance, et perturber les voies métaboliques. Les enzymes n'ont pas toutes le même comportement en fonction du pH, les hydrolases extracellulaires en particulier sont moins sensibles que les enzymes cytoplasmiques.

• *Effet toxique spécifique de la molécule* : certains acides, comme les acides lactique, acétique ou citrique sont utilisés à des doses de l'ordre de 1 % et plus. Leur toxicité est variable et liée pour l'essentiel à la fonction acide. D'autres acides (benzoïque, propionique, sorbique), les sulfites ou les nitrites agissent à des doses plus faibles, comprises entre 0,05 et 0,2 %. Ils agissent sur des voies métaboliques spécifiques qui leur confèrent une toxicité supérieure : les sulfites agissent sur les protéines et l'acide sorbique limite la disponibilité des acides gras α-insaturés.

4.1.5.2. Autres agents conservateurs

La stabilisation des aliments par inhibition des micro-organismes au moyen d'additifs conservateurs s'inscrit le plus souvent dans le cadre d'un procédé de conservation faisant intervenir d'autres facteurs. Ainsi, les conservateurs sont utilisés en mélange et en association avec des traitements physiques (effet de synergie).

Les tableaux 22, 23 et 24 résument les propriétés des principaux agents conservateurs utilisés dans l'industrie agroalimentaire. Les doses réglementaires sont précisées pour les différents couples additifs/produits.

4.2. Fermentations

La fermentation est une méthode de stabilisation biologique utilisée depuis plus de 6 000 ans. Les fermentations les plus exploitées sont les fermentations alcoolique, lactique et acétique ; elles sont à la base de la fabrication du vin, de la bière, du fromage et du vinaigre. La fermentation renforce la teneur en éléments nutritifs des aliments moyennant la biosynthèse des vitamines, des acides aminés essentiels et des protéines, en améliorant la digestibilité des protéines et des fibres, en renforçant la biodisponibilité des micronutriments et en réduisant les facteurs antinutritionnels. On a également mentionné les vertus thérapeutiques des aliments fermentés (pro- et prébiotiques).

La fermentation renforce la salubrité des aliments en réduisant le risque d'apparition de composés toxiques tels que les aflatoxines et les cyanogènes, et en produisant des agents antimicrobiens comme l'acide lactique, les bactériocines, le dioxyde de carbone, l'eau oxygénée et l'alcool éthylique qui facilitent l'inhibition ou

Tableau 22 ■ Agents conservateurs minéraux (hormis chlorures) (d'après Lamy-Dehove, 1997).

Catégorie	Exemples	Propriétés	Type de produit	Dose réglementaire
Phosphates	Acide orthophosphorique Sels sodiques, potassique et calcique	Antimicrobiennes	Boissons sans alcool Laits stérilisé et UHT Crème, fromages fondus Produits de viande Soupes, potages et bouillons Œufs liquides Cidre Poudres Surimi Produits de pommes de terre	Produits de consommation courante : 1 à 5 $g \cdot kg^{-1}$ en équivalent de P_2O_5 Produits plus rarement consommés : 10 à 20 $g \cdot kg^{-1}$ en équivalent de P_2O_5
Nitrates et nitrites	$NaNO_3$; KNO_3 $NaNO_2$; KNO_2	Anti *Clostridium* Effet synergique avec baisse du pH et de l'a_w Couleur rose des produits carnés	Produits de salaisons de viande crus ou cuits Conserves de viande Foie gras	Mis en cause pour leur toxicité 150 à 175 $mg \cdot kg^{-1}$
Anhydride sulfureux et sulfites	Anhydride sulfureux Sulfite de sodium Sulfite acide de sodium Disulfite de sodium ou de potassium Sulfite de calcium Sulfite acide de calcium Sulfite acide de potassium	Pouvoir antimicrobien (bactéries, moisissures) Inhibition des phénomènes de brunissement enzymatique ou d'instabilité de couleur Blanchiment de la chair de morue	Boissons alcoolisées ou non, à base de fruits, de céréales, de miel Vinaigre et moutarde Sirops de glucose et autres produits sucrés	Réglementation évolutive en raison de leur caractère allergisant Doses autorisées très variables
Anhydride carbonique et carbonates	CO_2	Fongistatique et bactériostatique (plus efficace contre Gram–) Augmentation de la durée de vie des produits	Boissons gazeuses Viandes, pâtisseries et viennoiseries, plats cuisinés (atmosphères modifiées)	Utilisation peu réglementée (additif autorisé)

Tableau 23 ■ Agents conservateurs organiques (d'après Lamy-Dehove, 1997).

Molécules	Propriétés	Type de produit	Dose réglementaire
Acide sorbique, sorbates (potassium et calcium)	Fongistatiques Pouvoir antibactérien moins affirmé Effet synergique inhibiteur positif avec autres additifs conservateur Actifs jusqu'à pH 6,5 (intérêt par rapport aux acides faibles)	Boissons sans alcool Confitures Fruits et légumes Poissons en semi-conserves et séchés Œufs de poisson, crevettes Fromages fondus Œufs liquides et déshydratés Confiseries, sauces, moutardes et assaisonnements Soupes non stérilisées	Boissons : 2 à 300 $mg \cdot L^{-1}$ Autres produits : 1 à 2 $g \cdot L^{-1}$
Acide benzoïque et benzoates (sodium, potassium et calcium)	Effet contre les bactéries, les levures et dans une moindre mesure contre les moisissures Actifs jusqu'à pH 4,5 (acides faibles)	Boissons avec ou sans alcool Légumes en saumure Fruits confits Poissons et œufs de poisson en semi-conserve Pâtes à mâcher Sauces, salades préparées, moutarde	0,15 à 1 $g \cdot kg^{-1}$ Œufs liquides : 1 $g \cdot kg^{-1}$ Crevettes : 6 $g \cdot kg^{-1}$ (pour éviter le brunissement enzymatique)
Esters de l'acide parahydrobenzoïque (parabens)	Actifs sur les moisissures, les levures, effets moindres sur les bactéries Synergie entre les parabens et les huiles essentielles Actifs jusqu'à pH 8	Enrobage de gelées pour produits carnés, traitement de surface pour viande séchée, amuse-gueule de céréales ou pommes de terre, confiseries	Autorisés pour produits consommés en faible quantité 1 à 2 $g \cdot kg^{-1}$
Acide propionique et propionates (sodium, calcium et potassium)	Actifs sur les moisissures pH < 5	Boulangerie (pains tranchés et préemballés) Pâtisseries industrielles	1 à 3 $g \cdot kg^{-1}$

Tableau 24 ■ Autres agents conservateurs (autorisation récente/ou mode d'action différent) (d'après Lamy-Dehove, 1997).

Molécules	Propriétés	Type de produit	Dose réglementaire
Dicarbonate de diméthyle (DCDM)	Produit très efficace Inhibiteur de levures Efficace aussi contre moisissures et bactéries	Vins Thés prêts à boire Boissons sportives Jus de fruits	Innocuité très discutée car instable en milieu aqueux : hydrolysé en méthanol et CO_2 50 $mg{\cdot}kg^{-1}$
Biphényle, orthophénylphénol, thiabendazole	Antifongiques	Traitement de surface des agrumes (6 à 72 $mg{\cdot}kg^{-1}$) et des bananes (3 $mg{\cdot}kg^{-1}$)	Peaux épaisses des fruits : additifs non consommés
Nisine	Bactériocine produite essentiellement par *Lactococcus lactis* – Efficace contre *Clostridium butyricum*, – Faible activité sur *E. coli* et *L. monocytogenes* (sauf si effet synergique avec un traitement thermique sublétal)	Protection des fabrications fromagères contre *Clostridium butyricum* Gâteaux de semoule et de tapioca Fromages affinés et fondus Crèmes caillées	 3 $mg{\cdot}kg^{-1}$ 12,5 $mg{\cdot}kg^{-1}$ 10 $mg{\cdot}kg^{-1}$
Natamycine	Antibiotique Efficace sur de nombreuses moisissures	Traitement de surface des fromages à pâte dure, semi-dure et molle Saucisses sèches et saucisson	1 $mg{\cdot}dm^{-2}$ doit être indécelable au-delà de 5 mm de profondeur dans le produit
Éthylène diamine tétracétate (EDTA) de calcium disodium	Antibactérien par sa fonction acide faible Propriétés chélatantes des ions divalents Diminue à pH 7 la thermorésistance de *C. sporogenes*	Sauces émulsionnées Crustacés et mollusques en conserve Poissons en conserve Crustacés congelés et surgelés Légumes, champignons et artichauts en conserve	75 $mg{\cdot}kg^{-1}$ 250 $mg{\cdot}kg^{-1}$

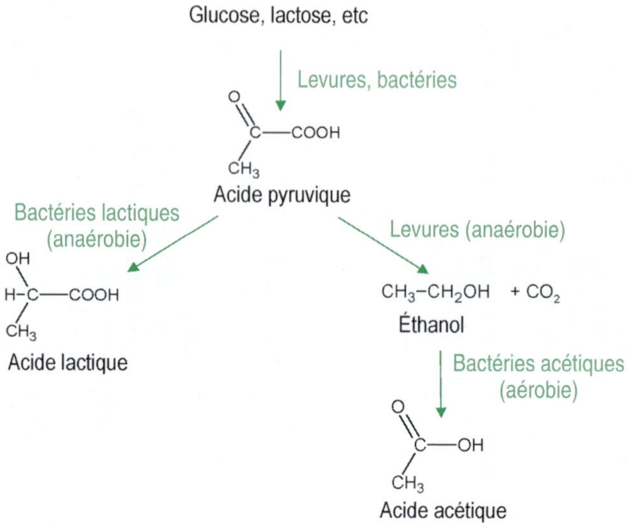

Figure 128 ■ Principales voies fermentaires.

l'élimination des agents pathogènes. En effet, les produits issus de ces fermentations sont des inhibiteurs à partir d'une certaine concentration, qu'il s'agisse de l'alcool ou des acides lactique et acétique. Les fermentations peuvent induire des modifications physico-chimiques telles que diminution de pH, baisse du potentiel d'oxydoréduction, etc. qui peuvent inhiber le développement de certaines flores ; il peut y avoir dans certains produits épuisement de substrats carbonés ou azotés et de facteurs de croissance (acides aminés, vitamines), ce qui freine alors la croissance de flore indésirable.

Outre leur intérêt nutritionnel et leur rôle stabilisant, les fermentations enrichissent l'offre alimentaire en produisant une variété de saveurs, textures et arômes.

Les micro-organismes intervenant dans les fermentations sont de deux types :

– les bactéries, qui jouent un rôle prépondérant dans les fermentations lactique et acétique ;

– les levures, qui interviennent notamment dans la fermentation alcoolique, et moisissures, utiles dans certaines fabrications fromagères (roquefort, camembert).

La fermentation a lieu quand les conditions de température, d'acidité, d'oxygène et de nutriments favorables aux micro-organismes utiles sont réunies. Ceux-ci synthétisent alors les enzymes nécessaires à la décomposition des macromolécules en molécules plus petites qu'ils peuvent assimiler. Il s'ensuit une succession complexe de réactions chimiques qui conduisent au produit final :

– la fermentation alcoolique transforme les sucres en alcool et en gaz carbonique essentiellement sous l'action de levures. C'est une fermentation anaérobie (en l'absence d'oxygène). Elle est utilisée, par exemple, dans la confection des boissons (vin, bière) et du pain ;

– la fermentation lactique, également anaérobie, transforme les sucres en acide lactique. Elle est principalement réalisée par l'action de bactéries lactiques et intervient dans la transformation de nombreux aliments (produits laitiers, charcuterie, conservation des légumes, etc.) ;
– la fermentation acétique se fait en présence d'oxygène (fermentation aérobie), elle est réalisée par des bactéries acétiques qui transforment l'alcool en acide acétique principal constituant du vinaigre ;
– il existe d'autres types de fermentations (propionique, butyrique, malolactique, etc.).

Lors d'un processus de fermentation, différentes espèces de micro-organismes peuvent être impliquées. Deux fermentations peuvent se dérouler simultanément : fermentation lactique et alcoolique dans la fabrication du Kefir à partir du lait ; ou se succéder : fermentation lactique suivie d'une fermentation propionique en technologie fromagère, fermentation alcoolique suivie d'une fermentation malolactique en technologie vinicole.

5. *Séparation : décantation et filtration*

Ces procédés sont basés sur la séparation non destructive des micro-organismes présents dans les produits liquides en jouant sur des différences de masse volumique ou sur les caractéristiques de taille. Il s'agit principalement de la décantation centrifuge et de la microfiltration tangentielle.

5.1. Décantation

La séparation par décantation peut être mise en œuvre dès que les éléments dispersés (micro-organismes, globules gras, insolubles protéiques, cristaux de lactose, de glycérides) présentent avec la phase dispersante des différences de masse volumique. Elle est notamment employée dans le secteur laitier pour la séparation des spores butyriques du lait entrant dans la fabrication des pâtes pressées cuites (bactofugation).

5.1.1. Loi de Stokes

L'étude du déplacement d'une particule sphérique dans un fluide sous l'action d'une force a été présentée au chapitre 9, § 2.5.2. Dans la pratique, la séparation par décantation de telles particules se déroule toujours en régime laminaire, compte tenu de la faible dimension (diamètre D) de celles-ci, c'est-à-dire pour des valeurs du nombre de Reynolds (Re) comprises entre 10^{-3} et 2. Dans ce cas, la relation liant le nombre de Newton modifié Ne' et Re est :

$$\mathrm{Ne'} = 24 \cdot \mathrm{Re}^{-1}$$

D'où :

$$\frac{F_M}{\pi \cdot \dfrac{D^2}{4} \cdot \dfrac{v^2}{2} \cdot \rho_f} = 24 \cdot \frac{\eta}{D \cdot \rho_f \cdot v} \qquad [126]$$

D étant le diamètre de la particule (m), η et ρ_f la viscosité (Pa.s) et la masse volumique ($kg \cdot m^{-3}$) du fluide et v la vitesse de déplacement de la particule ($m \cdot s^{-1}$).

Par ailleurs, dans l'étude des phénomènes de décantation, on considère toujours que la phase transitoire pour atteindre la vitesse limite est négligeable. On admet donc que la décantation s'effectue en régime permanent, c'est-à-dire à vitesse de déplacement constante, la force motrice F_M étant alors égale à la résistance F au déplacement dû aux frottements dans le fluide. Dans le cas du déplacement d'une particule sphérique sous l'action de la pesanteur, F_M représente la force résultante du poids et de la poussée d'Archimède (figure 129), soit :

$$F_M = \frac{\pi \cdot D^3}{6} \cdot (\rho_p - \rho_f) \cdot g \qquad [127]$$

ρ_p étant la masse volumique de la particule ($kg \cdot m^{-3}$) et g l'accélération gravitationnelle (9,81 $m \cdot s^{-2}$).

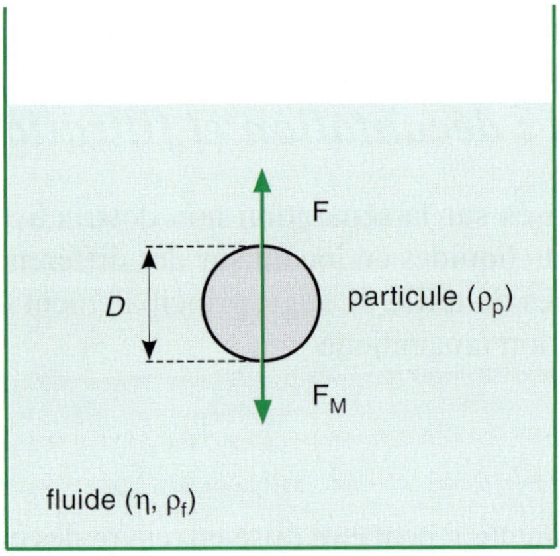

Figure 129 ■ Décantation d'une particule sphérique sous l'action de la pesanteur.

En remplaçant F_M par cette expression dans [126], on obtient la relation de Stokes :

$$v = \frac{D^2}{18 \cdot \eta} \cdot (\rho_p - \rho_f) \cdot g \qquad [128]$$

D'une manière générale, la différence de masse volumique entre la particule et la phase dispersante ($\Delta\rho = \rho_p - \rho_f$) varie peu avec la température. En revanche, celle-ci a une forte influence sur la viscosité de la phase dispersante. Cet effet est notamment mis à profit lors de l'écrémage du lait à des températures comprises entre 50 et 60 °C pour lesquelles sa viscosité est de l'ordre de 0,9 à $1 \cdot 10^{-3}$ Pa.s, contre $2 \cdot 10^{-3}$ Pa.s à 20 °C.

L'équation [128] permet de calculer les vitesses de déplacement d'un globule gras (crémage ; $\Delta\rho = -117\ kg \cdot m^{-3}$; $D = 2 \cdot 10^{-6}$ m) et d'une spore de *Clostridium butyricum* (décantation ; $\Delta\rho = 240\ kg \cdot m^{-3}$; $D = 0{,}5 \cdot 10^{-6}$ m) dans du lait à 20 °C. Celles-ci sont respectivement égales à $1{,}3 \cdot 10^{-7}\ m \cdot s^{-1}$ et $1{,}6 \cdot 10^{-8}\ m \cdot s^{-1}$, soit un rapport de 1 à 8.

L'augmentation de $\Delta\rho$ dans le cas des spores ne permet pas de compenser la diminution du diamètre, qui intervient à la puissance 2 dans la loi de Stockes.

5.1.2. Décantation centrifuge

Selon l'équation de Stokes, il apparaît que le seul facteur permettant d'augmenter la vitesse de décantation est l'augmentation de la température qui permet de diminuer la viscosité de la phase liquide dispersante. Cependant, ce facteur atteint rapidement des limites liées à la thermosensibilité des constituants des produits traités.

Pour augmenter la vitesse de décantation, il ne reste plus finalement qu'un facteur sur lequel on puisse jouer : l'accélération. C'est l'objet des techniques de décantation sous l'action d'un champ d'accélération centrifuge. Dans ce domaine, on trouve en particulier les séparateurs centrifuges utilisés pour la séparation de phases légères (matière grasse) ou lourdes (impuretés, protéines agrégées, spores de micro-organismes, etc.). La bactofugation nécessite des vitesses de rotation 1,5 à 2 fois supérieures à celle de l'écrémage. Elle permet de réduire la flore de 1 à 1,5 log au débit nominal. Cette efficacité peut être améliorée en diminuant le débit d'alimentation (augmentation du temps de séjour, donc de la décantation) ou en réalisant une double bactofugation.

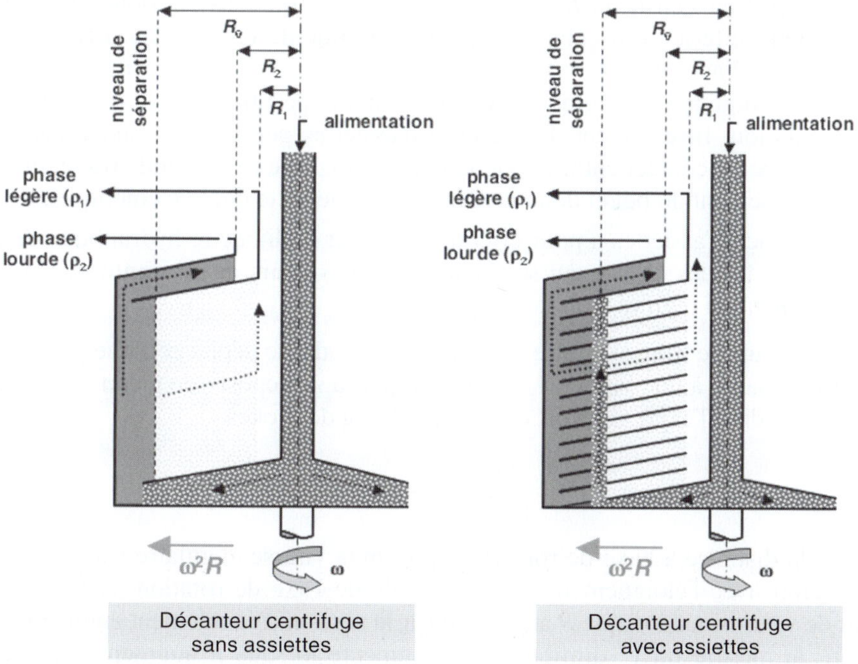

Figure 130 ■ Schémas de principe d'un décanteur centrifuge avec ou sans assiettes.

Un schéma de principe d'un décanteur centrifuge sans assiettes est donné sur la figure 130. La position de l'interface entre les deux phases est réglable en jouant sur R_1 et sur R_2, ce qui permet de maîtriser la pureté des phases séparées. Par exemple, le niveau de séparation se rapproche de l'axe si l'on diminue R_1. On peut tirer avantage de cette propriété dans le cas où l'on souhaite épurer totalement la phase lourde (déshuileur de station d'épuration par exemple) ; en revanche, du fait de la proximité de l'interface avec la sortie de la phase légère, le risque de pollution de celle-ci par la phase lourde est important. Ce cas de figure est celui qualifié de récupérateur. À l'inverse, si l'objectif est d'obtenir une phase légère purifiée, on éloignera de l'axe la position de l'interface : c'est le cas du purificateur.

Afin d'accroître l'efficacité du décanteur centrifuge, des assiettes tronconiques sont disposées à l'intérieur du bol et solidaires de ce dernier (figure 130). L'intérêt de ce système est multiple :

- l'ajout d'assiettes diminue la distance de parcours des éléments dispersés, et facilite donc leur séparation car ceux ci sont considérés comme séparés au moment où ils atteignent une paroi (effet d'agglomération avec d'autres particules présentes au même niveau, et donc suivant la loi de Stokes, vitesse de décantation accrue selon le carré du diamètre des particules agglomérées) ;
- un élément de liquide de masse m introduit à une position R_0 reçoit une énergie cinétique égale à $\frac{1}{2} \cdot \mathrm{m} \cdot \omega^2 \cdot R_0^2$, fournie par le moteur de la centrifugeuse. Cette masse de liquide ressort en deux fractions ayant la même vitesse angulaire ω, et positionnées en R_1 et R_2 inférieurs à R_0. Ces fractions ont donc une énergie cinétique inférieure à celle de l'élément de liquide entrant. La différence, en l'absence d'assiettes, se traduirait par une tendance à l'accélération de l'élément de liquide, à l'origine de remous et d'une perturbation du phénomène de décantation. Inversement, la présence d'assiettes permet, par augmentation de la surface de contact entre le bol de la centrifugeuse et le liquide traité, un effet d'entraînement du bol et donc la récupération de cette énergie cinétique ;
- la présence d'assiettes a pour effet de diminuer le diamètre hydraulique de passage des fluides D_h, ce qui se traduit par des valeurs de Re conformes à l'établissement du régime laminaire.

Une particule se trouvant entre deux assiettes tend à se déplacer d'une part avec la phase dispersante à une vitesse v_p, et d'autre part à se déposer de façon centrifuge à la vitesse v_c, dont l'expression est donnée par la loi de Stokes :

$$v_c = \frac{D^2}{18 \cdot \eta} \cdot (\rho_p - \rho_f) \cdot \omega^2 \cdot R \qquad [129]$$

où R est la distance à l'axe de rotation (m) et ω la vitesse angulaire ($\mathrm{rad \cdot s^{-1}}$). Cette vitesse croît avec l'éloignement de la particule de l'axe de rotation. À l'inverse, la valeur de v_p diminue lorsque R augmente car la section d'écoulement augmente avec R. Dans la mesure où v_p diminue et v_c augmente lorsque R augmente, le vecteur vitesse résultant v_r s'oriente progressivement vers l'assiette (figure 131).

5.2. Filtration tangentielle

La filtration tangentielle est mise en œuvre à différents niveaux dans le traitement des fluides alimentaires et des effluents. Les différents domaines d'application de

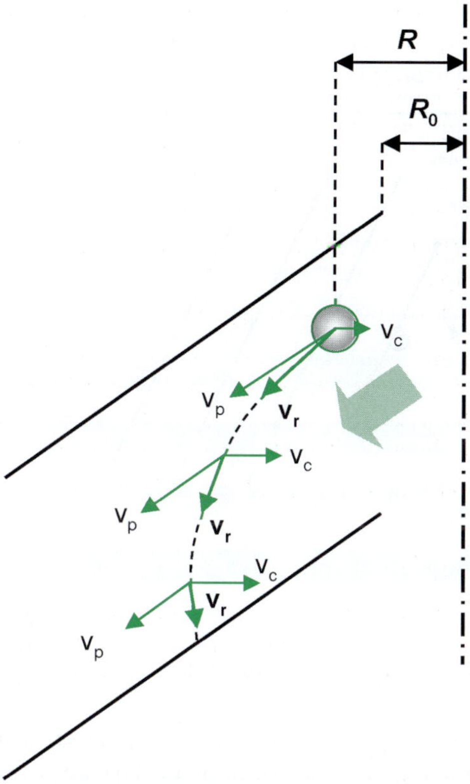

Figure 131 ■ Évolution de la vitesse résultante v_r en fonction de la position.

ces techniques (microfiltration – MF ; ultrafiltration – UF ; nanofiltration – NF ; osmose inverse – OI) sont définis sur la figure 132.

Parmi ces procédés, la microfiltration permet de concentrer sélectivement les éléments dispersés, notamment les micro-organismes. À ce titre, elle peut être mise en œuvre pour faire de l'épuration microbienne. Dans ce cas, le transfert de solvant et de solutés au travers de la membrane se fait par entraînement (convection) dans ses pores.

5.2.1. Lois de transfert de solvant

5.2.1.1. Loi de Darcy

Si on assimile les pores de la membrane à un ensemble de capillaires disposés en parallèle de longueur l, correspondant à l'épaisseur de la membrane, et de diamètre $D = 2R$, le débit volumique d'un pore est selon la loi de Poiseuille (équation [73]) :

$$\dot{V} = \frac{\Delta P}{8\eta l} \cdot \pi \cdot R^4 \qquad [130]$$

où ΔP est la perte de charge dans le pore (encore appelée pression transmembranaire PT, en Pa), et η la viscosité du filtrat qui s'écoule dans les pores de la membrane. Si

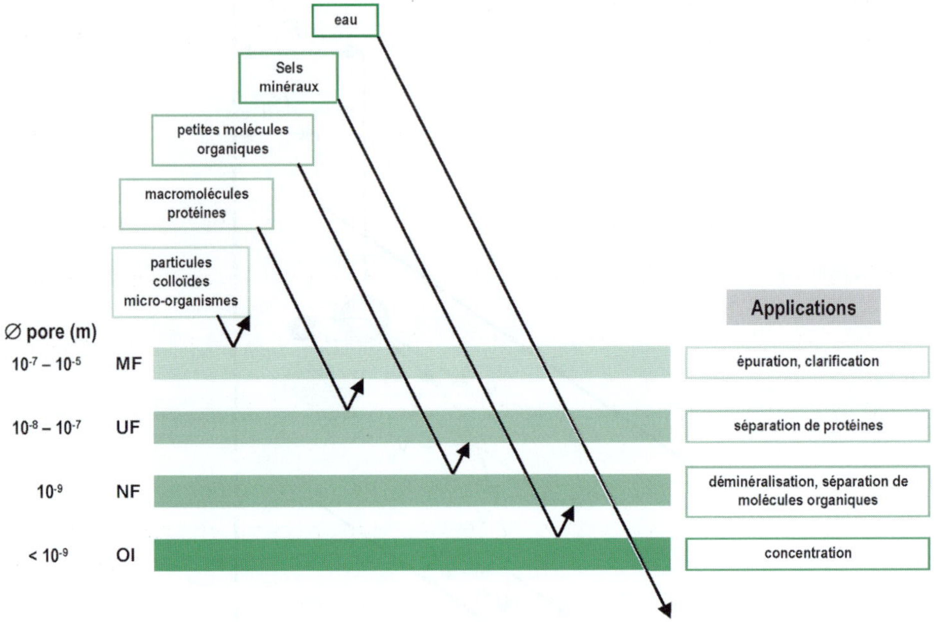

Figure 132 ■ Procédés de filtration tangentielle.

on considère qu'il y a en moyenne *n* pores par unité de surface, la densité de flux de perméation J correspondant au débit par unité de surface (en $m \cdot s^{-1}$, souvent exprimé en $L \cdot h^{-1} \cdot m^{-2}$), est égale à :

$$J = \frac{n \cdot \pi \cdot R^4}{8l} \cdot \frac{PT}{\eta} \qquad [131]$$

Cette expression peut s'écrire sous une forme plus connue sous le nom de loi de Darcy :

$$J = \frac{1}{R_m} \cdot \frac{PT}{\eta} \qquad [132]$$

R_m est la résistance hydraulique de la membrane (m^{-1}) qui dépend du diamètre des pores, de la densité de pores et de l'épaisseur de la membrane. Cette loi est vérifiée lors de la filtration d'un fluide newtonien exempt de particules susceptibles d'être retenues sur la membrane (eau ou air, par exemple). Il est intéressant de remarquer que J est une fonction de trois termes : le premier relatif au conditions de fonctionnement (*PT*), le deuxième correspondant aux caractéristiques de la membrane (R_m) et le troisième à celles du fluide circulant dans les pores (η).

Lors de la filtration de solutions contenant des macromolécules ou des éléments dispersés, il y a accumulation au droit de la membrane de molécules en surconcentration qui constituent une résistance hydraulique supplémentaire (R_p) qu'on appelle aussi phénomène de polarisation de concentration. En cours de fonctionnement la densité de flux peut décroître en raison du phénomène d'encrassement (dépôts), ce qui crée également une résistance complémentaire (R_f).

Ainsi, une expression de la densité de flux de perméation généralement admise pour tenir compte de ces différentes résistances hydrauliques est celle dite des « résistances hydrauliques en série » :

$$J = \frac{1}{(R_m + R_p + R_f)} \cdot \frac{PT}{\eta} \quad [133]$$

On retiendra que dans le domaine du transfert de solvant, tout comme dans celui du transfert de courant électrique ou de chaleur ($\frac{1}{\alpha}$), les résistances en série se cumulent. Le ratio $\frac{1}{\eta(R_m + R_p + R_f)}$, inverse de la résistance globale au transfert de solvant, représente la perméabilité de la membrane ($m \cdot s^{-1} \cdot Pa^{-1}$).

5.2.1.2. Modèle du film

La concentration C_m d'un constituant X à la membrane dépend du bilan entre l'apport convectif du soluté ($J \cdot C_{(x)}$) et la diffusion en sens inverse due au gradient de concentration $\left(-D_m \cdot \frac{\partial C}{\partial x}\right)$ (figure 133).

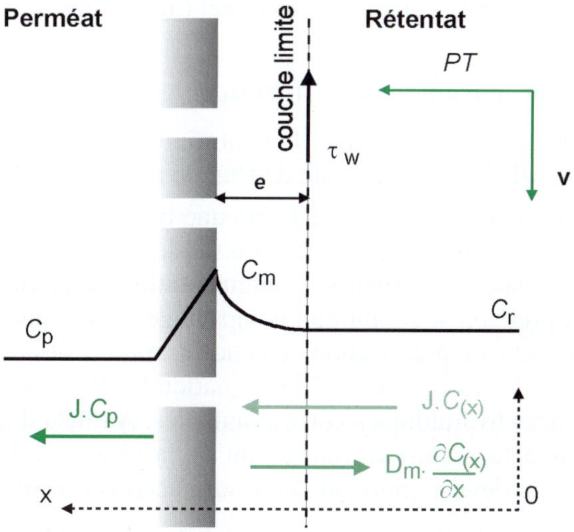

Figure 133 ■ Modèle du film.

En régime stationnaire, on peut écrire par unité de surface :

$$J \cdot C_p = J \cdot C_{(x)} - D_m \cdot \frac{\partial C}{\partial x} \quad [134]$$

où D_m est le coefficient de diffusion du soluté considéré ($m^2 \cdot s^{-1}$), et C_p la concentration du constituant dans le perméat ($kg \cdot m^{-3}$). En intégrant cette relation sur la couche limite d'épaisseur *e* (m), on obtient :

$$J = \frac{D_m}{e} \ln\left(\frac{C_m - C_p}{C_r - C_p}\right) \quad [135]$$

Où C_r et C_m sont respectivement les concentrations du soluté dans le rétentat et dans la membrane ($kg \cdot m^{-3}$). On définit parfois $\beta = \frac{D_m}{e}$ ($m \cdot s^{-1}$), coefficient de transfert de matière du soluté (équation [65]). Le phénomène de polarisation de concentration est réversible. C'est pourquoi la couche de polarisation de concentration est parfois appelée couche dynamique.

Plus généralement, l'apport convectif de solutés à la membrane et leur retour dans la veine liquide par érosion / diffusion peut être caractérisé en filtration tangentielle par un nombre sans dimension, $\frac{\rho \cdot J^2}{\tau_w}$, ρ étant la masse volumique du filtrat, et τ_w la contrainte tangentielle à la paroi. Néanmoins, les travaux dans ce domaine se sont plus fréquemment appuyés sur le rapport $\frac{J}{\tau_w}$, qui traduit de façon directe la compétition entre apport convectif (proportionnel à J) et érosion du dépôt formé (proportionnel à τ_w). Qualitativement, ce rapport représente donc la même chose, mais présente l'inconvénient de ne pas être adimensionnel (unité : $m \cdot s^{-1} \cdot Pa^{-1}$).

5.2.2. *Influence des paramètres de filtration*

La pression transmembranaire *PT* et la contrainte à la paroi τ_w sont les paramètres prépondérants influant sur la densité de flux de perméation J.

Comme le montre la figure 134, J tend vers une limite quand *PT* augmente. Cette limite s'accroît avec l'augmentation de la contrainte tangentielle à la paroi τ_w, liée toutes choses étant égales par ailleurs à l'augmentation de la vitesse de circulation. Sous l'action de la pression se produit un compactage plus ou moins important de la membrane, de la couche de polarisation de concentration et des éventuels dépôts formés. Le compactage de ces couches, selon l'équation [133], se traduit par un accroissement des résistances hydrauliques correspondantes. Au-delà d'une certaine limite, l'influence du compactage sur l'accroissement de la résistance hydraulique globale au transfert de solvant devient prépondérante sur l'accroissement de pression : J tend vers une limite.

En revanche, une augmentation de τ_w se traduit par la diminution d'épaisseur de la couche limite à la membrane et une érosion accrue des dépôts formés, ce qui contribue à diminuer la résistance hydraulique globale au transfert de solvant : la valeur limite de J est dans ce cas supérieure.

Le fonctionnement des modules de filtration peut être optimisé sur cette base : pour une valeur de *PT* fixée, il existe une valeur optimale de τ_w au regard de la productivité, de la durée de fonctionnement et du coût global (amortissement et fonctionnement) du procédé.

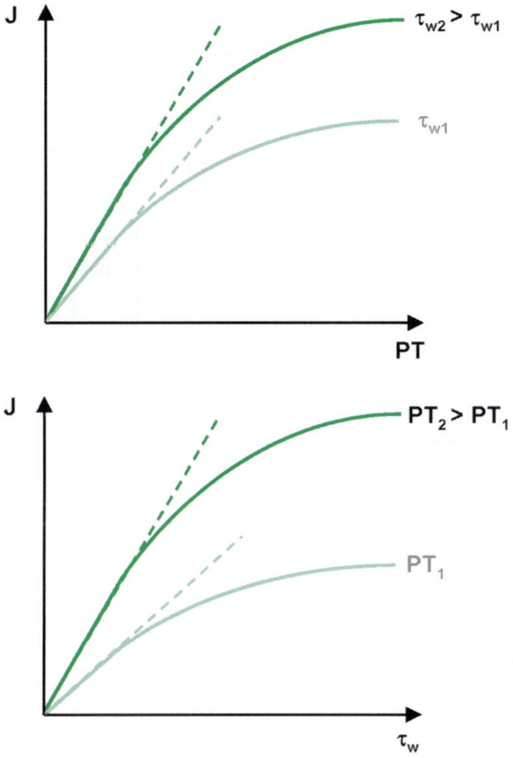

Figure 134 ■ Influence de la pression transmembranaire et de la contrainte tangentielle à la paroi sur la densité de flux de perméation.

La pression transmembranaire varie le long de la paroi membranaire, si la pression côté perméat P_P est identique sur toute la surface (perméation statique) :

– à l'entrée, $PT_E = P_E - P_P$;

– à la sortie, $PT_S = P_S - P_P$;

où P_E et P_S sont respectivement les pressions du rétentat à l'entrée et à la sortie du module membranaire. La différence $[P_E - P_S]$ correspond à la perte de charge ΔP qui dépend des caractéristiques géométriques du module, de la vitesse de circulation et de la viscosité et de la masse volumique du produit (cf. chapitre 9, § 2.5.3.). On détermine alors une pression transmembranaire moyenne :

$$PT = \frac{P_E + P_S}{2} - P_P \qquad [136]$$

Lors de la mise en œuvre de procédés de filtration tangentielle, on travaille généralement à des pressions supérieures à la perte de charge, donc $PT_E - PT_S = P_E - P_S << PT$. En revanche, en microfiltration, la couche dynamique peut jouer un rôle déterminant sur les performances et la sélectivité de la membrane. Il faut maîtriser la formation de cette couche, d'où la nécessité de travailler à des *PT* faibles (< 0,1 MPa). Dans ce cas, compte tenu de la perte de charge modulaire, la pression transmembranaire peut être supérieure à 0,1 MPa à l'entrée, et très faible (voire

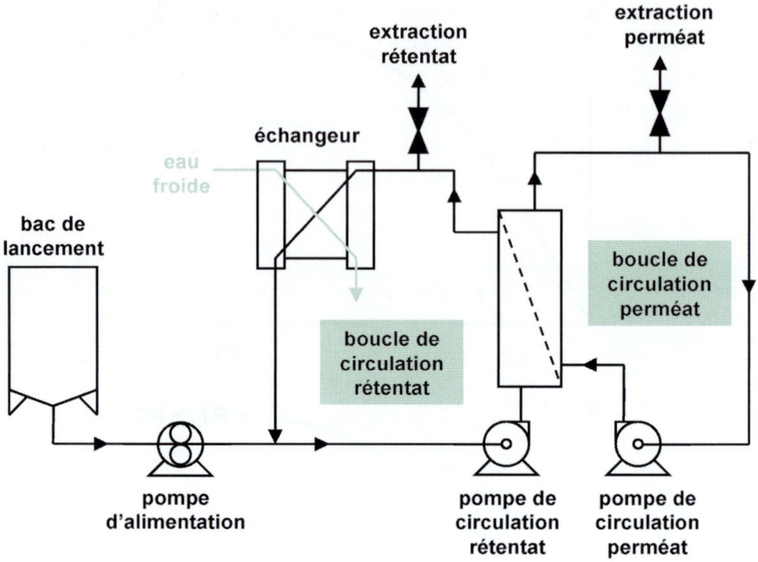

Figure 135 ■ Étage d'un module de filtration continu : système Bactocatch.

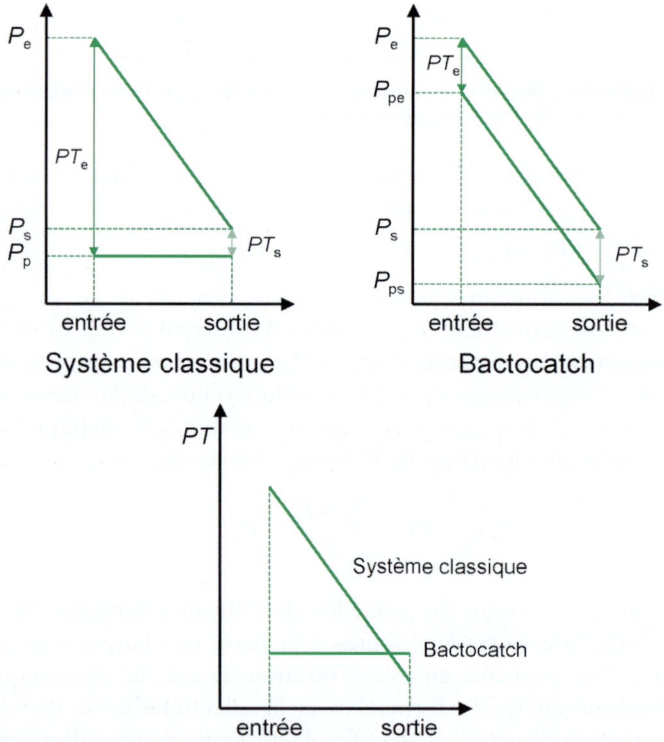

Figure 136 ■ Évolution des pressions de part et d'autre de la membrane avec ou sans contre pression dynamique (Bactocatch®).

négative) à la sortie. Pour contourner cette difficulté, le concept bactocatch® a été développé (figure 135) : il consiste à créer des 2 côtés de la membrane une perte de charge identique en assurant une circulation à co-courant du perméat. La comparaison des deux systèmes est représentée figure 136.

Une opération de filtration se caractérise par le facteur de réduction volumique (FRV) mis en œuvre. L'expression du facteur FRV est :

– en mode discontinu :

$$FRV = \frac{V_l}{V_r} = \frac{m_l \cdot \rho_r}{m_r \cdot \rho_l} \qquad [137]$$

m_l, V_l, ρ_l et m_r, V_r, ρ_r représentent respectivement les masses, volumes et masses volumiques de liquide mis en œuvre et rétentat obtenu ;

– en mode continu :

$$FRV = \frac{\dot{V}_l}{\dot{V}_r} = 1 + \frac{\dot{V}_p}{\dot{V}_r} \qquad [138]$$

$\dot{V}_l$, $\dot{V}_r$ et $\dot{V}_p$ représentent les débits volumiques de liquide traité, rétentat et perméat.

La densité de flux de perméation décroît avec l'augmentation de FRV, ce qui s'explique par une augmentation de la concentration en soluté ou éléments dispersés. Cette perte de performance impose la mise en œuvre d'installation à plusieurs étages.

De plus, on observe une réduction des performances de filtration en fonction du temps, due à des phénomènes d'encrassement, ce qui se traduit par l'augmentation de R_f (équation [133]). Pour maintenir les performances, on peut envisager dans ce cas d'accroître *PT* et τ_w dans certaines limites, car la résistance R_p et le coût énergétique augmentent avec *PT* et τ_w.

Une augmentation de la température de traitement a un effet favorable dans la mesure où elle peut modifier les caractéristiques de la couche dynamique et réduit la viscosité du filtrat. Cependant, au-delà de 60 °C, les effets sur la viscosité sont limités et il y a risque de dénaturation des protéines et de colmatage de nature minérale (précipitation de phosphates de calcium lors de la filtration de liquides laitiers).

L'épuration microbienne par microfiltration est actuellement mise en œuvre dans le domaine laitier. Elle nécessite préalablement l'écrémage des fluides à microfiltrer (lait, lactosérum), et permet de réduire la flore de 3 à 4 log. Des applications sont en cours de développement en brasserie (en remplacement de la filtration frontale sur Kieselguhr) et en vinification.

6. Traitements thermiques

La stabilisation des aliments par la chaleur est un moyen largement répandu dans le secteur alimentaire et répond à plusieurs objectifs :

– elle vise à détruire partiellement ou totalement les flores d'altération (*Micrococcus*, *Bacillus,* flore psychrotrophe, flore lactique, etc.) et les flores pathogènes ou toxinogènes (*Salmonella, Staphylococcus, Clostridium perfringens* ou *botulinum*) pour améliorer la qualité hygiénique des produits ;

– elle permet d'inactiver certaines enzymes, endogènes (plasmine, lipoxygénase, polyphénoloxydase) ou provenant des micro-organismes présents (lipases microbiennes), pour améliorer la stabilité des produits au cours de leur stockage.

L'élévation de la température d'un milieu entraîne en effet la rupture de liaisons de faible énergie (liaisons hydrogènes ou ioniques) ce qui provoque des changements de conformation d'un certain nombre de macromolécules (ADN, enzymes endocellulaires, protéines de paroi, etc.). Il en résulte une perte d'activité biologique entraînant l'inactivation enzymatique et la mort cellulaire. Un traitement thermique appliqué en fonction de ces deux objectifs permet d'allonger la durée de vie des produits de quelques jours à quelques années. Par ailleurs, les traitements thermiques peuvent permettre de :

– modifier la structure de certaines molécules, telles que les protéines, et en conséquence leurs caractéristiques physico-chimiques et fonctionnelles : par exemple, on peut chercher à dénaturer certaines protéines pour améliorer texture et rendement (yaourt, fromage ou surimi) ;

– générer des produits de la réaction de Maillard favorables dans certaines applications (chocolaterie, panification), et à éviter pour d'autres (laits de consommation).

De façon générale, le raisonnement d'un traitement thermique peut se situer dans un espace à trois dimensions : réduction des activités biologiques (que l'on cherche à maximiser), influence sur les qualités organoleptiques et nutritionnelles des produits (cible fonction du cahier des charges produit) et coût du traitement (que l'on cherche à minimiser).

On distingue fondamentalement deux catégories de traitement :

– la *pasteurisation* correspond à la destruction à des températures comprises entre 60 et 100 °C des seules formes végétatives des micro-organismes, incluant la flore banale et certains pathogènes (*Salmonella*, *Brucella*, *Listeria*, etc.). Elle permet d'allonger la durée de vie des produits stockés en froid positif de quelques jours à quelques semaines : on parle dans ce cas de DLC (date limite de consommation) ;

– la *stérilisation* correspond à la destruction à des températures supérieures à 100 °C de l'ensemble des micro-organismes susceptibles de se développer dans le produit, y compris des formes sporulées. Les produits obtenus ont une DLUO (date limite d'utilisation optimale) comprise entre plusieurs mois et plusieurs années à température ambiante.

Les lois de destruction des micro-organismes et de modification des constituants seront abordées dans un premier temps, puis les différents modes de mise en œuvre seront exposés.

6.1. Destruction des micro-organismes à température constante

6.1.1. Cinétique de destruction microbienne à température constante

Quand on porte une suspension en milieu aqueux d'une souche pure de micro-organismes à un même stade de croissance (en particulier, entièrement sous forme végétative ou sous forme sporulée) à une température θ létale (c'est-à-dire, entraînant une mortalité des micro-organismes), leur destruction suit une cinétique d'ordre 1 :

$$\frac{dN}{dt} = -k_\theta \cdot (N) \qquad [139]$$

N est le nombre de micro-organismes à l'instant t et k_θ la constante de vitesse (s^{-1}) qui dépend du micro-organisme, de la température θ et des caractéristiques physico-chimiques du milieu (pH, composition, a_w, etc.). Cette équation s'intègre entre une population N_0 au temps 0 et une population N au temps t en :

$$\log\left(\frac{N_0}{N}\right) = \frac{t}{D_\theta} \qquad [140]$$

avec

$$D_\theta = \frac{2,3}{k_\theta} \qquad [141]$$

D_θ, qui a la dimension d'un temps, est appelé temps de réduction décimale : c'est le temps nécessaire pour détruire 90 % de la flore initiale. En effet, considérons les temps t_1 et t_2 nécessaires pour obtenir respectivement une population N_1 et N_2 (avec $N_2 = \frac{N_1}{10}$) en partant d'une population N_0. On peut écrire en reprenant l'équation [140] :

$$\begin{cases} \log\left(\frac{N_0}{N_1}\right) = \frac{t_1}{D_\theta} \\ \log\left(\frac{N_0}{N_2}\right) = \frac{t_2}{D_\theta} \end{cases}$$

En remplaçant N_1 et N_2 par leur valeur et en soustrayant membre à membre ces deux équations, on obtient $D_\theta = t_2 - t_1$, conformément à la définition précédente. D_θ dépend du micro-organisme, de son état physiologique, de la température et du milieu dans lequel il se trouve.

La représentation graphique de l'expression [140] en coordonnées semi-logarithmiques est une droite dont l'inverse de la pente est D_θ (figure 137). Par exemple, un micro-organisme sous forme sporulée à une concentration initiale de $N_0 = 3 \cdot 10^3$ spores·kg^{-1} est traité à une température de 110 °C pendant 10 min. À l'issu de ce traitement, il reste N = 3 spores·kg^{-1}. L'évolution du nombre de spores en fonction du temps de traitement à 110 °C est représenté par une droite passant par ces deux points, et on peut lire directement D_{110} : c'est par exemple le temps nécessaire pour passer de 10^2 à 10 spores·kg^{-1}, soit 200 s dans ce cas.

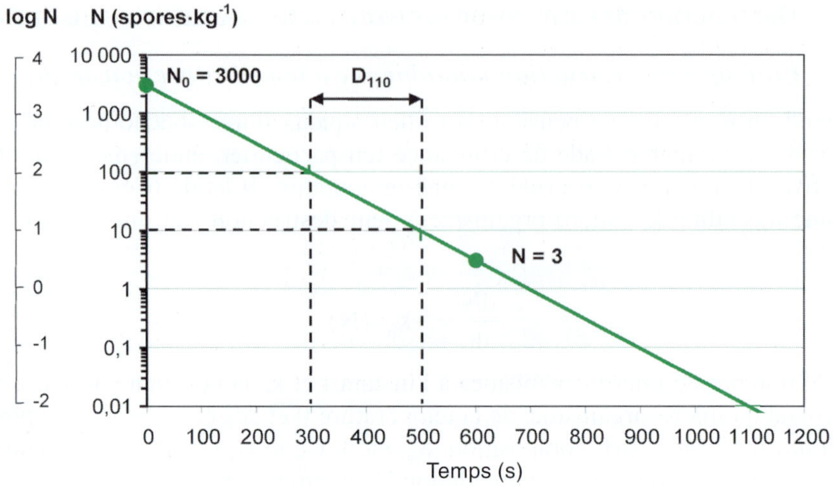

Figure 137 ■ Allure de destruction des micro-organismes à température constante.

L'équation [140] peut également s'écrire sous la forme :

$$\begin{cases} \log\left(\dfrac{N_0}{N}\right) = n \\ t_\theta = n \cdot D_\theta \end{cases} \qquad [142]$$

n est le nombre de réductions décimales, obtenu en maintenant le produit durant un temps t_θ à la température θ. Dans l'exemple précédent, $n = 3$.

La figure 137 montre qu'il est théoriquement impossible d'obtenir une destruction totale de la population. En effet, l'augmentation du temps de traitement ne permet pas d'atteindre une probabilité nulle de présence du germe considéré. Dans l'exemple précédent, doubler le temps de traitement à 110 °C (20 min) permet ainsi de passer de 3 à 6 réductions décimales, soit 0,003 spores survivantes par kg (c'est-à-dire 3 spores survivantes par tonne). Bien que les techniques de dénombrement pastoriennes ne permettent pas de vérifier que la destruction des micro-organismes suit toujours une loi d'ordre 1 aux valeurs de traitement les plus intenses, tout porte à croire en pratique que la courbe de survie « plonge » avec la durée de traitement au-delà d'une certaine limite.

Les paramètres fixés par l'opérateur sont la température θ et la durée de traitement t_θ (qui dépend du temps de séjour dans l'installation). Dans ces conditions, il découle de l'équation [140] que le nombre de micro-organismes survivant est directement dépendant de N_0 : en d'autres termes, la qualité finale du produit est conditionnée par sa qualité initiale.

6.1.2. *Influence de la température*

L'augmentation de la température de traitement se traduit par une diminution du temps de réduction décimale ; en effet, la relation entre les constantes de vitesse des cinétiques de destruction k_θ et la température est déduite de l'équation d'Arrhenius ([96]). Si l'on considère deux températures θ_1 et θ_2 appartenant au domaine de température létale pour le micro-organisme considéré et T_1 et T_2 leurs températures absolues associées ($T = 273{,}13 + \theta$), il est possible en partant de l'équation d'Arrhénius d'établir une relation entre les constantes de vitesse associées et la variation de température :

$$\log\left(\frac{k_{\theta 2}}{k_{\theta 1}}\right) = \frac{E}{2{,}3 \cdot R} \cdot \left(\frac{\theta_2 - \theta_1}{T_1 \cdot T_2}\right) \qquad [143]$$

Sur le domaine de températures létales, qui s'étend de 60 à 100 °C pour des formes végétatives et de 100 à 150 °C pour des formes sporulées, et compte tenu des valeurs de E et de R, le facteur $\frac{E}{2{,}3 \cdot R} \cdot \frac{1}{T_1 \cdot T_2}$ peut être considéré comme une constante. Par exemple, l'énergie d'activation de la réaction de destruction des spores est généralement voisine de 300 kJ·mol^{-1}. Entre 100 et 150 °C, l'expression précédente varie de 0,11 à 0,09 K^{-1}, soit une valeur moyenne de 0,10 K^{-1}. La relation précédente, remaniée en fonction de l'équation [141], se ramène donc à :

$$\log\left(\frac{D_{\theta 1}}{D_{\theta 2}}\right) = \frac{\theta_2 - \theta_1}{z} \qquad [144]$$

avec :

$$z = \frac{1}{\frac{E}{2{,}3 \cdot R} \cdot \left(\frac{1}{T_1 \cdot T_2}\right)} \qquad [145]$$

Si on pose $D_{\theta 2} = \frac{D_{\theta 1}}{10}$, il vient $z = \theta_2 - \theta_1$: z est l'élévation de température nécessaire pour diviser par 10 le temps de réduction décimale (ou encore multiplier par 10 la constante de vitesse). Dans l'exemple précédent concernant la destruction des spores, z, calculé à partir de l'équation [145], prend une valeur moyenne de 10 °C sur la plage de température 100-150 °C. Cette valeur correspond de façon plus générale au z des formes sporulées, compris entre 8 et 12 °C selon les espèces. Les formes végétatives présentent des valeurs de z généralement comprises entre 5 et 7 °C.

Un objectif de stabilisation par la chaleur consiste à effectuer *n* réductions décimales du micro-organisme le plus résistant de la flore du produit considéré. Le temps de traitement correspondant t_θ à la température θ étant donné par l'équation [142], l'équation [144] peut donc se ramener à :

$$\log\left(\frac{n \cdot D_{\theta 1}}{n \cdot D_{\theta 2}}\right) = \log\left(\frac{t_{\theta 1}}{t_{\theta 2}}\right) = \frac{\theta_2 - \theta_1}{z} \qquad [146]$$

La résistance thermique des spores a été majoritairement étudiée à 121,1 °C (250 °F), température de référence (θ_{ref}). Le temps de traitement à cette température ($t_{\theta ref}$) est la valeur stérilisatrice, généralement noté $F^{Z}_{\theta ref}$:

$$F^{z}_{\theta ref} = n \cdot D_{\theta ref} \qquad [147]$$

À partir de l'expression [146] remaniée, il est donc possible, connaissant $t_{\theta ref}$, de calculer t_θ à toute température :

$$t_\theta = t_{\theta ref} \cdot 10^{\frac{\theta_{ref} - \theta}{z}} \qquad [148]$$

De la même manière, on utilise souvent en industrie la notion d'unité de pasteurisation (UP), valeur conventionnelle correspondant à l'efficacité d'un traitement thermique (nombre de réductions décimales) d'une durée et d'une température (en général proche de 70 °C) spécifiées. L'équation [148] permet, connaissant z, de calculer le nombre d'unités de pasteurisation (valeur pasteurisatrice) d'un traitement quelconque : par exemple, si l'unité de pasteurisation est définie comme un traitement de 1 min à 65 °C, et que le z vaut 7 °C, un traitement de 1 min à 72 °C est équivalent à un traitement de 10 min à 65 °C, soit 10 UP :

$$t_{65} = t_{72} \cdot 10^{\frac{72-65}{7}} = 1 \cdot 10^1 = 10 \text{ min} = 10 \text{ UP}$$

La représentation graphique de l'expression [148] en coordonnées semi-logarithmiques est une droite (figure 138), dont l'inverse de la pente est z. Par exemple, un traitement visant à effectuer 6 réductions décimales de *Clostridium sporogenes* ($D_{121,1}$ = 57 s), soit $F^{10}_{121,1} = 6 \times 57 = 342$ s, peut être obtenu en maintenant le produit $4{,}4 \cdot 10^4$ s à 100 °C ou encore 44 s à 130 °C. On lit directement la valeur de z : c'est par exemple l'élévation de température permettant de passer d'un temps de traitement de $4 \cdot 10^3$ à $4 \cdot 10^2$ s, soit 10 °C dans ce cas.

Il est essentiel de remarquer qu'un traitement thermique se définit obligatoirement par un couple temps-température, étant entendu qu'il existe une infinité de couples permettant d'obtenir le résultat souhaité.

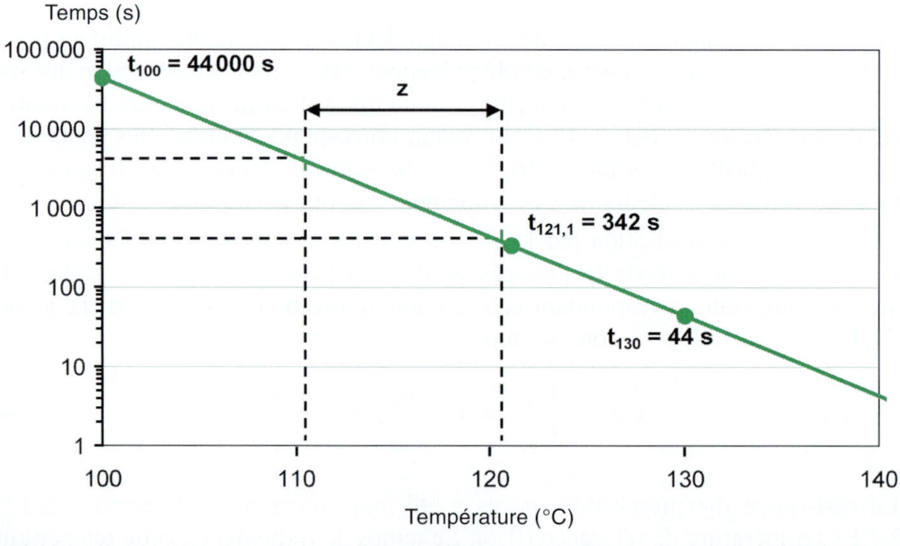

Figure 138 ■ Allure de destruction des micro-organismes en fonction de la température.

6.1.3. Influence du milieu : ordre de grandeurs de D_θ et z

Les caractéristiques physico-chimiques du milieu (pH, a_w, composition) modifient la thermorésistance des micro-organismes. Parmi ces caractéristiques, le pH est de loin le paramètre qui a la plus grande influence sur celle-ci. La résistance de la plupart des formes végétatives ou sporulées des micro-organismes est maximale aux pH proches de la neutralité, et décroît autour de cette plage (figure 139). On peut supposer que cet effet est dû à une plus faible thermorésistance des enzymes endocellulaires en dehors de leur plage de pH optimal d'activité et des macromolécules bactériennes (cytoplasme et paroi) aux alentours de leur pH_i.

Au-delà du traitement thermique, l'influence du pH est déterminante dans la capacité des bactéries survivantes à se développer, et le cas échéant à produire leur toxine. On considère généralement que la germination et la croissance de *Clostridium botulinum*, optimales à des pH voisins de la neutralité, sont impossibles à un pH inférieur à 4,5. Le pH des produits alimentaires conditionne donc directement la valeur des traitements qui leur sont appliqués. On distingue à ce titre deux catégories de produits (figure 139) :

- produits dont le pH est inférieur à 4,5 : les traitements à des températures inférieures ou égales à 100 °C permettent de stabiliser ces produits, au regard des formes végétatives comme des formes sporulées. Cette règle ne s'applique que dans la mesure où ces conditions de pH sont maintenues dans l'ensemble du produit et sur toute la durée de conservation. Cette plage de température correspond habituellement à celle de la pasteurisation, et ces traitements sont appelés indifféremment *pasteurisation stabilisante* ou *stérilisation* ;
- produits dont le pH est supérieur à 4,5 : la destruction des spores intervient à des températures supérieures à 100 °C, généralement comprises entre 115 et 150 °C.

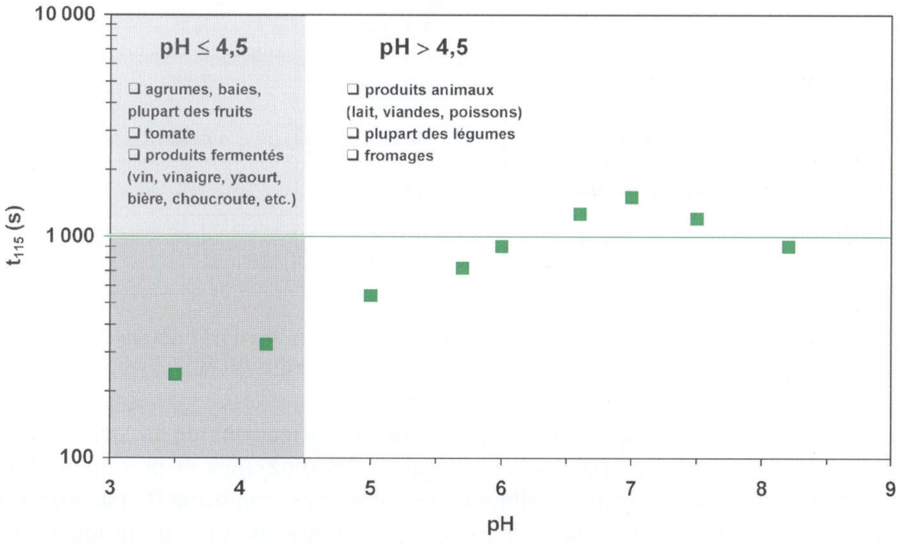

Figure 139 ■ Influence du pH sur la durée de traitement à 115 °C permettant d'obtenir un même nombre de réductions décimales de *Clostridium sporogenes* (d'après CTCPA, 1997).

Il est possible de tirer parti de ces éléments afin de limiter la valeur du traitement thermique et ses conséquences sur les caractéristiques organoleptiques (en particulier texturales) du produit. Dans de nombreux cas, le pH des produits alimentaires est ainsi abaissé par ajout d'un liquide ou d'une sauce de couverture acide (maquereaux au vin blanc, ajout de vinaigre ou d'acides organiques à certaines conserves de légumes, etc.).

En dehors du pH, l'a_w influence également D_θ, qui est en général minimal à des valeurs proches de 1, et augmente lorsque l'a_w diminue. Bimbenet et Loncin (1995) précisent que la thermorésistance des formes sporulées est maximale pour une a_w de l'ordre de 0,3. On peut expliquer ces éléments par l'augmentation des interactions entre les macromolécules bactériennes avec les autres solutés aux faibles a_w, au détriment de celles initialement établies avec l'eau. Ces interactions consolideraient la structure native de ces macromolécules, et nécessiteraient une quantité d'énergie supérieure pour obtenir leur déstructuration, donc l'inactivation microbienne.

Enfin, la valeur de D_θ peut être substantiellement modifiée par la composition physico-chimique du produit. À titre d'exemple, la présence d'alcalino-terreux (Ca^{2+}, Mg^{2+}) ou de matières grasses élève en général cette valeur.

Il ressort de ces différents points que les valeurs de D_θ données par la littérature doivent être considérées avec précaution, en fonction du couple [micro-organisme/produit] considéré. À titre d'illustration, les tableaux 25 et 26 donnent néanmoins des ordres de grandeur de D_θ et z pour quelques formes sporulées et végétatives de micro-organismes.

Tableau 25 ■ Valeurs de $D_{121,1}$ et z pour quelques formes sporulées de micro-organismes (Bradshaw *et al.*, 1977 ; Hallström *et al.*, 1988).

	$D_{121,1}$ (s)	**z (°C)**
Bacillus cereus	2,3-3,9	9,7
Bacillus stearothermophilus	210-410	7-13
Clostridium botulinum	6-18	8-12
Clostridium perfringens	1,3-1,5	7,2
Clostridium sporogenes	9-156	9-13

6.2. Cinétique d'altération des constituants à température constante

Tout traitement thermique s'accompagne de modifications de la structure des constituants du produit, en particulier des protéines (enzymes et protéines globulaires, particulièrement thermosensibles), des vitamines (vitamine B_1 par exemple) et des sucres (dégradation du lactose en acide formique au cours de la réaction de Maillard). La cuisson entre dans le cadre de ces modifications de structure des constituants. Les enzymes étant des facteurs d'évolution des aliments au cours de

Tableau 26 ■ Valeurs de D_θ et z pour quelques formes végétatives de micro-organismes (Blankenship et Craven, 1982 ; Bradshaw *et al.*, 1985 ; Kessler, 1981 ; Koidis et Doyle, 1983 ; Lahellec, 1991, Lovett *et al.*, 1982).

	θ	**D_θ (s)**	**z (°C)**
Bactéries non sporulées du lait	65	35	5-6
Campylobacter jejuni	58,3	12-21	6,0-6,4
Enterobacter aerogenes	61,8	0,45	2,8
Enterobacter liquefaciens	73,9	0,56	6,9
Listeria monocytogenes	60	170	5,8-6,3
Pseudomonas pseudomonallei	73,3	0,52	9,3
Pseudomonas caryophylli	73,7	0,44	8,7
Salmonella[1]	60	12-390	4-5,6
Staphylococcus aureus	60	26-474	5,8-10
Yersinia enterocolitica	62,8	14-58	5,1-5,8

[1] : données générales concernant l'espèce ; certains genres présentent des résistances 10 à 20 fois plus grandes, tel que *Salmonella senftenberg* (z de 5,6 à 10,5 °C) dont le D_{60} dans l'œuf vaut 570 s.

la conservation, il est souvent nécessaire de les inactiver pour assurer une bonne stabilité du produit (des modifications conformationnelles peuvent suffire à les inactiver). Enfin, la destruction des toxines bactériennes est incontournable pour assurer la qualité sanitaire des aliments.

L'altération des constituants suit en général une cinétique d'ordre 1 :

$$\frac{dC}{dt} = -k_\theta \cdot (C) \qquad [149]$$

où *C* est la concentration du constituant à l'état natif. On peut remarquer que cette expression est de la même forme que [139], et conduit aux mêmes développements mathématiques. D_θ représente ici le temps nécessaire pour altérer 90 % du constituant natif, et z l'élévation de température permettant de diviser par 10 la valeur de D_θ.

$$\begin{cases} \log\left(\frac{C_0}{C}\right) = \frac{t}{D_\theta} \\ \log\left(\frac{t_\theta}{t_{\theta ref}}\right) = \frac{\theta_{ref} - \theta}{z} \end{cases} \qquad [150]$$

Cependant, des cinétiques d'ordre 2 existent également, par exemple dans le cas de réactions bimoléculaires (réaction de Maillard, agrégation de protéines).

Comme pour les micro-organismes, la représentation graphique du temps nécessaire pour altérer la structure d'un constituant jusqu'à un niveau donné en fonction de la température est une droite en coordonnées semi-logarithmiques.

On utilise parfois le Q_{10}, rapport des constantes de vitesse k_θ pour un écart de température de 10 °C :

$$\log Q_{10} = \log \frac{k_{\theta_2}}{k_{\theta_1}} = \frac{\theta_2 - \theta_1}{z} = \frac{10}{z} \quad [151]$$

Pour des réactions biochimiques présentant un z de 30 °C, la valeur de Q_{10} vaut 2, c'est-à-dire que l'on double la vitesse de la réaction en augmentant la température de 10 °C.

La figure 140 représente la destruction de *Clostridium sporogenes* ($D_{121,1}$ = 57 s, z = 10 °C) et de la thiamine ($D_{121,1}$ = 6 200 s, z = 25 °C) dans du lait entier. On peut remarquer la similitude entre une destruction donnée de micro-organismes (c'est-à-dire, un nombre donné de réductions décimales) et une altération donnée d'un constituant (c'est-à-dire un % d'altération). Toutefois, compte tenu des différences de z, une augmentation de 30 °C de la température de traitement se traduit par une augmentation des constantes de vitesse (inverse de t_θ) des réactions d'altération des constituants (z ≅ 30 °C), de destruction des formes sporulées (z ≅ 10 °C) et de destruction des formes végétatives (z ≅ 5 °C) respectivement de l'ordre de 10, 10^3 et 10^6.

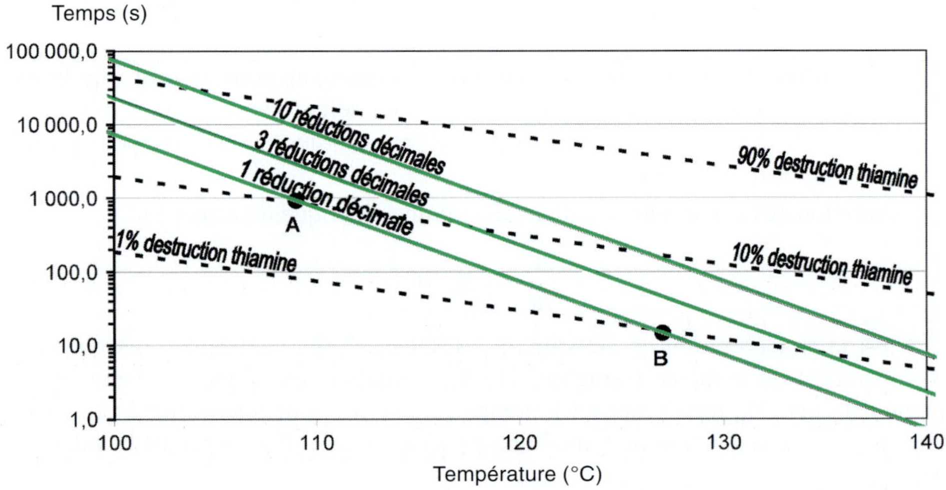

Figure 140 ■ Destruction de *C. sporogenes* et altération de la thiamine en fonction de la température.

Cette observation constitue la base de l'optimisation des traitements thermiques en agroalimentaire. Un traitement [temps long/basse température] conduit à une modification des constituants du produit plus importante qu'un traitement [temps court/haute température], pour une même valeur pasteurisatrice ou stérilisatrice appliquée. La figure 140 montre par exemple qu'une réduction décimale de *Clostridium sporogenes* peut être obtenue en $9 \cdot 10^2$ s à 109 °C (point A) ou en 15 s à 127 °C (point B). En revanche, le premier traitement détruit 10 % de la thiamine, alors que le second n'en détruit que 1 %.

Le tableau 27 donne les valeurs de $D_{121,1}$ et z pour quelques constituants et réactions intervenant à des températures supérieures à 100 °C.

Tableau 27 ■ Valeurs de $D_{121,1}$ et z pour quelques constituants et réactions intervenant à des températures supérieures à 100 °C (Hallström *et al.*, 1988).

	$D_{121,1}$ (s)	z (°C)
Vitamines		
En général	$6 \cdot 10^3$-$6 \cdot 10^4$	20-30
Vitamine B_1 (thiamine)	$2,3 \cdot 10^3$-$2,3 \cdot 10^4$	20-30
Vitamine C (acide ascorbique)	$1,5 \cdot 10^5$	51
Acide panthoténique	$1,5 \cdot 10^5$-$3,8 \cdot 10^6$	31
Vitamine B_2 (riboflavine)	$1,7 \cdot 10^6$	28
Acide folique	$1,7 \cdot 10^6$	37
Enzymes		
En général	60-600	7-55
Lipase (de *Pseudomonas*)	616-872	25-37
Protease (de *Pseudomonas*)	240-816	32
Autres transformations		
Coloration due à la réaction de Maillard	24-$2,4 \cdot 10^3$	17-39
Destruction de la lysine	$4,5 \cdot 10^4$	21

Le tableau 28 donne les valeurs de D_θ et z pour quelques constituants et toxines bactériennes à des températures inférieures à 100 °C.

On peut remarquer que certaines enzymes et toxines bactériennes, telles que les protéases et lipases de *Pseudomonas* ou la toxine de *Staphylococcus aureus*, présentent une très grande résistance thermique (bien supérieure à celles des micro-organismes considérés). Ceci permet de souligner une nouvelle fois l'influence de la qualité initiale du produit sur sa qualité finale.

6.3. Traitements thermiques à température variable

Dans la majorité des cas, lors d'un traitement thermique, la température du produit traité évolue au cours du temps. En effet, le palier de température (température θ_p) choisi par l'opérateur est précédé d'une phase de montée et suivi d'une phase de descente en température.

Tableau 28 ■ Valeurs de D_θ et z des réactions de dénaturation de quelques constituants et toxines bactériennes (Denny, 1971 ; Kessler, 1981 ; Lahellec, 1991 ; Read et Bradshaw, 1966 ; Woodburn *et al.*, 1979).

	θ	**D_θ (s)**	**z (°C)**
Phosphatase alcaline	72	8	5
Lipase du lait	72	5,9	6,4
Peroxydase	72	$1{,}6 \cdot 10^3$	9
Catalase	72	142	7,2
Protéines sériques	72	$8{,}1 \cdot 10^3$	6
Toxines bactériennes			
Staphylococcus aureus	98,9	$> 7{,}2 \cdot 10^3$	27,8
Clostridium botulinum	85	$3 \cdot 10^2$	4,0-6,2

Cette évolution peut être ramenée à un ensemble de traitements élémentaires successifs de durée Δt suffisamment petits pour que la température puisse être considérée comme constante et égale à θ_i pendant cet intervalle. Il est donc possible de calculer un temps de réduction décimal $D_{\theta i}$ pour chaque intervalle. Il vient :

$$\begin{cases} \log\left(\dfrac{N_0}{N_1}\right) = \dfrac{\Delta t}{D_{\theta 1}} \\ \log\left(\dfrac{N_1}{N_2}\right) = \dfrac{\Delta t}{D_{\theta 2}} \\ \ldots\ldots \\ \log\left(\dfrac{N_{n-1}}{N_n}\right) = \dfrac{\Delta t}{D_{\theta n}} \end{cases} \qquad [152]$$

En faisant la somme membre à membre, on obtient :

$$\log\left(\frac{N_0}{N_n}\right) = \sum_{i=1}^{n} \frac{\Delta t}{D_{\theta i}} \qquad [153]$$

En remarquant que $\log\left(\dfrac{N_0}{N_n}\right)$ est n, nombre de réductions décimales effectuées, et en faisant tendre Δt vers un infiniment petit dt, on obtient :

$$n = \frac{F^{z}_{\theta ref}}{D_{\theta ref}} = \int_0^t \frac{dt}{D_\theta} \qquad [154]$$

avec $D_\theta = D_{\theta ref} \cdot 10^{\frac{\theta_{ref} - \theta}{z}}$.

$D_{\theta ref}$ étant une constante, on peut donc calculer $F^{Z}_{\theta ref}$ à partir de [147] et [154] :

$$F^{z}_{\theta ref} = D_{\theta ref} \cdot \int_0^t \frac{dt}{D_\theta} = \int_0^t 10^{\frac{\theta-\theta_{ref}}{z}} \cdot dt \qquad [155]$$

La résolution de cette équation peut se faire par discrétisation du temps et de la température (méthode de Bigelow). Ceci revient à calculer l'équivalent de chaque intervalle de temps (suffisamment petit pour pouvoir considérer la température du produit θ constante) à la température de référence θ_{ref}. $F^{Z}_{\theta ref}$ s'obtient en sommant l'ensemble de ces temps élémentaires équivalents. Les tableurs aujourd'hui disponibles permettent d'effectuer ce calcul sans difficulté.

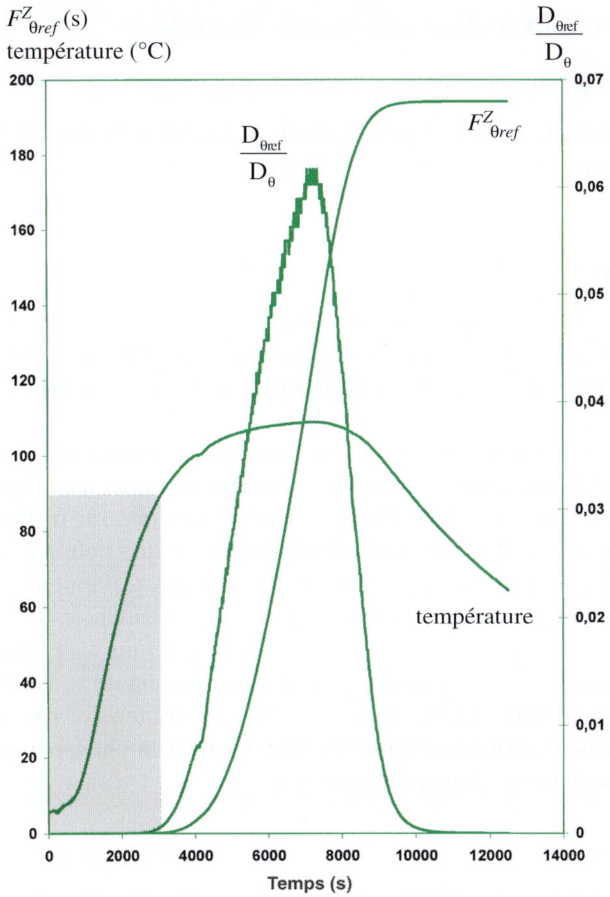

Figure 141 ■ Évolution de la température et de $F^{Z}_{\theta ref}$ en fonction du temps lors d'une stérilisation.

À titre d'exemple, la figure 141 représente l'évolution de la température au centre du contenant lors de la stérilisation d'un produit alimentaire, les valeurs instantanées de $\frac{D_{\theta ref}}{D_\theta}$ et la valeur cumulée de $F^{Z}_{\theta ref}$ en fonction du temps. L'évolution de la température décrite ici est caractéristique de transfert par conduction pure, correspondant à un produit immobile. Elle peut être fidèlement approchée en utilisant la loi de Newman (cf. chapitre 9, § 1.1.4.), connaissant la diffusivité thermique de l'aliment considéré. En pratique, on peut observer que le temps passé à une température θ inférieure à $[\theta_p - 2.z]$ (soit dans ce cas $\theta = 90$ °C pour $\theta_p = 110$ °C et z = 10 °C ; zone grisée) a une contribution négligeable au cumul de valeur stérilisatrice $F^{Z}_{\theta ref}$. Au demeurant, la prise en compte d'un intervalle de temps dt dans ce calcul suppose que la température θ correspondante soit réputée avoir une action stérilisante au regard du pH du produit.

6.4. Mise en œuvre des traitements thermiques

6.4.1. Valeurs pasteurisatrices ou stérilisatrices objectifs

Parmi les traitements thermiques destinés à améliorer la qualité hygiénique ou à assurer une longue conservation, on distingue classiquement la pasteurisation et la stérilisation.

6.4.1.1. Pasteurisation

Au regard de l'allongement de DLC visé, on cherche en général à obtenir au moins 5 réductions décimales des formes végétatives présentes. En fonction de cet objectif, trois zones de couples temps-température sont pratiquées : pasteurisation basse (15-30 min/60-65 °C), pasteurisation haute (15-40 s/70-75 °C) et Flash pasteurisation (1-2 s/85-95 °C). Compte tenu des faibles durées des modes de pasteurisation haute et flash, ceux-ci sont généralement réservés aux liquides. Précisons que le traitement mis en œuvre pour garantir l'innocuité du produit jusqu'à DLC reste sous la responsabilité de l'industriel, pour peu que celui-ci ait été approuvé par l'autorité réglementaire compétente : de ce fait, des traitements thermiques plus élevés que ceux évoqués ci-dessus ($\theta > 100$ °C, en particulier les traitements de type ultra-haute température), suivis de conditionnement non aseptique, peuvent être appliqués en conservant la mention « pasteurisation haute ». L'activité résiduelle des enzymes est un bon indicateur de la nature du traitement thermique. Ainsi un traitement de pasteurisation basse du lait doit inactiver la phosphatase alcaline, mais préserver la peroxydase (« lait frais pasteurisé »).

6.4.1.2. Stérilisation

Ce traitement doit au minimum correspondre à 12 réductions décimales de *Clostridium botulinum* ($D_{121,1} \cong 12$ s, d'où $F^{10}_{121,1} = 144$ s), soit une valeur stérilisatrice généralement arrondie à 180 s. En pratique, Bimbenet et Loncin (1995) font remarquer que la contrainte pour l'industriel d'abaisser à une valeur commercialement acceptable le risque de non-conservation par destruction de spores non pathogènes (par exemple, moins d'un germe sur 10^4 contenants) conduit à des valeurs $F^{10}_{121,1}$ objectifs bien supérieures. Deux plages de couples temps-température sont utilisées : 15-20 min/115-125 °C et 2-6 s/140-150 °C (ultra-haute température ou UHT). Le traitement UHT permet de limiter les pertes en acides aminés essentiels, ainsi que la coloration due à la réaction de Maillard. Le souci de préserver le produit ne doit cependant pas occulter la nécessité de détruire certaines enzymes susceptibles de le déstabiliser au cours de sa conservation (lipases de germes psychrotrophes par exemple).

6.4.2. Traitement en vrac

Le traitement en vrac est essentiellement réservé aux produits liquides, et peut être réalisé soit en mode discontinu (« batch »), soit en mode continu. Dans ce schéma, le conditionnement du produit suit le traitement thermique. Il constitue donc un point critique, car autorise la recontamination du produit en cas de conditionnement non aseptique.

6.4.2.1. Système discontinu

Un traitement de pasteurisation peut être réalisé par chauffage du liquide dans une cuve agitée (figure 142).

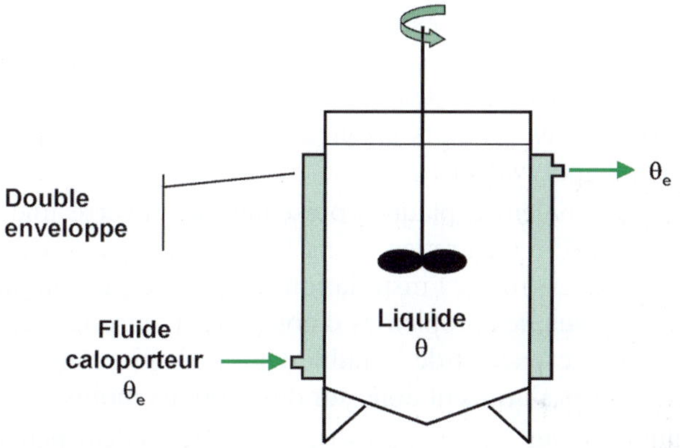

Figure 142 ■ Dispositif de chauffage d'un liquide en cuve agitée à double enveloppe.

Si la température de l'eau chaude qui circule dans l'enveloppe est θ_e (supposée constante au cours du temps) et les températures initiale et à l'instant t du lait respectivement égales à θ_0 et θ, nous pouvons écrire que :

$$m \cdot C_p \cdot \frac{d\theta}{dt} = A \cdot \alpha \cdot (\theta_e - \theta) \qquad [156]$$

m (kg) et C_p ($J \cdot kg^{-1} \cdot K^{-1}$) sont respectivement la masse et la chaleur massique du liquide traité, A la surface d'échange (m^2), et α le coefficient de transfert de chaleur ($W \cdot m^{-2} \cdot K^{-1}$). Cette expression s'intègre en :

$$\log\left(\frac{\theta_e - \theta}{\theta_e - \theta_0}\right) = -\frac{A \cdot \alpha}{2,3 \cdot m \cdot C_p} \cdot t \qquad [157]$$

En coordonnées semi-logarithmiques, la représentation de $\frac{\theta_e - \theta}{\theta_e - \theta_0}$, encore appelée température réduite (cf. chapitre 9, § 1.1.4.), est linéaire par rapport au temps.

L'expression [157] s'applique également au cas du traitement d'un fluide agité (θ uniforme) conditionné en boîte de conserve.

Connaissant l'évolution de la température en fonction du temps, le calcul de $F^{Z}_{\theta ref}$ se fait selon le développement proposé au chapitre 10, § 6.3.

6.4.2.2. Système continu

Le traitement thermique des liquides en continu (pasteurisation ou stérilisation) peut être réalisé dans des échangeurs tubulaires ou à plaques, associés à un chambreur pour le maintien à température de traitement. Un échangeur de chaleur est un appareil dans lequel un fluide thermique cède ou prend selon le cas, une certaine quantité de chaleur au produit et donc le réchauffe ou le refroidit.

▶ PRINCIPES DES ÉCHANGEURS DE CHALEUR

Dans l'échangeur tubulaire le produit et le fluide thermique circulent dans des tubes concentriques, l'un dans l'espace central, l'autre dans l'espace annulaire. L'avantage de ce type d'installation est la grande vitesse de circulation du produit, d'où un régime d'écoulement turbulent qui limite les problèmes d'encrassement, permettant ainsi de traiter des produits visqueux. Cependant, ce type d'échangeur est très encombrant et peu polyvalent.

Les échangeurs de chaleur à plaques présentent à l'inverse une grande compacité et une certaine facilité d'entretien, mais la perte de charge est élevée entre les plaques ; la pompe nécessaire à l'installation doit de ce fait supporter des contre pressions élevées. De plus, les problèmes d'obstruction entre les plaques sont possibles en raison du faible espace et de la faible vitesse de circulation du produit entre celles-ci. Ces échangeurs s'utilisent donc sur des produits moins visqueux.

Pour les produits les plus visqueux, les transferts de chaleur peuvent être améliorés par l'action de pales ou couteaux qui raclent la surface d'échange et permettent le renouvellement de la couche limite et le mélange de la masse de liquide : c'est le principe des échangeurs de chaleur à surface raclée.

Le principe général du traitement thermique en continu est donné figure 143. Il consiste à porter le liquide à sa température de traitement par échange de chaleur avec un fluide plus chaud, le maintenir à la température de traitement pendant le temps nécessaire (chambrage), puis le refroidir. Quand un fluide traverse un appareil de traitement thermique, il y séjourne pendant un temps moyen défini par le rapport entre le volume de l'appareil et le débit volumique du fluide. On constate cependant que certains éléments de volume progressent plus vite que la moyenne, et d'autres moins vite ; ce phénomène est qualifié de dispersion des temps de séjour autour du temps moyen et dépend de l'appareil. On peut montrer que le surtraitement des micro-organismes qui séjournent plus longtemps dans l'appareil ne compense pas le sous-traitement de ceux qui séjournent moins longtemps (principe des réactions dites *finissantes*). En pratique, cette dispersion des temps de séjour impose une augmentation du temps de traitement moyen pour atteindre la valeur pasteurisatrice (ou stérilisatrice) visée, et implique donc une altération accrue du produit. Bimbenet, Duquenoy et Trystram (2002) donnent un large aperçu des moyens permettant de caractériser la dispersion des temps de séjour dans une installation.

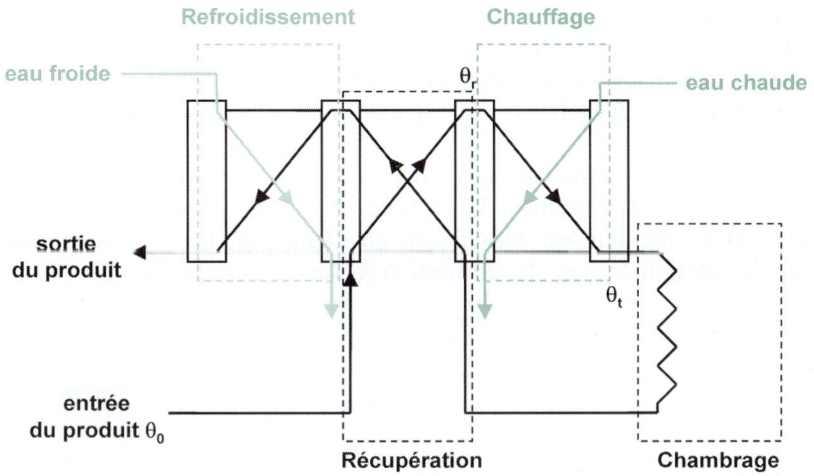

Figure 143 ■ Schéma général d'une installation de traitement thermique en continu.

Pour réduire les coûts énergétiques, il est possible dans une partie de l'échangeur, appelé zone de récupération, de réchauffer le produit « montant » (vers la zone de chambrage) en refroidissant le produit « descendant » (de la zone de chambrage). La zone de chauffage (par de l'eau chaude ou de la vapeur) est nécessaire car le coefficient de récupération de chaleur r_q de l'installation est habituellement de l'ordre de 90-92 %. Une zone de refroidissement complémentaire (eau froide ou eau glycolée) est généralement présente pour ramener le produit à la température de stockage.

Les échanges de chaleur dans chacune de ces différentes zones se font par circulation à contre courant pour permettre un meilleur taux de récupération. Cependant, des échangeurs à co-courant peuvent également être utilisés, bien que dans ce cas l'écart de température entre le fluide thermique et le produit à l'entrée de l'échangeur soit très élevé et donc favorable à l'encrassement des parois.

▶ PRINCIPES DES STÉRILISATEURS DIRECTS ET INDIRECTS

La stérilisation des liquides peut être réalisée en continu à haute température pendant des temps courts (traitement UHT). Le traitement UHT direct consiste à injecter dans le liquide préchauffé en échangeur de la vapeur vive. La condensation de la vapeur dans le liquide se traduit par la libération de la chaleur latente de vaporisation, ce qui provoque une élévation quasi instantanée de la température en même temps qu'une dilution du produit (figure 144) :

$$\dot{m}_v \cdot h_v + \dot{m}_p \cdot C_p \cdot \theta_1 = \dot{m}_v \cdot C_{pc} \cdot \theta_2 + \dot{m}_p \cdot C_p \cdot \theta_2 \qquad [158]$$

où $\dot{m}_p$ et $\dot{m}_v$ sont les débits de produit et de vapeur ($kg \cdot s^{-1}$), C_p et C_{pc} les chaleurs massiques du produit et de la vapeur condensée ($J \cdot kg^{-1} \cdot K^{-1}$) et h_v l'enthalpie de la vapeur vive ($J \cdot kg^{-1}$). Le produit dilué est ensuite reconcentré dans une chambre de détente par évaporation de l'eau amenée lors du chauffage, ce qui se traduit par un refroidissement instantané :

$$\dot{m}_v \cdot C_{pc} \cdot \theta_2 + \dot{m}_p \cdot C_p \cdot \theta_2 = \dot{m}_v' \cdot h_v' + \dot{m}_p \cdot C_p \cdot \theta' \qquad [159]$$

où θ' est la température du produit refroidi et $\dot{m}_v$' (kg·s^{-1}) et h_v' (J·kg^{-1}) le débit massique et l'enthalpie de la vapeur générée à cette température, respectivement. La maîtrise du procédé dépend par conséquent de l'ajustement entre la quantité de vapeur injectée lors du chauffage ($\dot{m}_v$) et de la quantité de vapeur éliminée par détente lors du refroidissement du produit ($\dot{m}_v$'). La mise en œuvre du traitement UHT direct exige une vapeur de qualité alimentaire. Pour éviter le mélange vapeur-produit, on peut procéder à un traitement UHT indirect à l'aide d'un échangeur tubulaire. La montée en température est dans ce cas plus lente : le choc thermique étant plus important, les phénomènes de déstabilisation et d'encrassement sont alors favorisés.

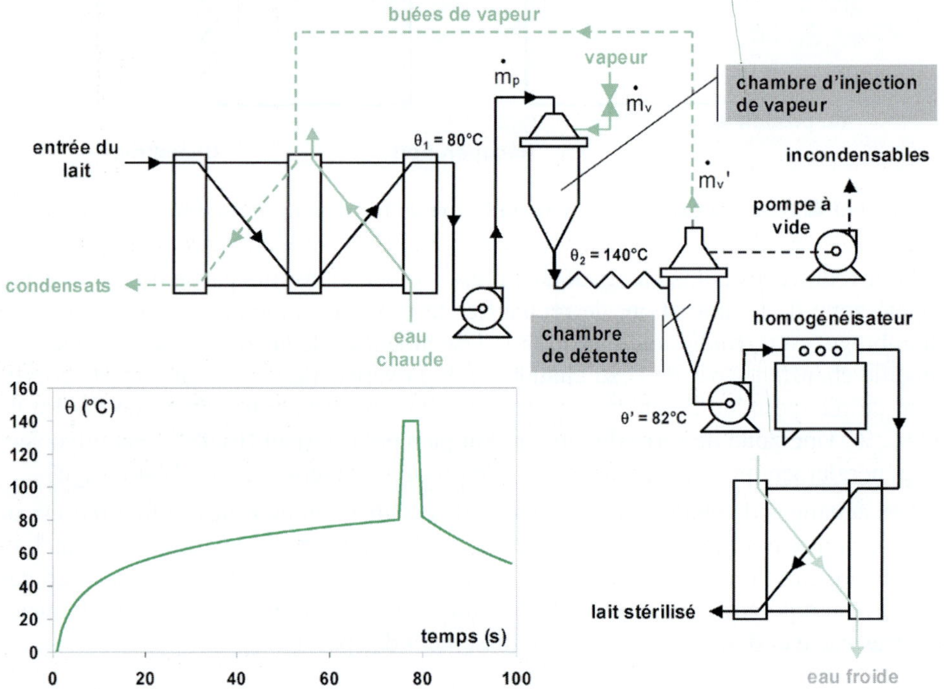

Figure 144 ■ Installation de stérilisation UHT direct de lait et profil temps - température correspondant.

▶ DIMENSIONNEMENT DES ÉCHANGEURS DE CHALEUR

Le dimensionnement des différentes zones d'un échangeur de chaleur à contre-courant peut être établi à partir d'un bilan d'énergie sur celles-ci (figure 145). Il consiste à écrire que la puissance cédée par le fluide chaud est égale à celle reçue par le fluide froid et à la puissance transférée au travers de la surface d'échange (loi de Fourier). Dans l'exemple de la figure 145, le fluide 1 est le fluide chaud et le fluide 2 le fluide froid ; en supposant les pertes de chaleur négligeables, on peut écrire de façon générale :

$$\dot{Q} = \dot{m}_1 \cdot C_{p1} \cdot (\theta_{1e} - \theta_{1s}) = \dot{m}_2 \cdot C_{p2} \cdot (\theta_{2e} - \theta_{2s}) \qquad [160]$$

avec $\dot{Q}$ (W) puissance thermique échangée dans l'appareil ; $\dot{m}_1$, $\dot{m}_2$ (kg·s^{-1}) débits massiques des fluides 1 et 2 ; C_{p1}, C_{p2} (J·kg^{-1}·K^{-1}) chaleurs massiques des fluides 1 et 2 ; θ_1, θ_2 (°C) températures des fluides 1 et 2.

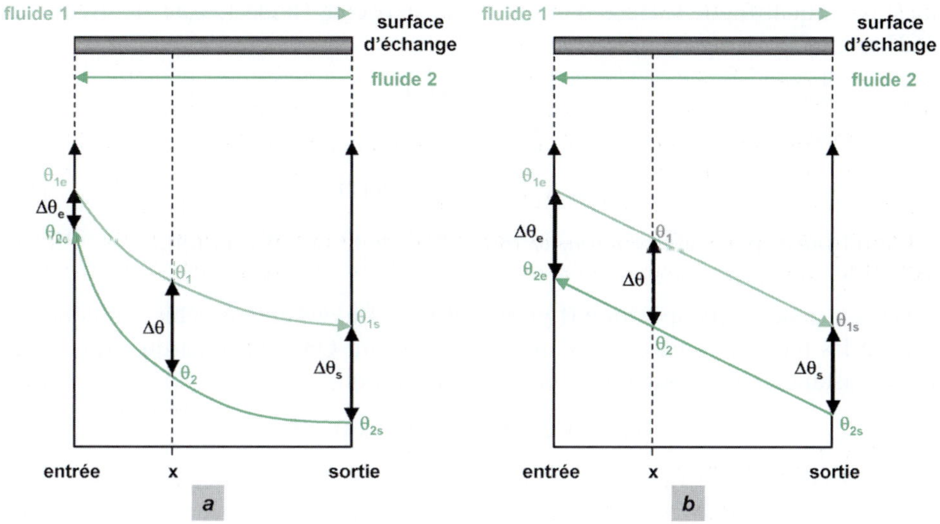

Figure 145 ■ Dimensionnement d'un échangeur de chaleur à contre-courant. *a* : cas général ; *b* : cas des zones de récupération.

Dans les zones de chauffage ou de refroidissement à l'aide d'un fluide caloporteur, les débits sont différents : le $\Delta\theta$ et par conséquent la puissance échangée par unité de surface varient le long de l'échangeur (figure 145*a*). L'expression de la loi de Fourier à prendre en compte est dans ce cas la formule de Hausbrand :

$$\dot{Q} = A \cdot \alpha \cdot \frac{\Delta\theta_s - \Delta\theta_e}{\ln \dfrac{\Delta\theta_s}{\Delta\theta_e}} = A \cdot \alpha \cdot \Delta\theta_m \qquad [161]$$

où A (m^2) est l'aire de la surface d'échange, α ($W{\cdot}m^{-2}{\cdot}K^{-1}$) le coefficient global de transfert de chaleur et $\Delta\theta_m$ la moyenne logarithmique des écarts de température entre les fluides 1 et 2. Cette moyenne est représentative du facteur de potentialité. En égalant les équations [160] et [161], on a, côté fluide 1 :

$$\dot{Q} = A{\cdot}\alpha{\cdot}\Delta\theta_m = \dot{m}_1{\cdot}C_{p1}{\cdot}(\theta_{1e} - \theta_{1s}) \qquad [162]$$

D'où :

$$A = \frac{\dot{m}_1 \cdot C_{p1}}{\alpha} \cdot \frac{\theta_{1e} - \theta_{1s}}{\Delta\theta_m} \qquad [163]$$

Le terme $\dfrac{\theta_{1e} - \theta_{1s}}{\Delta\theta_m}$ représente un facteur d'efficacité qui compare le résultat obtenu pour le fluide 1 ($\theta_{1e} - \theta_{1s}$) aux moyens mis en œuvre ($\Delta\theta_m$). Ce nombre sans dimension est qualifié de nombre d'unités de transfert côté fluide 1, noté NUT_1. Le terme $\dfrac{\dot{m}_1 \cdot C_{p1}}{\alpha}$ a la dimension d'une surface et est indépendant des niveaux thermiques. Il est qualifié de surface d'unité de transfert côté fluide 1, noté A_1. L'équation [163] se ramène donc à :

$$A = A_1 \cdot NUT_1 \quad [164]$$

Les mêmes considérations peuvent être faites du côté du fluide 2, d'où :

$$A = A_1 \cdot NUT_1 = A_2 \cdot NUT_2 \quad [165]$$

On retrouve, par cette relation, le bilan thermique relatif à la totalité de l'échangeur.

Dans la zone de récupération (figure 145b), les fluides et leur débit massique sont souvent les mêmes de part et d'autre de l'échangeur. On peut remarquer que $\Delta\theta$ est alors constant en tout point de la zone de récupération, et poser :

$$\dot{Q} = \dot{m} \cdot C_p \cdot (\theta_{1e} - \theta_{1s}) = A \cdot \alpha \cdot \Delta\theta \quad [166]$$

Connaissant le coefficient de transfert de chaleur α et les températures d'entrée et de sortie des fluides, il est donc possible de calculer l'écart de température entre les 2 fluides ($\Delta\theta_m$ ou $\Delta\theta$ selon les cas) et par suite la surface d'échange A de l'échangeur. Le tableau 29 donne des ordres de grandeur de α dans les cas courants.

Tableau 29 ■ Quelques valeurs de α dans des conditions courantes d'échange de chaleur.

Fluide	**α(W·m^{-2}·K^{-1})**
Air calme	3 à 23 (selon H_r)
Air en mouvement	10 à 10^2
Lit fluidisé par de l'air	30 à 60
Eau calme	$3 \cdot 10^2$
Eau agitée	10^3 à $2,3 \cdot 10^3$
Lait dans un pasteurisateur	$1,2 \cdot 10^3$ à $2 \cdot 10^3$
Saumure	$9 \cdot 10^2$
Vapeur d'eau en condensation	$6 \cdot 10^3$ à $6 \cdot 10^4$
Stérilisation à la vapeur	$1,7 \cdot 10^4$
Stérilisation vapeur + 50 % d'air	$1,7 \cdot 10^3$

Cependant, dans la majorité des cas, ces ordres de grandeur ne suffisent pas et on est amené à faire une évaluation plus fine de α (cf. chapitre 9, § 2.5.4.). Dans le cas des échangeurs à plaques, une relation entre invariants de similitude applicable en régime turbulent (Re > 1 000) et permettant d'accéder à cette donnée est :

$$Nu = 0,218 \cdot Re^{0,67} \cdot Pr^{0,4} \quad [167]$$

Les conditions hydrodynamiques doivent être telles que l'écoulement soit de type turbulent pour éviter d'une part l'encrassement et d'autre part une dispersion des temps de séjour. Les conditions d'écoulement turbulent sont obtenues soit en augmentant le débit, soit en utilisant des géométries non planes (promoteurs de turbulence).

Le dimensionnement d'une installation de traitement thermique résulte d'un compromis entre :

- le coefficient de récupération de chaleur r_q, dont l'augmentation se traduit par une diminution des coûts énergétiques et une augmentation de la surface d'échange, donc des coûts d'investissement. L'influence de ce paramètre est directement dépendante du coût énergétique et du coût unitaire de surface d'échange ;
- la thermosensibilité du produit, qui conditionne l'écart de température entre fluide chaud et fluide froid ;
- les pertes de charge dans l'installation, qui peuvent constituer une limite technique ou un coût de fonctionnement prohibitif ;
- le choix des géométries et dimensions des plaques, qui est lié aux pertes de charge et coefficients d'échange de chaleur.

En conclusion, l'échangeur de chaleur doit représenter un compromis entre des valeurs de α élevées et des pertes de charge acceptables.

6.4.3. *Traitement après conditionnement*

La plupart des aliments peuvent être traités thermiquement après conditionnement en autoclave de façon discontinue ou continue, qu'ils soient solides, liquides ou mixtes. Contrairement au cas précédent, le risque de recontamination du produit est ici très limité (altération du contenant lors du traitement ou sertissage défectueux), puisque le conditionnement précède le traitement thermique.

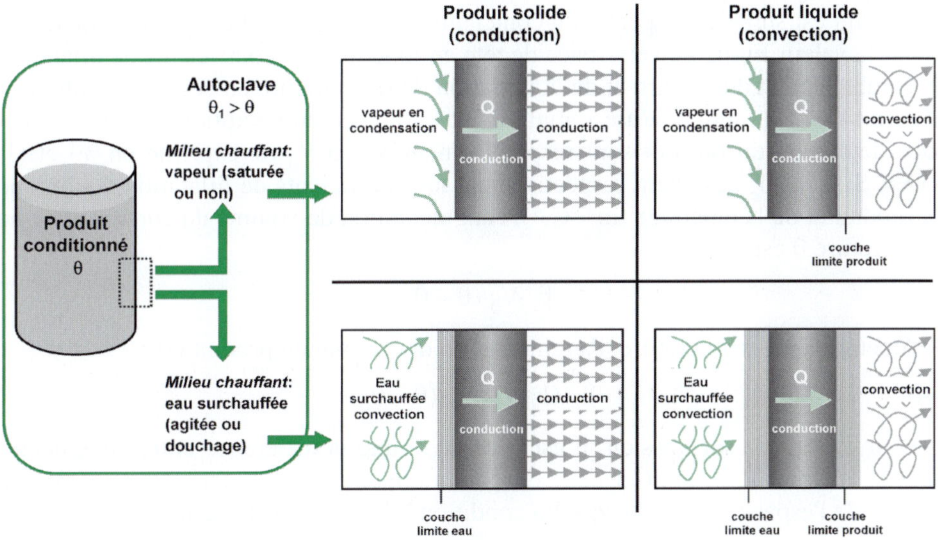

Figure 146 ■ Chauffage du produit après conditionnement.

Suivant la nature des aliments, le transfert de chaleur en leur sein se fait par conduction (solide) ou convection (liquide) (figure 146). La vitesse des transferts, même pour un aliment liquide, reste très inférieure aux niveaux qu'il est possible d'atteindre lors d'un traitement en vrac du fait de coefficients de transfert de chaleur α inférieurs. La rotation du récipient et l'agitation du milieu caloporteur, en réduisant les couches limites, permettent d'améliorer le transfert de chaleur (augmentation de α) et de réduire les altérations du produit consécutives aux traitements thermiques. Dans tous les cas, la valeur stérilisatrice $F^{Z}_{\theta ref}$ au centre géométrique du contenant peut être déterminée à partir de la courbe d'enregistrement de température.

Sur un autre plan, le chauffage d'un produit placé dans un récipient hermétiquement clos s'accompagne d'une augmentation de la pression interne de celui-ci. Ce point constitue un facteur limitant au plan de la température maximale de fonctionnement, qui est en général inférieure ou égale à 130 °C (correspondant à une pression maximale de fonctionnement de l'ordre de 0,3 MPa).

De ce fait, le traitement après conditionnement induit un allongement des temps à des températures inférieures par rapport aux couples [temps/température] mis en œuvre en vrac.

6.4.3.1. Conditionnement : calcul de l'espace de tête

Le remplissage des contenants débute le cas échéant par les éléments solides les plus gros et se termine par l'addition du liquide de couverture (huile, saumure, sauce). Le prétraitement des éléments solides permet de faciliter leur manipulation (raffermissement des sardines par saumurage) et de limiter leur exsudation et rétrécissement après traitement thermique (barattage des viandes).

Afin d'éviter une montée en pression à l'intérieur du conditionnement durant la phase de chauffage, il est nécessaire de laisser un espace de tête (volume mort d'air) au remplissage. Ce point est particulièrement crucial lorsque la dilatation thermique du produit est supérieure à celle du contenant (verre, métal). Il est possible de déterminer la valeur limite de cet espace de tête en fonction des coefficients de dilatation de l'emballage et du produit et de la variation de température au cours du traitement (figure 147). À la température initiale θ_0, les volumes du conditionnement, de l'espace de tête et du produit sont respectivement V_0, $\alpha \cdot V_0$ (α exprimé en %) et $(1-\alpha) \cdot V_0$. Si β_p et β_e désignent respectivement les coefficients de dilatation volumique du produit et de l'emballage ($m^3 \cdot °C^{-1}$), l'augmentation de volume du contenant à une température θ est :

$$\beta_e \cdot V_0 \cdot (\theta - \theta_0)$$

À cette même température, l'augmentation de volume du produit est :

$$\beta_p \cdot (1 - \alpha) \cdot V_0 \cdot (\theta - \theta_0)$$

Pour éviter une surpression, il est nécessaire que la différence entre l'augmentation de volume du produit et celle du conditionnement soit inférieure ou égale au volume de l'espace de tête ($\alpha \cdot V_0$). La condition limite est finalement :

$$\beta_p \cdot (1 - \alpha) \cdot V_0 \cdot (\theta - \theta_0) - \beta_e \cdot V_0 \cdot (\theta - \theta_0) \leq \alpha \cdot V_0 \quad [168]$$

D'où :

$$\alpha \geq \frac{(\beta_p - \beta_e) \cdot (\theta - \theta_0)}{1 + \beta_p \cdot (\theta - \theta_0)} \quad [169]$$

Les ordres de grandeur du coefficient de dilatation volumique β_e sont respectivement de $1{,}8 \cdot 10^{-5}$, $3{,}6 \cdot 10^{-5}$ et $6 \cdot 10^{-4}$ $m^3 \cdot °C^{-1}$ pour le verre, l'acier et le polyéthylène. Pour un produit liquide ($\beta_p = 4{,}5 \cdot 10^{-4}$ $m^3 \cdot °C^{-1}$; $\theta_0 = 50$ °C ; $\theta = 120$ °C), la valeur limite inférieure d'espace de tête calculée par l'équation [169] est égale à 3 % pour un contenant en verre et à 2,8 % pour un contenant en acier. On peut remarquer que ce calcul ne s'applique qu'aux cas où $\beta_p > \beta_e$. Dans le cas contraire (emballage en polyéthylène), cette équation donne en effet des valeurs négatives.

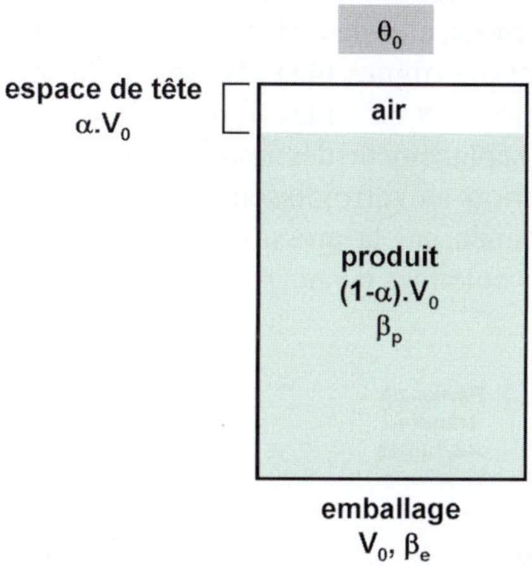

Figure 147 ■ Calcul de la valeur limite de l'espace de tête.

6.4.3.2. Évolution des températures et pressions

L'évolution de la température au cours de phases de chauffage et de refroidissement se traduit par une évolution des pressions au sein de l'autoclave et du produit. Une conséquence directe de ces variations de pressions et de température est la présence obligatoire de sas à l'entrée, à la sortie et entre les différentes zones (chauffage, refroidissement) des autoclaves fonctionnant en continu.

Lors du chauffage, la température θ du produit est inférieure à celle de l'ambiant de l'autoclave, et la différence de pression [autoclave – produit] est positive. Le risque principal concerne une montée trop brutale en température de l'autoclave, qui peut aboutir dans les cas extrêmes à l'écrasement du contenant.

À l'inverse, la différence de pression [autoclave – produit] est négative (surpression à l'intérieur du contenant par rapport à l'ambiant de l'autoclave) :

- au palier de température lorsque le produit contient de l'air : dans ce cas et malgré la quasi égalité des températures de l'ambiant et du produit, la présence d'air se traduit par une pression interne de l'emballage supérieure à celle de l'autoclave ;
- lors de la phase de refroidissement : la température et la pression de l'ambiant sont alors inférieures à celles du produit, en particulier en début de refroidissement.

Le risque associé à ce cas de figure est le manque temporaire ou définitif d'étanchéité du sertissage autorisant la recontamination du produit après traitement thermique, et à l'extrême l'éclatement du contenant.

Il est donc essentiel de gérer correctement la différence de pression entre autoclave et produit. Le risque d'écrasement peut être limité par la maîtrise et la temporisation du temps de montée au palier de l'autoclave. Le risque d'éclatement peut globalement être diminué par la présence d'un espace de tête suffisant et le remplissage du contenant sous vide d'air. Il est également possible de jouer sur la pression de l'autoclave en injectant de l'air comprimé dans celle-ci au refroidissement, de manière à limiter voire annuler le différentiel de pression avec le produit.

Une solution technique originale permettant de maîtriser ce différentiel de pression lors des phases de montée et descente en température est connue sous le nom d'autoclave « hydrostatique » (figure 148) : l'entrée et la sortie du produit de la zone de stérilisation se font par deux colonnes d'eau verticales dont la hauteur compense au fur et à mesure du déplacement des contenants l'augmentation de pression au chauffage et sa diminution au refroidissement. La température du traitement de stérilisation est conditionnée par la pression interne de la zone de stérilisation qui dépend de la hauteur des colonnes d'eau.

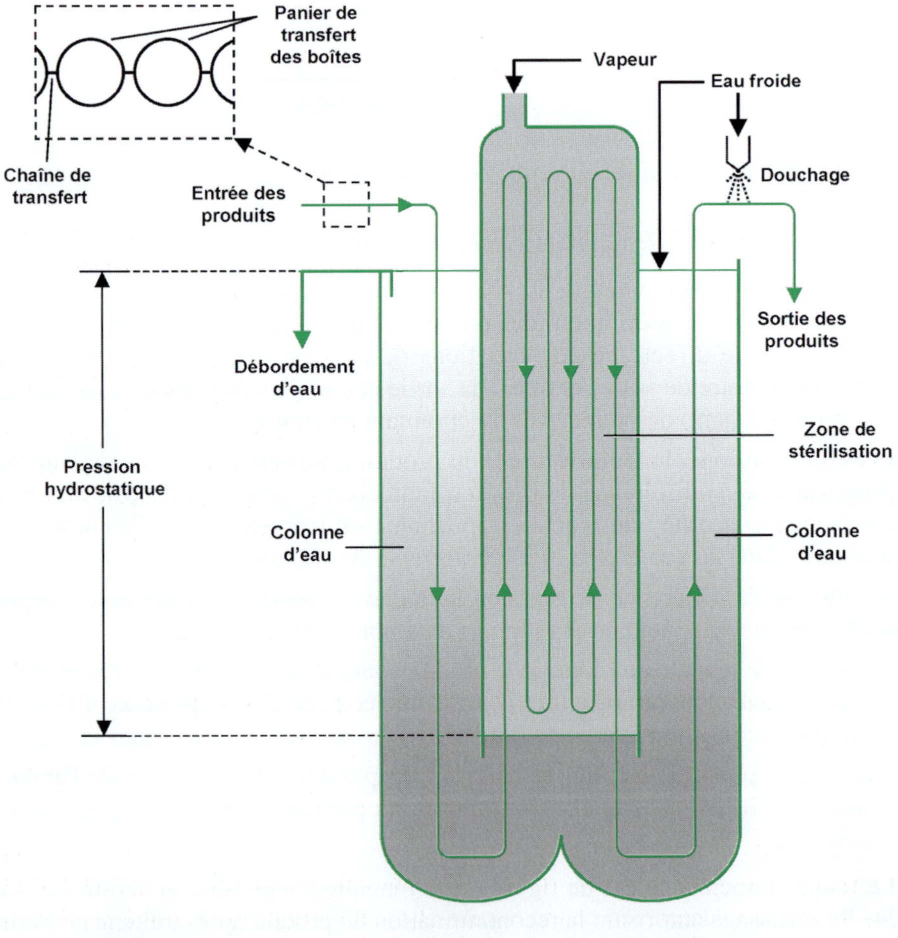

Figure 148 ■ Schéma de principe d'un autoclave continu hydrostatique.

7. Ionisation

L'ionisation des aliments est un procédé qui a pour but de les assainir et/ou d'augmenter leur durée de vie par destruction des activités microbiennes. Bien qu'il se soit développé il y a une trentaine d'années, son domaine d'application reste limité : ce procédé n'est pas destiné à remplacer les traitements de stabilisation basés sur la destruction thermique ou sur la réduction d'a_w, mais trouve son application dans le cas des produits crus ou thermosensibles. Outre la destruction des flores microbiennes, il permet également de détruire les insectes responsables des pertes des récoltes et de bloquer des processus physiologiques tels que la germination des tubercules végétaux. Un des avantages du procédé est qu'il peut être mis en œuvre sur des produits congelés et des produits préemballés.

7.1. Principe

Le traitement ionisant consiste à soumettre l'aliment soit à un rayonnement électromagnétique γ provenant de la désintégration radioactive du cobalt 60 ou du césium 137, soit à des rayons X d'énergie inférieure à 5 MeV ou à un faisceau d'électrons accélérés de moins de 10 MeV (1 Mev = $1{,}6 \cdot 10^{-13}$ J).

$$^{60}_{27}\mathrm{Co} \rightarrow {}^{60}_{28}\mathrm{Ni} + e^- + \gamma \qquad (1{,}20\ \mathrm{Mev}) \qquad [170]$$

$$^{137}_{55}\mathrm{Cs} \rightarrow {}^{137}_{56}\mathrm{Ba} + e^- + \gamma \qquad (0{,}66\ \mathrm{Mev}) \qquad [171]$$

Ces traitements sont également appelés « irradiation » compte tenu de la mise en œuvre de sources radioactives, ce qui pourrait laisser croire qu'ils génèrent de la radioactivité. En réalité et compte tenu des énergies mises en œuvre, ce n'est pas le cas.

Le rayonnement électromagnétique γ et le faisceau d'électrons perturbent les niveaux d'énergie électroniques des atomes, notamment de ceux à forte densité électronique (oxygènes, azote, soufre). Il peut en résulter des ruptures de liaisons covalentes avec formation de radicaux libres ou des ionisations par arrachement d'un électron. Les éléments formés par radiolyse sont très réactifs et peuvent continuer leur action après le traitement et au cours de la conservation. L'eau des tissus et des aliments donne des radicaux libres et des ions selon :

$$H_2O \rightarrow HO^\bullet + H^\bullet$$

$$H_2O \rightarrow H_2O^+ + e^- \qquad [172]$$

En présence d'oxygène il peut y avoir formation de peroxyde d'hydrogène :

$$H^\bullet + O_2 \rightarrow HO_2^\bullet$$

$$HO_2^\bullet + HO_2^\bullet \rightarrow H_2O_2 + O_2 \qquad [173]$$

Les éléments constitutifs des cellules, dont l'ADN, subissent des modifications soit sous l'action directe des rayonnements ou des électrons, soit par interaction avec les produits issus de la radiolyse. Ces modifications structurales de l'ADN entraînent la destruction des micro-organismes. Le traitement peut parallèlement générer des pertes de nutriments, notamment de certaines vitamines, et donner naissance à des produits volatils qui altèrent la qualité sensorielle de l'aliment par dégradation d'acides aminés soufrés et de lipides. Pour limiter ces effets, l'ionisation est parfois réalisée à l'état congelé, ce qui permet de ralentir les transferts des produits de réaction dans la masse du produit.

Il peut se former également par cyclisation des acides gras des molécules telles que des cyclobutanones dont certains auteurs ont démontré la toxicité :

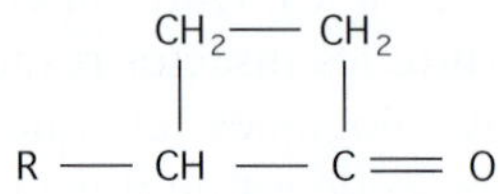

[174]

L'effet des traitements ionisants sur l'inactivation des enzymes et des toxines d'origine microbienne est assez limité. Or, l'objectif des traitements de stabilisation est d'inhiber à la fois le développement bactérien et les réactions enzymatiques tout en détruisant les pathogènes et les toxines qu'ils ont pu libérer dans l'aliment. À cet égard, la stabilisation par ionisation n'est pas aussi efficace que celle obtenue par traitements thermiques.

Les effets positifs comme négatifs du traitement dépendent de la « dose » appliquée : elle est mesurée en Gray (Gy), énergie unitaire correspondant à l'absorption d'un joule par kg de produit ($J \cdot kg^{-1}$). La dose dépend du type et de l'énergie du rayonnement (les rayonnements γ sont plus pénétrants que les électrons), de la durée de l'exposition et de la géométrie de l'échantillon. L'efficacité du traitement diminue en effet avec l'épaisseur du produit car le rayonnement électromagnétique et les électrons sont freinés par leur interaction avec la matière : l'effet du traitement est donc plus marqué en surface qu'en profondeur.

L'intensité des traitements dépend des objectifs fixés :

- inhibition de la germination : 0,04 à 0,10 kGy ;
- destruction des insectes : 0,10 à 3 kGy ;
- destruction partielle des micro-organismes (*radicidation*, équivalent à une thermisation) : 1 à 4 kGy ;
- destruction des germes pathogènes (*radurisation*, équivalent à une pasteurisation) : 1 à 10 kGy ;
- destruction totale des micro-organismes (*radappertisation*, équivalent à une stérilisation) : 15 à 50 kGy.

On peut constater que les énergies mises en œuvre restent très limitées, puisqu'elles ne dépassent pas 50 $kJ \cdot kg^{-1}$.

7.2. Destruction des micro-organismes

La destruction des micro-organismes par traitement ionisant peut être définie par une loi analogue à celle des traitements thermiques ; elle suit en effet une loi d'ordre 1 du type :

$$\frac{dN}{dE} = -k \cdot N \qquad [175]$$

où N est le nombre de micro-organismes à l'instant t, E l'énergie mise en œuvre (Gy) et k la constante de destruction (Gy^{-1}) dépendante des micro-organismes. Cette équation s'intègre entre une population N_0 au temps 0 et une population N au temps t en :

$$\log\left(\frac{N_0}{N}\right) = \frac{E}{E_{10}} \qquad [176]$$

avec

$$E_{10} = \frac{2,3}{k} \qquad [177]$$

E_{10} est la dose énergétique d'ionisation de réduction décimale, c'est-à-dire l'énergie nécessaire pour détruire 90 % de la flore initiale. À titre d'exemple, E_{10} est égale à 0,06 kGy pour *Pseudomonas,* 0,70 kGy pour *Salmonella,* 4 kGy pour *Clostridium botulinum* et 14 kGy pour le virus poliomyélitique.

Un traitement de 4 kGy permet ainsi d'obtenir environ 6 réductions décimales de *Salmonella* et une dizaine de réductions décimales des flores d'altération. Ce traitement permet d'assainir le produit et d'allonger la durée de conservation au froid de façon analogue à une pasteurisation. Il faut appliquer une dose de 48 kGy pour obtenir l'équivalent d'une stérilisation thermique dont l'objectif est 12 réductions décimales de *Clostridium botulinum*, mais ce traitement n'a pas le même effet sur la destruction des enzymes, virus et toxines, et ne permet pas une stabilisation aussi complète du produit.

L'ionisation des aliments peut être réalisée à basse température et éventuellement après conditionnement. Ces caractéristiques en font une technologie intéressante pour traiter des produits crus et thermosensibles pour lesquels on ne peut envisager de traitements thermiques, et pour traiter des produits qui auraient pu subir une post-contamination au moment du conditionnement.

7.3. Domaines d'application

L'innocuité des aliments ionisés ayant été reconnue par l'Organisation mondiale de la santé (OMS) en 1980 pour les doses inférieures à 10 kGy et pour toute dose en 1999, le procédé est autorisé dans de nombreux pays mais reste encore interdit dans certains. L'OMS est d'autant plus en faveur du développement de ce procédé qu'elle est de plus en plus inquiète des accidents dus à divers contaminants de la chaîne alimentaire.

Malgré cette position, de nombreuses associations de consommateurs aux États-Unis et en Europe se sont opposées au développement de ces technologies car elles présentent selon elles un risque pour l'environnement, les opérateurs et les consommateurs. La FDA (*food and drug administration*) a toutefois autorisé en 1997 l'ionisation des viandes de bœuf, d'agneau ou de porc fraîches ou congelées afin d'éliminer les bactéries telles qu'*E. coli.* La situation en Europe est assez complexe car certains pays tels que l'Allemagne y sont hostiles, alors que d'autres dont la France, la Belgique, les Pays-Bas y sont très favorables. La liste des aliments dont l'Europe autorise l'ionisation est limitée à trois catégories de produits :

– herbes aromatiques séchées ;
– épices ;
– condiments végétaux.

Ces produits qui interviennent dans l'élaboration de plats cuisinés sont en effet des sources de contaminations susceptibles d'altérer la qualité des produits au cours du stockage.

Compte tenu de l'impossibilité de parvenir à un consensus entre les différents états, la réglementation européenne continue de tolérer les autorisations délivrées au niveau national. Le parlement européen reste très prudent quant à l'extension de la liste positive de produits pour lesquels l'ionisation est autorisée en raison de ses dangers potentiels pour la santé des consommateurs et des travailleurs et les nuisances au niveau environnemental.

En France, l'Agence française de sécurité sanitaire des aliments (AFSSA) a approuvé en 2001 un décret relatif à l'ionisation des denrées destinées à l'alimentation humaine et animale, car elle considère que le procédé est sans danger pour le consommateur. Elle précise toutefois qu'il ne peut s'appliquer que sur des denrées salubres et satisfaisant aux bonnes pratiques hygiéniques de fabrication. Les autorisations concernent :

– épices et aromates (décontamination : 10 kGy) ;
– oignons, aulx et échalotes (antigermination : 0,075 kGy) ;
– légumes secs et fruits secs (élimination des insectes : 1 kGy) ;
– viandes de volaille, viandes séparées mécaniquement, abats, cuisses de grenouilles congelées, crevettes congelées, blanc d'œuf (destruction de pathogènes : 3 à 5 kGy) ;
– sang séché, plasma, caséinates (décontamination bactérienne : 6 à 10 kGy).

Les tonnages de denrées alimentaires traitées par ionisation restent cependant assez faibles à l'heure actuelle : ils ont été évalués en France à moins de 10 000 t en 2001. En revanche les procédés d'ionisation sont couramment utilisés dans le traitement d'emballage et de matériel médical (stérilisation des seringues, gants chirurgicaux, compresses, implants ou prothèses).

7.4. Détection des aliments ionisés

Le consommateur n'a aucun moyen pour identifier par lui-même les aliments ionisés. En France comme en Europe, toute denrée ionisée doit porter la mention « traité par rayonnement ionisant » ou « traité par ionisation ». Il existe aujourd'hui un certain nombre de méthodes permettant d'identifier la présence de denrée ionisée. Dans le cas de produits crus, le niveau d'endommagement de l'ADN microbien est un bon indicateur, mais dans des produits ayant subi une cuisson, il est difficile de faire la part entre des endommagements d'ordre thermique et ceux liés aux traitements ionisants.

Les techniques de résonance paramagnétique électronique (RPE), de thermoluminescence et de chromatographie en phase gazeuse peuvent également être mises en œuvre pour déterminer la présence de substances générées par l'ionisation des aliments (radicaux libres, peroxydes, cyclobutanones, etc.). Cependant, il ne faut pas oublier que certains de ces constituants peuvent également être formés lors des traitements thermiques. L'analyse des cyclobutanones serait probablement la plus sensible et la plus pertinente dans le cas de produits contenant de la matière grasse car ces constituants cycliques seraient spécifiques des traitements d'ionisation. Ils se forment à des niveaux inférieurs à 0,5 kGy et peuvent être décelés à des faibles concentrations par chromatographie en phase gazeuse couplée éventuellement avec la spectrométrie de masse (CPG-MS).

8. *Traitements couplés*

Un certain nombre de procédés de stabilisation qui viennent d'être présentés se traduisent *a minima* par une dégradation partielle des constituants du produit traité, qui peut être inéluctable ou non maîtrisée. Dans le cas des produits de longue conservation, il faut non seulement inactiver la flore microbienne, mais également les enzymes. Il est illusoire de vouloir dénaturer certaines enzymes endogènes du produit pour parfaire sa stabilisation (plasmine du lait, par exemple), sans affecter les autres constituants du fait des conditions de traitement (protéines sériques, réaction de Maillard, perte de lysine).

Afin d'assurer une parfaite salubrité des aliments, notamment des produits thermosensibles (blanc d'œuf), et d'améliorer leur qualité nutritionnelle et sensorielle, les industries alimentaires ont cherché à développer au cours des dernières années des procédés efficaces mais moins dénaturants que les traitements thermiques. C'est dans ce contexte que divers procédés physiques de conservation ou de transformation, que l'on peut qualifier de procédés « à effet thermique limité » (microfiltration, hautes pressions hydrostatiques, champs électriques pulsés, lumière pulsée, etc.) ont fait l'objet d'expérimentations, souvent dans le cadre de contrats nationaux ou européens. En parallèle, de nouvelles techniques de traitements thermiques (chauffage ohmique ou tube à passage de courant, UHT par infusion de vapeur, etc.) ont également été proposées. Enfin, un dernier champ prospectif consiste à coupler ces deux voies, afin d'atteindre des conditions de traitements efficaces minimum (« minimal processing »). Les effets de ces diverses technologies émergentes sur l'élimination ou l'inactivation de micro-organismes et d'enzymes, et sur les caractéristiques physico-chimiques, biochimiques, nutritionnelles et toxicologiques des principaux constituants alimentaires sont encore mal connus, malgré un nombre important de publications. La mise en œuvre depuis 1997 de la Directive européenne « *Novel Foods* » nécessite en effet une connaissance approfondie des modifications que subissent les aliments soumis à toute technologie innovante.

Dans ce champ, on peut notamment citer le cas du lait stabilisé par microfiltration tangentielle, seule ou couplée aux traitements thermiques. La microfiltration seule permet d'obtenir un lait de consommation au goût originel préservé qui bénéficie de 21 jours de DLC. En association avec un traitement thermique modéré, et suivant l'intensité de celui-ci, la fenêtre de consommation s'étend de 35 jours (couplage avec un traitement de 20 s à 72 °C) à 6 mois (traitement de 6 s à 96 °C). Ce type de traitement est peu pratiqué à l'heure actuelle en France, mais a connu ces dernières années un développement remarquable en Amérique du Nord.

11

Opérations de stabilisation physico-chimique

1. Aliments complexes : généralités sur les systèmes dispersés

1.1. Définitions

1.1.1. Émulsions

Il est souvent nécessaire de rendre compatible deux liquides non miscibles afin que leur mélange puisse être manipulé ou utilisé sans démixtion. L'une des techniques les plus répandues consiste à émulsifier une phase dans l'autre en couplant une agitation mécanique à l'utilisation d'un composé émulsifiant stabilisant l'interface formée. La formulation obtenue est une émulsion, qui peut le plus souvent être décrite comme une dispersion de gouttelettes de l'une des phases dans l'autre. On distingue donc une phase dispersée et une phase continue (dispersante). On parlera d'émulsion eau dans huile si la phase continue est une phase grasse, et d'émulsion huile dans eau si la phase continue est un liquide polaire (d'ordinaire, il s'agit d'eau ou d'une solution aqueuse). En règle générale, la fraction volumique de la phase continue est plus importante. Lorsque la phase continue est minoritaire en volume (moins de 30 %), on parle d'émulsion concentrée. La taille des gouttelettes formant la phase dispersée d'une émulsion est typiquement de l'ordre de grandeur du micromètre (0,1 à 100 μm) et impose l'aspect blanc opaque commun à la plupart des émulsions. Une émulsion peut être fluide, crémeuse ou gélifiée, donnant toute une gamme de textures qui expliquent l'intérêt que portent à ces systèmes les industriels de l'agroalimentaire ou de la cosmétique (Brochette, 1999).

1.1.2. Mousses et émulsions foisonnées

Les mousses alimentaires sont habituellement des dispersions de bulles de gaz dans une phase continue liquide ou semi-solide, stabilisées grâce à l'ajout de molécules amphiphiles appelées surfactants (figure 149). Les émulsions foisonnées sont des produits encore plus complexes puisqu'une phase gazeuse et une phase liquide ou semi-solide sont dispersées dans une phase continue liquide. Ce système dispersé

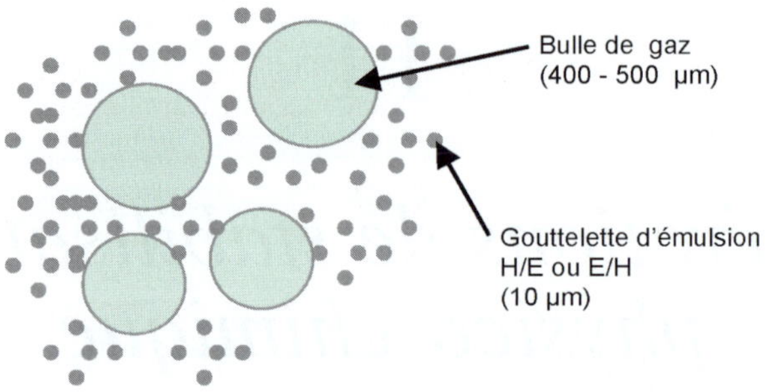

Figure 149 ■ Représentation schématique d'une émulsion foisonnée.

est donc constitué de trois phases, liquide-liquide-gaz ou liquide-solide-gaz, qui permettent de générer une très large diversité de textures, généralement très appréciées pour leur « légèreté ».

Il existe une grande variété de mousses alimentaires telles que les meringues, les cakes, le marshmallow, la crème chantilly, les crèmes glacées, les soufflés, ou le pain. Dans de nombreux cas, le gaz est de l'air (éventuellement du gaz carbonique) et la phase continue est une suspension ou une émulsion aqueuse contenant des protéines. Certaines mousses alimentaires sont des systèmes colloïdaux encore plus complexes. La crème glacée, par exemple, contient outre une émulsion de globules gras (surtout solides, et regroupés en petits agrégats), une suspension de cristaux de glace dispersés, un gel polysaccharidique, une solution concentrée de sucres et de protéines et des bulles d'air (Cheftel *et al.*, 1985).

1.2. Stabilité des émulsions

Une émulsion est un système thermodynamiquement instable associant deux phases non miscibles qui cherchent à minimiser leur surface de contact. La stabilité des émulsions repose sur le ralentissement ou l'inhibition des mécanismes physiques qui conduisent naturellement à la démixtion des phases non miscibles.

On distingue trois types d'instabilité (figure 150) :

– la sédimentation ou le crémage ;

– la floculation ou l'agrégation des gouttelettes ;

– la coalescence ou la fusion des gouttelettes d'huile.

1.2.1. Sédimentation ou crémage

Le phénomène de crémage est dû au déplacement des gouttelettes d'huile d'une émulsion huile dans eau sous l'effet de la gravité ou d'une force centrifuge, et conduit à la formation d'une couche concentrée au-dessus de l'émulsion sans changement de la distribution de la taille des gouttelettes. Ce phénomène conduit dans un premier temps à l'établissement d'un gradient vertical de concentration des gouttelettes, mais, par la suite, une limite distincte peut apparaître entre une couche supérieure de crème et une couche inférieure appauvrie en gouttelettes. En général, le

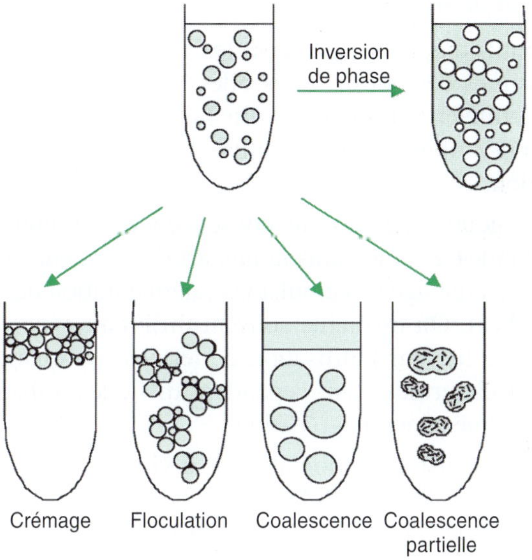

Figure 150 ■ Mécanismes de déstabilisation des émulsions.

crémage est réversible dans la mesure où la répartition initiale des gouttelettes dans la phase dispersante peut être restaurée par une agitation douce.

La vitesse de déplacement d'une gouttelette isolée en milieu newtonien est donnée par la loi de Stokes (équation [128]) :

$$v = \frac{D^2}{18 \cdot \eta_c} \cdot (\rho_c - \rho_d) \cdot g$$

avec v vitesse de sédimentation ($m \cdot s^{-1}$), D diamètre de la gouttelette (m), $[\rho_c - \rho_d]$ différence de masse volumique entre les deux phases ($kg \cdot m^{-3}$), η_c viscosité newtonienne de la phase continue (Pa.s) et g accélération de la pesanteur ($m \cdot s^{-2}$).

Cette équation n'est applicable que dans des conditions limitées. En effet, un certain nombre de facteurs agissent sur la vitesse de crémage d'une émulsion : la fraction volumique de phase dispersée, la largeur de la distribution de tailles des gouttelettes, les propriétés hydrodynamiques et interfaciales des gouttelettes, ainsi que le comportement rhéologique de la phase continue. En l'absence de floculation, la loi de Stokes montre qu'il existe trois façons d'inhiber le crémage dans une émulsion diluée : réduire la taille moyenne des gouttelettes, diminuer la différence de masse volumique entre les phases ou augmenter la viscosité du milieu dispersant.

En général, les émulsions alimentaires sont stables vis-à-vis du crémage si la taille moyenne des gouttelettes est inférieure au micromètre, même si un léger crémage dû à l'existence de gouttelettes de taille supérieure à cette limite (dispersion gaussienne des tailles) est inéluctable. De faibles taux de crémage sont tolérables lorsqu'ils ne sont pas accompagnés d'un changement de texture ou d'aspect de l'émulsion (Dickinson, 1996).

1.2.2. Floculation ou agrégation

Lorsque des émulsions sont agrégées, les gouttelettes formées ne restent pas indépendantes les unes des autres, mais elles tendent à se regrouper pour former des grappes. Les gouttelettes restent très proches les unes des autres sur une période prolongée, sans qu'il y ait pour autant rupture du film qui les sépare. Ce phénomène est appelé floculation.

L'agrégation des gouttelettes a pour conséquence une augmentation de la taille apparente des particules, et donc dans la plupart des cas, elle conduit à une diminution de la stabilité au crémage des émulsions (augmentation du diamètre *D* apparent dans la loi de Stockes). On distingue souvent différents types d'agrégation suivant leur degré de réversibilité par l'utilisation de termes tels qu'agrégation, floculation ou agglomération. Ces termes étant cependant difficiles à distinguer, nous utiliserons par la suite le terme général agrégation.

La stabilité des suspensions colloïdales vis-à-vis de l'agglomération, la coagulation ou la floculation est décrite par la théorie DLVO (Derjaguin, Landau, Verwey, Overbeek). Elle établit le bilan des forces agissant sur les particules. Celles-ci sont de deux types :

• Les forces de Van Der Waals : elles sont attractives et résultent essentiellement d'interactions dipolaires au niveau moléculaire. L'énergie potentielle d'attraction dépend de la nature du matériau et du milieu de dispersion, de la taille des particules et de la distance interparticulaire.

• Les forces électrostatiques : elles sont répulsives et elles résultent du potentiel de surface des particules chargées et de l'interaction des doubles couches électriques à la surface des particules.

L'énergie libre d'interaction (G_T) est la somme des attractions de Van der Waals (G_W) et des répulsions électrostatiques (G_E). Les gouttelettes d'une émulsion s'agrègent si la force d'attraction est supérieure à la force de répulsion, c'est-à-dire si l'énergie libre d'interaction est négative. Cette énergie libre d'interaction en fonction de la distance entre les gouttelettes présente souvent deux minima (figure 151).

À une très courte distance, l'attraction de van der Waals entre les gouttelettes est très forte, et un premier minimum, appelé minimum primaire apparaît. L'attraction de Van der Waals diminue ensuite rapidement avec l'augmentation de l'épaisseur du film, tandis que la répulsion électrostatique peut rester relativement forte, conduisant à l'apparition d'un maximum d'énergie libre d'interaction. Si l'épaisseur du film augmente encore d'avantage, la répulsion électrostatique, et à un moindre degré, l'attraction de Van der Waals, diminuent, conduisant souvent au second minimum d'énergie libre d'interaction.

La présence de surfactants adsorbés à l'interface des gouttelettes affecte souvent la relation entre l'énergie libre d'interaction et l'épaisseur du film, et complexifie donc fortement ces mécanismes d'interactions entre forces attractives et répulsives. Ainsi, les composés macromoléculaires émulsifiants adsorbés à l'interface des gouttelettes entraînent souvent une répulsion importante entre celles-ci par la formation d'une couche épaisse de chaînes polymériques saillantes. Si les polymères adsorbés sont des polyélectrolytes, l'agrégation des gouttelettes a lieu en dessous d'un certain

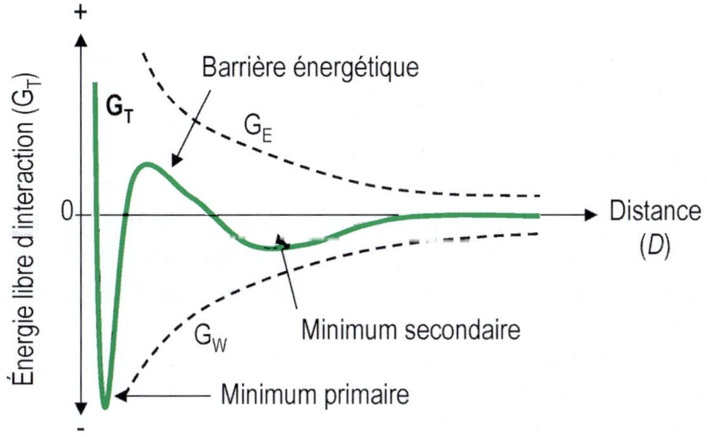

Figure 151 ■ Variation des énergies potentielles en fonction de la distance interparticulaire.

seuil de dissociation des groupements acidobasiques qui dépend du pH et de la force ionique. Une forte agrégation est également possible lorsque les macromolécules émulsifiantes possèdent des sites réactifs pouvant former des liaisons covalentes avec les macromolécules adsorbées sur les gouttelettes voisines. Des interactions électrostatiques entre les groupements chargés de macromolécules amphotères adsorbées peuvent également provoquer l'agrégation d'une émulsion.

Les autres types possibles d'agrégation sont la floculation par pontage et la floculation par déplétion. La floculation par pontage peut être provoquée par des polymères de haut poids moléculaire s'ils sont en excès par rapport à la surface interfaciale d'adsorption ou si des petites molécules tensioactives sont présentes dans la phase continue. Dans ce cas, les macromolécules et les molécules tensioactives s'adsorbent simultanément sur plusieurs gouttelettes et permettent leur pontage, engendrant la floculation.

Le phénomène de floculation par déplétion est induit si des polymères de haut poids moléculaire sont présents en solution. Lorsque deux gouttelettes lipidiques se rapprochent, ces macromolécules initialement réparties dans tout le volume disponible de la phase continue, sont exclues de l'espace intergouttelettes ; cette zone de phase continue devient trop étroite pour permettre l'adsorption des polymères à l'interface : il y a alors déplétion, c'est-à-dire appauvrissement du film interfacial en molécules stabilisantes. Par conséquent, la concentration de polymère devient plus importante dans le cœur de la phase continue qu'à proximité de l'interface des gouttelettes, conduisant à l'augmentation de la pression osmotique dans la phase continue. L'agrégation des gouttelettes permet de diminuer cette pression osmotique en réduisant le périmètre de la zone de déplétion. Le phénomène de floculation par déplétion peut avoir lieu avec des macromolécules non adsorbées, comme les polyosides, ou bien avec des petites particules tensioactives qui forment des micelles.

1.2.3. *Coalescence*

La coalescence est la fusion de deux ou plusieurs gouttelettes d'émulsion pour former une seule gouttelette de plus grosse taille. Deux gouttelettes associées par floculation sont encore séparées par une couche de liquide qui doit être rompue pour qu'il y ait coalescence. La coalescence dépend donc de la stabilité du mince film liquide de phase continue qui sépare les deux gouttelettes. Généralement, la coalescence se produit quand les gouttelettes sont très proches les unes des autres pendant un laps de temps prolongé au sein d'une couche crémée ou dans tout autre état d'agrégation. La rupture du film interstitiel a lieu lorsque son épaisseur devient inférieure à une épaisseur critique.

La déformation qui conduit à la rupture de l'interface est ralentie par des phénomènes de viscoélasticité de surface pour lesquels les propriétés physico-chimiques de l'émulsifiant et sa concentration jouent un rôle capital. La coalescence peut être causée par un retard dans la sorption ou la désorption de l'agent émulsifiant lors d'une variation de surface, ou à des déficits locaux en émulsifiant qui aboutissent tous deux à une augmentation des zones amincies, et donc à la rupture des gouttelettes (effet Gibbs-Marangoni). La théorie (cf. § 2.1.1.) prédit que la rupture du film est favorisée par un faible rayon de courbure du film (c'est-à-dire un diamètre de gouttelettes important), une faible répulsion entre les gouttelettes et une faible tension interfaciale.

En se basant sur l'observation et les connaissances théoriques, les physico-chimistes et les spécialistes des émulsions ont identifié un certain nombre de facteurs généraux qui semblent corrélés à la stabilité des émulsions. Le tableau 30 résume l'importance relative de douze facteurs clés en rapport avec les phénomènes distincts de crémage, floculation et coalescence. Une rubrique distincte est attribuée à la rhéologie, car un lien étroit est reconnu entre la stabilité et la rhéologie des émulsions.

Tableau 30 ■ Douze facteurs physiques clés influant sur la stabilité et la rhéologie des émulsions (Dickinson, 1996).

Facteur	Crémage	Floculation	Coalescence	Rhéologie
Taille des gouttelettes	+++	++	+	+
Distribution de la taille des gouttelettes	+++	++	–	++
Fraction volumique des gouttelettes	+++	+++	+++	+++
Différence de masse volumique entre les phases	+++	–	–	–
Rhéologie de la phase continue	+++	+++	++	+++
Rhéologie de la phase dispersée	–	–	–	+
Rhéologie de la couche adsorbée	–	–	+++	++
Épaisseur de la couche adsorbée	+	++	+++	++
Interactions électrostatiques	+	+++	++	+
Interactions stériques (polymériques)	–	+++	++	++
Cristallisation de la matière grasse	–	–	+++	+++
Phases cristallines liquides	+	+	++	++

(– : pas important ; + : peu important ; ++ : important ; +++ : très important).

Dans le cas particulier de la coalescence partielle, deux ou plusieurs gouttelettes d'huile partiellement cristallisées entrent en contact et forment un agrégat de forme irrégulière (figure 150). L'agrégat maintient la forme des gouttelettes à partir desquelles il a été formé car le réseau de cristaux de matière grasse impose des contraintes mécaniques qui empêchent les gouttelettes de fusionner complètement. La coalescence partielle se produit uniquement dans les émulsions qui contiennent des gouttelettes partiellement cristallisées. Si les gouttelettes étaient complètement liquides, il se produirait une coalescence normale, et si elles étaient totalement solides, il y aurait floculation plutôt que coalescence partielle car les gouttelettes ne seraient pas capables de fusionner. En outre, la coalescence partielle est affectée par la plupart des facteurs qui influencent la coalescence normale. Elle est favorisée par l'agitation mais est beaucoup plus rapide que celle-ci (matière grasse liquide) en raison des protubérances de cristaux de matière grasse qui percent le film des gouttelettes entrant en contact. La coalescence partielle est essentielle dans la production de crème fouettée et de crème glacée à partir du lait. Dans ces systèmes qui sont des émulsions foisonnées, les bulles d'air seraient stabilisées contre la coalescence par formation d'une couche composite épaisse de matière grasse partiellement coalescée, de protéines et d'émulsifiants.

1.3. Stabilité des mousses

Dans une mousse, la fine paroi de liquide séparant deux bulles est appelée lamelle, et la zone de jonction entre les lamelles de bulles adjacentes est appelée bordure de Plateau (figure 152).

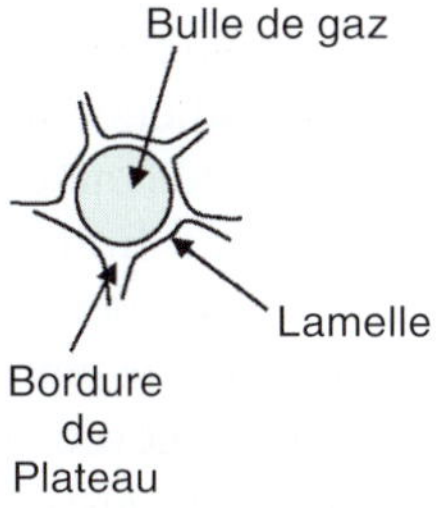

Figure 152 ■ Représentation schématique de la structure d'une mousse.

Dans les mousses, la fraction de volume occupée par la phase dispersée (gaz) varie dans une échelle bien plus grande que dans le cas des émulsions. Les mousses sont thermodynamiquement instables car elles ont une très grande aire interfaciale et que la différence de masse volumique entre la phase continue et la phase dispersée est très importante. Si le volume de gaz représente plus de 74 % du volume de la mousse, il est impossible que cette dernière soit constituée de bulles sphériques juxtaposées les unes à coté des autres.

On distingue trois principaux mécanismes de déstabilisation inhérents à la mousse :

– le mûrissement d'Ostwald ou disproportionnation ;
– le drainage ou écoulement du liquide par gravité (à travers bordure de Plateau) ou par capillarité (lamelle vers bordure de Plateau) ;

– la désorption de l'agent moussant sous l'action d'un cisaillement trop poussé ou sous l'action de la chaleur.

1.3.1. Mûrissement d'Ostwald

Il correspond à la croissance des grosses bulles au détriment des petites par diffusion du gaz au travers de la phase continue (lamelle). Ceci est dû à une pression de gaz plus élevée dans les petites bulles, d'après la loi de Laplace :

$$P_i - P_e = \frac{2 \cdot \sigma}{R} \quad [178]$$

avec P_i et P_e respectivement pression à l'intérieur et à l'extérieur de la bulle, σ tension interfaciale ($N \cdot m^{-1}$) et R rayon de la bulle.

Ce phénomène est appelé mûrissement ou disproportionnement d'Ostwald. Il n'intervient pas dans les émulsions en raison de la très faible solubilité des triglycérides dans la phase continue aqueuse. Il peut en revanche avoir lieu dans des émulsions très riches en protéines, qui peuvent jouer le rôle de transporteur de molécules d'acides gras, ou lorsque la phase continue est une solution hydroalcoolique, les alcools améliorant la solubilité des triglycérides.

1.3.2. Drainage

En raison de l'action de la gravité, la solution entourant les bulles d'air draine et conduit à l'amincissement des films. Dans les mousses de faible densité, les bulles tendent à se presser étroitement les unes contre les autres ; elles se déforment et deviennent hexagonales générant des gradients de pression entre les lamelles et les bordures de Plateau, ce qui accroît l'écoulement du liquide. Des tensions interfaciales faibles et des diamètres de bulles élevés diminuent le gradient de pression lamellaire et l'écoulement (équation [178]). L'écoulement est également réduit lorsque la phase liquide est visqueuse (on peut l'obtenir par addition de sucre par exemple) et lorsque la viscoélasticité de l'interface est élevée. En ce sens, les mousses de protéines sont plus stables au drainage que les mousses élaborées à partir de surfactants de faible poids moléculaire. Ceci résulte des nombreuses possibilités d'interactions entre protéines au niveau de l'interface et entre les protéines et l'eau.

1.3.3. Désorption de l'agent moussant

Une rupture des films liquides et la coalescence des bulles par désorption de l'agent moussant, sous l'action d'un cisaillement trop poussé et/ou sous l'action de la chaleur, conduisent en définitive à un effondrement de la mousse.

Enfin, le gaz contenu dans les bulles peut être libéré sous l'effet de la chaleur, entraînant la déstabilisation de la mousse.

Dans le cas des émulsions foisonnées, la déstructuration de la mousse est souvent liée à l'instabilité de l'émulsion liquide-liquide elle-même. Les trois principaux facteurs qui contribuent à stabiliser les émulsions foisonnées sont :

– une faible tension interfaciale ;

– une forte viscosité de la phase liquide ;

– des films de protéines adsorbées résistants et élastiques.

2. *Production des émulsions*

2.1. Mécanismes de fractionnement/coalescence

2.1.1. Aspects thermodynamiques et énergétiques

Les émulsions ne se forment pas spontanément. Fabriquer une émulsion stable requiert l'apport d'une grande quantité d'énergie. L'énergie libre nécessaire pour accroître l'interface huile-eau d'une surface ΔA est :

$$\Delta G = \sigma \cdot \Delta A \qquad [179]$$

où σ est la tension interfaciale ($N \cdot m^{-1}$), définie par :

$$\sigma = \left(\frac{\partial G}{\partial A} \right)_{P,\,T,\,n} \qquad [180]$$

avec G énergie libre de Gibbs du système (N·m), A aire de la surface (m^2), *P* pression (Pa), T température (K) et n quantité totale de matériel dans le système (mol).

En pratique, la quantité réelle d'énergie requise pour obtenir une émulsion stable est au moins mille fois plus élevée. Cet excès apparent d'énergie est nécessaire pour former des petites gouttelettes à partir de plus grosses. La rupture d'une gouttelette sphérique de rayon *R* nécessite d'appliquer un gradient de pression externe :

$$\frac{dP}{dx} \cong \frac{\Delta P}{R} = \frac{2 \cdot \sigma}{R^2} \qquad [181]$$

où ΔP est la pression de Laplace définie par l'équation [178]. Un tel gradient local de pression est le plus souvent obtenu à l'aide d'une agitation très forte.

Il est difficile de fabriquer des émulsions sans agents tensioactifs. En effet, le tensioactif agit en abaissant la valeur de la tension interfaciale, ce qui conduit à une diminution de la pression de Laplace pour une même taille de gouttelettes. Il est également nécessaire à la formation du film interfacial. L'équation [181] montre que la diminution de la tension interfaciale σ par l'adsorption de tensioactif à la surface de la gouttelette entraîne une diminution de l'intensité de l'agitation nécessaire pour obtenir une certaine taille de gouttelettes. Lorsqu'il y a suffisamment de tensioactif pour couvrir totalement l'interface nouvellement formée, l'apport d'énergie par le matériel d'émulsification constitue le facteur limitant pour la taille de gouttelettes de l'émulsion.

Hormis la très faible part de cette énergie nécessaire à la création de l'interface, l'excès d'énergie mécanique est dissipé en chaleur. D'un point de vue thermodynamique, le rendement du procédé d'émulsification est donc extrêmement faible.

2.1.2. *Cassage des gouttelettes*

En général, le mode de rupture des gouttelettes peut être appréhendé à partir de la compétition entre deux types de forces : une force externe induite par l'écoulement, qui tend à déformer la gouttelette, et une force interne de restitution, qui tend à conserver la forme initiale de la gouttelette. La rupture a lieu lorsque la force de déformation devient la plus importante.

Ces gradients de pression exercés sur les éléments dispersés peuvent se produire de façon homogène dans le champ de cisaillement laminaire (cas où la viscosité du milieu est importante), ou plus localement dans les cortex d'un régime turbulent (cas des liquides de faible viscosité).

Dans le cas d'un régime laminaire, ce sont des contraintes de cisaillement purement visqueux qui dominent et le phénomène de rupture peut être modélisé par le nombre capillaire, rapport entre la pression de déformation visqueuse et la pression interne de restitution de Laplace (qui tend à conserver la forme initiale de la goutte). Le fractionnement de la gouttelette survient si le nombre capillaire est supérieur à une certaine valeur, dite nombre capillaire critique :

$$\mathrm{Ca} = \frac{\dot{\gamma} \cdot \eta_c \cdot D}{2 \cdot \sigma} \qquad [182]$$

avec $\dot{\gamma}$ vitesse de cisaillement (s^{-1}), η_c viscosité de la phase continue (Pa.s), D diamètre de la goutte (m) et σ tension interfaciale ($N \cdot m^{-1}$).

Dans le cas d'un régime turbulent, ce sont les phénomènes d'inertie liés aux fluctuations locales de vitesse dans les turbulences qui engendrent les contraintes. Le phénomène de rupture peut dans ce cas être modélisé de la même manière que précédemment grâce au nombre de Weber (cf. chapitre 9, § 2.4.1.) :

$$\mathrm{We} = \frac{\rho_c \cdot \Delta v^2 \cdot D}{\sigma} \qquad [183]$$

où Δv est la vitesse du liquide à proximité de la goutte et $\rho_c \, \Delta v^2$ représente l'ordre de grandeur des différences de pression crées par les tourbillons turbulents. Le plus souvent, les conditions d'écoulement ne sont pas aisées à définir précisément du fait de la complexité des géométries utilisées.

Ces nombres adimensionnels permettent toutefois de mettre en évidence les trois paramètres clés contrôlant la taille limite des éléments dispersés :

– la viscosité de la phase continue ;

– la vitesse d'agitation dont dépend la vitesse de cisaillement locale ;

– la tension interfaciale.

2.1.3. *Rôle des tensioactifs*

2.1.3.1. *Abaissement de la tension interfaciale*

L'abaissement de la tension interfaciale σ entre la phase dispersée et la phase continue est la première fonction d'un tensioactif lors de l'émulsification. En effet, la tension interfaciale entre la plupart des huiles et l'eau est de l'ordre de 25 et 30 mN·m^{-1}. L'addition de composés tensioactifs peut faire descendre cette valeur à 10 mN·m^{-1} (cas des protéines). De bons émulsifiants permettent d'atteindre 1 mN·m^{-1} (cas des phospholipides), et certains mélanges tensioactif-cotensioactif utilisés à forte concentration donnent des tensions interfaciales de quelques µN·m^{-1}.

Cependant, toutes ces valeurs sont données à l'équilibre. Durant l'émulsification, la tension interfaciale à la surface des gouttelettes peut être beaucoup plus élevée que la valeur d'équilibre. De plus, le temps d'adsorption peut être relativement long comparé au temps de rupture des gouttelettes et au temps de collision. Par conséquent, l'abaissement de la tension interfaciale n'est pas forcément le rôle principal du tensioactif pendant le processus d'émulsification.

2.1.3.2. Action sur le mode de déformation

Le tensioactif empêche le mouvement tangentiel de l'interface, et donc l'écoulement des liquides le long de cette interface. En l'absence de tensioactif, le mouvement du fluide est continu de part et d'autre de l'interface. En présence de tensioactif, l'écoulement du fluide le long de l'interface crée un gradient de tension interfaciale qui, s'il est suffisamment élevé, peut immobiliser la surface. Par conséquent, la présence de tensioactif entraîne une variation locale de la valeur de la tension interfaciale, ainsi qu'un mouvement latéral de l'interface. De plus, le tensioactif limite la circulation du liquide au cœur de la gouttelette. Enfin, il peut apporter une résistance visqueuse supplémentaire à l'augmentation de l'interface.

Il est évident que ces effets vont affecter le mode de rupture ainsi que la taille des gouttelettes. Pendant l'émulsification, les conditions de cisaillement (vitesse de cisaillement $\dot{\gamma}$) varient considérablement, et il est particulièrement difficile de faire des prédictions. Toutefois, la présence d'un tensioactif favorise la formation de gouttelettes plus petites.

2.1.3.3. Prévention de la coalescence

La plupart des phénomènes importants dans la formation d'une émulsion, c'est-à-dire la création de l'interface, l'adsorption de l'émulsifiant, l'étalement de l'émulsifiant et la collision des gouttelettes, se produisent en l'espace de quelques millisecondes ou moins. Pour avoir une émulsion stable, l'intervalle de temps entre la création et la collision des petites gouttelettes devrait donc être long par rapport au temps nécessaire à l'adsorption de l'émulsifiant et à la formation d'une couche stabilisante à l'interface huile-eau. Dans le cas des tensioactifs de faible masse molaire, la stabilisation vis-à-vis de la coalescence au cours de l'émulsification est attribuée à l'effet Gibbs-Marangoni.

L'adsorption des macromolécules à l'interface huile/eau, contrôlée par la diffusion, est plus lente que celle des tensioactifs de faible masse molaire. Ainsi l'utilisation de ces derniers, en combinaison avec des protéines peut faciliter l'abaissement rapide de la tension interfaciale et donc la formation d'une émulsion alimentaire. Les changements de tension interfaciale, associés aux variations de la teneur et de la nature chimique des composés émulsifiants ne permettent pas de réduire significativement la taille des gouttelettes en comparaison aux effets des variations d'apport en énergie (ces dernières pouvant varier de plusieurs log).

Certains auteurs pensent que la coalescence intervient au cours du processus d'émulsification (figure 153), mais qu'elle concerne surtout les gouttelettes qui viennent juste de se former et ne possèdent pas encore de couche d'adsorption à l'équilibre (Walstra, 1983 ; Karbstein et Schubert, 1995). À l'heure actuelle, la part de la coalescence dans le processus d'émulsification est inconnue. Elle pourrait expliquer en partie pourquoi l'on obtient des granulométries différentes suivant le type de tensioactif utilisé.

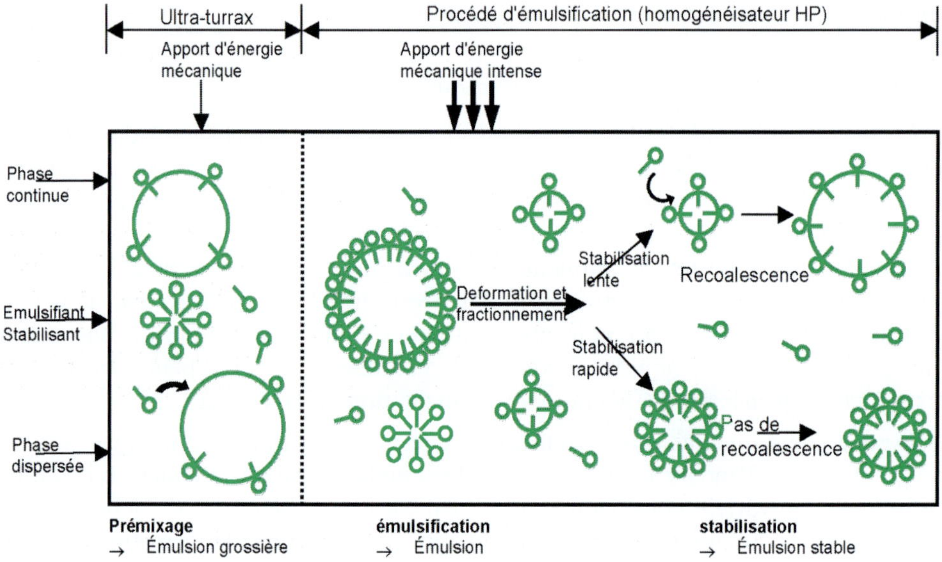

Figure 153 ■ Représentation schématique du processus d'émulsification (d'après Karbstein et Schubert, 1995).

2.2. Mise en œuvre

2.2.1. Procédés d'émulsification

Quel que soit le choix du procédé d'émulsification, la rupture des éléments d'une dispersion nécessite un cisaillement suffisant afin d'obtenir une dispersion de la phase lipidique la plus efficace possible, ou en d'autres termes, d'obtenir des gouttelettes d'huile les plus petites possibles. De nombreux appareillages ont été conçus pour fabriquer des émulsions (figure 154). Parmi toutes ces techniques, certaines sont utilisées uniquement au laboratoire (secoueurs, vibreurs, magnétostriction, aérosols, etc.). Les appareils les plus employés dans les applications industrielles sont les rotor-stators, les moulins colloïdaux, les homogénéisateurs hautes pressions ($P < 100$ MPa) et les systèmes à ultrasons. Il faut noter que la plupart du temps, on emploie deux techniques combinées, par exemple agitation associée à un homogénéisateur hautes pressions.

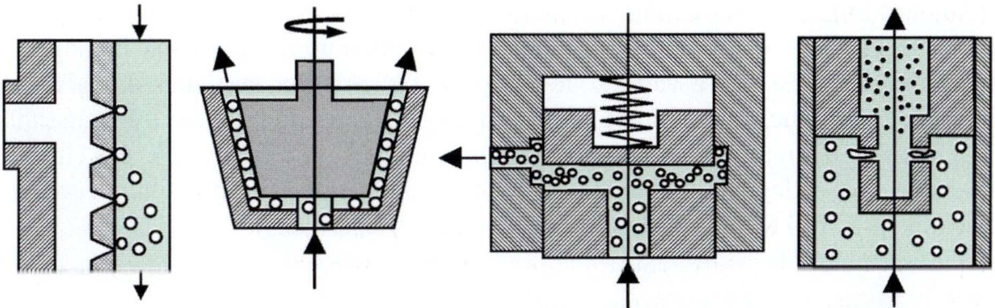

Figure 154 ■ Équipements d'émulsification continus (d'après Schubert et Stang, 1997). (a) membrane ; (b) moulin colloïdal ; (c) homogénéisateur hautes pressions ; (d) système de dispersion par jet.

2.2.1.1. Mélangeurs

Un simple agitateur en cuve peut être employé pour la fabrication d'une émulsion. Une lame tournant à haute vitesse dans un bol est utilisée dans les appareils de type « cutter ». Toutefois, même si l'on souhaite travailler en procédé discontinu, l'opération est nettement plus efficace au plan de la réduction de taille des gouttelettes si le cisaillement est opéré en entrefer étroit. C'est pourquoi, dans les émulsificateurs haute vitesse de type « ultraturrax », le rotor tourne entre deux couronnes crénelées. Le produit est aspiré par le bas de la tête d'émulsification et expulsé à travers les fentes de la couronne extérieure du stator.

2.2.1.2. Homogénéisateurs à hautes pressions

L'homogénéisation haute pression consiste à forcer, à l'aide d'une pompe travaillant à haute pression, le passage d'une émulsion grossière à travers une valve (ou clapet) d'ouverture réglable, afin de réduire le plus possible la taille des globules gras (figure 154).Ce système de dispersion, pour lequel la densité d'énergie est déterminée uniquement par la pression, est particulièrement adapté à la production d'émulsions de très petite taille pour toute viscosité. À densités d'énergie égales par rapport à d'autres systèmes d'émulsification classiques (rotor-stator, moulins colloïdaux), les systèmes hautes pressions sont plus efficaces que ces derniers car le temps de séjour moyen est plus court, donc la densité de puissance plus élevée. Notons enfin que les forces de cavitation et élongationnelles rencontrées dans les systèmes hautes pressions améliorent et aident la production de gouttelettes plus petites pour une même densité d'énergie.

Cette technique a été initiée par Gaulin en 1890, pour l'homogénéisation du lait. Elle présente l'avantage de pouvoir traiter les produits en continu à des débits élevés. Le procédé d'homogénéisation est aujourd'hui étendu à de nombreux produits alimentaires telles que les crèmes glacées, les yaourts, la crème, la mayonnaise, les jus de fruits, les sauces. Il a également été transféré à l'industrie pharmaceutique et cosmétique pour traiter par exemple, les fluides permettant la nutrition parentérale, ou encore les crèmes de beauté dites « allégées » (d'aspect moins gras) permettant une meilleure hydratation grâce aux plus petites gouttelettes.

Aujourd'hui, afin d'améliorer la qualité des produits existants, de développer de nouveaux produits, et de réduire les coûts de production, de nouveaux homogénéisateurs hautes pressions à valve sont proposés. Grâce à des systèmes de valves en matériau céramique très résistant et à des multiplicateurs de pression très puissants, il est possible d'atteindre des pressions d'homogénéisation bien plus élevées (jusqu'à 400 MPa) que celles habituellement utilisées en industrie agroalimentaire (comprises entre 30 et 100 MPa pour les homogénéisateurs classiques).

2.2.1.3. Autres procédés d'homogénéisation

Dans le moulin colloïdal, conçu pour des procédés continus, le produit passe par l'entrefer étroit entre rotor et stator où il subit un cisaillement intense (figure 154). En plus de la profondeur et de l'orientation des crénelures du rotor et du stator, variables d'une tête d'appareil à l'autre, les paramètres du réglage sont le débit de produit, la vitesse du rotor et la taille de l'entrefer. Le moulin colloïdal est mieux adapté aux liquides de haute viscosité que l'homogénéisateur hautes pressions, réservé aux liquides d'assez faible viscosité. Il présente, comme l'homogénéisateur, l'avantage de pouvoir traiter les produits en continu à des débits élevés, mais en revanche provoque un échauffement important du fluide dans l'appareil. Les émulsions obtenues sont relativement fines, avec des diamètres moyens de gouttelettes d'environ 2 à 4 μm.

Récemment, de nouvelles méthodes sont apparues. Il s'agit de systèmes d'émulsification par jets impactants et par membranes (figure 154). Le système de jet est fondé sur la collision de deux flux pré-émulsionnés dans une chambre, à la sortie de laquelle l'on obtient l'émulsion. Avec ce type d'homogénéisateur, appelé microfluidiseur, l'augmentation de la vitesse des deux jets entraîne une augmentation de la pression d'homogénéisation qui peut atteindre 100-150 MPa pour certains appareils. Les mécanismes impliqués sont la turbulence, les forces de cisaillement élongationnelles et la cavitation. Le procédé d'émulsification par membrane consiste à forcer le passage de la phase dispersée vers la phase continue à travers les pores d'une membrane de microfiltration ou d'ultrafiltration. Les gouttelettes ainsi formées sont détachées de la surface de la membrane par l'écoulement de la phase continue. Les mécanismes de formation de gouttelettes sont tout à fait différents des procédés classiques. La taille et la distribution de taille des gouttelettes sont déterminées essentiellement par la taille et la distribution de taille des pores de la membrane. Ce procédé présente l'inconvénient majeur de créer rapidement une forte perte de charge dès que le débit augmente et que l'émulsion devient concentrée.

2.2.2. Influence de l'augmentation de température

Lors de la détente brutale dans la valve d'un homogénéisateur hautes pressions, la quasi-totalité de l'énergie cinétique est dissipée par les contraintes visqueuses sous forme de chaleur. Ainsi, les homogénéisateurs hautes pressions produisent un échauffement maximal de l'ordre de 20 °C/100 MPa.

La hausse de température liée au procédé d'émulsification utilisé est un paramètre important à prendre en compte lors de la fabrication d'un produit émulsionné. En effet, une augmentation considérable de la température du produit peut agir sur les propriétés des constituants de l'émulsion (dénaturation thermique des macromolécules), ainsi que sur la taille des gouttelettes d'huile.

L'effet de la température dans des procédés tels que l'homogénéisation hautes pressions est encore mal connu, étant donné le très court temps de séjour du fluide dans la valve d'homogénéisation. Les conséquences de cette hausse de température quasi instantanée lors du traitement dynamique hautes pressions sont probablement très différentes de celles d'un traitement thermique classique correspondant à un couple temps-température bien précis

Les émulsions huile dans eau sont généralement peu sensibles aux faibles variations de température. Cependant, l'efficacité de l'homogénéisation est améliorée par un échauffement, qui entraîne une fusion partielle des triglycérides contenus dans la phase organique. Plusieurs auteurs ont montré que dans le cas de matière grasse butyrique, une augmentation de 10 °C de la température, entre 40 et 70 °C, diminuait le diamètre moyen des globules gras de 6-8 % (Walstra, 1975) à 10-15 % (Sweandser et Muir, 1983). Cet effet diminue ou disparaît au-dessus de 80 °C, température au-delà de laquelle le diamètre moyen des gouttelettes augmente légèrement du fait de la dénaturation des protéines (Robin *et al.*, 1993).

Il est bien établi que l'élévation de la température permet de diminuer la tension interfaciale entre les phases, ainsi que la viscosité de ces dernières, selon une loi de type Arrhénius. Cette double action facilite le travail de division de la phase dispersée et la diminution du diamètre moyen des globules gras. En revanche, plus la température de travail est élevée, plus l'énergie cinétique des gouttelettes est élevée et plus la fréquence de collision interparticulaire augmente. En outre, une élévation trop importante de la température risque de dégrader certains constituants, comme les protéines par exemple, et de modifier l'adsorption interfaciale des émulsifiants. Par conséquent, si un échauffement trop important survient lors du processus d'homogénéisation, les particules auront tendance à coaguler, ce qui peut conduire à une altération des émulsions.

2.2.3. *Effets du traitement dynamique hautes pressions*

Le développement du procédé d'homogénéisation à très hautes pressions a orienté les travaux de recherche surtout sur la stabilité des émulsions. Cependant, ces hautes pressions peuvent non seulement agir sur les caractéristiques des gouttelettes d'huile des émulsions, mais également sur les propriétés des autres constituants alimentaires, tels que les macromolécules ou les colloïdes :

- dénaturation des protéines et modification de leurs propriétés fonctionnelles (modification de l'aptitude à former des gels, modification des propriétés viscosifiantes et modifications des propriétés émulsifiantes) ;
- réduction et homogénéisation de la taille des agrégats protéiques formés au cours d'un traitement thermique. Par exemple, des protéines de lactosérum dénaturées thermiquement et microparticulées sont parfois ajoutées au lait de fromagerie pour améliorer la capacité de rétention d'eau des fromages. Des particules sphériques de diamètre de l'ordre de quelques µm peuvent également être utilisées en remplacement des globules gras dans les produits allégés ;

– modification de la structure moléculaire des polysaccharides et dans certains cas réduction de la taille de la chaîne polymérique.

3. Stabilisation des systèmes dispersés

Congelée, décongelée, puis chauffée aux micro-ondes, une sauce béarnaise s'effondre : les matières grasses se séparent de la phase aqueuse. Cet exemple montre que les différentes contraintes appliquées aux produits alimentaires par les industriels, les distributeurs ou les consommateurs peuvent avoir raison de leur intégrité physique. Dans de nombreux cas, l'industrie alimentaire est en mesure de répondre à ces exigences par l'emploi, soit de macromolécules de nature glucidique ou protéique, soit d'émulsifiants de faible poids moléculaire qui créent, modifient et stabilisent la structure physico-chimique de produits alimentaires. Ces molécules exercent leurs actions au cours des traitements technologiques (thermiques, mécaniques) et/ou au cours du stockage.

3.1. Macromolécules de nature glucidique ou protéique

Les épaississants et gélifiants alimentaires sont des macromolécules de nature glucidique ou protéique, qui se dissolvent ou se dispersent aisément dans l'eau pour aboutir à une augmentation de la viscosité et, quelquefois, à la formation d'un gel sous l'action de facteurs physiques (température) et/ou chimiques (présence d'ions, modification du pH, cosoluté, etc.) et/ou biologique (action d'enzyme). En raison de leur pouvoir épaississant et/ou gélifiant, ces macromolécules peuvent être employées pour stabiliser les suspensions et les dispersions (émulsions, mousses). Elles sont également utilisées pour leur capacité de rétention d'eau, leur pouvoir liant, leur rôle texturant, etc.

Les macromolécules de nature glucidique sont essentiellement d'origine végétale ou microbienne alors que les macromolécules de nature protéique sont d'origine animale ou végétale.

3.1.1. Origine, propriétés et applications

3.1.1.1. Macromolécules de nature glucidique

Parmi les polyosides (ou polysaccharides) utilisés dans l'industrie alimentaire, les amidons sont incontestablement les plus employés. L'emploi des amidons natifs présente un certain nombre d'inconvénients qui incombent à des modifications intervenant au cours des traitements technologiques ou du stockage et altérant les caractéristiques organoleptiques des produits finis. Par exemple, certains amidons tels que ceux de la pomme de terre, du manioc ou du maïs « cireux » développent une texture « collante » dans les produits finis peu attrayante pour le consommateur. De même, les dispersions d'amidons riches en amylose, tels que les amidons natifs de maïs normal ou de blé, forment des structures opaques et rigides au refroidissement en raison de leur rétrogradation. On peut palier tout ou partie de ces inconvénients en :

– renforçant la cohésion du grain d'amidon par réticulation de nature chimique afin d'assurer une bonne stabilité au cisaillement, aux faibles valeurs de pH et aux températures élevées. Les amidons réticulés autorisés dans les denrées alimentaires sont de deux types : les adipates de diamidon et les phosphates de diamidon ;
– en créant des encombrements stériques ou des répulsions électrostatiques par éthérification ou estérification de manière à limiter les risques de rétrogradation.

Outre l'amidon, d'autres polysaccharides sont également très employés dans l'industrie agroalimentaire (tableau 31).

L'ouvrage de Multon (2002) fournit des informations complémentaires sur la structure chimique, les propriétés fonctionnelles et les utilisations alimentaires des agents épaississants et gélifiants de nature glucidique. De nombreuses informations sont également disponibles auprès des sociétés produisant ces ingrédients à l'échelle industrielle.

3.1.1.2. Macromolécules de nature protéique

Parmi les protéines, la gélatine est toujours très utilisée sur le marché des ingrédients en raison de la polyvalence de ces fonctionnalités (propriétés épaississante, gélifiante, émulsifiante et moussante). Elle est obtenue par hydrolyse partielle du collagène contenu dans la peau, le tissu conjonctif et les os des animaux. À l'exception du tryptophane, la gélatine contient tous les acides aminés avec une très large prépondérance de glycine, de proline et d'hydroxyproline.

Les protéines globulaires sont très largement répandues dans la nature. On les retrouve en quantité importante dans le blanc d'œuf, les lactosérums, les produits végétaux comme le soja. Elles présentent une structure relativement compacte et sont solubles sur une large gamme de pH et de force ionique. En revanche, elles sont sensibles à la température et aux interfaces hydrophobes (huile, air) ce qui est largement exploité dans l'élaboration des gels thermotropiques et des systèmes dispersés (mousses et émulsions).

Les caséines, organisées sous forme de micelles, sont exclusivement rencontrées dans le lait. La structure macromoléculaire des caséines natives leur confère une bonne résistance aux traitements thermiques. Leur structure est également relativement bien préservée lorsqu'elles sont exposées aux interfaces lipidiques ou gazeuses. En revanche, elles sont sensibles à une modification de l'environnement ionique et à l'action de la présure. Les caséines et leurs dérivés (caséinates) sont exploités dans l'industrie agroalimentaire pour leur capacité de rétention d'eau, leur propriétés épaississantes, gélifiantes et interfaciales.

3.1.2. Propriétés épaississantes et gélifiantes des macromolécules

Par leurs propriétés épaississantes et gélifiantes, les macromolécules de nature glucidique ou protéique sont largement utilisées dans l'élaboration et la stabilisation des systèmes alimentaires. L'essentiel des propriétés épaississantes et gélifiantes repose sur les caractéristiques et le comportement en solution des macromolécules,

Tableau 31 ■ Principaux agents de texture (autres qu'amidons) et applications alimentaires.

<table>
<tr><th>Type</th><th>Origine et structure</th><th>Caractéristiques physico-chimiques et fonctionnalités</th><th>Domaine d'utilisation</th></tr>
<tr><td>Agar</td><td rowspan="2">Algues rouges de la famille des Rhodophycées.
Polymères linéaires dont le motif de répétition est composé de 2 résidus galactoses plus ou moins substitués.</td><td>Soluble à chaud à des températures très élevées (ébullition) – Gélification avec gel ferme, cassant, thermoréversible (proche carraghénanes).</td><td>Préparation de desserts traditionnels orientaux, confiserie.</td></tr>
<tr><td>Carraghénane (E 407)</td><td>Fraction riche en λ carraghénane : épaississant soluble à froid.
Fraction riche en ι carraghénane : gélifiant avec gel élastique et cohésif.
Fraction riche en κ carraghénane : gélifiant avec gel ferme et cassant (+ un peu de synérèse).
Synergie des fractions κ avec la caroube.
Forte interaction avec les protéines.</td><td>Produits laitiers (stabilisation de boissons chocolatées et crème (UHT – aérosols – fouettées), laits gélifiés, multicouches « liégeois », crème dessert, mousses).
Produits en poudres (flans ménagers, crèmes dessert, anglaises, pâtissières, « jellies » et gels de couverture).
Glaces, viandes et poissons, conserves.</td></tr>
<tr><td>Aginates (E 401)</td><td>Algues brunes de la classe des Phaeophycées.
Macromolécules linéaires constituées de deux monomères liés en 1-4 : l'acide β D-mannuronique et l'acide α L-guluronique.</td><td>Épaississant soluble à froid dans l'eau pauvre en calcium.
Gélifiant en présence de calcium et d'acide.
Gel non thermoréversible.</td><td>Produits laitiers (crèmes et crèmes fouettées, crèmes dessert, fromages fondus, glaces).
Produits en poudre (crèmes pâtissières, béchamel).
Produits restructurés (viandes, fruits, légumes, poissons).</td></tr>
<tr><td>Caroube (E 410)</td><td rowspan="2">Graines de légumineuses comme le caroubier, arbre du littoral méditerranéen.
Enchaînement linéaire d'unités β D-mannose liées en 1-4 avec des branchements constitués d'une seule unité α D-galactose liée en 1-6.</td><td>Épaississant soluble après chauffage.
Gélifiant en combinaison avec la gomme xanthane ou les carraghénanes riches en fraction κ</td><td>Gels laitiers (avec carraghénanes).
Glaces (avec carraghénanes et alginates).
Conserves pour pet-foods
Préparation à base de fuits (avec pectine).
Boulangerie – pâtisserie.</td></tr>
<tr><td>Guar (E 412)</td><td>Épaississant soluble à froid.
Bonne stabilité aux cycles congélation/décongélation.</td><td>Produits laitiers acides et neutres, sauces, crèmes glacées, sorbets, boulangerie, pâtisserie, produits en poudres.</td></tr>
</table>

Tableau 31 (suite) Principaux agents de texture (autres qu'amidons) et applications alimentaires.

Type	Origine et structure	Caractéristiques physico-chimiques et fonctionnalités	Domaine d'utilisation
Pectines (E 440)	Mélange complexe de polyosides extraits de la paroi cellulaire des plantes. Constituant majeur : acide galacturonique lié en α 1-4, groupements rhamnose et zones homogalacturoniques	Pectine HM : gélifiant en milieu acide et sucré, gel non thermoréversible. Pectine LM : gélifiant en présence de calcium, gel thermoréversible.	Produits laitiers (stabilisation de boissons laitières acides (LM), yaourts (HM), préparations de fruits pour yaourts, préparations fruitées pour crèmes dessert), fruits (confitures classiques et allégées (LM), préparations de fruits pour yaourts, préparations pour pâtisserie/biscuiterie (nappages, fourrages), boissons fruitées, confiserie (pâtes de fruits).
Gomme arabique (acacia) (E 414)	Acacia sénégal. Macromolécule très ramifiée : chaîne principale comporte des résidus β D-galactose liés en 1-3.	Constitue un film protecteur incolore, inodore qui retient les arômes. Riche en fibres, hydrosoluble et peu calorique.	Sodas (émulsions aromatiques concentrées appelées « pâtes à sodas »), confiserie (boules de gomme, dragées et produits enrobés) – Préparations diététiques (produits allégés) – Produits extrudés.
Gomme xanthane (E 415)	Synthétisée par des micro-organismes. Fermentation aérobie de *Xanthomonas campestris*. Chaîne linéaire de β D-glucose lié en 1-4 portant un branchement latéral tous les 2 glucoses.	Épaississant soluble à froid. Pouvoir suspensoïde élevé. Stabilité remarquable en milieu acide. Bonne tenue aux cycles congélation/décongélation. Haute viscosité à chaud. Gélifiant même en présence de farines de graines de caroube.	Sauces salades (stabilité en milieu acide). Sauces et produits laitiers (viscosité à chaud). Produits en poudre (solubilisation rapide).

Tableau 31 (suite) ■ Principaux agents de texture (autres qu'amidons) et applications alimentaires.

Type	Origine et structure	Caractéristiques physico-chimiques et fonctionnalités	Domaine d'utilisation
Gomme xanthane (E 415)	Synthétisée par des micro-organismes. Fermentation aérobie de *Xanthomonas campestris*. Chaîne linéaire de β D-glucose lié en 1-4 portant un branchement latéral tous les 2 glucoses.	Épaississant soluble à froid. Pouvoir suspensoïde élevé. Stabilité remarquable en milieu acide. Bonne tenue aux cycles congélation/décongélation. Haute viscosité à chaud. Gélifiant même en présence de farines de graines de caroube.	Sauces salades (stabilité en milieu acide). Sauces et produits laitiers (viscosité à chaud). Produits en poudre (solubilisation rapide).
Dérivés de cellulose (E 460 - 466)	Produits à base de cellulose de coton ou de bois. Cellulose : polysaccharide linéaire insoluble dans l'eau composé uniquement de D-glucose liés en β 1,4. Obtenus par modification chimique de la cellulose par éthérification de manière à les rendre hydrosolubles.	Dérivés de cellulose : pouvoirs épaississant et liant dans les denrées alimentaires (Carboxyméthylcellulose E 466, Méthylcellulose E 461). Autres éthers de cellulose : Hydroxypropylmethylcellulose E 463. Éthylméthylcellulose E 465. Hydroxypropylméthylcellulose E 464.	Utilisés dans les sauces comme épaississants et liants, ou comme stabilisants dans des produits comme les crèmes glacées.

notamment leur masse molaire et leur conformation, qui influent sur le volume hydrodynamique ainsi que sur le degré d'interaction entre les macromolécules avec les molécules de solvant. Si les liaisons entre macromolécules sont absentes ou de faibles intensités, elles pourront être facilement dissociées, par exemple par traitement mécanique. Elles présentent, au travers de leurs interactions avec le solvant, un comportement épaississant. Si au contraire, les liaisons entre certains segments des macromolécules sont suffisamment intenses, un réseau tridimensionnel englobant l'ensemble de la phase solvante pourra être formé. La macromolécule présente dans ce cas un caractère gélifiant.

À l'inverse des macromolécules de nature protéique, les propriétés épaississantes et gélifiantes des macromolécules de nature glucidique apparaissent à très faible concentration dans l'eau, souvent bien inférieure à 1 %, à l'exception toutefois de quelques uns d'entre eux comme les amidons (2 à 5 %) ou la gomme arabique (> 40 %).

3.1.2.1. Propriétés épaississantes

Toutes les macromolécules hydrosolubles augmentent la viscosité des solutions qui les contiennent. Cependant, certaines, comme la grande majorité des protéines, atteignent leur limite de solubilité avant que la viscosité souhaitée soit atteinte. Les propriétés épaississantes des macromolécules dépendent de leur concentration et de leur viscosité intrinsèque $[\eta]_0$.

La viscosité intrinsèque peut être aisément déterminée par des mesures de viscosité en milieu dilué. En solution diluée, c'est-à-dire à une concentration inférieure à la concentration critique de recouvrement des macromolécules, chaque molécule occupe un domaine propre et peut se déplacer en solution indépendamment des autres. Lorsque la concentration augmente, les macromolécules commencent à s'enchevêtrer, c'est la concentration critique de recouvrement. Au-delà de cette concentration, les différentes macromolécules sont enchevêtrées sans qu'il n'existe entre elles de fortes interactions qui pourraient aboutir à la formation d'un gel. La concentration critique de recouvrement est une fonction inverse de la viscosité intrinsèque des macromolécules ; elle varie beaucoup d'une macromolécule à l'autre. Pour une masse molaire donnée, la viscosité intrinsèque d'une macromolécule compacte est plus faible, et donc la concentration critique de recouvrement est plus élevée, que celle d'une macromolécule linéaire fortement désordonnée.

Du point de vue rhéologique, on observe à partir de la concentration critique de recouvrement un changement brutal dans la relation entre la viscosité spécifique extrapolée à vitesse de cisaillement nulle et la concentration. Il s'explique par le fait que les macromolécules ne peuvent se déplacer dans un réseau enchevêtré qu'en se faufilant entre les molécules voisines. Ceci se traduit par un comportement macroscopique non-newtonien, c'est-à-dire par une variation de la viscosité apparente avec la vitesse de cisaillement (figure 155).

La viscosité intrinsèque des macromolécules est fonction de leur masse molaire, de leur conformation en solution et de leur flexibilité. Schématiquement, on peut distinguer quatre grands types de conformations :

– la conformation globulaire compacte ;

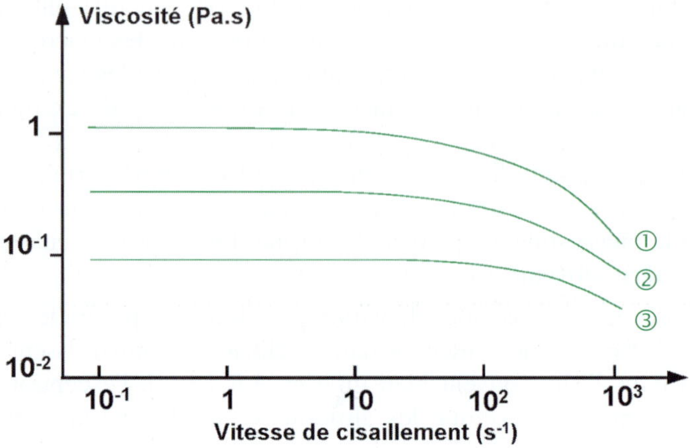

Figure 155 ■ Exemple de courbes d'écoulement d'une solution d'alginate (d'après Multon, 2002).

Concentrations : ① 1,5 %, ② 1 % et ③ 0,7 %. Le comportement non-newtonien apparaît au-delà d'une vitesse de cisaillement qui est de plus en plus basse lorsque la concentration augmente.

– la conformation en pelote ;

– la conformation rigide étendue ;

– la conformation en hélice.

Les macromolécules dont la conformation est globulaire et compacte occupent un espace limité même pour une masse moléculaire élevée. Ainsi, elles présentent une faible viscosité intrinsèque indépendante de leur masse moléculaire. La conformation en pelote correspond à une répartition statistique dans l'espace de la chaîne macromoléculaire. Pratiquement toutes les macromolécules peuvent adopter sous certaines conditions une conformation en pelote. La conformation rigide étendue est un cas particulier de la conformation en pelote lorsque la flexibilité de la chaîne est limitée. Il s'observe lorsque les macromolécules possèdent des groupements chargés (sulfate ou carboxylate) qui exercent des répulsions électrostatiques favorisant l'étirement de la chaîne, ou des ramifications qui imposent une rigidification de la chaîne, comme dans le cas du xanthane. Enfin, la conformation en hélice ne peut être adoptée que si des liaisons intramoléculaires stables permettent l'établissement d'une structure hélicoïdale. La viscosité intrinsèque de ces macromolécules est fonction de leur masse moléculaire moyenne M selon des relations de type Mark-Houvink :

$$[\eta]_0 = K \cdot M^a \qquad [184]$$

Les paramètres K et a dépendent du système polymère-solvant-température considéré. Pour les macromolécules flexibles, le paramètre a varie généralement de 0,5 à 1 alors que pour les macromolécules rigides il peut aller jusqu'à 2. Pour une même masse moléculaire, la ramification de la chaîne a généralement pour effet de réduire la viscosité intrinsèque mesurée. Ainsi les macromolécules ayant une structure branchée donnent des solutions moins visqueuses, mais aussi plus stables en limitant les zones de jonctions possibles entre macromolécules.

3.1.2.2. Propriétés gélifiantes

Un gel peut être défini comme un système comportant au minimum deux phases. Il est constitué par un réseau macromoléculaire tridimensionnel solide retenant entre ses mailles la totalité de la phase liquide. Bien que les gels puissent être formés à partir de protéines ou de polysaccharides, ils présenteront des caractéristiques différentes :

- les gels obtenus à partir des macromolécules de nature glucidique présentent une structure fine et transparente. Ils se forment à faible concentration. C'est le cas de nombreux systèmes gélifiés tels les flans ou les gelées ;
- les gels protéiques sont le plus souvent opaques et sont obtenus pour des concentrations plus élevées (5 à 10 %). La gélification joue un rôle majeur dans la préparation de nombreux aliments parmi lesquels divers produits laitiers. On peut citer également le blanc d'œuf coagulé, les gels de gélatine, divers produits chauffés à base de viande ou de poisson hachés, les gels protéiques de soja, les protéines végétales texturées par extrusion ou filage, et les pâtes boulangères.

Les systèmes gélifiés sont aisément caractérisés par l'utilisation de méthodes rhéologiques, notamment en régime dynamique (pour plus de détails, voir notamment les ouvrages de Couarraze et Grossiord, 2000 ; Roudot, 2002).

Pour former un gel, les macromolécules doivent dans un premier temps être dispersées en solution. La formation du gel implique l'association de chaînes entre elles ou de segments de chaînes entre eux. Ces zones de jonction peuvent se former naturellement au cours du refroidissement (gel de gélatine, gel d'amidon), après démasquage de groupements réactifs (gels thermotropiques de protéines globulaires), par ajustement du pH (gel de pectines hautement méthylées, gel acide de caséines, gel de protéines globulaires préalablement dénaturées), par ajout d'ions spécifiques comme le calcium (gels d'alginate ou de κ-carraghénane) ou par action d'agents biologiques spécifiques (gel présure de caséine, gel de fibrine). Parfois, c'est le mélange de différentes macromolécules non gélifiantes lorsqu'elles sont prises séparément qui permet la formation d'un gel. Plusieurs mélanges de ce type présentent un intérêt technologique et sont donc mis en œuvre industriellement. C'est le cas des gels mixtes de caroube et de xanthane. La réversibilité (thermique, mécanique ou ionique) de la plupart des gels utilisés dans le domaine alimentaire permet de conclure que les liaisons capables d'associer les chaînes sont de faible énergie.

Plusieurs étapes de transition peuvent être distinguées lors de la formation du gel :

- l'état « sol » où le polymère forme une solution : les macromolécules ne sont pas organisées les unes par rapport aux autres ;
- l'état « gel » apparaît lorsque suffisamment de chaînes se sont associées pour former un réseau ou un gel élastique. Au fur et à mesure que les chaînes s'organisent entre elles, le gel devient de plus en plus rigide. Un phénomène de synérèse peut ensuite avoir lieu dans certains cas (gels d'amidons, de caséines ou de κ-carraghénanes) : le gel se contracte et exsude une partie de la phase liquide.

Ainsi, la qualité d'un gel réside dans la parfaite maîtrise de la balance entre les forces d'interactions, qui maintiennent les chaînes de polymères associées et évitent l'écoulement, et les forces répulsives (électrostatiques, stériques) qui permettent d'englober la totalité de la phase solvante.

3.1.3. Propriétés interfaciales des macromolécules

De nombreux produits alimentaires sont des émulsions, des mousses ou des émulsions foisonnées (par exemple, le lait, la crème, les crèmes glacées, le beurre, la mayonnaise, les viandes finement hachées de type chair à saucisse, les blancs d'œufs en neige, le pain, etc.). Les macromolécules de nature glucidique (amidons modifiés par exemple) mais surtout de nature protéique jouent souvent un rôle prépondérant dans la formation et la stabilisation de ces systèmes colloïdaux. Par exemple, l'émulsion naturelle du lait est stabilisée par la membrane du globule gras. Celle-ci est constituée de couches adsorbées successives de triglycérides, de phospholipides, de lipoprotéines insolubles et de protéines solubles. Dans le lait frais, ces dernières sont les immunoglogulines. L'homogénéisation du lait accroît la stabilité de l'émulsion, d'une part par la réduction de la taille des globules gras, et d'autre part grâce à la fixation d'agents protéiques (micelles de caséine, protéines solubles) à la surface nouvellement formée des globules gras. Ces macromolécules apportent des propriétés physico-chimiques et rhéologiques à l'interface (gêne stérique, répulsion électrostatique, viscoélasticité) qui déterminent la résistance des gouttelettes à la coalescence. Lors du battage du blanc d'œuf, les protéines s'adsorbent à l'interface nouvellement créée, se dénaturent et forment un réseau « gélifié » qui emprisonne les bulles d'air et dont les propriétés rhéologiques régissent la stabilité de la mousse.

De nombreuses études théoriques et expérimentales sont menées sur le comportement des protéines aux interfaces eau/huile et eau/air. Cependant des incertitudes persistent sur la conformation des protéines aux interfaces, sur les interactions entre les protéines de l'interface et avec les molécules de la phase sous jacente, ainsi que leur répercussion sur les propriétés émulsifiantes et moussantes. Il semble cependant établi que pour qu'une macromolécule présente de bonnes propriétés interfaciales, il lui faut :

- migrer et s'adsorber à l'interface fraîchement créée puis ;
- former rapidement une couche cohésive à l'interface assurant la stabilité de la dispersion.

3.1.3.1. Migration et adsorption des protéines aux interfaces

En raison de leur caractère amphiphile, les protéines se positionnent naturellement aux interfaces air/eau ou huile/eau puisque leur énergie libre y est plus faible que dans l'une ou l'autre des phases. Cependant, pour migrer vers l'interface et exprimer leur propriété de surface, les protéines doivent être solubles. Une corrélation positive existe souvent entre solubilité de la protéine et capacité à former des mousses ou des émulsions. Certaines protéines sont par exemple peu ou pas solubles à leur point isoélectrique, ce qui diminue leurs propriétés interfaciales (protéines du soja, protéines d'arachide, caséines). Hormis leur solubilité, la viscosité de la solution, la taille et l'hydrophobicité de surface des protéines influencent leurs vitesses de diffusion et d'adsorption aux interfaces. En absence d'énergie extérieure, l'augmentation de la concentration des protéines à l'interface est contrôlée par le transfert de matière, c'est-à-dire la diffusion moléculaire. Selon l'équation de Stockes-Einstein, le coefficient de diffusion d'une molécule est inversement proportionnel à son rayon hydrodynamique et à la viscosité de la solution. Ainsi, l'homogénéisation du blanc d'œuf, en diminuant sa viscosité, améliore son pouvoir moussant.

La présence d'acides aminés hydrophobes à la surface des protéines constitue des points d'ancrage à l'interface. Un segment peptidique de quelques acides aminés peut suffir pour l'adsorption s'il est correctement localisé à la surface de la protéine. L'augmentation de l'hydrophobicité de surface des protéines diminue leur affinité pour la phase aqueuse, et accentue les probabilités de contacts efficaces avec une interface nouvellement créée ; elles migrent et s'adsorbent donc plus rapidement à l'interface. Un traitement approprié, du type thermique modéré, est parfois utilisé pour augmenter l'hydrophobicité des protéines et leurs propriétés interfaciales. Si les sites hydrophobes exposés à la surface des protéines deviennent trop nombreux, la solubilité des protéines diminue, ce qui réduit leur aptitude à former des mousses et des émulsions.

3.1.3.2. Formation d'une couche cohésive à l'interface et stabilisation des dispersions

Le contact d'une protéine avec une interface génère une dissymétrie dans l'environnement de la macromolécule. Les résidus d'aminoacides non polaires, initialement majoritairement enfouis au cœur de la structure protéique, s'exposent alors à la phase hydrophobe. Ce déplissement, plus ou moins important suivant les protéines et l'interface considérés, donne naissance à une couche de protéines « dénaturées » fortement adsorbées à l'interface, et entraîne une baisse de l'énergie libre du système. Les études expérimentales montrent que la flexibilité des protéines, leur charge nette, la balance des interactions intramoléculaires et intermoléculaires entre protéines localisées à l'interface, sont des paramètres importants pour l'établissement d'une couche cohésive qui stabilise les dispersions.

Pour les émulsions, il existe une forte corrélation entre les propriétés émulsifiantes et l'hydrophobicité de surface des protéines. Ceci suggère que les protéines qui s'adsorbent à l'interface lipidique ne subissent que des réarrangements structuraux limités. Les caséinates sont de bons émulsifiants car ils possèdent, en plus de leur forte solubilité, une structure dissociée naturellement déplissée (en pelote statistique) en même temps qu'une hydrophobicité globale relativement élevée et une séparation nette des zones hydrophiles et hydrophobes au niveau des chaînes polypeptidiques. Ils forment des films protéiques adsorbés qui sont épais, fortement hydratés et chargés, ce qui permet des répulsions stériques et électrostatiques fortes entre les gouttelettes lipidiques et donc une stabilité optimale des émulsions. Cependant, ces émulsions peuvent être sensibles aux évolutions de pH ou aux ajouts de calcium, par modification des interactions intramoléculaires et intermoléculaires entre les protéines au sein du film interfacial et avec les protéines de la solution. Les micelles de caséine et l'actomyosine (protéine des viandes et des poissons) ont également de bonnes propriétés émulsifiantes. À l'inverse, les protéines globulaires possédant une structure rigide stable, telles que les protéines de lactosérum et les protéines de blanc d'œuf, sont de médiocres agents émulsifiants car elles se déplissent peu et sont faiblement ancrées aux interfaces lipidiques. Une augmentation de l'hydrophobicité ou de la flexibilité moléculaire par un traitement approprié (traitement thermique modéré, protéolyse partielle, réduction des ponts disulfures), sans perte de solubilité, améliorent les propriétés émulsifiantes des protéines globulaires.

Outre la nature de la macromolécule émulsifiante utilisée, de nombreux autres facteurs influencent les propriétés des émulsions obtenues, telles que le type et la géométrie de l'homogénéisateur, l'intensité de l'apport d'énergie, la vitesse de l'addition d'huile, le volume de la phase lipidique, la température, le pH, la force ionique, la présence de sucres, de surfactants de faible masse moléculaire, l'exposition à l'oxygène, la nature de l'huile (point de fusion), la concentration en protéines solubles et les propriétés émulsifiantes des protéines.

De nombreuses protéines possèdent une bonne aptitude à former des mousses. C'est le cas des protéines du blanc d'œuf, la globine et l'hémoglobine, la sérum albumine, la gélatine, les protéines de lactosérum, les micelles de caséine, la caséine β, les protéines de blé (gluténines), les protéines de soja, et quelques hydrolysats protéiques (de faible degré d'hydrolyse).

Cependant, toutes ces protéines ne sont pas en mesure de former un film qui stabilise la mousse au cours de sa conservation. La caséine β et les caséinates, molécules flexibles dont la structure est peu ordonnée (pelote statistique), abaissent rapidement la tension interfaciale et facilitent la formation de mousse. Toutefois, les films protéiques adsorbés sont minces et la stabilité de la mousse est médiocre.

Pour obtenir une mousse protéique stable, il faut que les protéines mises en œuvre soient capables de former un film cohésif, continu, viscoélastique, épais et imperméable à l'air autour de chaque bulle de gaz. Pour établir un tel réseau, les protéines qui s'adsorbent à l'interface air/eau doivent être :

- suffisamment flexibles pour s'adsorber de manière irréversible à l'interface et exposer des groupements réactifs pour établir des interactions intermoléculaires (film cohésif et continu) ;
- suffisamment rigides pour conserver des structures secondaires au sein de la protéine native (film viscoélastique) ;
- peu chargées (film épais) ;
- peu hydratées (film imperméable à l'air).

Pour ces raisons, les protéines globulaires qui demeurent solubles à un pH proche de leur point isoélectrique forment généralement des mousses stables. Elles se déplissent partiellement à l'interface air/eau, ce qui leur permet de s'y adsorber en multipliant les points de contact par l'intermédiaire d'interactions hydrophobes. Ceci est nécessaire pour éviter la désorption de la protéine puis la perte de liquide par écoulement. Parallèlement, ces protéines globulaires exposent des groupements réactifs pour la formation d'associations intermoléculaires (hydrophobes, électrostatiques, ponts disulfures), indispensables pour obtenir un film adsorbé cohésif et continu, tout en conservant des éléments de structure secondaire conférant au film de bonnes propriétés rhéologiques.

Un équilibre critique doit exister entre l'aptitude de la protéine à former des interactions intermoléculaires cohésives conduisant à des films stables, et la tendance des protéines à s'associer entre elles aboutissant à une agrégation excessive et à la rupture des lamelles. Un film viscoélastique et une mobilité suffisante des molécules protéiques sont requis pour contrecarrer les forces de cisaillement qui s'exercent sur le film, les phénomènes de dilatation du film qui interviennent au sommet des bulles d'air et ceux de compression à sa base. Toute dilatation du film provoque une diminution de la concentration en molécules adsorbées et une élévation de la tension interfaciale. Les protéines, pour bien stabiliser les mousses, doivent être capables de migrer vers la région à tension interfaciale élevée pour restaurer l'épaisseur initiale de la lamelle (effet Gibbs-Marangoni).

Par ailleurs, les films épais et moins hydratés stabilisent la mousse vis-à-vis des phénomènes de coalescence et de mûrissement d'Ostwald. Les répulsions électrostatiques des protéines à l'interface air/eau diminuent la cohésion du film et accélèrent la rupture des lamelles des bulles. Au niveau du point isoélectrique des protéines, les répulsions électrostatiques sont minimales, ce qui permet l'adsorption d'une plus grande quantité de protéines à l'interface. Les films protéiques sont alors plus épais et la stabilité des mousses est accrue. Les protéines présentent également une hydratation minimale à leur point isoélectrique, ce qui limite la disproportion entre les bulles de taille différentes, la diffusion de gaz se faisant au travers de la phase aqueuse.

3.2. Émulsifiants de faibles poids moléculaires

Les agents émulsifiants sont largement utilisés dans l'industrie agroalimentaire. Ils sont souvent indispensables pour stabiliser des systèmes alimentaires complexes mettant en jeu des phases non miscibles. Ces dernières années, le développement de produits allégés en matières grasses et plus riches en eau, a entraîné une utilisation plus importante des agents émulsifiants. Toutefois, ceci a été limité par l'utilisation de colloïdes stabilisants et émulsifiants tels que les protéines ou les polyosides.

Les agents émulsifiants sont des composés amphiphiles dont la structure chimique comporte à la fois des fonctions hydrophiles et des fonctions hydrophobes. Cette structure chimique particulière leur confère la capacité de s'adsorber aux interfaces huile/eau et d'assurer ainsi la stabilité des émulsions. La structure amphiphile de ces molécules leur confère toutefois des propriétés physiques uniques qui leur permettent de stabiliser également les interfaces air/eau (mousses), de former des complexes avec des macromolécules (protéines et polysaccharides), de contrôler la cristallisation des corps gras ou de former des liposomes. Ces caractéristiques ont des conséquences importantes sur les propriétés organoleptiques et la conservation des aliments.

3.2.1. Origine et structure chimique

Les monoglycérides et leurs dérivés de synthèse sont les agents émulsifiants les plus utilisés. Le reste du marché est couvert principalement par les lécithines, coproduits naturels issus de l'industrie des huiles et corps gras. D'autres molécules ont été développées par synthèse chimique ou enzymatique dans l'objectif de fournir des produits plus efficaces. C'est le cas, par exemple, des sucroesters, mais leur utilisation en agroalimentaire est marginale en raison de leur coût élevé. Les lécithines qui sont par ailleurs commercialisées comme complément nutritionnel en raison de leur richesse en acides gras polyinsaturés essentiels et de leur effet hypocholestérolémiant, n'ont pas réussi à dominer le marché des monoglycérides principalement en raison de propriétés tensioactives limitées pour un certain nombre d'applications alimentaires. De plus les possibilités offertes par le fractionnement et/ou la modification de ces molécules naturelles conduit certes à des produits plus efficaces mais plus coûteux. Enfin, l'image des lécithines a été récemment malmenée du fait de l'apparition des sojas génétiquement modifiés, qui en sont une source majeure (tableau 32).

3.2.2. Caractéristiques et fonctions des émulsifiants

3.2.2.1. Caractéristiques physico-chimiques (solubilité, mésomorphisme)

L'efficacité d'un émulsifiant est avant tout liée à sa solubilité dans chacune des deux phases. La solubilité de tout agent tensioactif est caractérisé par sa balance hydrophile-lipophile (HLB). Cet indice, basé sur des considérations semi-empiriques, permet d'estimer l'hydrophilicité de l'agent émulsifiant en considérant les proportions relatives des parties hydrophiles et hydrophobes. Ce paramètre est défini par :

$$HLB = \frac{\text{masse de la partie hydrophile}}{\text{masse de la partie hydrophobe}} \cdot 20 \qquad [185]$$

Théoriquement, les valeurs de la HLB de chaque émulsifiant s'échelonnent entre 1 et 20. Plus cette valeur est faible, plus l'émulsifiant est lipophile et inversement. Généralement, les agents émulsifiants présentant une HLB comprise entre 1 et 6 stabilisent les émulsions eau/huile alors que ceux ayant une HLB comprise entre 8 et 18 stabilisent les émulsions huile/eau. On pourra également estimer de manière approximative la HLB d'un mélange d'émulsifiants en calculant la moyenne arithmétique des HLB de chaque constituant. La connaissance de cet indice permet un premier choix de l'émulsifiant à employer, mais cela ne permet pas en pratique de prévoir l'efficacité de tel ou tel mélange émulsifiant pour stabiliser une émulsion déterminée (effets synergiques ou antagonistes). Ainsi deux agents émulsifiants ayant la même HLB n'auront pas forcément les mêmes propriétés fonctionnelles. La mesure de l'hydratation de la tête polaire permettrait l'optimisation des mélanges d'émulsifiants dans les conditions physico-chimiques de leur utilisation (température, force ionique, pH, etc.). En effet, l'hydratation de la tête polaire est un facteur qui contribue de façon importante à l'organisation et aux propriétés rhéologiques des films interfaciaux.

L'efficacité d'un agent émulsifiant dans la formulation d'un produit alimentaire est conditionnée par l'état physique dans lequel il se trouve. On sait que cet état physique dépend de la structure chimique et de deux paramètres essentiels, température et teneur en eau, qui déterminent l'organisation des chaînes lipidiques les unes vis-à-vis des autres. On décrit ainsi, pour chaque type d'émulsifiant, différentes struc-

Tableau 32 ■ Principaux agents émulsifiants et leurs applications alimentaires.

Type	Origine et structure	Caractéristiques physico-chimiques et fonctionnalités	Domaines d'utilisation
Monoglycérides et dérivés des monoglycérides (E471-E472)	Réaction de trans-estérification entre un triglycéride et du glycérol, à haute température (200 à 250 °C), sous vide et en présence d'un catalyseur (souvent la soude). Mélange contenant 40 à 60 % de mono-esters, 30 à 40 % de diesters et 10 à 20 % de triesters.	Principale catégorie d'agents émulsifiants à usage alimentaire. Seuls les mono-esters possèdent les propriétés tensioactives recherchées.	Dérivés obtenus à partir des acides organiques et de l'oxyde d'éthylène, utilisés en panification anglo-saxonne pour améliorer la texture de la mie et le volume du pain. Citroglycérides employés en margarinerie pour améliorer les propriétés de cuisson et réduire les projections au cours des fritures. Acétoglycérides très utilisés pour stabiliser des mousses. Dérivés du polyoxyde d'éthylène (très hydrophiles) utilisés comme agent conditionnant des pâtes en panification et comme agent émulsifiant dans les crèmes glacées et les crèmes fouettées.
Sucroesters (E473) et sucroglycérides (E474)	Sucroesters : esters d'acides gras obtenus par estérification directe du saccharose par des esters méthyliques d'acides gras. Sucroglycérides : mélanges constitués de glycérides partiels et de sucroesters obtenus par trans-estérification du saccharose et des triglycérides en milieu solvant.	Dispersibilité facile dans l'eau. Goût peu prononcé.	Possibilités d'emploi très diverses : crèmes glacées, produits de cuisson, margarines, sauces émulsionnées, etc. Rapport coût / propriétés élevé par rapport aux monoglycérides, même quand ils sont produits par synthèse chimique : utilisation limitée en agroalimentaire.

Tableau 32 (suite) ■ Principaux agents émulsifiants et leurs applications alimentaires.

Type	Origine et structure	Caractéristiques physico-chimiques et fonctionnalités	Domaines d'utilisation
Esters du sorbitol (E491-5)	Sorbitane formé par estérification (pont oxydique entre les carbones C3 et C6), puis par estérification avec acide stéarique ou oléique pour donner les esters du sorbitol. Polyol obtenu par hydrogénation du glucose.	Plus connus sous le nom commercial de « SPAN ». Dérivés polyoxyéthylénés, (« TWEEN ») aux propriétés hydrophiles. Modifient la cristallinité des corps gras et retardent la réversion cristalline vers une forme plus stable.	Large gamme de HLB (balance hydrophile – lipophile ; équation [185]) permet de multiples applications comme agent émulsifiant eau/huile et huile/eau dans l'industrie alimentaire. Agent de stabilisation des cristaux du beurre de cacao, pour éviter la migration du gras de l'intérieur vers la surface du chocolat (agent « antibloom »).
Phospholipides (lécithines) (E322)	Lécithines du jaune d'œuf : peu rentable (extraction coûteuse). Lécithines commerciales obtenues par démucilagination : diminution de la solubilité des phospholipides contenus dans l'huile de soja en présence de 1 à 3 % d'eau et de 1 à 3 ‰ d'acide phosphorique. Mélanges complexes de phospholipides. Fraction glycolipidique constituée de stérols glycosylés, de mono- et digalactosyl-diglycérides et de glycolipides complexes. La composition en acides gras (acides palmitique, oléique, linoléique, et linolénique) caractérise chacune des classes de phospholipides.	Propriétés émulsifiantes relativement limitées. – Phosphatidylcholine : stabilisation des émulsions huile/eau. – Phosphatidyléthanolamine et phosphatidylinositol : propriétés émulsifiantes eau/huile. Fractions purifiées : propriétés émulsifiantes améliorées mais surcoût important.	– Utilisations alimentaires des phospholipides naturels très diverses : produits de boulangerie, chocolaterie, produits instantanés, margarinerie, etc. – Dans le cas du chocolat, l'adjonction de lécithine permet de modifier les caractéristiques rhéologiques du chocolat fondu et d'économiser ainsi d'autres matières grasses coûteuses (beurre de cacao). – Les phospholipides sont réputés pour leurs propriétés antioxydantes qui proviendraient de la présence de traces de tocophérols dans l'huile support.

tures caractéristiques, appelées mésophases. Les différents types de mésophases observées dans le cas des différents agents émulsifiants sont les phases micellaires, lamellaires et cubiques. Ce polymorphisme a été décrit de manière très détaillée pour un grand nombre d'émulsifiants alimentaires par Krog et Lauridsen (1976) et repris de manière plus synthétique dans l'ouvrage de Multon (2002).

3.2.2.2. Transfert des agents tensioactifs aux interfaces

La diffusion vers les interfaces des molécules amphiphiles dispersées dans la phase aqueuse et la formation d'un film monomoléculaire sont des mécanismes fondamentaux pour que les propriétés tensioactives de ces molécules puissent s'exprimer. Dans le cas des molécules formant des micelles en solution aqueuse cette adsorption se produit rapidement en raison de la présence d'un équilibre entre molécules en solution (monomères) et molécules agrégées (micelles) (Dickinson, 1996). Dans le cas des tensioactifs formant des phases lamellaires (lécithines par exemple), la cinétique d'adsorption est plus lente.

3.2.2.3. Stabilisation des émulsions

Cette propriété fondamentale est basée sur le caractère amphiphile de la molécule. Il s'agit de stabiliser un système composé de deux ou plusieurs phases non miscibles. L'émulsifiant est adsorbé à l'interface huile/eau, ce qui a pour effet de diminuer la tension interfaciale. Les caractéristiques rhéologiques du film interfacial dépendent de la situation des molécules les unes par rapport aux autres. Si l'émulsifiant est relativement peu concentré, les molécules reposent parallèlement à l'interface et sont dans un état peu organisé (« liquide ») bien que quelques forces de cohésion s'établissent entre les chaînes. À concentration plus élevée, on aboutit à des films condensés, où les molécules sont entassées et orientées perpendiculairement à la surface du film avec les groupements polaires orientés vers la phase aqueuse et les chaînes hydrocarbonées vers la phase lipidique. Les molécules ne peuvent pas se déplacer du fait de l'encombrement stérique et la cohésion du film en est renforcée.

D'un point de vue général, dans une émulsion huile/eau, une structure lamellaire se formera à l'interface (figure 156) tandis que pour une émulsion eau/huile, il s'agira plus certainement d'une structure cubique ou hexagonale II (figure 157).

L'existence de ces structures cristallines liquides permet d'expliquer pourquoi des monoglycérides saturés ou insaturés sont capables de stabiliser des émulsions huile/eau malgré leur HLB faible. En effet, si la concentration en émulsifiant est suffisante, on peut obtenir la formation de multicouches lamellaires à l'interface et stabiliser ce type d'émulsion.

3.2.2.4. Stabilisation des mousses et des émulsions foisonnées

Le mode d'action des émulsifiants dans les systèmes « aérés » est également lié à leur mésomorphisme. Il s'agit généralement de milieux complexes émulsionnés comprenant notamment des matières grasses et des protéines. Dans le cas des émulsions foisonnées (crèmes fouettées par exemple), la fonction de l'émulsifiant est de

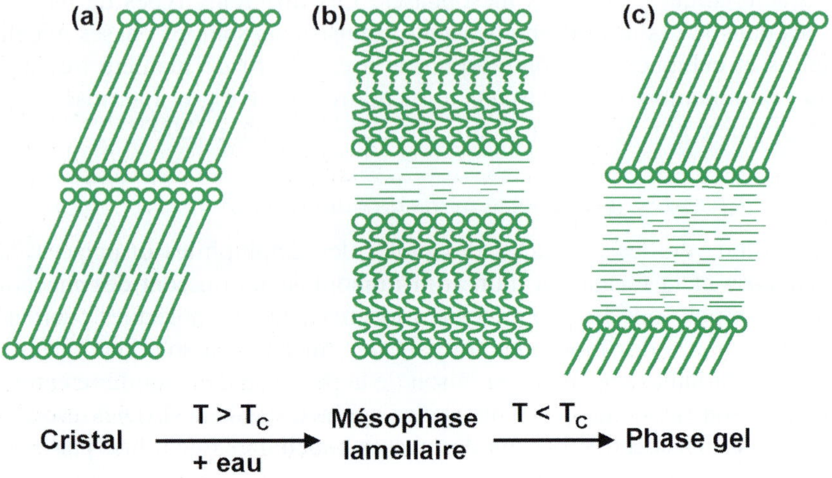

Figure 156 ■ Représentation schématique des transitions des agents tensioactifs d'une structure cristalline (a) à des mésophases lamellaires liquide-cristalline fluide (b) et liquide-cristalline gel (c) (d'après Krog et Lauridsen, 1976).

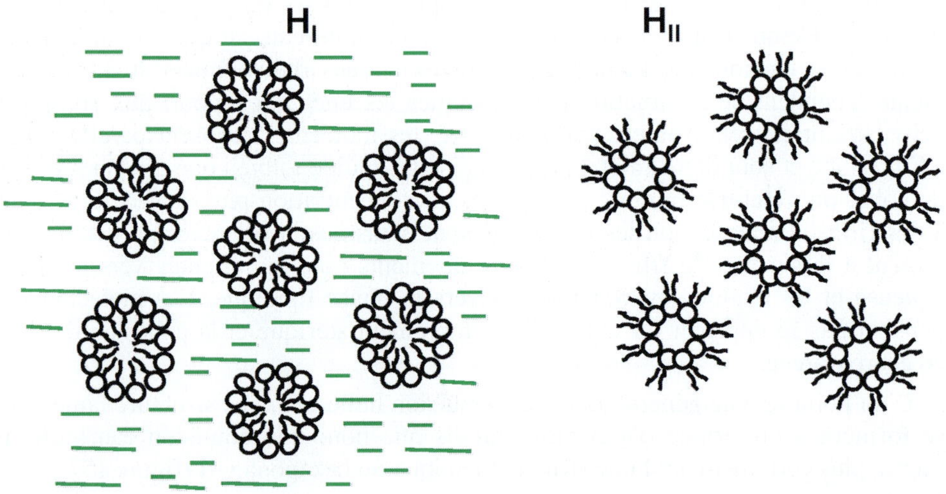

Figure 157 ■ Représentation schématique des phases hexagonales de type normale H_I et inversée H_{II} (coupe transversale des empilements cylindriques).

contribuer à donner un volume important, une texture correcte et d'assurer la stabilité contre la synérèse. La cohésion de l'émulsion foisonnée est assurée par des globules gras partiellement coalescés formant un réseau épais à l'intérieur des lamelles de la mousse. Ce sont les émulsifiants sous la forme cristalline α (monostéarate de propylène glycol, monoglycérides acétylés ou lactylés) qui sont les plus efficaces en favorisant la coalescence partielle des globules gras.

Ces émulsifiants ne présentent pas de polymorphisme et ne peuvent exister, en dessous de leur point de fusion, que sous la forme cristalline α (figure 156). Ils sont aisément solubles dans les matières grasses et forment un film rigide cristallin à la surface des globules gras. On explique schématiquement le mode d'action de ces émulsifiants par l'hypothèse suivante : en l'absence d'émulsifiant, les protéines sont adsorbées à l'interface huile/eau et empêchent la coalescence partielle des globules gras ; la présence d'un émulsifiant entraîne leur adsorption à l'interface et le déplacement des protéines dans le milieu aqueux. En déplaçant les protéines, les émulsifiants diminuent la tension interfaciale huile/eau, mais aussi la cohésion de la membrane des globules gras, favorisant l'agrégation des globules gras entre eux (Krog, 1977). Ceci a pour conséquence de diminuer légèrement le foisonnement mais d'augmenter la rigidité de la mousse.

Ce mécanisme permet d'expliquer le rôle des monoglycérides ou d'émulsifiants plus polaires dans l'élaboration des crèmes glacées. Durant la maturation au froid du mélange émulsionné et homogénéisé, dont le rôle principal est d'induire la cristallisation de la matière grasse, les protéines adsorbées à la surface des globules gras sont déplacées par les émulsifiants de faible poids moléculaire. La membrane autour des globules gras se trouve alors fragilisée. Au cours des collisions intervenant lors de l'étape de foisonnement, les cristaux de matière grasse formés perforent les membranes fragilisées et engendrent la coalescence partielle des globules gras. Il en est de même dans le cas des pâtes à gâteaux contenant des matières grasses où le foisonnement est généralement obtenu par les protéines d'œuf, mais est contrarié par la matière grasse liquide qui déstabilise la structure de la mousse. L'incorporation d'émulsifiants sous forme cristalline α limite cet effet en empêchant les gouttelettes d'huile d'être en contact avec les protéines de la phase aqueuse.

Par ailleurs, dans le cas de gâteaux à faible teneur en matières grasses, le foisonnement de la pâte peut être amélioré par l'incorporation de monoglycérides saturés. Cette incorporation aboutit à une distribution plus uniforme de l'air dans la pâte, un foisonnement correct et un volume de gâteau satisfaisant. Le mécanisme d'action du monoglycéride est probablement dû à la formation d'un film monoglycéride-protéine à l'interface air/eau qui donnerait une mousse plus stable contre la coalescence (Shepherd et Yoell, 1976).

Références bibliographiques
de la troisième partie

Bimbenet JJ, Loncin M (1995). *Bases du génie des procédés alimentaires.* Éditions Masson, Paris.

Bimbenet JJ, Duquenoy A, Trystram G (2002). *Génie des procédés alimentaires : des bases aux applications.* Éditions Dunod, Paris.

Blankenship LC, Craven SE (1982). Survival of *Campylobacter jejuni* in chicken meats as a function of temperature. *Appl Microbiol*, **44** : 88-92.

Bourgeois CM, Larpent JP (1996). *Microbiologie alimentaire, tome 2 – Aliments fermentés et fermentations alimentaires.* Tec & Doc Lavoisier, Paris.

Bradshaw JG, Peeler JT, Twedt RM (1977). Thermal inactivation of ileal loop-reactive *Clostridium perfringens* type A strains in phosphate buffer and beef gravy. *Appl Environ Microbiol*, **34** : 280-284.

Bradshaw JG, Peeler JT, Coorwing JJ, Hunt JM, Tierney JT, Larken EP, Twedt RM (1985). Thermal resistance of *Listeria monocytogenes* in milk. *J Food Protect*, **48** : 743-745.

Brochette P (1999). *Émulsification - élaboration et étude des émulsions.* Techniques de l'ingénieur, Génie des Procédés J2150.

Cante CJ, Franzen RW, Saleeb FZ (1979). Proteins as emulsifiers : methods for assessing the role. *J Am Oil Chem Soc*, **56** : 71-77.

Cheftel JC, Cheftel H (1976). *Introduction à la biochimie et à la technologie des aliments,* volume 1, Tec & Doc Lavoisier, Paris

Cheftel JC, Cuq JL, Lorient D (1985) *Protéines alimentaires : biochimie, propriétés fonctionnelles, valeurs nutritionnelles, modifications chimiques.* Tec & Doc Lavoisier, Paris.

Cherry JP, Mc Watters KH (1981). Whippability and aeration. *In :* Cherry JP (ed.), *Protein functionnality in foods*, Am Chem Soc, Washington DC, 149-176.

Couarraze G, Grossiord JL (2000). *Initiation à la rhéologie*, 3e édition. Tec & Doc Lavoisier, Paris.

CTCPA (1997). *Barêmes de stérilisation pour aliments appertisés.* Centre technique de la conservation des produits agricoles, Paris.

Denny CB (1971). Effect of toxin concentration on the inactivation of Staphylococcal enterotoxin A in beef bouillion and in phosphate buffer. *Appl Microbiol*, **21** : 1064-1066.

Dickinson E (1996). *Les colloïdes alimentaires.* Éditions Masson, Paris.

Genin N, René F (1995). Analyse du rôle de la transition vitreuse dans les procédés de conservation agroalimentaires. *J Food Eng,* **26** : 391-408.

Halling PJ (1981). Protein-stabilized foams and emulsions. *CRC Crit Rev Food Sci Nutr,* **15** : 155-203.

Hallström B, Skjôldebrand C, Trägardh C (1988). *Heat transfer and food products,* Elsevier, London.

Hartel RW (1992). *Evaporation and freeze concentration. In:* Heldman DR, Lund DB. *Handbook of food engineering.* M. Dekker, New York, 341-392.

Jeantet R, Roignant M, Brulé G (2001). *Génie des procédés appliqué à l'industrie laitière.* Tec & Doc Lavoisier, Paris, 164 p.

Karbstein H, Schubert H (1995). Developments in the continuous mechanical production of oil-in-water macro-emulsions. *Chem Eng Proc*, **34** : 205.

Kessler HG (1986). *Energy aspects of food preconcentration. In :* Mac Carthy D Concentration and drying of foods . Elsevier, London, England,147-163.

Kinsella JE (1981). Functional properties of proteins : possible relationships between structure and function in foams. *Food Chem*, **7** : 273-288.

Knockaërt C (1990). *Le Fumage du poisson,* 2e édition, IFREMER.

Koidis P, Doyle MP (1983). Survival of *Campylobacter jejuni* in fresh and heated red meat. *J Food Protect,* **46** : 771-774.

Krog N (1977). Functions of food emulsifiers in food systems. *J American Oil Chem Soc*, **54** : 124-131.

Krog N, Lauridsen J (1976). Food emulsifiers and their associations with water. *In: Food emulsions*, Friberg S (ed.), Marcel Dekker Inc, New-York, 68-139.

Lacroix JP, Sinai C (1992). Preservation of food by ionisation. *Ind Alim Agric*, **109** (10) : 701-703.

Lamy-Dehove (1997). *Officiel des pratiques alimentaires*, Éditions Lamy.

Leleu R (1992). Opérations unitaires : évaporation. *In : Génie des procédés*. Techniques de l'ingénieur J 2320.

Le Bars M, Bouroche A (1998). *L'ionisation dans l'industrie agroalimentaire*. Inra éditions.

Loncin M (1961). *Les opérations unitaires du génie chimique*. Éditions Dunod, Paris.

Loncin M (1976). *Génie industriel alimentaire, aspects fondamentaux*. Éditions Masson, Paris.

Lovett J, Bradshaw JG, Peeler JT (1982). Thermal inactivation of *Yersinia enterocolitica* in milk. *Appl Environ Microbiol*, **44** : 517-519.

Mafart P (1996). Les procédés physiques de conservation. *In : Génie industriel alimentaire*. Tec & Doc Lavoisier, Paris.

Mahaut M, Jeantet R, Schuck P, Brulé G (2000). *Les produits industriels laitiers*. Tec & Doc Lavoisier, Paris, 192 p.

McClements DJ (1999). *Food emulsions : Principles, practice, and techniques*. Boca Raton, Florida.

Mescle J-F (2002). Additifs conservateurs (antibactériens, antifongiques). *In* : Multon J-L), *Additifs et auxiliaires de fabrication dans les industries agroalimentaires*, Tec & Doc Lavoisier, Paris, 191-205.

Multon JL (2002). *Additifs et auxiliaires de fabrication dans les industries agroalimentaires*, Tec & Doc Lavoisier, Paris.

Raffi J (1998). Identifying irradiated foods. *Trends Anal Chem*, **17** (4) : 226-233.

Read RB, Bradshaw JG (1966). Staphylococcal enterotoxin B thermal inactivation in milk. *J Dairy Science*, **49** (2) : 202-203.

Robin O, Remillard N, Paquin P (1993). Influence of major process and formulation parameters on microfluidized fat globule size distribution and exemple of a practical consequence. A : Physicochemical engineering aspects. *Colloids and surfaces*, **80** (2-3) : 211-222.

Roudot AC (2002). *Rhéologie et analyse de texture des aliments*. Tec & Doc Lavoisier, Paris.

Sainclivier M (1985). *L'Industrie alimentaire halieutique, 2e volume – Des techniques ancestrales à leurs réalisations contemporaines*. École nationale supérieure agronomique de Rennes.

Schubert H, Stang M (1997). *New developments in the production of food emulsions*. 2e Congrès mondial de l'émulsion, Bordeaux.

Shepherd I, Yoell W (1976). Cake emulsions. *In :* Friberg S (ed.), *Food emulsions*, Marcel Dekker Inc, New York, 215-275.

Sweetser MA, Muir DD (1983). Effect of homogenization on the heat stability of milk. *J Dairy Res*, **50** : 291-300.

Vasseur J, Bimbenet JJ, Duprat JC, Touron B (1984). Séchage sur cylindres dans les IAA : nouvelles techniques, nouvelles perspectives. *Ind Alim Agric*, **101** : 911-919.

Walstra P (1975). Effect of homogenization on the fat globule size distribution in milk. *Neth Milk Dairy J*, **29** : 279-294.

Walstra P (1993). Principles of emulsion formation. *Chem Eng Sci*, **48** (2).

Westergaard V (1994). *Milk powder technology. Evaporation and spray drying*. 4 edn. Niro A/S, Copenhaguen, Denmark.

Woodburn MJ, Somers E, Rodriguez J, Shantz EJ (1979). Heat inactivation rates of botulism toxins A, B, E and F in some foods and buffers. *J Food Sci*, **44** : 1658-1661.

Quatrième partie

Maîtrise et évaluation de la qualité

12

Maîtrise de la qualité des aliments

1. Réglementation

1.1. Réglementation nationale

Au début du XXe siècle, les pouvoirs publics, s'intéressant à la protection de la santé et à la sécurité du consommateur, ont promulgué la loi du 1er août 1905 sur la répression des fraudes et la falsification des produits agricoles et alimentaires. Ils ont créé l'organisme de contrôle associé, aujourd'hui la DDCCRF (Direction départementale de la concurrence, de la consommation et de la répression des fraudes). Cette loi constitue le fondement de la politique nationale de la protection du consommateur et débouche sur la création en 1993 d'un Code de la consommation qui fixe les obligations des opérateurs sous peine de voir leur responsabilité pénale engagée :

– une obligation d'information du consommateur (normes d'étiquetage) ;

– une obligation de conformité « aux prescriptions en vigueur relatives à la sécurité et à la santé des personnes, à la loyauté des transactions commerciales et à la protection des consommateurs ».

Le Code de la consommation est complété pour les denrées d'origine animale par l'ensemble des obligations décrites dans le Code rural ; les agents des directions départementales des services vétérinaires (DDSV) sont chargés du contrôle de la qualité et de la salubrité de ces produits. Ces grandes orientations ont été approfondies par de nombreuses lois et normes réglementaires définissant des critères d'acceptabilité des denrées à respecter.

1.2. Réglementation de l'Union européenne

1.2.1. Directive 93/43/CEE du 14 juin 1993 « Hygiène des denrées alimentaires »

L'industriel est responsable de la qualité des produits qu'il met sur le marché et doit définir les moyens à mettre en œuvre pour « préparer, transformer, fabriquer, conditionner, stocker, transporter, distribuer, manipuler et vendre les denrées alimentaires de manière hygiénique ».

Cette directive instaure « l'analyse des risques potentiels, [...] l'évaluation des risques et (de) méthodes de gestion permettant d'identifier, de contrôler et de surveiller les points de contrôle critiques ». Elle rend donc obligatoire l'identification de toutes les activités des entreprises agroalimentaires à risque pour la sécurité des aliments et la mise en place de procédures de sécurité appropriées (FAO-OMS, 1995). Les contrôles des services officiels intègrent non seulement une évaluation générale des risques, mais aussi les points critiques déterminés par l'entreprise. Les services officiels sont donc à la fois contrôleurs de l'atteinte des objectifs réglementaires et évaluateurs des moyens mis en place par les professionnels.

1.2.2. Règlement CE 178/2002

Le règlement CE 178/2002 du Parlement européen et du Conseil du 28 janvier 2002 établit les principes généraux et les prescriptions de la législation alimentaire. Il annonce clairement la mise en place de systèmes d'analyse et de maîtrise des risques. L'évaluation et la gestion des risques s'appuient sur une méthodologie systématique qui permet de déterminer les mesures efficaces, proportionnées et ciblées pour garantir la salubrité du produit.

2. *Outils*

2.1. Guide des bonnes pratiques (Arilait 1990)

Rédigés par les professionnels d'un secteur agroalimentaire donné (avec les autres partenaires d'une même filière et avec les consommateurs) puis validés par les pouvoirs publics et publiés au Journal officiel, les guides de bonnes pratiques d'hygiène ont pour but de décrire le procédé de fabrication d'un produit donné et de proposer des mesures permettant de limiter ce qui est qualifié de risques sanitaires. Ces recommandations permettent de diminuer la probabilité d'apparition de certains dangers, notamment ceux liés aux manipulations par l'homme et aux contaminations croisées. Les guides de bonnes pratiques prennent en compte les réglementations communautaire et nationale.

2.2. Méthode HACCP (Jouve, 1991 ; Buchanam, 1995 ; Bryan, 1990)

Cette méthode vise à générer une attitude préventive face aux problèmes d'ordre hygiénique. Elle permet de hiérarchiser et d'orienter l'action à entreprendre pour améliorer la qualité sanitaire des produits. Elle correspond à une démarche rationnelle et systématique et est conduite selon un plan de travail logique dissociable en quatre phases :

1) le formulaire du ou des besoins ;

2) le recueil des données ;

3) l'analyse des données ;

4) l'action.

L'HACCP (*hazard analysis critical control point*) ou « analyse des dangers – Maîtrise des points critiques » permet d'identifier et d'évaluer les dangers associés aux différents stades du processus de production d'une denrée alimentaire et de définir les moyens nécessaires à leur maîtrise. La notion de danger correspond à tout facteur biologique (micro-organismes, toxines…), chimique (additif, conservateur…) ou physique (température, corps étranger…) qui peut entraîner un risque inacceptable pour la qualité du produit ou la santé et la sécurité du consommateur. La notion de point critique correspond à toute opération ou procédure pour laquelle la perte de la maîtrise peut entraîner un risque inacceptable pour la santé ou la sécurité microbiologique du produit.

C'est donc une démarche structurée et progressive, pluridisciplinaire puisque tous les secteurs de l'entreprise sont concernés, participative (groupe de travail), responsabilisante et spécifique d'une entreprise, d'une chaîne de fabrication, d'un procédé ou d'un produit.

C'est une méthode préventive, car on sélectionne des mesures opérationnelles pour éviter les accidents, mais c'est également une méthode critique, créative et évolutive car de nouvelles exigences sont sans cesse formulées (pathogène, équipement, client), auxquelles il est nécessaire de s'adapter.

Tableau 33 ■ Plan de travail HACCP.

Étape	Objectifs	Sorties
1	Constituer l'équipe HACCP	Planning d'activité
2	Décrire le produit	Descriptif du produit
3	Identifier l'utilisation attendue	
4	Décrire le procédé de fabrication	Diagramme de fabrication
5	Vérifier sur le site le diagramme de fabrication	Locaux, flux des produits
6	a) Analyser les dangers (identification et évaluation du risque) b) Identifier et évaluer les mesures préventives c) formaliser les mesures préventives	• Liste des dangers et mesures préventives • Procédures opérationnelles
7	Identifier les CCP	Liste de CCP
8	Établir pour chaque CCP des valeurs cibles et des tolérances	Critères de maîtrise et tolérance
9	a) Établir pour chaque CCP un système de surveillance b) Définir des actions correctives à mettre en œuvre en cas de déviation	• Procédures opérationnelles • Actions correctives, procédures
10	Définir des modalités de vérification	Procédures opérationnelles
11	Établir un système documentaire approprié	Documentation Enregistrements

La méthode HACCP est définie dans un planning comprenant 11 étapes (tableau 33).

2.2.1. Constitution de l'équipe

L'HACCP implique la constitution d'une équipe formée à la démarche HACCP ; elle comprend les membres suivants :

- le directeur de l'usine, qui doit coordonner les actions et les mener à leur terme par son engagement ;
- le responsable de production (diagramme de flux de fabrication) ;
- le responsable de la maintenance (état du parc équipements et conséquences sur la sécurité du produit) ;
- le responsable qualité ;
- le responsable du laboratoire ;
- et ponctuellement tout autre spécialiste d'un domaine particulier de compétence : responsable achats, chef produit, responsable nettoyage et désinfection, service logistique, transport, expert externe, etc.

L'équipe s'implique dans la mise en œuvre et la gestion de la démarche (transfert de responsabilité). Elle a des relations fonctionnelles et non hiérarchiques, et doit définir :

- sur quoi elle va travailler : ligne de fabrication, produit, danger, etc. ;
- des objectifs : par exemple, améliorer la qualité hygiénique du produit.

2.2.2. Description du produit

Le produit doit être décrit de manière très complète : matières premières, ingrédients, formulation et composition, volume, forme, structure, texture, caractéristiques physico-chimiques (pH, a_w, conservateurs), températures de stockage, de cuisson et de distribution, emballages, etc.

2.2.3. Utilisation attendue

Les modalités et instructions d'utilisation normale et attendue (DLC, mode et temps de cuisson, etc.) sont décrites.

2.2.4. Description du procédé de fabrication

Il faut décrire le procédé de fabrication et le présenter sous forme d'un diagramme détaillé incluant la nature et la fonction du procédé, les équipements, matériels et locaux, les caractéristiques (objectifs, paramètres, contraintes), les flux internes (matière, matériel, personnel) et l'environnement.

2.2.5. Vérification du procédé de fabrication

Il faut vérifier le diagramme de fabrication sur le site lors du fonctionnement de la chaîne de fabrication, afin de bien se rendre compte de la réalité au quotidien.

2.2.6. Analyse des dangers

Conduire une analyse des dangers se décompose en trois phases importantes : l'identification des dangers et des causes associées, l'évaluation du risque et l'établissement de mesures préventives.

Il faut dans un premier temps identifier tous les dangers (débris de verre dans le produit, présence de pathogènes), et relier chaque danger aux situations et causes (matière première, ingrédient, pratique, procédure, etc.) susceptibles d'augmenter son occurrence ou d'en permettre l'accroissement jusqu'à un niveau inacceptable. Il faut également prévoir les anomalies de fonctionnement et opérations fautives.

Il faut ensuite évaluer le risque, c'est-à-dire évaluer la probabilité d'apparition du danger au niveau de chaque étape du procédé, en tenant compte de trois points : la fréquence d'apparition de la cause, la gravité du danger associé à cette cause, et la probabilité de non détection de la survenue de la cause. Une note peut être attribuée à chaque point.

Il faut enfin mettre en place des mesures préventives formalisées pour chacun des dangers identifiés, c'est-à-dire des actions visant à éliminer le danger ou diminuer son risque d'apparition : a titre d'exemple, on peut changer un tunnel de refroidissement, modifier une procédure de nettoyage, murer une ouverture.

2.2.7. Identification des points critiques pour la maîtrise (CCP)

Les points critiques pour la maîtrise (CCP) sont des étapes ou procédures où l'absence (la perte) de maîtrise entraîne un risque inacceptable. Les CCP sont spécifiques d'une opération, d'un procédé ou d'un produit.

Ces CCP peuvent être :

- la matière première s'il n'existe aucun traitement permettant de réduire la contamination ;
- la formulation ou l'ajout de conservateurs ;
- les différentes opérations unitaires mises en œuvre : pasteurisation, cuisson, réfrigération, surgélation, etc. ;
- le nettoyage-désinfection ;
- les contaminations croisées et leur prévention ;
- l'hygiène des employés, de l'environnement, etc.

Et plus généralement toute étape destinée à éliminer ou à réduire un danger, à empêcher le danger d'atteindre un niveau inacceptable ou les étapes durant lesquelles le danger considéré peut être introduit ou s'accroître sans qu'une étape ultérieure ne puisse l'éliminer ou le réduire.

L'utilisation d'un arbre de décision pour chaque matière première ou ingrédient et pour chaque étape du procédé peut permettre de déterminer les points critiques pour leur maîtrise. Il faudra lister les CCP et les hiérarchiser.

2.2.8. *Établissement pour chaque CCP des valeurs cibles et des tolérances*

Pour chaque CCP sont fixées des limites critiques qui sont des critères indiquant si une opération est maîtrisée. Par rapport au danger microbiologique, les critères de maîtrise les plus fréquemment utilisés comprennent la température, le temps de séjour au froid, le pH, l'a_w et la fréquence du nettoyage et désinfection.

2.2.9. *Système de surveillance et actions correctives*

Il s'agit de vérifier les exigences formulées pour le CCP. L'idéal est une surveillance en continu permettant d'avoir des informations en temps réel mais c'est souvent impossible. La surveillance est donc souvent discontinue, et il est nécessaire de définir le nombre et la fréquence des opérations de surveillance. Il peut s'agir d'observations visuelles (nettoyage), de mesures physico-chimiques ou d'analyses microbiologiques. Cette surveillance doit être décrite par des procédures opérationnelles avec une définition des responsabilités. Les résultats doivent être enregistrés et interprétés.

Il faut définir et envisager les actions correctives à entreprendre lorsque le système de surveillance révèle une perte de maîtrise d'un CCP afin de revenir à la maîtrise du CCP. Il faut prévoir également la gestion des produits affectés par la perte de maîtrise, la modification éventuelle des procédures de surveillance, la spécification de responsabilité et les enregistrements appropriés.

2.2.10. *Vérification*

Il est impératif de prévoir une vérification de l'efficacité du système par l'analyse des déviations, des actions correctives et des réclamations clients et de valider les valeurs fixées comme limites critiques (barème de pasteurisation par exemple). Les procédures de vérification doivent être décrites (modalité, périodicité, méthodes à mettre en œuvre).

2.2.11. *Documentation de la démarche HACCP*

Le besoin de preuves et pièces à conviction est indispensable à la validation du système HACCP : sans élément contractuel fiable, il ne peut y avoir de base à la sécurité alimentaire. Un tableau de synthèse associé au diagramme de flux de fabrication permet de rassembler les éléments de l'analyse HACCP. Ce tableau prend en compte la responsabilité de la personne chargée de la surveillance et/ou de l'action corrective, puis de la vérification. Des améliorations et/ou investissements trouvent tout naturellement leur place à partir de cette base.

L'HACCP est une méthode qu'il est possible d'utiliser pour mettre en œuvre l'Assurance de la qualité. Elle prend en compte les activités de l'entreprise pour prévenir un danger (ou un groupe de dangers) spécifié. Elle s'applique à un produit, à un processus, à un projet particulier (danger = sécurité du consommateur).

Le système HACCP s'appuie sur :

– des éléments d'identification et d'analyse des besoins (analyse des dangers et des risques associés) ;

– des éléments d'intervention (maîtrise des points critiques et surveillance) ;

– des moyens d'évaluation des performances (vérifications, audits du système) ;

– des moyens de réaction dès l'apparition de non conformités (actions correctives, réunions HACCP) ;

– un système documentaire (enregistrements, procédures opérationnelles).

Le système HACCP est donc un ensemble de démarches raisonnées et structurées qui se succèdent dans un ordre logique pour atteindre un objectif défini. Si l'entreprise ne dispose pas de système d'Assurance de la qualité, la démarche HACCP en constitue une amorce centrée sur un produit, un procédé ou un danger particulier. Si l'entreprise à déjà mis en œuvre un système d'Assurance de la qualité, la démarche HACCP sera adaptée à l'élaboration de plans qualité spécifiques.

2.3. Système d'Assurance qualité

Certaines entreprises s'engagent dans une démarche d'assurance qualité qui dépasse le cadre de la maîtrise de la qualité, qui ne concerne que les moyens opérationnels permettant de satisfaire aux exigences qualitatives. En effet, l'assurance de la qualité vise à donner confiance en la satisfaction des exigences pour la qualité, à la fois au sein de l'entreprise et vis-à-vis des clients et des autorités. Le système d'Assurance de la qualité se base sur les normes de la série ISO 9000 (normes ISO 9001, 9002, 9003) qui sont des référentiels bénéficiant d'une large reconnaissance internationale et constituent une véritable charte pour la gestion de la qualité. Si la garantie de salubrité est obligatoire et réglementaire, la démarche d'assurance qualité est volontaire et joue un rôle déterminant dans le succès auprès des acheteurs et des consommateurs.

13

Évaluation des caractéristiques physico-chimiques et de la qualité des aliments

La qualité des matières premières et des aliments est définie par les contraintes des transformateurs, les attentes des consommateurs et les exigences réglementaires. Les composantes de la qualité sont multiples (figure 1) :

• *Qualité hygiénique :* les matières premières et les aliments qui en sont issus doivent être dépourvus de micro-organismes pathogènes, de toxines, de résidus chimiques d'origine phytosanitaire ou thérapeutique ou de composants indésirables générés par les procédés.

• *Qualité nutritionnelle* : la concentration relative et la nature des différents nutriments ne doivent si possible pas être trop éloignées des recommandations des nutritionnistes, même s'il est illusoire d'espérer assurer un équilibre idéal dans chacun des aliments ; cet équilibre peut en revanche se gérer au niveau de l'alimentation globale.

• *Qualité technologique* : les matières premières et les produits intermédiaires destinés à l'élaboration des aliments doivent présenter toutes les qualités requises pour leur transformation, que ce soit en matière de faisabilité technologique ou en matière de rendement de transformation qui conditionne le coût de revient.

• *Qualité sensorielle* : les qualités organoleptiques conditionnent l'appétence et le plaisir que procure la consommation du produit ; elles intègrent la couleur, la texture, l'odeur, la saveur et l'arôme.

• *Qualité de service* : l'aliment intègre du service (aptitude à la conservation, prêt à l'emploi, etc.) et des qualités d'usage (praticité du conditionnement, portion individuelle, etc.).

Ces différentes composantes qualitatives peuvent être appréhendées et évaluées par des méthodes biologiques (analyse microbiologique), physico-chimiques (couleur, texture, composition), biochimiques (composition) et par des méthodes sensorielles (saveur-arôme) que nous n'aborderons pas dans cet ouvrage.

1. Évaluation microbiologique

L'évaluation de la qualité microbiologique d'un produit alimentaire concerne deux aspects :

– la qualité hygiénique qui caractérise le risque pour la santé du consommateur ;

– la qualité commerciale qui caractérise l'existence ou le risque d'altération.

La situation idéale pour un industriel désirant connaître dès leur production la qualité microbiologique de ses aliments serait de pouvoir, d'une part, analyser toute sa production et, d'autre part, d'y rechercher et dénombrer tous les micro-organismes pathogènes et responsables d'altérations. Cependant, la diversité des micro-organismes, la lourdeur des expérimentations et l'effet destructeur des analyses l'obligent à sélectionner un nombre réduit et suffisamment informatif d'analyses pour jouer le rôle d'indicateur de qualité.

1.1. Choix des micro-organismes à rechercher

Il importe essentiellement de rechercher les micro-organismes pathogènes susceptibles d'être présents dans l'aliment. L'origine des matières premières et la nature des opérations technologiques effectuées au cours de la production déterminent pour l'aliment un profil microbien qui lui est propre. Par exemple, il est peu probable de trouver dans un paquet de biscuits secs des salmonelles que l'on pourra, en revanche, retrouver dans une carcasse de poulet.

Pour le choix des micro-organismes à rechercher, l'industriel peut s'aider des critères microbiologiques définis dans un certain nombre de textes réglementaires, notamment l'arrêté du 21 décembre 1979, et repris dans la note de service DGA1/SDH/N2001-8090 du 27 juin 2001. Un critère microbiologique indique un nombre maximum tolérable de micro-organismes donnés dénombrés par une méthode définie dans un aliment déterminé. Il consiste en l'ensemble des éléments suivants (figure 158) :

– l'énoncé du produit auquel s'applique ce critère ;

– l'énoncé du ou des micro-organismes retenus ;

– les méthodes analytiques à utiliser pour la détection et/ou le dénombrement ;

– les limites numériques appropriées au produit considéré ;

– le plan d'échantillonnage ;

– l'indication du lieu où le critère est applicable (ex : avant ou après pasteurisation).

Un critère introduit dans un cadre réglementaire est un standard (ou norme). Celui-ci implique toujours une action obligée des autorités administratives compétentes en cas de dépassement. Cette action pourra porter sur le procédé seul ou conjointement sur le produit affecté et le procédé. C'est pourquoi on précise en général s'il s'agit d'un « standard impératif » entraînant une action des services officiels à l'égard des produits ou lots concernés ou s'il s'agit d'un « standard indicatif » entraînant uniquement des actions de correction portant sur le procédé.

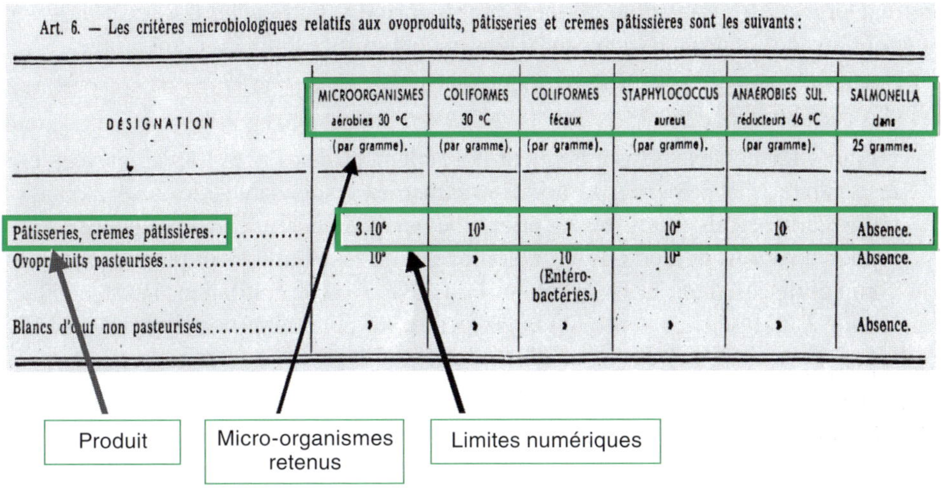

Art. 6. — Les critères microbiologiques relatifs aux ovoproduits, pâtisseries et crèmes pâtissières sont les suivants :

DÉSIGNATION	MICROORGANISMES aérobies 30 °C (par gramme).	COLIFORMES 30 °C (par gramme).	COLIFORMES fécaux (par gramme).	STAPHYLOCOCCUS aureus (par gramme).	ANAÉROBIES SUL. réducteurs 46 °C (par gramme).	SALMONELLA dans 25 grammes.
Pâtisseries, crèmes pâtissières...	3.10^5	10^3	1	10^2	10	Absence.
Ovoproduits pasteurisés	10^5	»	10 (Entéro-bactéries.)	10^2	»	Absence.
Blancs d'œuf non pasteurisés	»	»	»	»	»	Absence.

Figure 158 ■ Exemple de critères microbiologiques relatifs aux denrées d'origine animale (JO, 21 décembre 1979).

Outre ces critères, l'industriel peut également rechercher des micro-organismes pathogènes qui peuvent être présents dans l'aliment. L'industriel a une obligation de résultats : il est responsable de la qualité des produits qu'il commercialise, et par conséquent, doit s'assurer qu'aucun pathogène n'est présent (même ceux dont la recherche n'est pas préconisée par les normes). De la même manière, il peut réaliser une recherche d'un micro-organisme qu'il sait responsable d'altération dans son produit ou rechercher des micro-organismes responsables de sa qualité organoleptique (aliment fermenté par exemple).

Cependant et pour les raisons précédemment évoquées, une recherche exhaustive est impossible. Par conséquent, la stratégie consiste d'une part à rechercher les principaux pathogènes pouvant être rencontrés dans l'aliment à analyser, et d'autre part à évaluer par la recherche de micro-organismes indicateurs la potentialité de l'aliment à héberger des micro-organismes pathogènes ou d'altération.

1.1.1. Micro-organismes indicateurs

1.1.1.1. Flore mésophile totale

Cette flore qui se dénombre sur un milieu gélosé riche en éléments nutritifs (PCA : *plate count agar*) est constituée de micro-organismes mésophiles chimio-organotrophes qui correspondent aux bactéries majoritairement présentes dans les aliments. La quantité de micro-organismes dénombrés après incubation à 30 °C pendant 3 jours donne une idée de l'efficacité des opérations technologiques de stabilisation mises en œuvre, de la qualité des soins apportés lors du conditionnement et du niveau d'hygiène en général. Une flore mésophile nombreuse peut indiquer que le processus d'altération est bien engagé ou que la présence de pathogène est probable. Le plus souvent cette flore n'est pas pathogène, puisqu'elle est constituée de la flore naturelle des matières premières et de l'atelier de transformation. Cependant, elle peut également être constituée d'une flore majoritaire pathogène (*Listeria monocytogenes* dans des charcuteries pasteurisées et contaminées lors de l'emballage).

Le dénombrement de la flore totale peut poser des problèmes d'interprétation dans les cas suivants :

- produits fermentés : ils contiennent normalement des flores totales élevées correspondant à la présence de micro-organismes responsables de la fermentation (10^9 micro-organismes·g^{-1}). En effet, une partie de la flore lactique peut se développer sur PCA, et bien que les colonies qui en résultent soient petites, elles sont comptabilisées dans la flore totale. Pour éviter cette confusion, il est habituel, lors de l'analyse de ces produits, d'effectuer un dénombrement sur milieu MRS (*Man, Rogosa, Sharpe*) qui est plus sélectif vis-à-vis des bactéries lactiques ;
- produits stérilisés : l'absence de micro-organismes sur PCA ne préjuge en rien de la qualité de la matière première (*Clostridium*) ;
- produits réfrigérés : la conservation au froid induit une sélection des profils microbiens.

1.1.1.2. Entérobactéries

Ce groupe phylogénétique rassemble des bactéries dont l'habitat est le tube digestif des mammifères. Cependant, une partie des espèces le constituant peuvent coloniser d'autres niches écologiques ou simplement, en raison de leur résistance, peuvent survivre hors du tube digestif. On les dénombre par culture sur milieu gélosé VRBG (*violet red bile glucose*) qui est un milieu sélectif. La présence d'entérobactéries dans un aliment peut résulter de matières premières contaminées, du non respect du code de bonnes conduites (par exemple, viande contaminée lors de l'éviscération défectueuse des carcasses ou par du matériel mal nettoyé, rupture de la chaîne du froid ou mauvais refroidissement, etc.).

À moins d'un manque d'hygiène lors des opérations technologiques, le niveau d'entérobactéries rencontré dans les aliments est relativement bas. Bien que le groupe des entérobactéries contienne des espèces pathogènes, leur présence n'est pas obligatoirement corrélée à un danger pour le consommateur.

1.1.1.3. Coliformes

Les coliformes rassemblent les entérobactéries lactose-négatives et productrices de gaz. On y trouve principalement comme espèces *E. coli, Klepsiella* sp., *Seratia* sp. L'habitat des coliformes est le tube digestif des mammifères, mais certaines espèces peuvent résister aux variations du milieu environnemental et par conséquent survivre hors du tractus intestinal. On les dénombre sur milieu sélectif gélosé Desoxycholate Lactose incubé à 30 °C pendant 2 jours. Leur présence dans les aliments conduit sensiblement aux mêmes conclusions que pour les entérobactéries.

1.1.1.4. Coliformes fécaux (appelés aussi coliformes thermotolérants)

On retrouve dans ce groupe bactérien les coliformes capables de se développer à 44 °C, c'est-à-dire pour l'essentiel *E. coli.* Cette bactérie qui ne montre pas de bonnes capacités de survie dans le milieu environnemental, reflète, lorsqu'elle est présente dans un aliment, une contamination fécale récente (contamination du lait cru par des bouses de vaches ou contamination des ovoproduits par les fientes présentes sur l'œuf).

Bien que certains sérotypes soient pathogènes (*E. Coli* O 157:H 7), la grande majorité des souches rencontrées n'est pas dangereuse pour l'homme. Comme dans le cas des coliformes, le niveau de contamination dans les aliments est plutôt bas, et, lorsqu'il est élevé, indique souvent une rupture de la chaîne du froid. Si un nombre raisonnable de cellules *E. Coli* n'est pas pathogène, un taux élevé peut provoquer des désordres intestinaux. Son relevé dans les aliments indique la présence putative d'autres pathogènes non recherchés dans les analyses (virus, par exemple).

Les taux tolérés par les normes dans les aliments sont généralement très faibles, car ils indiquent des pratiques hygiéniques douteuses. La notion de coliformes fécaux est cependant critiquée car imprécise d'un point de vue taxonomique et car les méthodes de dénombrement, variables d'un laboratoire à l'autre, entraînent souvent des erreurs d'interprétation.

1.1.1.5. Anaérobies sulfitoréducteurs (ASR)

On y trouve certains pathogènes (*Clostridium perfringens*). La présence de spores dans les aliments stérilisés met en évidence un problème de stérilisation.

La notion d'ASR est jugée floue car regroupant des micro-organismes banaux (Bacillus) et des espèces hautement pathogènes pour l'homme (Clostridium perfringens).

1.1.1.6. Levures et moisissures

Ce sont des germes d'altération : on peut les rechercher pour évaluer l'état d'avancement de l'altération du produit.

1.1.1.7. Flore lactique

Dans certains produits, l'intervention des bactéries lactiques est recherchée (yaourt, fromage, viande, saucisson, vin). Dans d'autres, ces bactéries sont des agents d'altération (jus de fruit). On cherche à évaluer cette flore dans les aliments fermentés pour lesquels la flore mésophile aérobie totale peut être trop importante mais ne représente pas un manque d'hygiène.

1.1.1.8. Autres flores

La flore psychotrophe et la flore sporulée (notamment *Bacillus*) peuvent être recherchées par l'industriel suivant son produit et les demandes de ses clients.

1.1.2. Micro-organismes pathogènes

Certains pathogènes pourront être également recherchés suivant le type de produit ou à la demande des clients. Il s'agit par exemple des salmonelles, des *Listeria*, des staphylocoques, mais aussi des *Campylobacter*, des *Clostridium* ou des prions.

1.2. Méthodes

La méthode de référence de dénombrement des micro-organismes dans les aliments repose sur la mise en culture en milieu liquide gélosé. Cependant, en raison de la lourdeur des expérimentations et du délai important pour obtenir les résultats (5 jours pour la détection des salmonelles et 3 jours pour la flore totale), des méthodes alternatives se sont développées, notamment grâce aux apports de la biologie moléculaire.

Le choix d'une technique dépend de nombreux critères dont les principaux sont :
- l'objectif de l'analyse, qui peut être de dénombrer ou simplement de détecter ;
- l'urgence de l'analyse ;
- le coût et l'externalisation des analyses ;
- la validité de la méthode auprès des services de contrôle (méthode certifiée Afnor, etc.).

L'ensemble de ces méthodes pose des difficultés en matière d'échantillonnage et de récupération des micro-organismes à partir de la matrice alimentaire considérée.

1.2.1. Dénombrement après culture : méthode classique (figure 159)

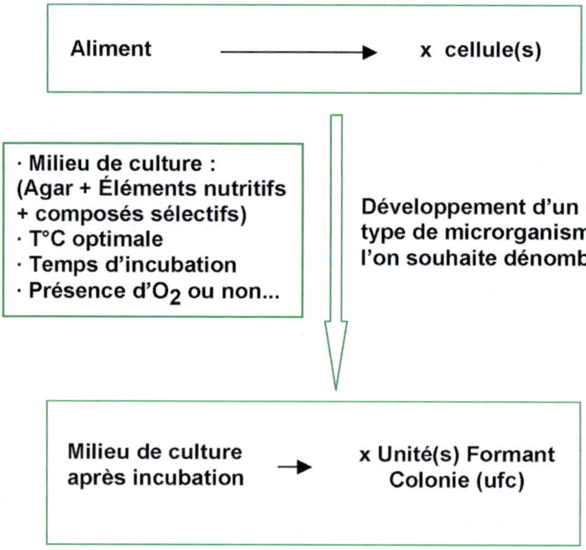

Figure 159 ■ Principe de la méthode classique de dénombrement après culture sur gélose.

1.2.1.1. Échantillonnage

Il est nécessaire de se reporter à la norme internationale spécifique du produit concerné. Si celle-ci n'existe pas, les parties concernées devront convenir d'une stratégie en la matière. Dans le cas d'autocontrôles, c'est à l'industriel de définir son plan de prélèvement et d'échantillonnage.

1.2.1.2. Transport et stockage avant analyse

Le transport des échantillons vers le laboratoire doit être réalisé dans des conditions évitant toute modification du nombre de micro-organismes présents. Les températures de conservation dépendent des produits :

– produits secs ou stérilisés : température ambiante ;

– produits frais et réfrigérés : entre 0 et 4 °C ;

– produits congelés ou surgelés : inférieure à – 18 °C ;

– produits pasteurisés et similaires : entre 0 et 4 °C ;

1.2.1.3. Prise d'essai

La fraction prélevée pour l'analyse doit être aussi représentative que possible du produit analysé. Si l'aliment est composé de plusieurs éléments, chaque élément sera prélevé dans une proportion sensiblement équivalente à celle présente dans l'aliment.

Lors du prélèvement, il convient de ne pas modifier la microflore du produit par un apport de micro-organismes étrangers. Le prélèvement sera donc réalisé aseptiquement à proximité immédiate d'une flamme ou sous une hotte. Il représente une masse de 10 g ou 25 g (± 2 %) selon les analyses.

1.2.1.4. Dénombrement

La méthode consiste à broyer l'aliment (en général au 1/10e) dans un milieu tamponné, de manière à le dilacérer et à extraire les micro-organismes de la matrice alimentaire. Le broyat est ensuite dilué de manière logarithmique dans le même diluant afin d'obtenir des solutions de moins en moins riches en micro-organismes. Une fraction de chaque dilution (en général 1 mL ou 0,1 mL) est alors mélangée à un milieu de culture maintenu en surfusion dans une boîte de Pétri. Ce milieu peut éventuellement être sélectif vis-à-vis d'une catégorie de micro-organisme.

Après solidification du milieu, les boîtes sont incubées dans des conditions (température, environnement gazeux, durée) permettant le développement optimum des micro-organismes recherchés. Chaque cellule prisonnière du milieu gélosé se multiplie pour former au bout d'un certain temps une colonie visible à l'œil nu. Le comptage de ces colonies permet ainsi de dénombrer le nombre de micro-organismes présents dans l'aliment avant broyage. Pour des raisons liées à la précision de la méthode de comptage, les dénombrements ne sont valables que s'ils sont effectués sur des boîtes comprenant de 30 à 300 colonies. L'aspect des colonies (forme, taille, couleur, etc.) peut donner une idée de la variété des micro-organismes ; cependant, deux micro-organismes très différents peuvent donner des colonies très semblables.

Pour les dénombrements des micro-organismes cultivés sur milieux sélectifs, il faut se conformer aux indications données par le fabricant. Cette méthode est très puissante, puisqu'elle permet de dénombrer sélectivement certains groupes microbiens parmi une flore complexe au seuil minimum de 10 micro-organismes par gramme d'aliment. Elle présente cependant certains inconvénients :

- c'est une méthode lourde au plan du matériel mis en œuvre (milieux de culture, boîtes de Pétri, pipettes) et exigeant de nombreuses manipulations (coût en main d'œuvre conséquent) ;
- le délai pour obtenir un résultat se compte en jour ;
- la précision est peu satisfaisante puisqu'on l'estime à 0,5 unités log ;
- le nombre de micro-organismes est parfois sous-estimé, car les cellules stressées par les opérations technologiques ou la composition physico-chimique de l'aliment peuvent avoir des difficultés à se développer sur le milieu gélosé : on les appelle alors formes viables non cultivables (VNC) ;
- les espèces formant des chaînes ou des agrégats cellulaires conduisent à la formation de colonies par groupements, diminuant ainsi de façon sensible le nombre de micro-organismes lors du dénombrement.

1.2.2. Dénombrement : méthodes alternatives

Afin de pallier ces inconvénients, plusieurs méthodes alternatives ont été développées. On peut distinguer celles qui s'inspirent de la méthode de dénombrement sur milieux de culture de celles utilisant des principes totalement différents.

1.2.2.1. Pétrifilm

Le pétrifilm est composé de deux feuillets perméables et contient un milieu gélosé nutritif déshydraté qu'il suffit de réhydrater avant emploi : cette réhydratation se fait en même temps que le dépôt de la dilution. Après incubation, les colonies sont dénombrées. Cette technique présente l'avantage pour les entreprises disposant d'un laboratoire d'analyses sommaire de réduire le temps de préparation (milieux de culture). En revanche, elle est coûteuse et délicate au plan du comptage, car le développement des colonies est moins important que sur un milieu gélosé classique.

1.2.2.2. Système SPIRAL (Gilchrist *et al.*, 1977)

Cette technique permet d'automatiser la dilution de l'échantillon ainsi que son étalement sur un milieu gélosé. L'échantillon dilué est aspiré par l'appareil et étalé par un stylet en suivant un tracé en spirale et avec une dilution croissante du centre vers la périphérie. L'intérêt de cette technique est la précision du dénombrement, le gain de temps et de main d'œuvre et la possibilité d'automatiser le dénombrement des colonies par un système de lecture laser. Son inconvénient se situe au niveau du coût relativement élevé de l'appareil.

1.2.2.3. ATPmétrie (Stannard, 1989)

Cette technique de dénombrement indirect est basée sur la mesure d'un des constituants cellulaires, l'adénosine triphosphate (ATP). Cette molécule est présente dans tous les micro-organismes et est dégradée rapidement à leur mort. La quantité d'ATP d'un échantillon est proportionnelle au nombre de bactéries présentes. La première étape du dosage consiste à lyser les cellules, ce qui permet la libération des molécules d'ATP dans le milieu ; on y ajoute une enzyme (luciférase) et son substrat (luciférine), qui en présence d'ATP émet de la lumière, dont l'intensité est proportionnelle à la quantité d'ATP. L'ATPmétrie ne permet pas de dénombrer sélectivement les micro-organismes mais donne une idée de l'importance de la flore totale. C'est la mesure idéale pour apprécier en temps réel l'efficacité du nettoyage et désinfection des surfaces avant la reprise de la production. Cette méthode est cependant peu précise par rapport au dénombrement classique.

1.2.2.4. PCR en temps réel

La PCR (*polymerase chain reaction*) en temps réel, appelée aussi PCR quantitative, peut être utilisée pour détecter rapidement des micro-organismes dans un aliment.

La PCR est une technique rapide d'amplification d'une séquence d'ADN donné double brin. En PCR quantitative, l'amplification de l'ADN se caractérise par une augmentation de la fluorescence se produisant dans le tube réactionnel et pouvant être mesurée par une cellule optique. Un gel d'électrophorèse, comme dans le cas de la PCR classique, n'est donc plus indispensable. Ce type de technique peut donc être utilisé assez facilement en laboratoire d'entreprise. La sensibilité de la technique est, suivant l'aliment, de 10^2 à 10^4 micro-organismes par gramme. En effet, la facilité d'extraction des bactéries des matrices alimentaires est variable ; par exemple, la récupération des bactéries dans un milieu riche en matières grasses (fromage) est assez difficile tandis que celle effectuée dans un milieu riche en cellulose (salade) est beaucoup plus aisée.

Un des inconvénients de cette technique est de détecter indifféremment les cellules vivantes et les cellules mortes. Afin de cibler spécifiquement les cellules vivantes, une alternative consiste à détecter par PCR les molécules d'ARN qui ne sont présentes que dans ces cellules. La technique s'appelle alors la RT PCR (*reverse transcriptase PCR*).

Pour des dénombrements d'une espèce spécifique, cette technique est bien adaptée puisqu'il suffit de sélectionner des amorces spécifiques à l'espèce. Lorsqu'il s'agit de dénombrer un groupe bactérien rassemblant plusieurs espèces, le problème est beaucoup plus complexe. En effet, il est très difficile de trouver une séquence spécifique d'un groupe bactérien regroupant des espèces différentes (par exemple, les entérobactéries ou la flore totale).

1.2.3. Détection : méthodes classiques et rapides

Les micro-organismes pathogènes peuvent se trouver en petit nombre dans l'aliment et sont souvent accompagnés d'un nombre beaucoup plus grand d'autres micro-organismes éventuellement très proche phylogénétiquement. Dans ce cas, un enrichissement sélectif permettant la croissance favorisée des micro-organismes recherchés est nécessaire (figure 160). Il peut être précédé d'un pré-enrichissement non sélectif : les colonies observées après culture en gélose ne représenteront donc pas le nombre de micro-organismes présents au départ dans l'aliment. Par conséquent, on ne parlera pas de dénombrement mais de recherche ou détection et on conclura seulement à leur absence ou à leur présence (avec nécessité d'une confirmation). La recherche de ces micro-organismes est généralement préconisée dans 25 g de produit.

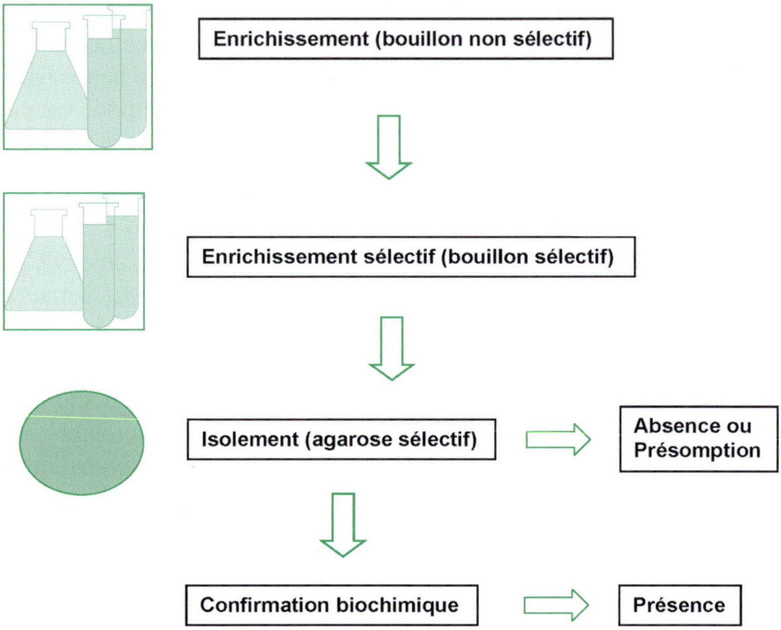

Figure 160 ■ Principe de la méthode classique de détection.

Les méthodes de détection classiques ou rapides reposent sur les différences qui peuvent exister entre les familles, genres et espèces bactériens. Ces différences, des plus grossières aux plus fines, correspondent aux critères morphologiques, biochimiques, immunologiques et génétiques.

Les critères classiques en microbiologie sont les critères morphologiques (taille, flagelle, forme des colonies) et biochimiques (type respiratoire, paroi, métabolisme). Il existe des kits qui économisent temps, espace et matériel pour effectuer une série de tests biochimiques d'identification (API). Les techniques rapides utilisent des critères génétiques ou immunologiques.

Ainsi, on recherche des technologies plus rapides et plus spécifiques pour chacune des étapes de l'analyse bactériologique classique. Une analyse classique peut être séparée en trois étapes :

– l'enrichissement ;

– la détection ;

– la lecture (visualisation).

1.2.3.1. Enrichissement (figure 161)

Cette étape permet d'isoler la bactérie de son milieu et de la remettre en conditions favorables afin de pouvoir la détecter. Elle consiste en une période de régénération dans un ou plusieurs milieux liquides, éventuellement sélectifs, et dure plus ou moins longtemps (au moins 24 h).

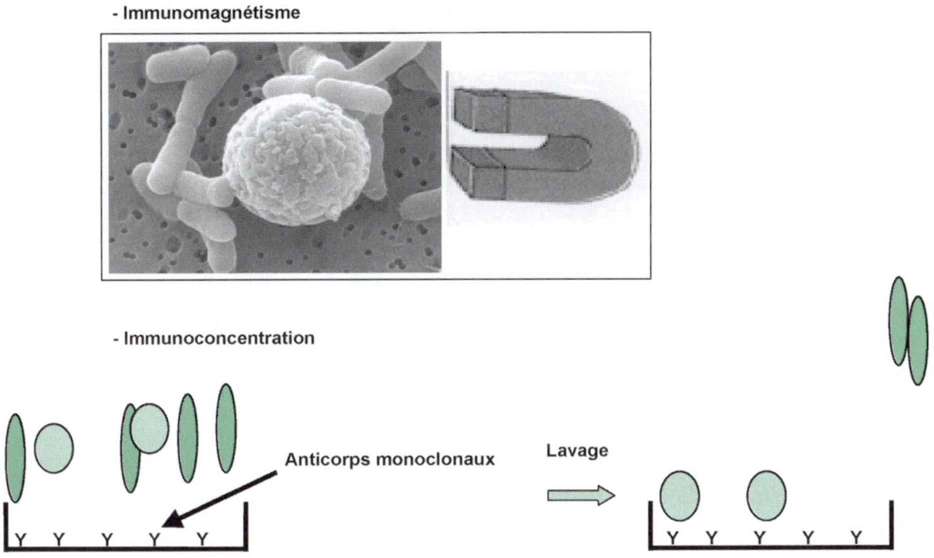

Figure 161 ■ Principe de différentes méthodes rapides d'enrichissement avant détection.

L'immunomagnétisme et l'immunoconcentration permettent de raccourcir considérablement cette étape. À l'aide d'anticorps, on peut enrichir et/ou extraire la bactérie recherchée. L'immunomagnétisme consiste à utiliser des anticorps fixés sur des billes magnétiques, ce qui permet de capter les bactéries à l'aide d'un aimant. L'immunoconcentration utilise des anticorps fixés sur un support que l'on pourra laver afin de ne garder qu'un « concentrat de bactéries ».

1.2.3.2. Détection (figure 162)

On distingue différents types de détection :

- la détection immunologique : elle consiste à produire des anticorps spécifiques capables de se fixer aux antigènes des bactéries pour former le complexe antigène-anticorps. Ce complexe peut ensuite être visualisé ;
- la détection par sondes nucléiques : ces sondes, produites en connaissance du génome de la bactérie recherchée, permettent de détecter la présence du gène dans la bactérie ;
- la détection par PCR : en amplifiant l'ADN avant d'entamer la détection, on accroît sa sensibilité. Les copies sont ensuite confirmées par une technique de visualisation ;

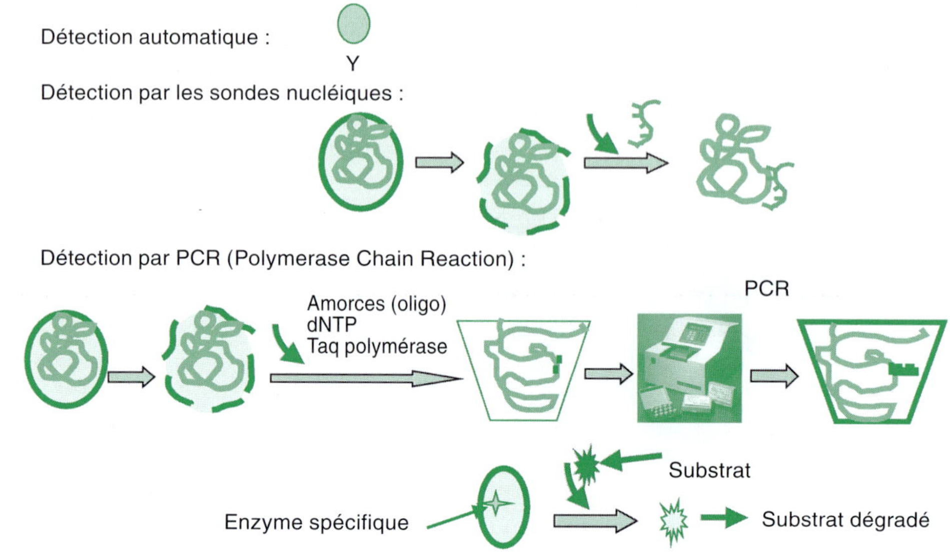

Figure 162 ■ Principe de différentes méthodes rapides de détection.

– la détection enzymatique : fondée sur la connaissance du système enzymatique des bactéries et de leur spécificité, elle permet de détecter la présence de cette bactérie en utilisant le substrat spécifique associé.

1.2.3.3. Visualisation (figure 163)

Cette dernière étape permet d'interpréter le résultat de la détection.

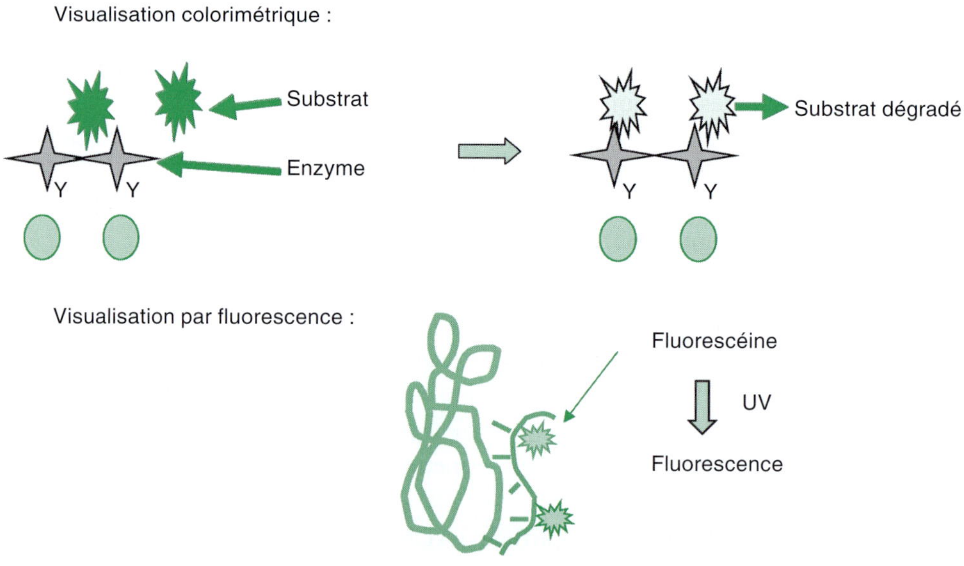

Figure 163 ■ Principe de différentes méthodes rapides de visualisation.

Plusieurs méthodes sont possibles :

– la visualisation colorimétrique : en fixant une enzyme (phosphatase alcaline ou peroxydase) à des sondes ou à des anticorps spécifiques, puis en ajoutant le substrat correspondant, on peut provoquer un changement de couleur qui peut être détecté et quantifié par spectrophotométrie ;

– la visualisation par fluorescence : elle repose sur l'ajout d'une molécule fluorescente (fluoresceine) fixée à la sonde nucléique ou à l'anticorps. Sous une lumière UV, on détecte la fluorescence.

Les techniques de biologie moléculaire ont un seuil de détection plus élevé que les techniques classiques de dénombrement ou d'isolement après culture en milieu gélosé. Les techniques immunologiques permettent de détecter les micro-organismes si l'échantillon étudié en contient au minimum 10^4 ou $10^5 \cdot mL^{-1}$. Les techniques de PCR sont un peu plus sensibles puisque le seuil de détection est abaissé à 10^2 micro-organismes$\cdot mL^{-1}$.

Ces techniques peuvent être utilisées lorsqu'on cherche à détecter les micro-organismes après enrichissement (la solution d'enrichissement contient en général plus de 10^4 micro-organismes$\cdot mL^{-1}$), mais ne conviennent pas lorsque l'on souhaite des limites de dénombrement proches de celles en milieu gélosé (10 micro-organismes$\cdot g^{-1}$ ou 1 micro-organisme$\cdot mL^{-1}$). Certains aliments contiennent des molécules inhibitrices de la PCR qu'il est difficile d'éliminer, et de plus comme nous l'avons vu précédemment, la méthode n'est pas spécifique des cellules vivantes.

Le choix entre techniques de dénombrement et/ou de détection et entre méthodes classiques et rapides dépend donc de différents critères, qui sont synthétisés sur la figure 164.

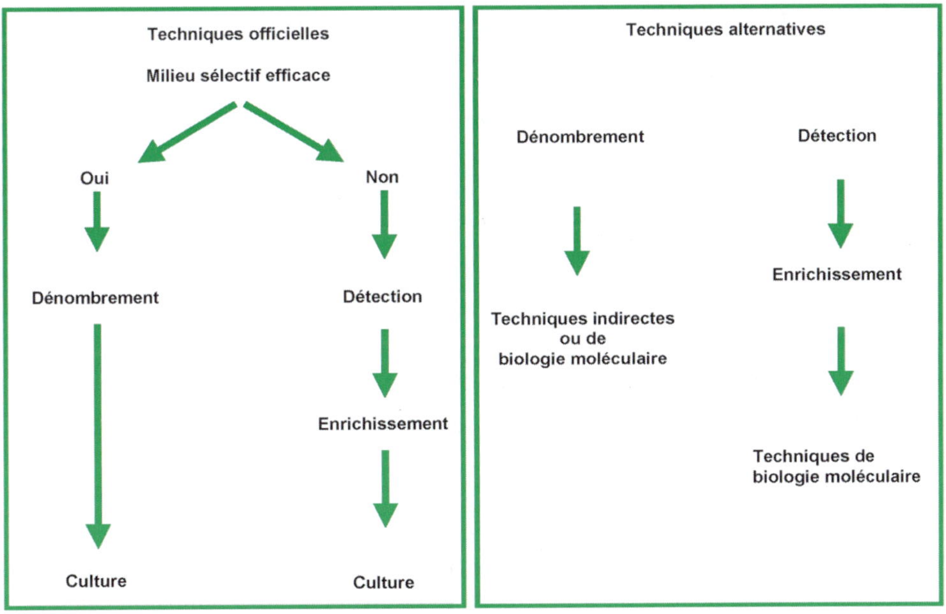

Figure 164 ■ Choix des techniques classiques ou alternatives de dénombrement et de détection.

1.3. Limites de l'évaluation microbiologique

Comme nous l'avons vu précédemment, l'analyse microbiologique est longue et coûteuse et entraîne la destruction de l'aliment analysé. Pour ces raisons, le nombre d'échantillons est limité. Or, pour mettre en évidence un problème ponctuel dans la production d'un aliment, il est souvent nécessaire d'analyser un nombre très important d'échantillons : ce point est incompatible avec les méthodes actuellement disponibles. En revanche, si l'ensemble d'un lot de produit ou de matière première est contaminé, l'analyse microbiologique permettra assez aisément de détecter ce problème.

En conclusion, si des résultats d'analyse microbiologique indiquent une contamination forte de l'échantillon, il est fort probable que l'ensemble de la production soit concerné. En revanche, si des analyses microbiologiques sont bonnes, cela ne veut pas obligatoirement dire que la qualité microbiologique du lot est satisfaisante.

2. *Analyse physico-chimique et biochimique*

2.1. Analyse de la texture par les méthodes rhéologiques

Comme cela a été présenté au chapitre 9, § 1.3.1., on peut définir à partir de la loi de Newton (équation [69]) les relations entre contrainte et déformation ou vitesse de déformation. Ces relations constituent les fondements de la rhéologie.

2.1.1. Définitions

2.1.1.1. Contrainte de cisaillement (figure 165)

Lorsqu'on applique un mouvement de cisaillement dans un liquide (le liquide pouvant alors être décomposé en fines lamelles consécutives qui frottent les unes par rapport aux autres), il naît au sein du produit une force de cisaillement tangentielle au mouvement, dF, qui tend à ralentir ou accélérer les lamelles voisines, dans le cas d'un cisaillement plan. Les lamelles plus proches du plan mobile se déplacent plus vite que celles proches du plan fixe. Si on rapporte la force dF à la surface sur laquelle celle-ci s'applique dA, on a la contrainte de cisaillement, τ:

$$\tau = \frac{dF}{dA} \qquad [186]$$

La contrainte est le rapport d'une force et d'une surface, et est exprimée en $N \cdot m^{-2}$ ou pascal.

2.1.1.2. Déformation

Dans le cas du cisaillement, la déformation représente la variation de déplacement lorsqu'on passe d'une couche à une autre. Considérons 2 molécules dans un même plan et distantes de dx à t_0 (figure 166). Au bout d'un temps dt, elles sont parvenues aux points 1 et 2. La déformation représente la longueur supplémentaire parcourue par la molécule la plus proche du plan mobile $(y_1 - y_2)$ rapporté à la dis-

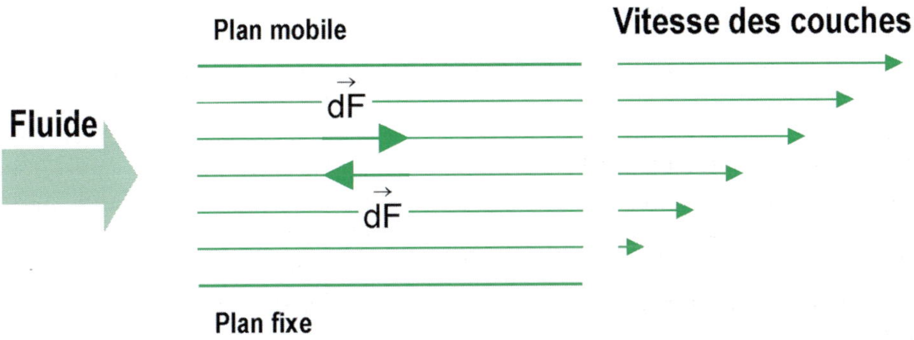

Figure 165 ■ Les forces de cisaillement dans le cas d'un cisaillement plan.

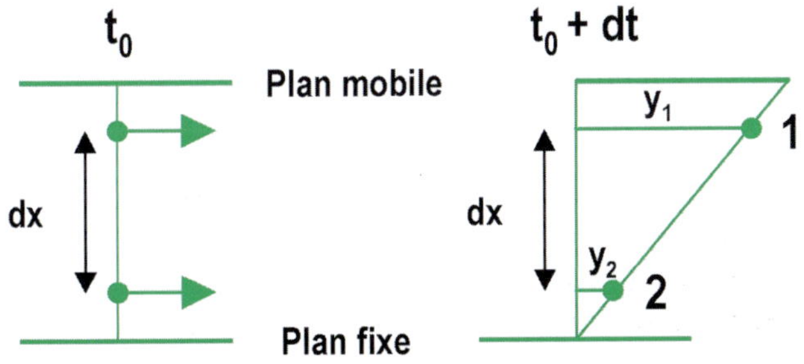

Figure 166 ■ Déformation.

tance les séparant dans le plan (dx). On dit que la déformation est la modification des distances mutuelles des différents points d'un liquide. La déformation s'écrit par convention γ ; c'est le rapport de 2 distances, donc sans dimension. Dans le cas d'un gel solide que l'on compresse, la déformation est le rapport de la distance de compression sur la hauteur initiale du gel pour des déformations faibles, inférieures à 10 %.

2.1.1.3. Vitesse de déformation

Notée $\dot{\gamma}$, c'est la dérivée par rapport au temps de la déformation et son unité est l'inverse d'une seconde (s^{-1}). On l'appelle vitesse de déformation (ou de cisaillement) ou gradient de vitesse, car il représente la distribution des vitesses de déplacement dans l'espace.

2.1.2. Comportements rhéologiques

2.1.2.1. Liquide

La particularité d'un liquide est qu'il coule de façon irréversible ; cet écoulement est caractérisé par la vitesse de déformation $\dot{\gamma}$. Toute l'énergie apportée pour la déformation est perdue en frottements visqueux. Un liquide est caractérisé par sa viscosité η (équation [69]), qui correspond au rapport de la contrainte sur la vitesse de déformation ; la viscosité s'exprime donc en Pa.s. Pour un liquide visqueux, ce n'est pas « combien on déforme » qui importe, mais à quelle vitesse on déforme. Si on le déforme lentement, on rencontre peu de résistance. Le liquide visqueux est symbolisé par un amortisseur (figure 167).

Figure 167 ■ Symbolisation des liquides visqueux et élastique.

La figure 168 représente les principaux comportements visqueux non dépendants du temps de cisaillement : la viscosité représente la tangente à l'origine des courbes $\frac{\tau}{\dot{\gamma}}$, et ne dépend pas du temps pendant lequel on les cisaille.

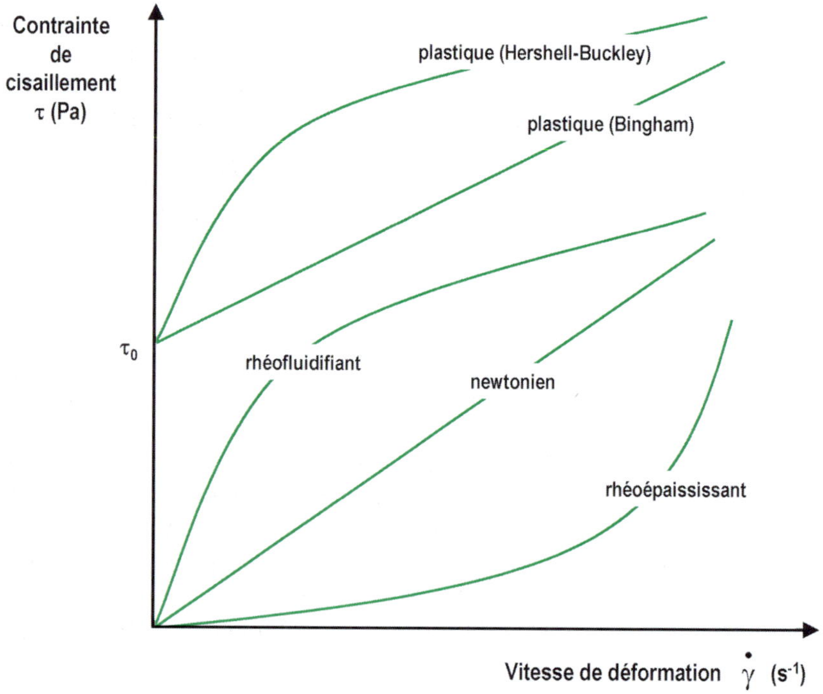

Figure 168 ■ Principaux comportements visqueux.

On distingue :

• *Les liquides newtoniens* ou visqueux linéaires ou visqueux purs, pour lesquels la viscosité est constante à différentes vitesses de déformation. C'est le cas de solutions contenant des solutés de faible poids moléculaire (l'eau, les solvants, les solutions de sucre) et les solutions diluées de macromolécules (lait écrémé, jus de fruit clarifié). La viscosité dépend toujours de la température et de la pression appliquées aux produits. D'une manière générale, la viscosité des liquides newtoniens décroît avec la température selon une loi du type $\log(\eta) = f\left(\frac{1}{T}\right)$, où T désigne la température absolue (K). La viscosité de l'eau à 20 °C est de 10^{-3} Pa.s.

• *Les liquides rhéofluidifiants* ou *rhéoépaississants*, pour lesquels la viscosité chute ou augmente avec la vitesse de déformation ; il faut donc indiquer à quelle vitesse de déformation est obtenue la contrainte ou la viscosité. Les solutions de macromolécules à des concentrations croissantes montrent souvent un caractère rhéofluidifiant (concentrés de protéines, rétentat de lait), ainsi que les liquides possédant une structure par interactions faibles : dans ce cas, le cisaillement provoque la destruction de ces interactions (yaourt). Les liquides rhéoépaississants sont plus rares et se limitent aux amidons concentrés.

• *Les liquides plastiques*, pour lesquels la contrainte augmente jusqu'à un certain seuil (τ_0) avant que l'on puisse observer un mouvement dans le produit. La valeur τ_0 peut être atteinte en pratique par extrusion du contenu à travers l'orifice du contenant (tube par exemple). Ces comportements sont fréquents pour les émulsions ou dispersions de solides comme la crème, le beurre et les margarines, le chocolat, le ketchup ou des sauces émulsionnées (mayonnaise). La phase dispersée se comporte comme un solide, avec des interactions faibles entre particules ou gouttelettes, mais au-delà du seuil, on n'observe plus que l'écoulement de la phase dispersante. Dans le cas de suspensions de matières grasses, le seuil sera corrélé aux propriétés de fusion de la matière grasse. Lorsque le comportement au-delà du seuil est linéaire, on parle de liquide de Bingham. Lorsqu'il n'est pas linéaire, on parle de liquide de Hershell-Buckley.

2.1.2.2. Solide

Dans le cas des solides, la contrainte provoque une déformation constante à l'équilibre. L'énergie apportée est conservée et sert à retrouver la forme initiale du solide. On dit que le solide a de la mémoire ou qu'il possède une configuration spatiale privilégiée qu'il retrouve en fin de sollicitation. Le paramètre qui caractérise un solide est son coefficient d'élasticité ou module d'élasticité, c'est-à-dire le rapport de sa contrainte sur sa déformation. Le module d'élasticité s'exprime en Pa. Dans le cas du solide, la contrainte est proportionnelle à la distance d'enfoncement, quelle qu'en soit la vitesse. Le solide élastique est symbolisé par un ressort (figure 167).

2.1.2.3. Viscoélastique

La plupart des produits agroalimentaires sont viscoélastiques, c'est-à-dire à la fois liquides et solides : une partie de l'énergie est perdue en frottements visqueux et une partie est conservée.

2.1.3. *Méthodes de mesure*

2.1.3.1. Liquide

Les liquides sont caractérisés en écoulement. Cet écoulement peut être provoqué dans un tube capillaire (viscosimètre capillaire, avec soit la pesanteur, soit une différence de pression générée par une pompe). Le temps mis pour l'écoulement est inversement proportionnel à la viscosité et proportionnel à la masse volumique du fluide. Ces systèmes sont bien adaptés aux liquides newtoniens. Les viscosimètres les plus répandus sont les systèmes rotatifs cylindriques à cylindres coaxiaux (figure 169). Le liquide rempli l'espace compris entre les 2 cylindres appelé entrefer. Les rayons des 2 cylindres sont très proches ($R_2/R_1 < 1{,}15$). Le mouvement de rotation produit une vitesse de déformation qui est une fonction de la vitesse angulaire de rotation et des 2 rayons des cylindres. On mesure la contrainte de cisaillement dans le produit à l'aide d'une barre de torsion (maître-couple). La régulation thermique du produit est généralement réalisée sur le cylindre extérieur.

On trouve également des géométries cône-plan (figure 169). Il existe 2 types d'appareils : ceux qui appliquent une rotation contrôlée et mesurent la contrainte, et ceux qui appliquent une force contrôlée et mesure le mouvement de rotation. La régulation thermique du produit est assurée par la platine sur laquelle celui-ci est déposé.

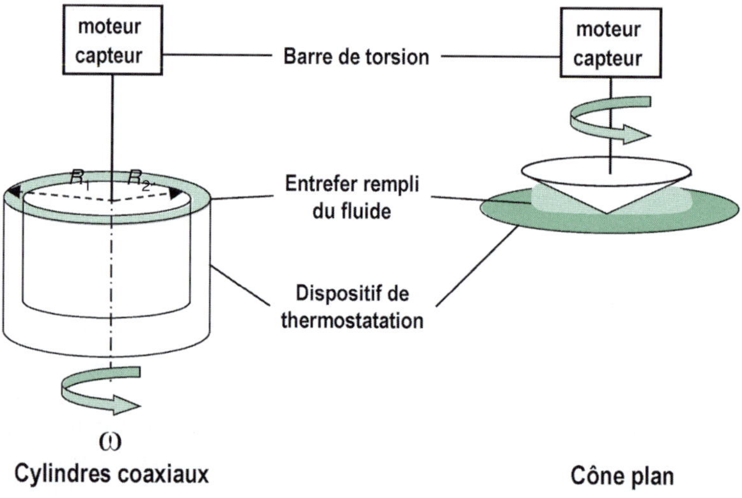

Figure 169 ■ Viscosimètres à cylindres coaxiaux et cône-plan.

2.1.3.2. Élastique ou solide

On procède le plus souvent en compression uniaxiale, c'est-à-dire que le solide est compressé entre 2 plans. On connaît à tout moment la profondeur de compression et la déformation (compression/hauteur initiale). On mesure la contrainte à l'aide d'un capteur de contrainte ou de force. On peut également procéder en traction, mais il faut alors accrocher le solide entre 2 pinces. Le rapport de la contrainte sur la déformation permet d'évaluer le module d'élasticité.

2.1.3.3. Viscoélastique

Trois méthodes existent selon que l'on peut contrôler la déformation (relaxation de contrainte) ou la contrainte (fluage) ou que l'on peut appliquer une déformation sinusoïdale :

• Le *cisaillement harmonique* ou méthode dynamique : on applique une déformation sinusoïdale du temps et on mesure en même temps la contrainte qui doit être une fonction sinusoïdale du temps de même fréquence (ce qui est souvent le cas quand on travaille à des faibles déformations, inférieures à 0,1). La figure 170 représente les comportements visqueux purs, solides élastiques purs et viscoélastiques.

Dans le cas d'un comportement solide élastique, déformation et contrainte sont proportionnelles à tout moment, et l'angle de déphasage (δ) entre contrainte et déformation est nul. Dans le cas d'un liquide visqueux pur, la contrainte est proportionnelle à la dérivée de la déformation, donc déphasée de $\pi/2$ par rapport à la déformation et $\delta = \pi/2$ (la dérivée d'un cosinus est un cosinus déphasé de $\pi/2$).

La partie de la contrainte en phase avec la déformation permet de calculer le module élastique ou module de conservation *G'*, qui est égal au rapport de la contrainte sur la déformation et caractérise les propriétés solides du produit. La partie de la contrainte déphasée de $\pi/2$ avec la déformation permet de calculer le module visqueux ou module de perte *G''*, qui caractérise les propriétés liquides du produit. La tangente de l'angle de déphasage caractérise la part du comportement de nature liquide :

$$\tan\delta = \frac{G''}{G'} \qquad [187]$$

Les produits viscoélastiques ont un angle de déphasage compris entre 0 et $\pi/2$.

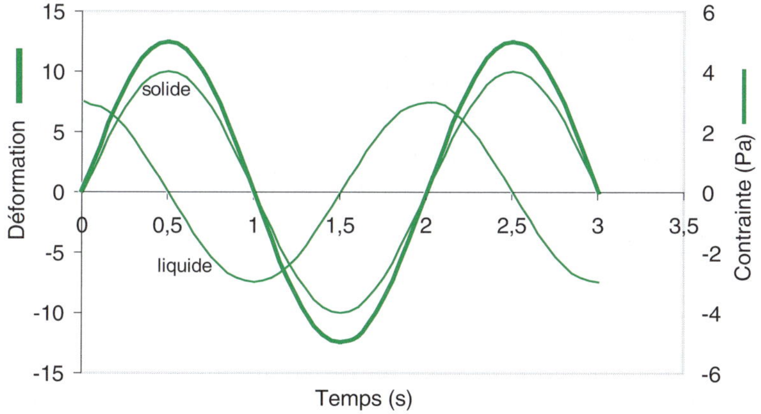

Figure 170 ■ Méthode de cisaillement harmonique.

• La *relaxation de contrainte* : dans cette méthode, on applique une déformation croissante et faible et on suit au cours du temps la contrainte. À un temps t, la déformation devient constante et on suit alors la relaxation de la contrainte. Pour un solide élastique pur, à une déformation constante correspond une contrainte constante et il n'y a aucune relaxation de contrainte (figure 171). Pour un liquide visqueux, à une déformation constante correspond une vitesse de déformation nulle et donc une contrainte nulle. Un liquide visqueux pur verra sa contrainte s'annuler instantanément. Les corps viscoélastiques ont un comportement intermédiaire. On utilise la valeur à l'équilibre que l'on rapporte à la valeur de la force au maximum, comme proportion des propriétés élastiques. L'ensemble de la courbe de relaxation peut être modélisé par différents modèles mathématiques comme l'équation de Peleg pour les fromages.

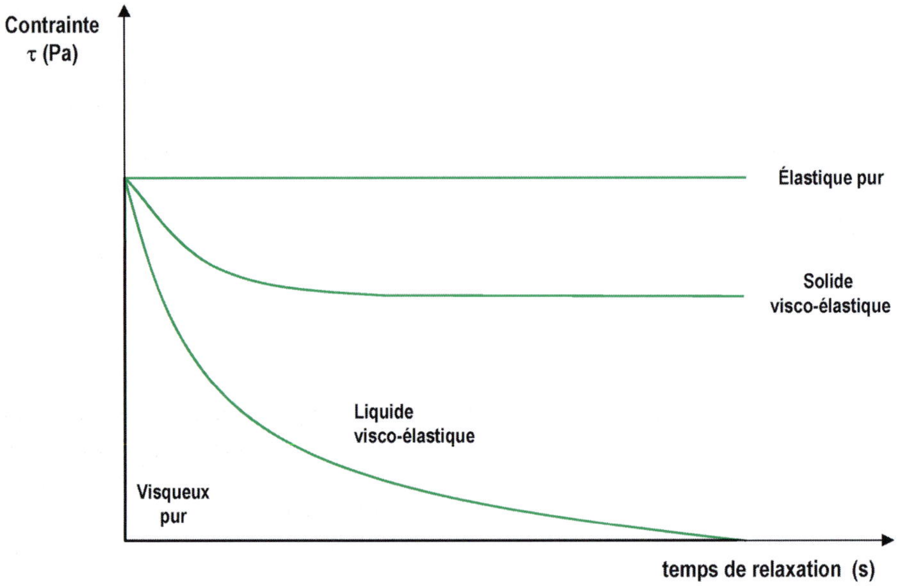

Figure 171 ■ Relaxation de contrainte.

• Le *fluage* : Dans le fluage, une contrainte faible (qui ne provoque pas la destruction du produit) est appliquée pendant quelques minutes. On suit la déformation ; puis la contrainte devient nulle et on suit la déformation, c'est-à-dire comment le produit revient à sa position d'équilibre. Pour un solide élastique, il revient instantanément à sa position de départ (contrainte nulle = déformation nulle). Pour un liquide visqueux, à contrainte nulle correspond une vitesse de déformation nulle, donc le produit ne bouge pas et ne revient pas à sa position de départ. Les produits viscoélastiques reviennent plus ou moins vite et plus ou moins partiellement à leur position de départ (figure 172).

2.2. Analyse de la couleur

La couleur de l'aliment a un impact important dans l'acte d'achat et la perception organoleptique. C'est un critère objectif de qualité car elle varie avec le niveau de maturité des fruits et légumes, et peut être un indicateur de l'état de fraîcheur ou d'altération de l'aliment (viande, poisson).

La caractérisation précise d'une couleur n'est pas simple. Il existe en effet plusieurs critères à prendre en compte pour la définir. La perception de la couleur d'un

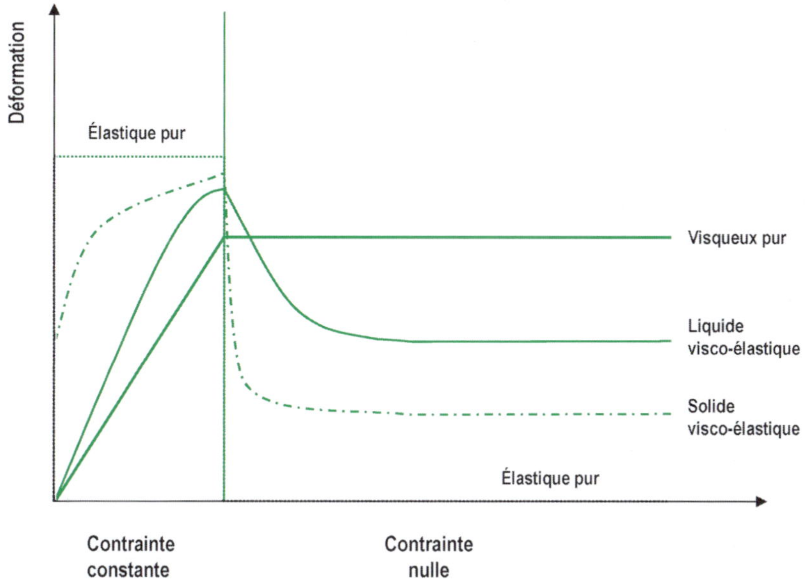

Figure 172 ■ Fluage.

objet dépend de l'éclairage auquel il est soumis, de l'angle d'observation par rapport à l'angle d'éclairage, du fond devant lequel il est placé, de ces dimensions géométriques et de l'observateur. La classification des couleurs se fait en fonction de trois critères : teinte (couleur), clarté (luminosité) et saturation (intensité).

Parmi les méthodes instrumentales d'évaluation de la couleur deux sont principalement exploitées :

- l'espace couleur Yxz développé en 1931 par la commission internationale de l'éclairage (CIE) qui se base sur les valeurs tristimulus XYZ ;
- l'espace couleur L^*, a^*, b^* conçu en 1976.

Le concept des valeurs tristimulus se fonde sur la théorie selon laquelle la perception des couleurs se fait selon trois composants. L'œil possède en effet des récepteurs pour les trois couleurs primaires (rouge, jaune et bleu) et toutes les couleurs sont perçues comme des mélanges de ces trois fondamentaux. Trois stimuli lumineux fondamentaux [X, Y, Z] ont été définis. Les valeurs de X, Y et Z ($\bar{x}$, $\bar{y}$, $\bar{z}$) représentées figure 173 permettent de définir une couleur. Le stimulus fondamental Y a été choisi de telle manière que sa valeur corresponde exactement à la courbe de visibilité de l'œil : elle donne ainsi directement l'intensité lumineuse physiologique. La caractérisation de la couleur est réalisée à partir des coefficients trichromatiques x, y, z :

$$x = \frac{\bar{x}}{\bar{x} + \bar{y} + \bar{z}}$$
$$y = \frac{\bar{y}}{\bar{x} + \bar{y} + \bar{z}} \qquad [188]$$
$$z = \frac{\bar{z}}{\bar{x} + \bar{y} + \bar{z}}$$

Deux des coefficients suffisent à définir la couleur sachant que leur somme est égale à 1. Ainsi $\bar{y}$ caractérise l'intensité et les coefficients x et y la chromaticité.

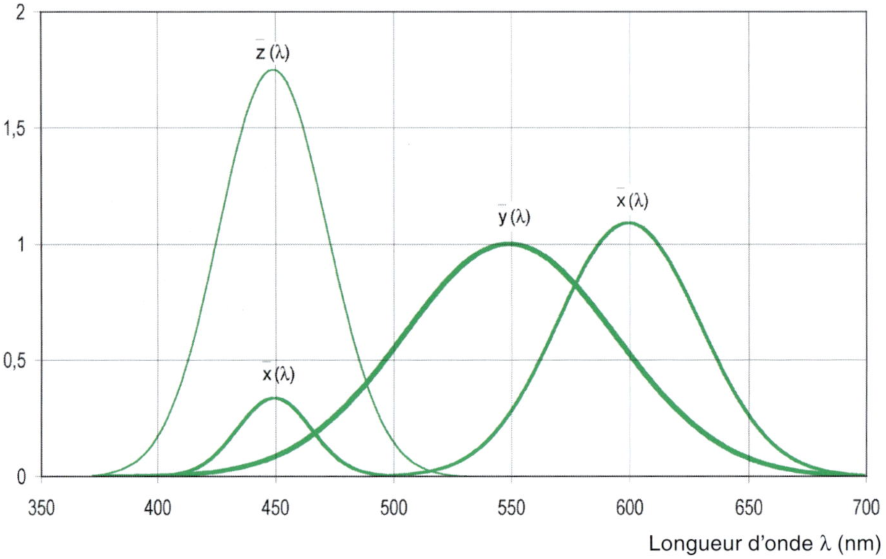

Figure 173 ■ Spectre des stimuli X Y Z.

Sur le diagramme de chromaticité représenté figure 174 est matérialisé un point A (x = 0,48 et y = 0,30) qui correspond à la couleur de l'objet analysé.

L'espace couleur $L^*a^*b^*$ est très utilisé aujourd'hui. Dans cet espace, L^* indique la clarté tandis que a^* et b^* sont les coordonnées de chromaticité. La figure 175 présente une coupe horizontale d'une sphère à une valeur de L^*. Dans cet espace + a^* va vers le rouge – a^* vers le vert, + b^* vers le jaune et – b* vers le bleu ; au fur et à mesure que l'on s'éloigne du centre, la saturation augmente.

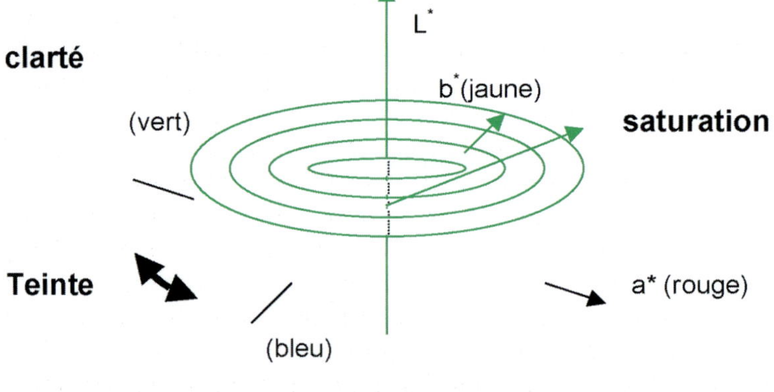

Figure 175 ■ Diagramme de chromaticité a* et b*.

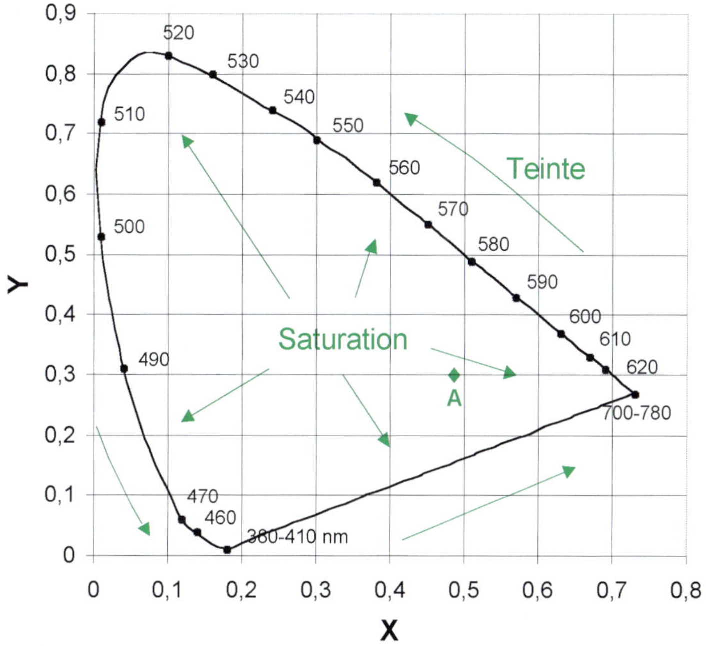

Figure 174 ■ Diagramme de chromaticité x, y.

2.3. Analyse de la composition des aliments

Il existe différents niveaux d'analyse qui sont représentés dans le tableau 34. Nous ne développerons pas dans ce livre le principe et la mise en œuvre de toutes les méthodes et techniques d'analyse des aliments sachant qu'il existe différents ouvrages traitant du sujet (Linden, 1981 ; Pomeranz et Meloan, 2000). Nous nous limiterons donc aux domaines d'application des principales méthodes.

Une analyse globale de composition peut être réalisée par des méthodes physico-chimiques faciles à mettre en œuvre et peu onéreuses. Par dessiccation à l'étuve, il est possible d'évaluer la teneur en eau et l'extrait sec. Par minéralisation jusqu'à l'obtention de cendres, il est possible de déterminer la teneur en substances minérales. Par minéralisation en milieu liquide acide, la totalité de l'azote (protéique et non protéique) est transformée en ammonium qui est ensuite dosé par titrimétrie sous forme d'ammoniaque (méthode Kjeldhal) et transformé en équivalent protéine par un coefficient multiplicateur dépendant de l'origine des protéines. Les lipides étant dans de nombreux produits liquides sous forme d'émulsion, il suffit de séparer les phases par centrifugation et de mesurer ou peser le surnageant. Dans le cas de produits secs ou faiblement hydratés, il faut procéder à une extraction par solvant puis peser les lipides extraits après distillation du solvant. L'analyse des glucides est souvent réalisée par des méthodes chimiques basées sur la réactivité des fonctions réductrices. L'analyse quantitative des principaux constituants (lipides, protéines, glucides) peut être réalisée simultanément par spectrophotométrie infrarouge aussi bien sur des bases liquides que solides sachant que les groupements fonctionnels des

Tableau 34 ■ Analyse de la composition des aliments.

Type d'analyse	Constituants	Techniques
Globale	Matière sèche – teneur en eau	Dessiccation
	Matière minérale	Minéralisation
	Matière azotée – teneur en protéines	Minéralisation et dosage d'azote, Spectrophotométrie infrarouge
	Lipides	Analyse volumétrique ou pondérale, Spectrophotométrie infrarouge
	Glucides	Analyse de la fonction réductrice, Spectrophotométrie infrarouge
	Acides – bases	Titration
Spécifique	Glucides – acides	Dosage enzymatique
	Cations d'origine minérale	Émission et absorption atomique
	Protéines	Dosage immunochimique
Séparative	Glucides – acides – aminoacides	Chromatographie liquide, échange d'ions
	Protéines	Électrophorèse, chromatographie liquide phase inverse
	Lipides : triglycérides – acides gras	Chromatographie phase gazeuse
Structurale		Spectrométrie de masse Résonance magnétique nucléaire

différents constituants ont des bandes d'absorption spécifiques. L'état d'avancement de processus biologique tel que la maturité des fruits, une fermentation lactique ou acétique ou l'altération du poisson peut être évalué par titration des acides (lactique, acétique, tartrique, malique) ou des bases (amines endogènes).

Nous disposons maintenant de nombreuses méthodes biologiques et spectrophotométriques qui permettent de faire des analyses quantitatives spécifiques. Parmi les méthodes biologiques, on distingue d'une part les méthodes enzymatiques et d'autre part les méthodes immunochimiques.

Dans le premier cas, on utilise des enzymes qui réagissent dans un milieu complexe avec leurs substrats spécifiques. Les réactions les plus couramment utilisées sont celles qui font intervenir les déshydrogénases et leur cofacteurs (NAD^+/NADH, $NADP^+$/NADPH) dont les propriétés spectrales permettent de déterminer par spectrophotométrie d'absorption moléculaire les quantités de substrat transformé.

Dans le second cas, on utilise des anticorps qui réagissent spécifiquement avec l'antigène qui a provoqué sa formation. Ces anticorps sont extraits du sérum sanguin d'un animal tel que lapin auquel a été injecté l'antigène : l'anticorps obtenu forme avec l'antigène du produit à analyser des complexes stéréospécifiques qui dans certains cas précipitent. L'analyse quantitative peut être réalisée avec des anticorps sur lesquels on a directement ou indirectement réalisé un marquage qui leur confère des propriétés spectrales (méthode ÉLISA).

Parmi les méthodes d'analyse spécifique, on peut mentionner également celles mises en œuvre dans l'analyse des cations d'origine minérale par spectrophotométrie d'émission ou d'absorption atomique, sachant que les éléments présentent des niveaux énergétiques caractéristiques.

Lorsque l'on ne dispose pas de méthodes d'analyse spécifique permettant de quantifier un constituant dans un milieu complexe, il est nécessaire de procéder à une séparation des constituants par des méthodes chromatographiques ou électrophorétiques. Les techniques chromatographiques sont universellement employées ; elles sont basées sur le transfert différentiel des constituants d'un mélange sous l'influence d'un fluide appelé phase mobile qui est soit liquide soit gazeux sur un milieu poreux ou un support couvert d'une phase stationnaire dotée de propriétés d'adsorption, de partage, d'affinité ou d'échange. Les progrès techniques réalisés ces dernières années dans la conception des supports et des colonnes ainsi que dans les systèmes de détection ont permis des gains de résolution et de sensibilité considérables.

La chromatographie en phase gazeuse permet de séparer les constituants dans la mesure où ils sont volatils. Elle est donc principalement utilisée pour l'analyse des substances responsables de l'arôme et de l'odeur des aliments mais elle peut également être mise en œuvre pour l'analyse de molécules telles que des glucides et des acides gras, à condition de diminuer leur polarité pour abaisser leur point d'ébullition par alkylation ou silylation des groupements OH ou estérification des fonctions CO_2H. La détection des éluats gazeux est généralement effectuée à l'aide d'un détecteur universel, « l'ionisation de flamme ». Il existe des détecteurs spécifiques pour analyser par exemple les organochlorés ou les produits soufrés. L'analyse quantitative nécessite souvent l'introduction d'un étalon interne car le volume d'échantillon injecté n'est pas toujours facile à maîtriser. Le couplage de la chromatographie phase gazeuse et de la spectrométrie de masse (CG-MS) a permis une avancée considérable dans l'analyse des substances volatiles et volatilisables car les données des spectres de masse permettent d'identifier les molécules éluées.

La chromatographie liquide permet de séparer un large spectre de molécules de bas ou haut poids moléculaire, qu'elles soient hydrophiles ou lipophiles. Il existe des supports polaires (carboxyliques, sulfoniques, aminés, etc.) et apolaires (groupements aliphatiques), et il est possible de faire varier la polarité de la phase liquide mobile par mélange binaire ou ternaire de solvant. La détection des éluats est en général effectuée à l'aide de cellules spectrophotométriques (UV ou IR), mais pour des molécules qui ne présentent pas de propriétés d'absorption on peut utiliser des méthodes réfractométriques. Contrairement à la chromatographie gazeuse, il est facile de maîtriser les volumes injectés et donc de faire de l'analyse quantitative à condition d'avoir déterminé préalablement les coefficients d'extinction moléculaire aux longueurs d'onde de la détection. Les deux techniques les plus largement utilisées sont la chromatographie d'échange d'ions et la chromatographie phase inverse.

La chromatographie d'échange d'ions met en œuvre des supports sur lesquels ont été greffées des fonctions acides ou aminées qui seront respectivement chargées négativement ou positivement selon le pH. Elle permet de séparer les constituants ionisés (protéines, peptides, acides aminés, amines) selon leur affinité vis-à-vis du support échangeur d'ions. Les conditions d'élution consistent à faire varier le pH et/ou la force ionique de l'éluant. Les glucides, bien que non chargés, peuvent interagir avec ces supports et être ainsi séparés et analysés.

La chromatographie phase inverse met en œuvre des supports à caractère hydrophobe qui réagissent avec les constituants hydrophobes si la phase mobile est suffisamment polaire, ce qui est le cas de l'eau. Si on inverse la polarité du solvant par introduction progressive dans la phase liquide mobile d'un solvant organique, on dissocie les interactions hydrophobes avec le support et on libére les constituants. La chromatographie phase inverse est utilisée pour séparer des protéines et peptides (qui présentent tous des chaînes latérales hydrophobes), des vitamines, des alcaloïdes, etc.

Les méthodes électrophorétiques permettent de séparer les molécules en fonction de leur densité de charge et de leur encombrement moléculaire. La technique consiste à déposer le plus souvent l'échantillon sur un gel (amidon ou polyacrylamide) et d'imposer un champ électrique qui permet la migration des espèces ioniques. Cette méthode est bien adaptée à la séparation des protéines. La difficulté réside dans la détection et quantification des constituants séparés ; il faut en général utiliser des réactifs spécifiques qui conduisent à des produits colorés, ce qui permet ensuite de les localiser et de les quantifier. Une variante de l'électrophorèse a été développée pour en améliorer le pouvoir de séparation : il s'agit de l'électrofocalisation. Dans ce cas, on impose dans le gel un gradient de pH par migration d'ampholytes avant ou pendant la séparation des protéines : la charge des protéines diminue au fur et à mesure de leur migration et lorsqu'elles atteignent la zone de pH correspondant à leur pHi elles arrêtent de migrer.

L'exploitation des méthodes séparatives est aisée lorsque le comportement chromatographique ou électrophorétique des molécules que l'on cherche à analyser est connu. Il peut cependant arriver qu'on ne connaisse pas le temps ou volume d'élution et que l'on ne dispose pas d'une molécule de référence pour les déterminer. De plus, un temps ou volume d'élution identique n'est pas une preuve suffisante d'identification. Il est souvent nécessaire de mettre en œuvre en aval des techniques de séparation des méthodes d'analyse structurale telle que la spectrométrie de masse (qui peut être couplée directement avec les équipements chromatographiques : CG-MS, CL-MS) et/ou la résonance magnétique nucléaire.

Références bibliographiques

de la quatrième partie

Agence Française de Normalisation (Afnor) (2003). Normes en ligne http ://www.afnor.fr, Paris.

Bryan FL (1990). Hazard Analysis Critical Control Point (HACCP) concept. *Dairy Food Environ Sanit,* **10** : 416-418.

Buchanan RL (1995). The role of microbial criteria and risk assessment in HACCP. *Food microbiol*, **12** : 421-424.

Couarraze G, Grossiord JL (2000). *Initiation à la rhéologie* (2e édition). Tec & Doc Lavoisier, Paris.

FAO-OMS (1995). *Application de l'analyse des risques dans le domaine des normes alimentaires.* Rapport de la consultation mixte d'experts FAO/OMS WHO/FNU/FOS/95-3, Genève, 13-17 mars.

Gilchrist JE, Donnelly CB, Peeler JT, Campbell JE (1977). Collaborative study comparing the spiral plate and aerobic plate count methods. *J AOAC*, **60** : 807-812.

Journal officiel des communautés européennes (1993). Directive CEE relative à l'hygiène des denrées alimentaires. *JOCE* 93/43.

Jouve JL (1991). Le HACCP et l'assurance de la sécurité des denrées alimentaires. *Option Qualité,* **90** : 11-23.

Jouve JL (1996). *La qualité microbiologique des aliments : maîtrise et critères.* 2e édition Polytechnica, Paris, 564 p.

Linden G (1981). *Techniques d'analyse et de contrôle dans les industries agroalimentaires* – volume 2. Technique & Documentation et Apria, Paris.

Macosko CW (1994). *Rheology : principles, measurements and applications.* Wiley-VCH, Inc. New York.

Pomeranz Y, Meloan CE (2000). *Food analysis, theory and practice* – 3rd edition. Aspen publishers, Inc. Gaithersburg, Maryland.

Stannard CJ (1989). ATP estimation. *In :* Adams MR, Hope CFA (Eds), *Rapid methods in fo od microbiology,* Elsevier, 1-18.

Index

E

F

G

H

I - L

U - V

Z

Composition et mise en pages
SMB
17, rue Auguste Frot
77590 Bois le Roi

Imprimé en France par EMD S.A.S.
53110 Lassay-les-Châteaux
Dépôt légal : mai 2008
N° d'imprimeur : 19216
N° 338(I) – GP 80°